教育部高等学校电子信息类专业教学指导委员会规划教材

高等学校电子信息类专业系列教材·新形态教材

FPGA系统设计

基于Verilog HDL的描述

微课视频版

李 莉 主编

李雪梅 董秀则 参编

清华大学出版社

北京

内容简介

本书系统介绍 FPGA 的开发应用知识，主要分为基础部分和应用部分。基础部分包括 FPGA 开发流程、硬件描述语言 Verilog HDL、Quartus Prime 开发环境、基本电路的 FPGA 设计、基于 IP 的设计等内容。应用部分包括人机交互接口设计、数字信号处理电路设计、密码算法设计、嵌入式 Nios 设计等内容。全书语言简明易懂，逻辑清晰，并提供了不同领域的 FPGA 应用实例以及完整的设计源程序。

本书可作为高等学校电子信息、计算机、自动化等专业的本科生教材，也可供从事电子设计的工程技术人员参考。

图书在版编目(CIP)数据

FPGA 系统设计：基于 Verilog HDL 的描述：微课视频版/李莉主编. —北京：清华大学出版社，2022.7 (2025.4重印)
高等学校电子信息类专业系列教材·新形态教材
ISBN 978-7-302-60862-2

Ⅰ. ①F… Ⅱ. ①李… Ⅲ. ①可编程序逻辑器件－系统设计－高等学校－教材 Ⅳ. ①TP332.1

中国版本图书馆 CIP 数据核字(2022)第 082738 号

责任编辑：曾 珊 李 晔
封面设计：李召霞
责任校对：韩天竹
责任印制：宋 林

出版发行：清华大学出版社
网 址：https://www.tup.com.cn, https://www.wqxuetang.com
地 址：北京清华大学学研大厦 A 座 **邮 编**：100084
社 总 机：010-83470000 **邮 购**：010-62786544
投稿与读者服务：010-62776969，c-service@tup. tsinghua. edu. cn
质量反馈：010-62772015，zhiliang@tup. tsinghua. edu. cn
课件下载：https://www.tup.com.cn，010-83470236
印 装 者：三河市君旺印务有限公司
经 销：全国新华书店
开 本：185mm×260mm **印 张**：18.25 **字 数**：444 千字
版 次：2022 年 9 月第 1 版 **印 次**：2025 年 4 月第 3 次印刷
印 数：2001～2500
定 价：69.00 元

产品编号：094597-01

前言
PREFACE

现场可编程门阵列(FPGA)的出现是超大规模集成电路(VLSI)技术和计算机辅助设计(CAD)技术发展的结果,基于FPGA的设计方法是电子设计领域的一大变革。不同于传统的电子设计方法,基于FPGA的现代电子设计方法采用自顶向下的设计方法,使设计师们可以把更多的精力和时间放在电路方案的设计上,在很大程度上提高了电子产品上市的速度;FPGA的可编程性,使得在不改变硬件电路设计的前提下,产品性能的提升成为可能;硬件软件化,以及不断增长的可编程门阵列的规模,使得产品在小型化的同时,可靠性也得以不断提升。近年来,IP核的广泛使用,特别是嵌入式处理器IP核的使用,使得FPGA的市场占有量大大增加。因此,对于广大的电子设计人员和电子工程专业的学生来说,掌握基于FPGA的开发技术是非常必要的。

参与本书编写的教师多年从事EDA课程的教学和相关科研工作,作者在书中总结了许多教学和科研经验。全书系统地介绍了FPGA的开发技术,内容涵盖FPGA可编程逻辑器件的基本知识以及相关软件的使用方法,可编程逻辑器件的硬件描述语言,以及基于FPGA的电路设计,着重讲述了FPGA电路设计的方法和技巧,并给出了设计实例。

本书共分10章。第1章分析了FPGA开发的基本设计方法和设计流程,并以Intel公司的FPGA芯片为例,介绍了可编程逻辑器件的结构特点。第2章介绍了目前流行的可编程逻辑器件的硬件描述语言——Verilog HDL。第3章以Quartus Prime 16.0为例,介绍了可编程逻辑器件开发软件的安装和使用方法。第4章介绍了基本电路的HDL设计,讲解了FPGA设计中时需要注意的一些基本问题。第5章介绍了仿真测试文件的相关内容。第6章介绍了基于IP核的设计方法。第7章以键盘扫描电路和液晶驱动电路设计为例介绍了人机交互接口的设计。第8章介绍了几种基本的数字信号处理电路的HDL设计。密码算法的设计实现是FPGA在信息安全设计领域的一个重要应用,因此本书的第9章以分组密码、序列密码以及密码杂凑算法为例,给出了3个典型国产密码算法的FPGA实现的实例。第10章介绍了基于Nios Ⅱ的SOPC系统开发的流程和设计方法。书中第6~10章的设计程序可以在清华大学出版社网站下载。

全书由李莉组织编写并统稿。本书第1、3、5、6、8章以及附录部分由李莉编写,第2、4、7章由李莉和李雪梅共同编写,第9、10章由董秀则和李莉共同编写。北京电子科技学院路而红教授认真审阅了全书,并提出了许多宝贵的建议和意见。硕士研究生陈心宇、李泽群参与了本书相关程序的调试工作。借此机会也向所有关心、支持和帮助过本书编写、修改、出版、发行的老师和朋友们致以诚挚的谢意。

由于作者水平有限,书中难免有不妥之处,欢迎各位读者批评和指正。

编　者

2022 年 6 月于北京

微课视频清单

名　　称	时长/min	位　　置
什么是 FPGA	31	1.2 节节首
什么是 EDA	7	1.3 节节首
Verilog HDL1-基本结构-信号定义	9	2.1 节节首
Verilog HDL3-运算符-条件语句	15	2.3 节节首
Verilog HDL2- 赋值语句-语句顺序	8	2.4.1 节节首
Verilog HDL4-always 语句	13	2.4.3 节节首
Verilog HDL9-元件例化	11	2.6 节节首
多层次电路的设计及调试	8	2.8 节节中
Quartus Prime 介绍	5	3.1 节节首
Quartus 操作之波形仿真及操作	7	3.2.3 节节首
Quartus 操作之编程文件转换及操作	7	3.2.4 节节首
嵌入式逻辑分析仪使用	11	3.3 节节首
Verilog HDL5-组合逻辑电路设计	10	4.1 节节首
优先编码器和译码器	10	4.1 节节首
显示译码器	4	4.2 节节首
时钟及基于 IP 的多时钟电路	11	4.5 节节首
Verilog HDL7-计数器设计	13	4.9 节节首
Verilog HDL8-寄存器设计	11	4.11 节节首
Verilog HDL6-状态机设计	14	4.12 节节首
IP 及 RAM IP	17	6.1 节节首
键盘扫描电路设计	10	7.1 节节首
SM4 算法的轮函数设计	8	9.1.1 节节首

目录

CONTENTS

第1章 FPGA开发简介

CHAPTER 1

1.1 可编程逻辑器件概述

可编程逻辑器件(Programmable Logic Device,PLD)是20世纪70年代发展起来的一种新型逻辑器件。可编程逻辑器件与传统逻辑器件的区别在于其功能不固定,可以通过软件的方法对其编程从而改变其逻辑功能。PLD属于专用集成电路(Application Specific Integrated Circuit,ASIC)的一个重要分支,是半导体厂商作为一种通用器件生产的半定制逻辑器件。微电子技术的发展,使得设计与制造集成电路的任务已不完全由半导体厂商来独立承担,系统设计师们可以在更短的设计周期里,在实验室里设计定制ASIC芯片。对于可编程逻辑器件有一种说法"What you want is what you get"(所见即所得),这是PLD的一个优势。由于PLD可编程的灵活性以及近年来科技的快速发展,PLD也正向高集成、高性能、低功耗、低价格的方向发展,并具备了与ASIC同等的性能,近几年可编程逻辑器件的应用有了突飞猛进的增长,被广泛应用于各行各业的电子及通信设备中。现在的可编程逻辑器件的规模不断扩大,例如Altera Stratix 10系列芯片,采用了Altera的3D SiP异构架构,整合了550万逻辑门、HBM2内存以及四核ARM Cortex-A53处理器,被视为下一代高性能可编程器件的代表。

沿着时间的推进,我们可以用图1-1描述PLD的发展流程。

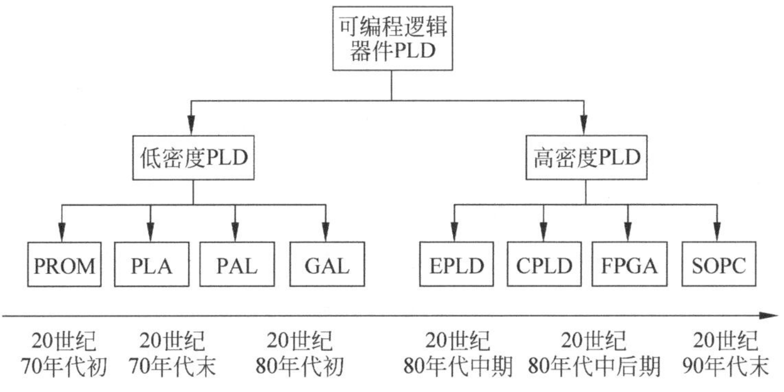

图1-1 PLD器件的发展流程

从集成度上,可以把PLD分为低密度和高密度两种类型,其中低密度可编程逻辑器件LDPLD通常指那些集成度小于1000逻辑门的PLD。20世纪70年代初期至80年代中期的 PLD，如 PROM（Programmable Read Only Memory）、PLA（Programmable Logic Array）、PAL(Programmable Array Logic)和 GAL(Generic Array Logic)均属于 LDPLD，低密度 PLD 与中小规模集成电路相比，有着集成度高、速度快、设计灵活方便、设计周期短等优点，因此在推出之初得到了广泛的应用。

低密度 PLD 的基本结构如图 1-2 所示，它是根据逻辑函数的构成原则提出的，由输入缓冲、与阵列、或阵列和输出结构 4 部分组成。其中，由与门构成的与阵列用来产生乘积项，由或门构成的或阵列用来产生乘积项之和，因此，与阵列和或阵列是电路的核心。输入缓冲电路可以产生输入变量的原变量和反变量，输出结构相对于不同的 PLD 差异很大，有组合输出结构、时序输出结构、可编程的输出结构等。输出信号往往可以通过内部通路反馈到与阵列，作为反馈输入信号。

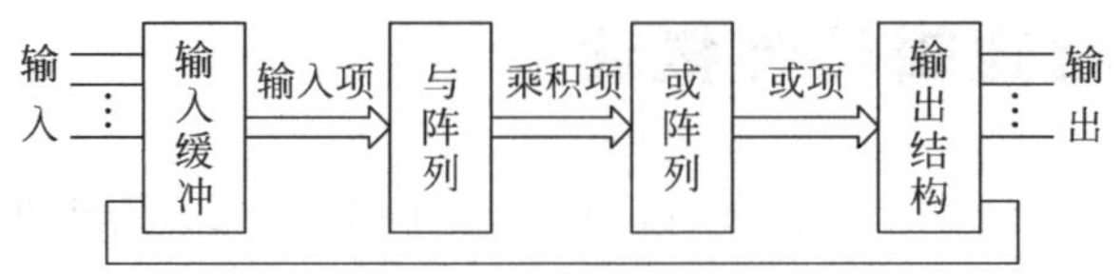

图 1-2 PLD 器件原理结构图

虽然与/或阵列的组成结构简单，但是所有复杂的 PLD 都是基于这种原理发展而来的。根据与阵列和或阵列可编程性，将低密度 PLD 分为 4 种基本类型，如表 1-1 所示。

表 1-1 低密度 PLD 器件

PLD 类型	阵列		输出
	与	或	
PROM	固定	可编程，一次性	三态，集电极开路
PLA	可编程，一次性	可编程，一次性	三态，集电极开路寄存器
PAL	可编程，一次性	固定	三态 I/O 寄存器互补带反馈
GAL	可编程，多次性	固定或可编程	输出逻辑宏单元，组态由用户定义

随着科学技术的发展，低密度 PLD 无论是资源、I/O 端口性能，还是编程特性都不能满足实际需要，已被淘汰。高密度可编程逻辑器件(HDPLD)通常指那些集成度大于 1000 门的 PLD。20 世纪 80 年代中期以后产生的 EPLD(Erasable Programmable Logic Device，可擦除可编辑逻辑器件)、CPLD(Complex Programmable Logic Device，复杂可编程逻辑器件)和 FPGA(Field Programmable Gate Array，现场可编程门阵列)均属于 HDPLD。EPLD 在结构上类似于 GAL。EPLD 与 GAL 相比，无论是与阵列的规模还是输出逻辑宏单元的数目都有了大幅度增加，EPLD 的缺点主要是内部互连能力较弱。

CPLD 和 FPGA 是目前可编程逻辑器件的两种主要类型。其中 CPLD 的结构包含可编程逻辑宏单元、可编程 I/O 单元和可编程布线资源等几部分。在 CPLD 中数目众多的逻辑宏单元被排成若干阵列块，丰富的布线资源为阵列块之间提供了快速、具有固定时延的通路。Xilinx 公司的 XC7000 和 XC9500 系列、Lattice 公司的 ispLSI 系列、Altera 公司的 MAX9000 系列以及 AMD 公司的 MACH 系列都属于 CPLD。

FPGA 结构包含可编程逻辑块、可编程 I/O 模块和可编程内连线。可编程逻辑块排列成阵列，可编程内连线围绕着阵列。通过对内连线编程，将逻辑块有效地组合起来，实现逻辑功能。FPGA 与 CPLD 之间的主要差别是 CPLD 通过修改具有固定内连电路的逻辑功能进行编程,而 FPGA 则是通过修改内部连线进行编程。许多器件公司都有自己的 FPGA 产品。例如,Xilinx 公司的 Spartan 系列和 Virtex 系列、Altera 公司的 Stratix 系列和 Cyclone 系列、Actel 公司的 Axcelerator 系列等。

在这两类可编程逻辑器件中,FPGA 提供了最高的逻辑密度、最丰富的特性和最高的性能。而 CPLD 提供的逻辑资源相对较少,但是其可预测性较好,因此对于关键的控制应用来说 CPLD 较为理想。简单地说,FPGA 就是将 CPLD 的电路规模、功能、性能等方面强化之后的产物。CPLD 与 FPGA 的区别如表 1-2 所示。

表 1-2　CPLD 与 FPGA 的主要区别

	CPLD	FPGA
组合逻辑的实现方法	乘积项(product-term),查找表(Look Up Table,LUT)	查找表
编程元素	非易失性(Flash、EEPROM)	易失性(SRAM)
特点	非易失性,立即上电,上电后立即开始运行,可在单芯片上运作	内建高性能硬件宏功能:PLL、存储器模块、DSP 模块、高集成度、高性能,需要外部配置 ROM
应用范围	偏向于简单的控制通道应用以及逻辑连接	偏向于较复杂且高速的控制通道应用以及数据处理
集成度	小到中规模	中到大规模

PLD 生产厂商众多,有 Xilinx、Altera(现已并入 Intel 公司)、Actel、Lattice、QuickLogic 等。其中 Xilinx 和 Altera 市场占有率最高,其 FPGA 产品多是基于 SRAM 工艺的,需要在使用时外接一个片外存储器以保存程序。上电时,FPGA 将外部存储器中的数据读入片内 RAM,完成配置后,进入工作状态;掉电后 SRAM 存储的数据丢失,内部逻辑消失。这样,FPGA 能反复使用,且无需专门的 FPGA 编程器,只需配备一片存储配置数据的 Flash 存储器即可。Actel、QuickLogic 等公司主要提供反熔丝技术的 FPGA,具有抗辐射、耐高低温、低功耗和速度快等优点,在军品和航空航天领域中应用较多,但这种 FPGA 不能重复擦写,开发初期比较麻烦,费用也比较高。Lattice 是 ISP(In System Program)技术的发明者,在小规模 PLD 应用上有一定的特色。不同公司的 FPGA 产品结构不同,且有高低端产品系列之分,设计时可根据具体的需求来选定。

目前,可编程逻辑器件产业正以惊人的速度发展,FPGA 器件已经从一个功能辅助的现场集成器件转化为系统现场集成器件,PLD 厂商注重在 PLD 上集成尽可能多的系统级功能,使 PLD 真正成为系统级芯片(System on Chip,SoC),用于解决更广泛的系统设计问题,应用领域大大拓展。2000 年,当时的 Altera 公司首先提出了片上可编程系统(System On Programmable Chip,SOPC)概念,并实现了业界首款 SOPC 芯片。SOPC 是 PLD 和 ASIC 技术融合的结果,是以 PLD 取代 ASIC,提供更加灵活、高效的 SoC 解决方案;SOPC 技术的提出,也代表着一种新的软硬件协同的系统设计技术的产生,并出现了诸如可变结构、网上传送硬件、远程升级硬件、远程维修硬件等丰富的新概念、新技术。在 2002 年,Actel 公司率先推出基于 Flash 技术的 FPGA 产品,CPLD 和 FPGA 间的区别越来越少,逐渐融合,朝着高密度、高速度、低电压、低功耗的方向发展。

随着高带宽无线数据和云服务的广泛应用,以及物联网(Internet of Things,IoT)的发展,世界正在发生变化,FPGA 的应用将对解决方案的性能及其推向市场的速度产生深远的影响。

1.2 FPGA 芯片

1.2.1 FPGA 框架结构

尽管 FPGA、CPLD 和其他类型 PLD 的结构各有其特点和长处,但概括起来,它们是由 3 个基本部分组成的:可编程输入/输出模块((Input/Output Block,IOB)/(Input/Output Element,IOE))、可配置逻辑模块(Configurable Logic Block,CLB)/可编程的逻辑阵列块(Logic Array Block,LAB)、可编程布线资源(Programmable Interconnect,PI),除此之外,还有内嵌的各种功能单元,结构如图 1-3 所示。其中内部带阴影的资源块均表示不同的内嵌功能单元。

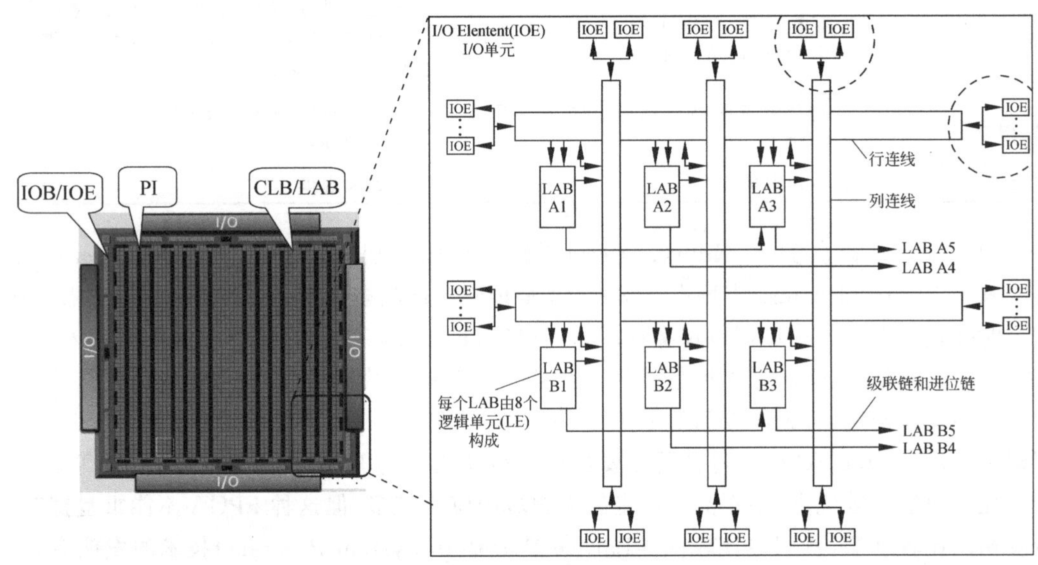

图 1-3 FPGA 结构图

1. 输入输出模块(IOB/IOE)

IOB/IOE 位于芯片内部四周,是芯片与外界电路的接口部分,完成不同电气特性下对输入/输出信号的驱动与匹配要求。主要由逻辑门、触发器和控制单元组成,在内部逻辑阵列与外部芯片封装引脚之间提供一个可编程接口,通过可编程逻辑可以将外部引脚设置为输入或输出端子。如图 1-4 所示,通过 D 触发器和控制逻辑,外部引脚输入信号可以直接作为组合逻辑输入,也可以加入可编程延迟驱动寄存器。Quartus 编译器可以对这些延迟编程,在提供零保持时间的同时自动最小化建立时间,可编程延迟也可以为输出寄存器增加寄存器到输出引脚的延迟。

为了便于管理和适应多种电器标准,FPGA 的 IOB/IOE 被划分为若干组(bank),每个 Bank 的接口标准由其接口电压 VCCIO 决定,一个 Bank 只能有一种 VCCIO,即只有具有相同电气标准的端口才能连接在一起，不同 Bank 的 VCCIO 可以不同。以 Cyclone FPGA 为例，其接口 Bank 支持的 VCCIO 如图 1-5 所示。通过 FPGA 开发软件的配置，可适配不同的电气标准与 I/O 物理特性，调整驱动电流的大小，改变上拉电阻和下拉电阻。目前，I/O 口的频率也越来越高，一些高端的 FPGA 通过 DDR 寄存器技术可以支持高达 2Gbps 的数据速率。

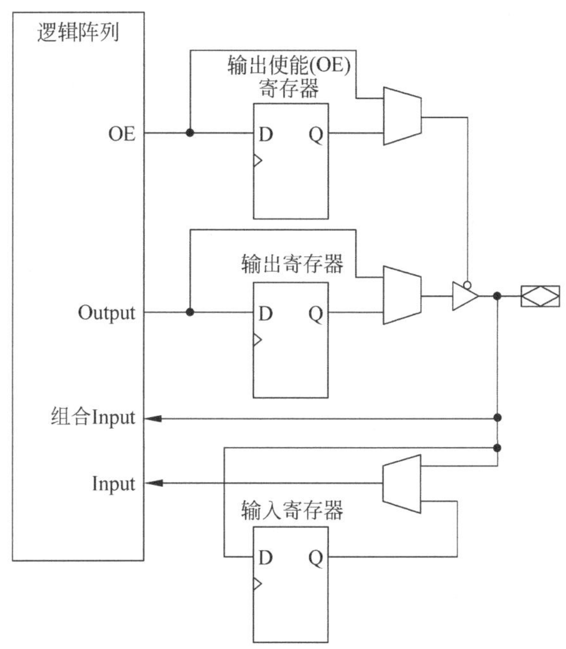

图 1-4　IOB/IOE 结构示意图

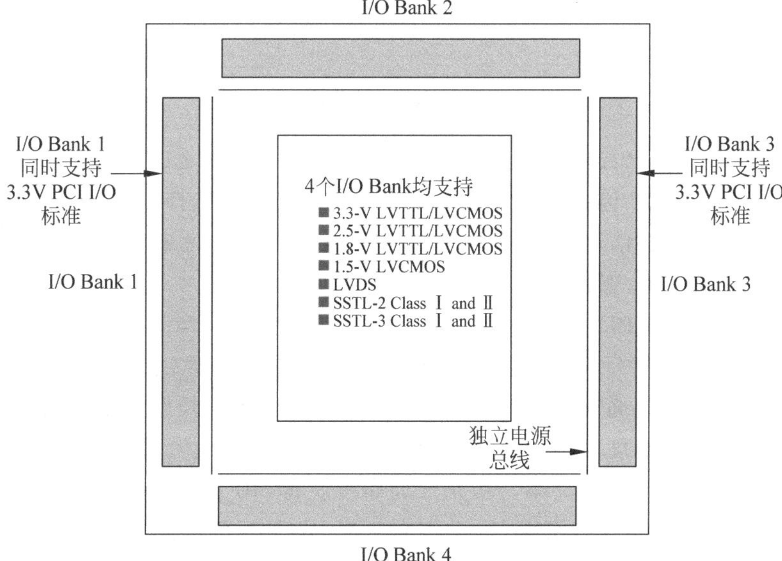

图 1-5　FPGA 接口 Bank VCCIO 电气标准示例

2. 可配置逻辑块(CLB/LAB)

CLB/LAB是FPGA内的基本逻辑单元，用于构造用户指定的逻辑功能。CLB/LAB的实际数量和特性会依器件的不同而不同，一个CLB/LAB通常包括8～16个逻辑单元(Logic Element，LE)(Xilinx称之为Slice)，LE是FPGA实现逻辑的最基本结构，每个LE包含多至4个4或6输入的查找表(LUT)、多路复用器、触发器和控制逻辑。每个CLB/LAB模块不仅可以用于实现组合逻辑、时序逻辑，还可以配置为分布式RAM和分布式ROM。

由表1-2可知，FPGA中组合逻辑的实现方法是基于LUT构成的，即CLB/LAB中的LUT主要完成组合逻辑的功能。LUT本质上就是一个RAM。一个n输入查找表可以实现n个输入变量的任何组合逻辑功能，如n输入"与"、n输入"异或"等。一个n输入的组合逻辑函数，其值有2^n个可能的结果，把这些可能的结果计算出来，并存放在2^n个SRAM单元中，而n个输入线作为SRAM的地址线，所以按地址可以输出对应单元的结果。输入大于n的组合逻辑必须分开用几个LUT实现。目前FPGA中多使用4输入的LUT，所以每一个LUT可以看成一个有4位地址线的16×1的RAM。当用户通过原理图或HDL语言描述了一个逻辑电路以后，FPGA开发软件会自动计算逻辑电路所有可能的输出，并把输出结果事先写入RAM，这样，输入信号进行逻辑运算就等于输入地址进行查表，找出地址对应的内容，然后输出即可。

下面以一个4输入与门为例介绍其对应的4输入LUT，如图1-6所示。由于4输入与门只有在4个输入信号a、b、c、d均为1的情况下，其输出才为1，其余情况输出均为0，因此其对应的4输入LUT内部的RAM中，只有地址为1111的单元才存逻辑值1，其余地址单元(0000～1110)的存储内容均为0。

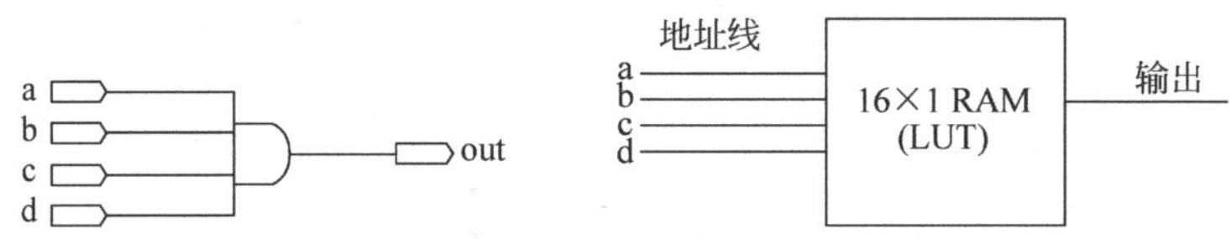

图1-6 4输入与门与4输入LUT*

Cyclone FPGA的LE结构如图1-7所示，包含一个4输入LUT，可以实现4个变量的任意函数。此外，每个LE包含一个可编程寄存器和具有进位选择功能的进位链。单个LE还支持由LAB-wide控制信号选择的动态单比特加减模式。每个LE驱动所有类型的互连：本地、行、列、LUT链、寄存器链和直接链路互连。

3. 可编程布线资源(PI)

PI位于CLB之间，用于传递信息，编程后形成连线网络，提供CLB之间、CLB与IOB之间的连线。布线资源连通FPGA内部的所有单元，而连线的长度和工艺决定着信号在连线上的驱动能力和传输速度。FPGA芯片内部有着丰富的布线资源，根据工艺、长度、宽度和分布位置的不同划分为4类。第一类是全局布线资源，用于芯片内部全局时钟和全局复位/置位的布线；第二类是长线资源，用于完成芯片Bank间的高速信号和第二全局时钟信号的布线；第三类是短线资源，用于完成基本逻辑单元之间的逻辑互连和布线；第四类是

* 本书保留了软件生成图形形式，未改为国标符号。

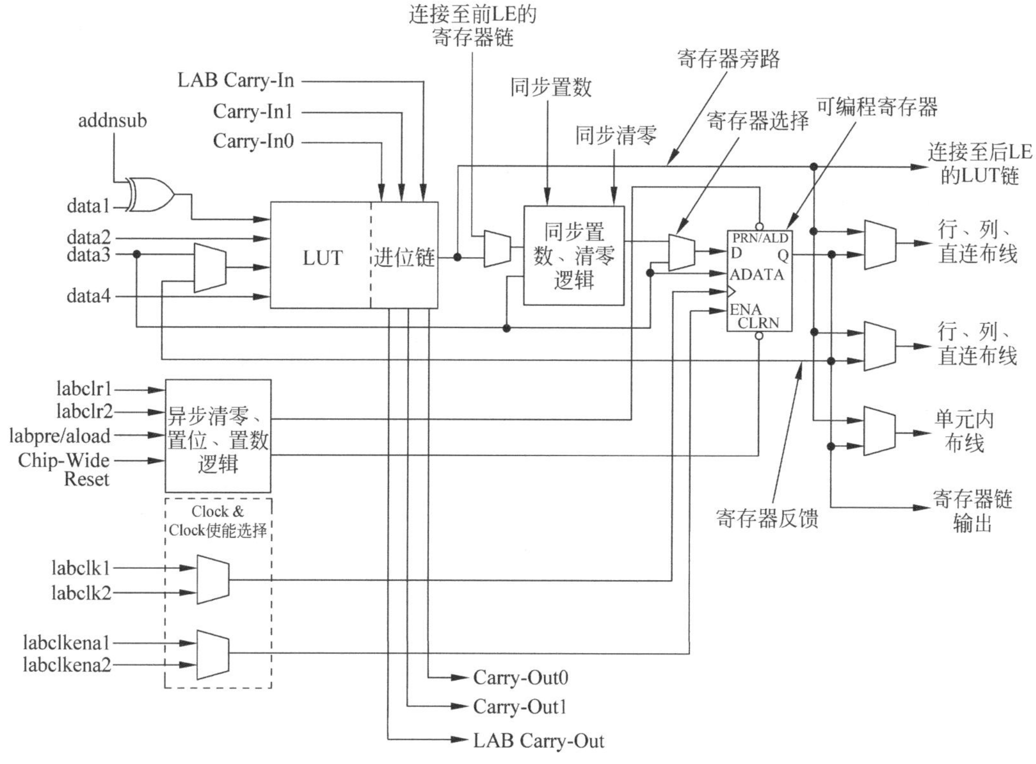

图 1-7 Cyclone Ⅳ 逻辑单元(LE)内部结构

分布式的布线资源,用于专有时钟、复位等控制信号线。

在实际中设计者不需要直接选择布线资源,布局布线器可自动根据输入逻辑网表的拓扑结构和约束条件选择布线资源来连通各个模块单元。从本质上讲,布线资源的使用方法和设计的结果有密切、直接的关系。

4. 嵌入式块 RAM(BRAM)

大多数 FPGA 都具有内嵌的块 RAM,这大大拓展了 FPGA 的应用范围和灵活性。块 RAM 可被配置为单端口 RAM、双端口 RAM、内容地址存储器(CAM)以及 FIFO 等常用存储结构。CAM 存储器在其内部的每个存储单元中都有一个比较逻辑,写入 CAM 中的数据会和内部的每一个数据进行比较,并返回与端口数据相同的所有数据的地址,因而在路由的地址交换器中有广泛的应用。除了块 RAM,还可以将 FPGA 中的 LUT 灵活地配置成 RAM、ROM 和 FIFO 等结构。在实际应用中,FPGA 芯片内部块 RAM 的数量也是选择 FPGA 的一个重要因素。

5. 底层内嵌功能单元

内嵌功能单元主要指数字时钟管理器 DCM 或 DLL(Delay Locked Loop)、锁相环 PLL (Phase Locked Loop)、数字控制阻抗 DCI(Digitally Controlled Impedance),可以完成时钟高精度、低抖动的倍频和分频,以及占空比调整和移相等功能。

FPGA 内部设有全局时钟网络,由外部的专用时钟引脚驱动,用于为 FPGA 内部的逻辑资源(IOE、LE 和内存块)提供时钟。除此之外,锁相环输出、逻辑阵列和双功能时钟 (DPCLK[7..0])引脚也可以驱动全局时钟网络。如图 1-8 所示为 Cyclone 内部的全局时钟网络。

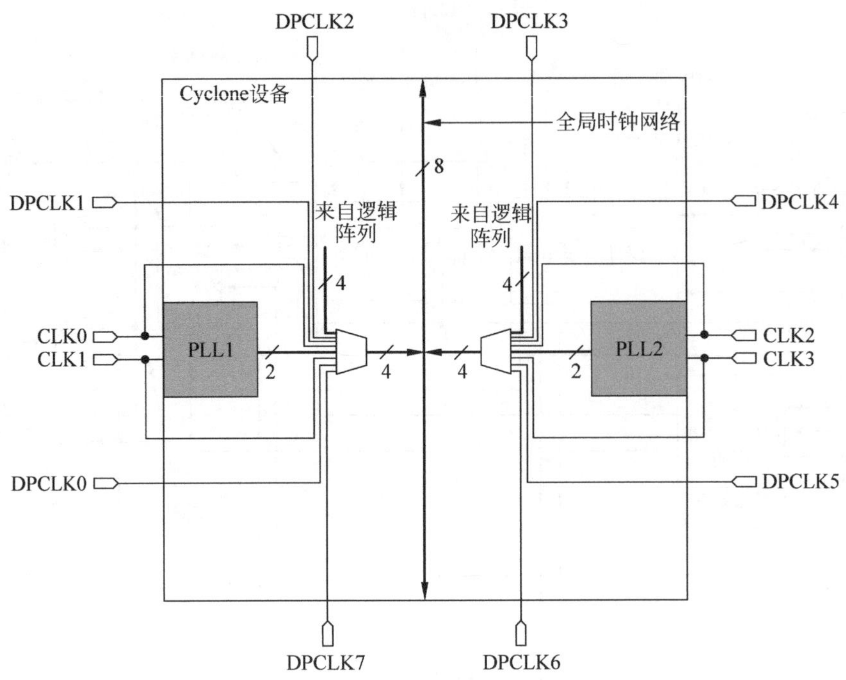

图 1-8　Cyclone 内部的全局时钟网络

6. 内嵌专用硬核

随着 FPGA 集成度的增加和功能的增强，芯片生产商在芯片内部集成了一些专用的硬核，如专用乘法器、收发速度可达数十 Gbps 的串并收发器(SERDES)，Power PC CPU、DSP Core 模块、PCI Express、三态以太网 MAC 核(TEMAC)等，嵌入硬核的种类及数量随 FPGA 型号的不同而不同，图 1-9 展示了 Cyclone Ⅳ内部嵌入的硬核逻辑资源。与软核实现方式相比，硬核实现具有更低的功耗和逻辑资源占有率。

处理器硬核及软核(Altera 的 Nios Ⅱ、Xilinx 的 MicroBlaze)，使得单片 FPGA 成为了系统级的设计载体。FPGA 作为系统开发使用时，需要配合相应的系统级设计工具 EDK 和 Platform Studio，如 Qsys，进行软硬件协同设计开发。

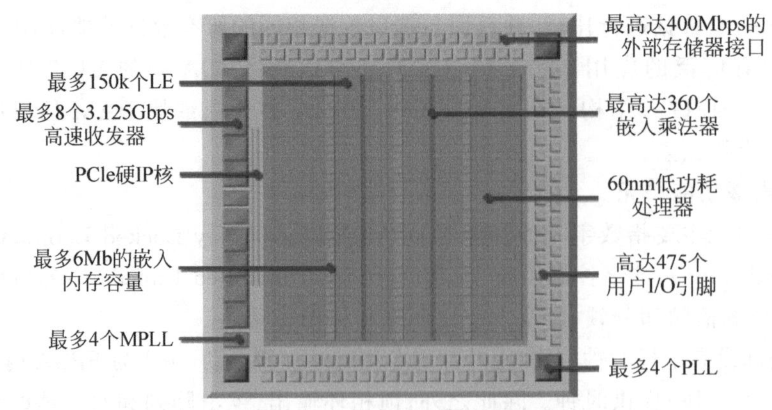

图 1-9　Cyclone Ⅳ 内嵌功能模块图

1.2.2 Intel FPGA

Intel 公司于 2015 年收购了当时全球第二大 PLD 生产厂商 Altera，其 FPGA 生产总部仍设在美国硅谷圣荷赛。Intel FPGA 提供了广泛的可配置嵌入式 SRAM、高速收发器、高速 I/O、逻辑模块和路由，嵌入式 IP(Intellectual Property)与出色的软件工具相结合，减少了 FPGA 的开发时间、功耗和成本。其目前的 FPGA 产品主要有适用于接口设计的 MAX 10 系列，适用于低成本、大批量设计的 Cyclone 系列，适用于中端设计的 Arria 系列，适用于高端设计的 Stratix 系列，这些产品具有高性能、高集成度和高性价比等优点。另外，Intel 正在推出基于 10nm 技术的 Agilex 系列 FPGA，适用于计算密集型和带宽密集型应用，进一步提高了性能，并降低了功耗。

1. Cyclone 系列

Cyclone 系列是一款简化版的 FPGA，具有低功耗、低成本和相对高的集成度的特点，非常适合小系统设计使用。Cyclone 器件内嵌了 M4K RAM 存储器，最多提供 294kb 存储容量，能够支持多种存储器的操作模式，如 RAM、ROM、FIFO 及单口和双口等模式。Cyclone 器件支持各种单端 I/O 接口标准，如 3.3V/2.5V/1.8V LVTTL、3.3V/2.5V/1.8V/1.5V LVCMOS、SSTL 和 PCI 标准。具有两个可编程锁相环 PLL，实现频率合成、可编程相移、可编程延迟和外部时钟输出等时钟管理功能。Cyclone 器件具有片内热插拔特性，这一特性在上电前和上电期间起到了保护器件的作用。Cyclone 系列产品如表 1-3 所示。

表 1-3 Cyclone 系列产品

产品	Cyclone	Cyclone Ⅱ	Cyclone Ⅲ	Cyclone Ⅳ	Cyclone Ⅴ	Cyclone 10
推出时间(年)	2002	2004	2007	2009	2011	2013
工艺技术	130nm	90nm	65nm	60nm	28nm	20nm

其中，Cyclone 子系列是 2002 年推出的中等规模 FPGA，130nm 工艺、1.5V 内核供电，与 Stratix 结构类似，是一种低成本 FPGA 系列；Cyclone Ⅱ FPGA 采用 90nm 工艺、1.2V 内核供电，性能和 Cyclone 相当，提供了硬件乘法器单元；Cyclone Ⅲ FPGA 采用台积电(TSMC)65nm 低功耗工艺技术制造；Cyclone Ⅳ FPGA 采用 60nm 工艺，面向低成本的大批量应用；Cyclone Ⅴ FPGA 采用 28nm 工艺，集成了丰富的 IP 模块；2013 年推出的 Cyclone10 FPGA 与前几代 Cyclone FPGA 相比，成本和功耗更低，且具有 10.3Gbps 的高速收发功能模块、1.4Gbps LVDS 以及 1.8Mbps 的 DDR3 接口。

下面以 Cyclone Ⅴ为例进行介绍，Cyclone Ⅴ包括了 6 个子系列型号的产品：Cyclone Ⅴ E、Cyclone Ⅴ GX、Cyclone Ⅴ GT、Cyclone Ⅴ SE、Cyclone Ⅴ SX、Cyclone Ⅴ ST，每个子系列又包括多个不同型号的产品。其中后 3 种子系列属于 SoC FPGA，其内部嵌入了基于 ARM 的硬核处理器系统 HPS，其余与 E、GX、GT 三个子系列相同。而 E、GX、GT 三个子系列的区别在于，E 系列只提供逻辑，GX 额外提供 3.125Gbps 收发器，GT 额外提供 6.144Gbps 收发器。图 1-10 所示为 Cyclone Ⅴ FPGA 的结构框图。表 1-4 给出了 Cyclone Ⅴ SE SoC FPGA 提供的逻辑资源概况。

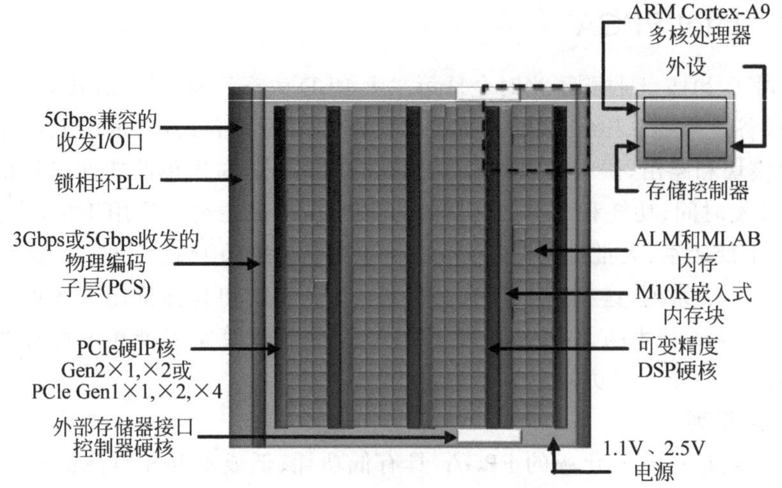

图 1-10 Cyclone Ⅴ系列结构框图

表 1-4 Cyclone Ⅴ SE SoC FPGA 逻辑资源

器件资源	型号			
	A2	A4	A5	A6
LE	25 000	40 000	85 000	110 000
自适应逻辑模块(ALM)	9 434	15 094	32 075	41 509
M10K 存储器模块	140	270	397	557
M10K 存储器 (Kb)	1 400	2 700	3 970	5 570
存储器逻辑阵列模块 MLAB (Kb)	138	231	480	621
18 位×18 位乘法器	72	116	174	224
精度可调 DSP 模块*	36	84	87	112
FPGA PLL	5	5	6	6
HPS PLL	3	3	3	3
FPGA 用户 I/O 最大数量	145	145	288	288
HPS I/O 最大数量	181	181	181	181
FPGA 硬核存储器控制器	1	1	1	1
HPS 硬核存储器控制器	1	1	1	1
处理器内核 ARM Cortex-A9	一个或两个	一个或两个	一个或两个	一个或两个

*：DSP 模块包括 3 个 9×9、2 个 18×18 和 1 个 27×27 乘法器。

2. Stratix 系列

Stratix FPGA 属于 Intel 的高端 FPGA，具有用于时钟管理和数字信号处理(DSP)的硬核 IP 模块，适于功能丰富的宽带系统应用，具有高集成度和高性能的特点，Stratix 系列产品如表 1-5 所示。Stratix 系列产品采用全新的布线结构，在保证延时可预测的同时增加布线的灵活性；增加片内终端匹配电阻，提高信号完整性，具有增强时钟管理和锁相环能力。Stratix 器件还具有 True-LVDS 电路，支持 LVDS、LVPECL、PCML 和 HyperTransport 差分 I/O 电气标准及高速通信接口，包括 10Gbps 以太网 XSBI、SFI-4、POS-PHY Level 4 (SPI-4 Phase 2)、HyperTransport、RapidIO 和 UTOPIA Ⅳ标准。此外，Stratix 器件还具有片内匹配和远程系统更新能力。

表 1-5　Stratix 系列产品

产品	Stratix	Stratix GX	Stratix Ⅱ	Stratix Ⅱ GX	Stratix Ⅲ	Stratix Ⅳ	Stratix Ⅴ	Stratix 10
推出时间(年)	2002	2003	2004	2005	2006	2008	2010	2013
工艺技术	130nm	130nm	90nm	90nm	65nm	40nm	28nm	14nm

Stratix FPGA 结构如图 1-11 所示，自早期的 Stratix 和 Stratix GX 开始引入了 DSP 硬核 IP 模块以及 TriMatrix 片内存储器模块，Stratix Ⅱ和 Stratix Ⅱ GX FPGA 引入了自适应逻辑模块(ALM)体系结构，采用 8 输入分段式 LUT 来替代 4 输入 LUT，这也是 Intel 目前最新的高端 FPGA 所采用的结构。Stratix Ⅲ FPGA 采用低功耗的 65nm 工艺，适用于高端内核系统处理设计，用户可以借助逻辑型(L)、存储器增强型(E)和数字信号处理型(DSP)来综合考虑自身的设计资源要求，从而加速设计周期、节省物理空间并降低成本。Stratix Ⅳ FPGA 提供增强型(E)和带有 11.3Gbps 收发器的增强型(GX 和 GT)的 FPGA 器件，可用于无线和固网通信、军事、广播等应用。Stratix Ⅴ FPGA 采用 28nm 工艺，具有多达 399 个精度可调 DSP 模块，以及 14.1Gbps(GS 和 GX)/28Gbps(GT)高速收发器。Stratix 10 采用 Intel 的 14nm 三栅极技术，内核处理速度达到了前代的 2 倍，串行收发器带宽达到了前代的 4 倍，单芯片超过 400 万逻辑单元。

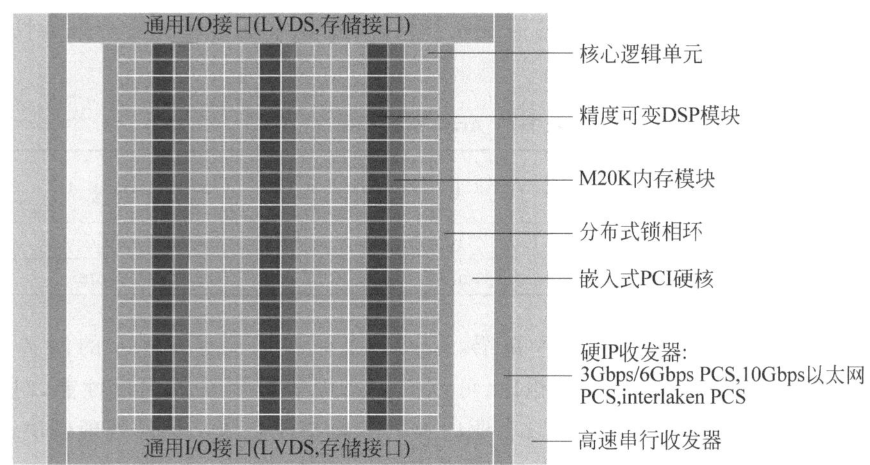

图 1-11　Stratix FPGA 结构框图

以 Stratix Ⅴ系列为例，Stratix Ⅴ包括了 4 个子系列产品：Stratix Ⅴ GT、Stratix Ⅴ GX、Stratix Ⅴ GS、Stratix Ⅴ E，每个子系列又包括多个不同型号的产品。其中 Stratix Ⅴ GT 提供 28.05Gbps 收发器，适用于需要超宽带和超高性能的应用，例如，40Gbps/100Gbps/400Gbps 应用；Stratix Ⅴ GX 集成了 14.1Gbps 收发器，适用于高性能、宽带应用；Stratix Ⅴ GS 集成了 14.1Gbps 收发器，适用于高性能精度可调数字信号处理(DSP)应用；Stratix Ⅴ E 在高性能逻辑架构上提供 952K 逻辑单元，适用于 ASIC 原型开发。Stratix Ⅴ GX FPGA 逻辑资源如表 1-6 所示。

表 1-6 Stratix Ⅴ GX FPGA 逻辑资源

器件资源	5SGXA3	5SGXA4	5SGXA5	5SGXA7	5SGXA9	5SGXAB	5SGXB5	5SGXB6
等价 LE(K)	340	420	490	622	840	952	490	597
自适应逻辑模块(ALM)	128 300	158 500	185 000	234 720	317 000	359 200	185 000	225 400
寄存器	513 200	634 000	740 000	938 880	1 268 000	1 436 800	740 000	901 600
14.1Gbps 收发器	36	36	48	48	48	48	66	66
M20K 存储器模块	957	1900	2304	2560	2640	2640	2100	2660
M20K 存储容量(Mb)	19	37	45	50	52	52	41	52
存储器逻辑阵列模块 MLAB 容量(Mb)	3.92	4.84	5.65	7.16	9.67	10.96	5.65	6.88
18×18 乘法器	512	512	512	512	704	704	798	798
27×27DSP 模块	256	256	256	256	352	352	399	399
PCIe 硬 IP 核	1 或 2	1 或 2	1 或 4	1 或 4	1 或 4	1 或 4	1 或 4	1 或 4

所有 Stratix FPGA 系列都有等价的 HardCopy ASIC 器件，设计人员能够很容易将 Stratix FPGA 设计移植到 HardCopy Stratix 器件中，为 ASIC 设计提供了低风险、低成本的量产途径。

3. Arria 系列

Arria 系列 FPGA 拥有丰富的内存和逻辑模块、数字信号处理(DSP)模块，能够提供高达 25.78Gbps 的收发器功能和卓越的信号完整性，可提供中端市场所需的最佳性能和能效。Arria 产品系列如表 1-7 所示。

表 1-7 Arria 系列产品

产品	Arria GX	Arria Ⅱ GX	Arria Ⅱ GZ	Arria Ⅴ GX GT SX	Arria Ⅴ GZ	Arria 10
推出时间(年)	2007	2009	2010	2011	2012	2013
工艺技术	90nm	40nm	40nm	28nm	28nm	20nm

下面以 Arria 10 系列为例具体介绍，Arria 10 系列采用了 20nm 的制造工艺与 OpenCores 设计，与其他同类型产品相比，可以提供速度等级更快的内核性能，时钟频率 f_{MAX} 提高 20%，功耗降低 40%，并且具有业内唯一的硬核浮点数字信号处理模块，速度高达 1.5 兆次浮点运算/秒(TFLOPS)。其结构如图 1-12 所示。

Arria 10 FPGA 系列包括 GX160/SX160、GX220/SX220、GX270/SX270、GX320/SX320、GX480/SX480、GX570/SX570、GX660/SX660、GX900、GX1150、GT900、GT1150。下面以 GX480、GX570、GX900、GX1150 为例具体介绍，其逻辑资源如表 1-8 所示。

表 1-8 Arria 10 系列逻辑资源

器件资源	GX480	GX570	GX900	GX1150
逻辑单元 LE(K)	480	570	900	1150
系统逻辑单元(K)	629	747	1180	1506
自适应逻辑模块 ALM	181 790	217 080	339 620	427 200

续表

器件资源	GX480	GX570	GX900	GX1150
寄存器	727 160	868 320	1 358 480	1 708 800
M20K 存储器模块	1438	1800	2423	2713
M20K 存储容量(Mb)	28	35	47	53
MLAB 存储容量(Mb)	4.3	5	9.2	12.7
硬单精度浮点乘法器/加法器,18×19 乘法器	2736	3046	3036	3036
峰值定点性能(GMACS)	3010	3351	3340	3340
峰值浮点性能(GFLOPS)	1231	1371	1366	1366
全局时钟网络	32	32	32	32
区域时钟	8	8	16	16
最大 LVDS 通道(1.6Gbps)	222	324	384	384
最大用户 I/O 引脚数	492	696	768	768
收发器数(17.4Gbps)	36	48	96	96
PCIe IP 核(Gen3×8)	2	2	4	4
3V I/O 引脚数	48	96	—	—

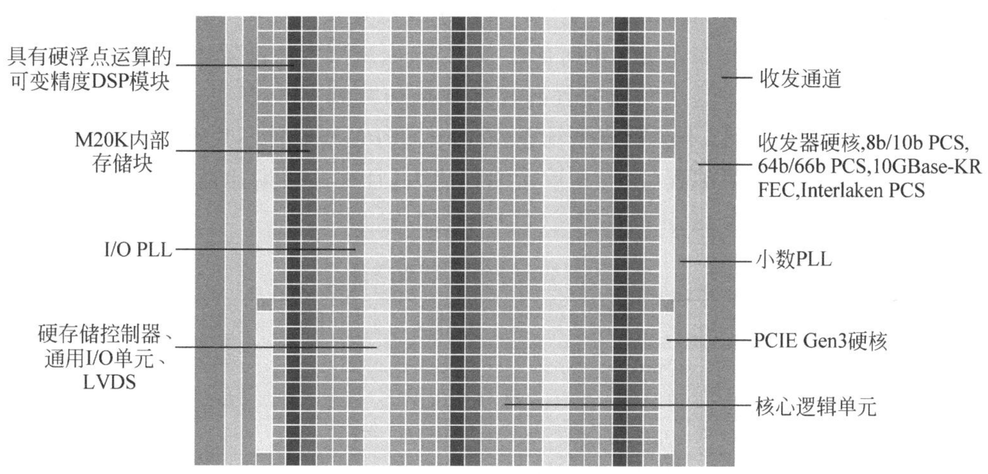

图 1-12 Arria FPGA 结构框图

4. MAX 10 系列

MAX 10 系列 FPGA 具有非易失、低成本和小外形尺寸(3mm×3mm 晶片级封装)的特点,采用 TSMC 的 55nm 嵌入式 NOR 闪存技术制造,内部采用双配置闪存,支持存储配置镜像间的动态切换。MAX 10 系列 FPGA 继承了前一代 MAX 系列的单芯片特性,集成模数转换(ADC)功能模块,使用单核或者双核电压供电,密度范围为 2K~50K LE。除此之外,MAX 10 具有全部的 FPGA 功能,例如,Nios Ⅱ 软核嵌入式处理器支持、数字信号处理(DSP)模块和软核 DDR3 存储控制器等,适用于成本敏感的诸如工业、汽车和通信等大规模应用。Intel MAX 10 系列产品如表 1-9 所示。

表 1-9　MAX 10 系列产品

	成熟的 CPLD	MAX Ⅱ CPLD	MAX ⅡZ CPLD	MAX Ⅴ CPLD	MAX 10 FPGA
推出时间(年)	1995—2002	2004	2007	2010	2014
工艺技术	0.50～0.30μm	180nm	180nm	180nm	55nm
主要特性	5.0V I/O	I/O 数量多	低静态功耗	低成本、低功耗	非易失集成

5. Agilex 系列

Agilex 系列 FPGA 是 Intel 首款基于 10nm 制造技术的 FPGA，采用第二代 Intel Hyperflex 架构及异构 3D 系统级封装(SiP)技术，性能提升最高可达 40%，适用于计算密集型和带宽密集型应用，功耗降低可达 40%。Agilex SoC FPGA 内部还集成了四核 ARM Cortex-A53 处理器，可提供高系统集成水平。Agilex FPGA 又分为 3 个系列：F 系列、I 系列和 M 系列。其中 Agilex F 系列 FPGA 集成了带宽高达 58Gbps 的收发器及增强的 DSP 模块，适用于数据中心、网络和边缘的各种应用。Agilex I 系列 SoC FPGA 针对高性能处理器接口和带宽密集型应用进行了优化，通过 Compute Express Link 提供面向 Intel 至强处理器的一致性连接，支持 PCIe Gen5 和带宽高达 112Gbps 的收发器。Agilex M 系列 SoC FPGA 针对计算密集型和内存密集型应用进行了优化，提供面向 Intel 至强处理器的一致性连接、HBM 集成、增强型 DDR5 控制器和 Intel 傲腾 DC 持久内存支持。

6. 配置芯片

由于 FPGA 是基于 SRAM 工艺生产的，所以配置数据在掉电后将丢失，因此 FPGA 在产品中使用时，必须考虑其在系统上电时的配置问题，而采用专用配置芯片是一种常用的解决方案。在上电的时候，由这个专用配置芯片把数据加载到 FPGA 中，FPGA 才可正常工作，由于配置时间很短，所以不会影响系统正常工作。FPGA 配置芯片都是基于 EEPROM 生产工艺的，具有在系统可编程(ISP)和重新编程能力，且生命周期比商用串行闪存产品更长。如表 1-10 所示为目前 Intel 提供的 FPGA 串行配置芯片。

表 1-10　Intel FPGA 配置芯片

配置器件系列	配置器件	容量	封装	电压	FPGA 产品系列兼容性
EPCQ-L	EPCQL256	256Mb	24-ball BGA	1.8V	Arria 10 和 Stratix 10 FPGA
	EPCQL512	512Mb	24-ball BGA	1.8V	
	EPCQL1024	1024Mb	24-ball BGA	1.8V	
EPCQ	EPCQ16	16Mb	8-pin SOIC	3.3V	28nm 以及早期的 FPGA
	EPCQ32	32Mb	8-pin SOIC	3.3V	
	EPCQ64	64Mb	16-pin SOIC	3.3V	
	EPCQ128	128Mb	16-pin SOIC	3.3V	
	EPCQ256	256Mb	16-pin SOIC	3.3V	28nm FPGA
	EPCQ512	512Mb	16-pin SOIC	3.3V	
EPCS	EPCS1	1Mb	8-pin SOIC	3.3V	兼容 40nm 和更早的 FPGA，但是建议新设计使用 EPCQ
	EPCS4	4Mb	8-pin SOIC	3.3V	
	EPCS16	16Mb	8-pin SOIC	3.3V	
	EPCS64	64Mb	16-pin SOIC	3.3V	
	EPCS128	128Mb	16-pin SOIC	3.3V	

随着技术的发展，FPGA 的工艺也在不断地改进，如 Actel 推出了基于 Flash 工艺的 FPGA，也有一些 FPGA 在其内部集成了配置芯片，这两类的 FPGA 都不需要外加专用的配置芯片。

1.3 FPGA 开发工具

PLD 的问世及其发展实现了系统设计师和科研人员的梦想——利用价格低廉的软件工具就可以在实验室里快速设计、仿真和测试数字系统，然后以最短的时间将其设计编程到一块 PLD 芯片中，并立即投入到实际应用中。FPGA 的开发涉及硬件和软件两方面的工作。如图 1-13 所示，一个完整的 FPGA 开发环境主要包括运行于 PC 上的 FPGA 集成开发工具(IDE)、编程/下载器、FPGA 开发板。

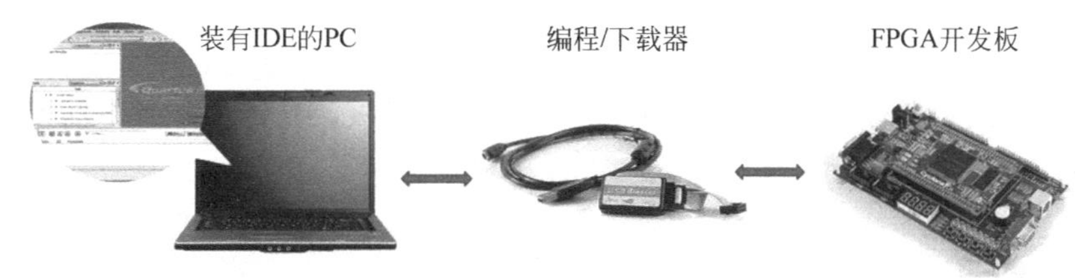

图 1-13 FPGA 开发环境

1. FPGA 集成开发工具

通常所说的 FPGA 集成开发工具主要是指运行于 PC 上的 EDA(Electronics Design Automation)开发工具，或称 EDA 开发平台。EDA 开发工具有两大来源：软件公司开发的通用软件工具和 PLD 制造厂商开发的专用软件工具。

(1) 软件公司开发的通用软件工具以三大软件巨头 Cadence、Mentor、Synopsys 的 EDA 开发工具为主，内容涉及设计文件输入、编译、综合、仿真、下载等 FPGA 设计的各个环节，是工业界认可的标准工具。其特点是功能齐全，硬件环境要求高，软件投资大，通用性强，不面向具体公司的 PLD 器件。

(2) PLD 厂商开发的专用软件工具具有硬件环境要求低，软件投资小的特点，并且很多 PLD 厂商的开发工具都是免费提供的，因此其市场占有率非常大，其中 Xilinx 公司和 Altera 公司(现 Intel 公司)的开发工具占据了 80%左右的市场份额；缺点是只针对本公司的 PLD 器件，有一定的局限性。Altera 公司的开发工具包括早先版本的 MAX+plus Ⅱ、Quartus Ⅱ以及目前推广的 Quartus Prime，其中 Quartus Prime 已发展至 Quartus Prime 21.1 版本，集成了全面的开发工具、丰富的宏功能库和 IP 核。Xilinx 公司的开发工具包括早先版本的 Foundation、后期的 ISE，以及目前主推的 Vivado。

通过 FPGA 开发工具的不同功能模块，可以完成 FPGA 开发流程中的各个环节，有关 Quartus Prime 的介绍及使用请参阅本书第 3 章的内容。

2. 编程/下载器

编程/下载器用于将配置数据由 PC 传送到 FPGA 或 CPLD 器件中，实现对 FPGA 器件的配置，或对 CPLD 器件的编程。Intel FPGA 主要支持两种类型的编程/下载器：USB-Blaster 和 Ethernet Blaster 下载器。早期还有 ByteBlaster Ⅱ下载器，由于使用的是 PC 的打印机并口对PLD器件进行配置或编程，已逐渐淘汰。USB Blaster下载器使用PC的USB接口对PLD器件进行配置或编程，支持1.8V、2.5V、3.3V和5.0V的工作电压，支持SignalTap Ⅱ的逻辑分析和对嵌入Nios Ⅱ处理器的通信及调试。Ethernet Blaster下载电缆使用以太网的RJ-45接口，通过以太网对PLD器件进行远程配置或编程。各编程/下载器如图1-14所示。

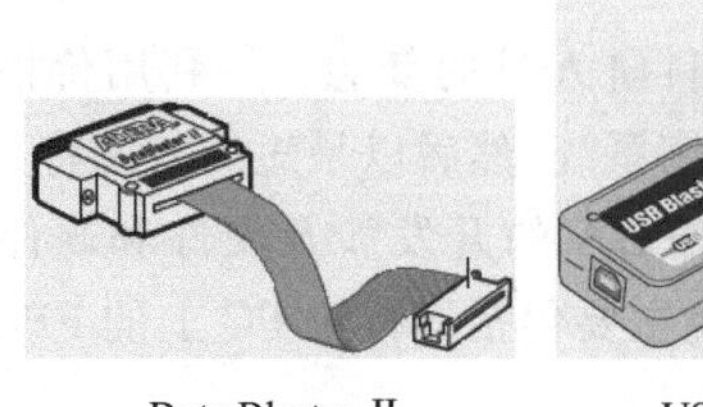
Byte Blaster Ⅱ

USB-Blaster

Ethernet Blaster

图1-14 编程/下载器

FPGA开发板为带有FPGA芯片和配置电路的电路板。具体的配置电路等信息请参阅1.4.3小节。

1.4 基于FPGA的开发流程

1.4.1 FPGA设计方法概论

与传统的自底向上的设计方法不同，FPGA的设计方法属于自上而下的设计方法，一开始并不考虑采用哪种型号的器件，而是从系统的总体功能和要求出发，先设计规划好整个系统，然后再将系统划分成几个不同功能的部分或模块，采用可完全独立于芯片厂商及其产品结构的描述语言，对这些模块从功能描述的角度进行设计。整个过程并不考虑具体的电路结构是怎样的，功能的设计完全独立于物理实现。

与传统的自底向上的设计方法相比，自上而下的设计方法具有如下优点：

(1) 从功能描述开始，到物理实现的完成，完全符合设计人员的设计思路。

(2) 设计更加灵活。自底向上的设计方法受限于器件的制约，器件本身的功能以及工程师对器件的了解程度都将影响到电路的设计，限制了设计师的思路和器件选择的灵活性。而功能设计使工程师可以将更多的时间和精力放在功能的实现和完善上，只在设计过程的最后阶段进行物理器件的选择或更改。

(3) 设计易于移植和更改。由于设计完全独立于物理实现，所以设计结果可以在不同的器件上进行移植，应用于不同的产品设计中，做到成果的再利用。同时也可以方便地对设计进行修改、优化或完善。

(4) 易于进行大规模、复杂电路的设计实现。FPGA器件的高集成度以及深亚微米生产工艺的发展，使得复杂系统的SoC设计成为可能，为设计系统的小型化、低功耗、高可靠性等提供了物理基础。

(5) 设计周期缩短。由于功能描述可完全独立于芯片结构，在设计的最初阶段，设计师可不受芯片结构的约束，集中精力进行产品设计，进而避免了传统设计方法所带来的重新再设计风险，大大缩短了设计周期，同时提高了性能，使得产品竞争力加强。据统计，采用自上而下设计方法的生产率可达到传统设计方法的 2～4 倍。

1.4.2　典型 FPGA 开发流程

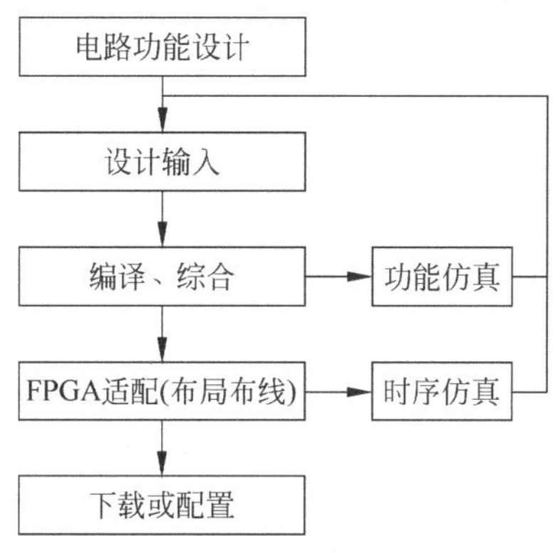

图 1-15　典型 FPGA 的开发流程

典型 FPGA 的开发流程如图 1-15 所示。第一步，首先要明确所设计电路的功能，并对其进行规划，确定设计方案，根据需要可以将电路的设计分为几个不同的模块分别进行设计。第二步，进行各个模块的设计，通常是用硬件描述语言(Hardware Description Language，HDL)对电路模块的逻辑功能进行描述，得到一个描述电路模块功能的源程序文件，从而完成电路模块的设计输入。第三步，对输入的文件进行编译、综合，从而确定设计文件有没有语法错误，并将设计输入文件从高层次的系统行为描述翻译为低层次的门级网表文件。在综合过程中，综合器将考虑若干约束规则，包括设计规则、时间约束、面积约束等，从而获得最终的门级网表文件。这之后，可以进行电路的功能仿真，通过仿真检查电路的功能是否满足设计需求。第四步，进行 FPGA 适配，即确定选用的 FPGA 芯片，并根据选定芯片的电路结构，进行布局布线，生成与之对应的门级网表文件。如果在编译之前已经选定了 FPGA 芯片，则第三步和第四步可以合为一个步骤。第五步，进行时序仿真，根据芯片的参数，以及布局布线信息验证电路的逻辑功能和时序是否符合设计需求。如果仿真验证正确，则进行程序的下载，否则，返回去修改设计输入。第六步，下载或配置，即将设计输入文件下载到选定的 FPGA 芯片中，完成对器件的布局布线，生成所需的硬件电路，通过实际电路的运行检验电路的功能是否符合要求，若符合，则电路设计完成；否则，返回修改设计输入。

1.4.3　FPGA 的配置

CPLD 的下载称为编程，在系统可编程(In System Programmability，ISP)是针对 CPLD 器件而言的。ISP 器件采用的是 EEPROM 或者 Flash 存储器来存储编程信息，这种器件内部有产生编程电压的电源泵，不需要在编程器上对器件进行编程，可以直接对装在印制电路板上的器件进行编程。这类器件的编程信息在断电后不会丢失，由于器件设有保密位，所以器件的保密性强。

FPGA 的下载称为配置，可进行在线重配置(In Circuit Reconfigurability，ICR)，即在系统正常工作时进行下载配置 FPGA，其功能与 ISP 类似。FPGA 采用静态存储器 SRAM 存储编程信息，SRAM 属于易失器件，所以系统需要外接配置芯片或存储器，存储编程信息。每次系统加电，在整个系统工作之前，先要将存储在配置芯片或存储器中的编程数据加载到 FPGA 器件的 SRAM 中，之后系统才开始工作。

FPGA 的配置由 nCONFIG 引脚低到高的电平转换开始启动，FPGA 配置周期包括 3 个阶段——复位、配置和初始化，如图 1-16 所示。当 nCONFIG 为低电平时，设备处于复位状态。nCONFIG 高电平将释放开漏 nSTATUS 引脚，nSTATUS 引脚为高时，FPGA 退出复位状态，进入配置状态，从 DATA0 引脚接收配置数据，配置数据在 DCLK 上升沿被采集。在配置期间，用户 I/O 全部处于高阻态。配置成功后，CONF_DONE 给出高电平，FPGA 进入初始化状态，等待 FPGA 内部资源（如寄存器等）复位完成；初始化完成后，INIT_DONE 引脚给出高电平，进入用户模式，FPGA 正常工作。（注：用户模式下不能让 DATA0 引脚悬空，应为确定的高电平或低电平。）

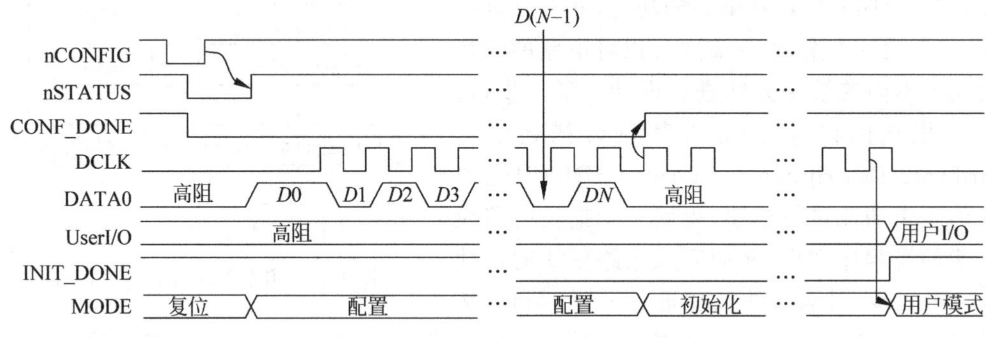

图 1-16 FPGA 配置时序

1. 配置模式

FPGA 的配置有多种模式，大致分为主动配置模式和被动配置两种。主动配置是指由 FPGA 器件引导配置过程，是在产品中使用的配置模式，配置数据存储在外部 Flash 中，上电时由 FPGA 引导从 Flash 中读取数据并下载到 FPGA 器件中。被动配置是指由外部计算机或者控制器引导配置过程，在调试和实验阶段常采用这种配置模式。每个 FPGA 厂商都有自己特定的术语、技术和协议，FPGA 配置细节不完全一样。

下面以 Intel 公司的 FPGA 器件为例具体介绍，其配置模式主要有主动串行（Active Serial，AS）方式、SD/MMC 方式、被动串行（Passive Serial，PS）方式、快速被动并行（Fast Passive Parallel，FPP）方式、Avalon-ST 方式、Configuration via Protocol（CvP）、JTAG（Joint Test Action Group）方式。各配置模式间的区别如表 1-11 所示。不同的 FPGA 芯片支持的配置模式不同，具体需参照各系列芯片的数据手册。

表 1-11 配置模式比较表

主动/被动配置	配 置 方 式	外部存储器/配置器件	数据宽度(位)
主动(Active)	AS(×1、×4)	EPCS、EPCQ 配置器件	1、4
	SD/MMC	SD/MMC 卡	8
被动(Passive)	PS	MAX Ⅱ、MAX Ⅴ或带 Flash 的微处理器	1
		EPCS 配置器件	1
		下载电缆	1
	FPP	MAX Ⅱ、MAX Ⅴ或带 Flash 的微处理器	8、16、32
	Avalon-ST	具有 PFL Ⅱ 和 CFI Flash 的 CPLD，带外部存储的微处理器	8、16、32
	CvP	PCIe 主机设备	1、2、4、8、16、32
	JTAG	下载电缆	1

下面以 Cyclone 10 系列 FPGA 的配置为例，介绍其配置模式和配置电路的设计。Cyclone 10 支持的配置模式主要有 AS、PS、FPP 和 JTAG。在 FPGA 芯片的外部引脚上，

有专门的3个引脚MSEL[2..0]用于设定具体的配置模式，如表1-12所示。

表1-12　配置模式设置

配置方式	VCCPGM(V)	上电复位(PRO)延迟	MSEL[2..0]
JTAG	—	—	任何有效配置均可
AS(×1、×4)	1.8	Fast	011
		Standard	010
PS	1.2/1.5/1.8	Fast	000
FPP		Standard	001

注：JTAG配置模式的优先级最高，当仅采用JTAG配置模式时，MSEL[2..0]接地或电源均可；若除JTAG配置模式外，还采用了其他的配置模式，则按照其他配置模式设定MSEL[2..0]的值。

除此之外，FPGA上还有专门的配置引脚，用于各种配置模式。表1-13所示为下载电缆线采用10针插头时，插头上的各引脚分别在PS和JTAG配置模式下与FPGA的配置引脚间的对应关系。

表1-13　不同配置模式下10针插头与FPGA配置引脚间的对应关系及功能描述

引脚	PS模式		JTAG模式	
	信号名	功能描述	信号名	功能描述
1	DCLK	时钟	TCK	时钟/测试时钟
2	GND	信号地	GND	信号地
3	CONF_DONE	配置控制	TDO	器件/测试数据输出
4	VCC	电源	VCC	电源
5	nCONFIG	配置控制	TMS	JTAG状态控制/测试模式选择
6	—	NC(未连接)	—	NC
7	nSTATUS	配置的状态	—	NC
8	—	NC	—	NC
9	DATA0	配置到器件的数据	TDI	配置/测试数据输入
10	GND	信号地	GND	信号地

注：JTAG接口同时又是边界扫描测试BST(Board Scan Test)接口。

JTAG接口最初是为了对芯片进行测试而开发的，微电子技术的发展使得集成芯片的集成度越来越高，传统的探针测试法和“针床”夹具测试法不再适用，为此，20世纪80年代，联合测试行动组(JTAG)开发了IEEE 1149.1—1990边界扫描测试(BST)技术规范，规定了采用边界扫描对芯片进行测试的技术及具有BST能力的芯片设计规范，其接口称为JTAG接口，或边界扫描测试BST接口。

把JTAG接口用作FPGA芯片的编程配置接口可以减少对芯片外部I/O接口的占用，同时也有利于FPGA编程接口的统一(IEEE编程标准IEEE 1532对FPGA编程方式进行了标准化的统一)。

2. 配置电路

在不同配置模式下，各配置电路的设计也不相同。如图1-17所示为FPGA的AS配置电路图，即先通过在系统编程方式将配置数据通过下载器下载至串行配置芯片中，再通过配置芯片与 FPGA 采用 AS 配置模式连接，在上电时由 FPGA 引导完成对 FPGA 的配置。

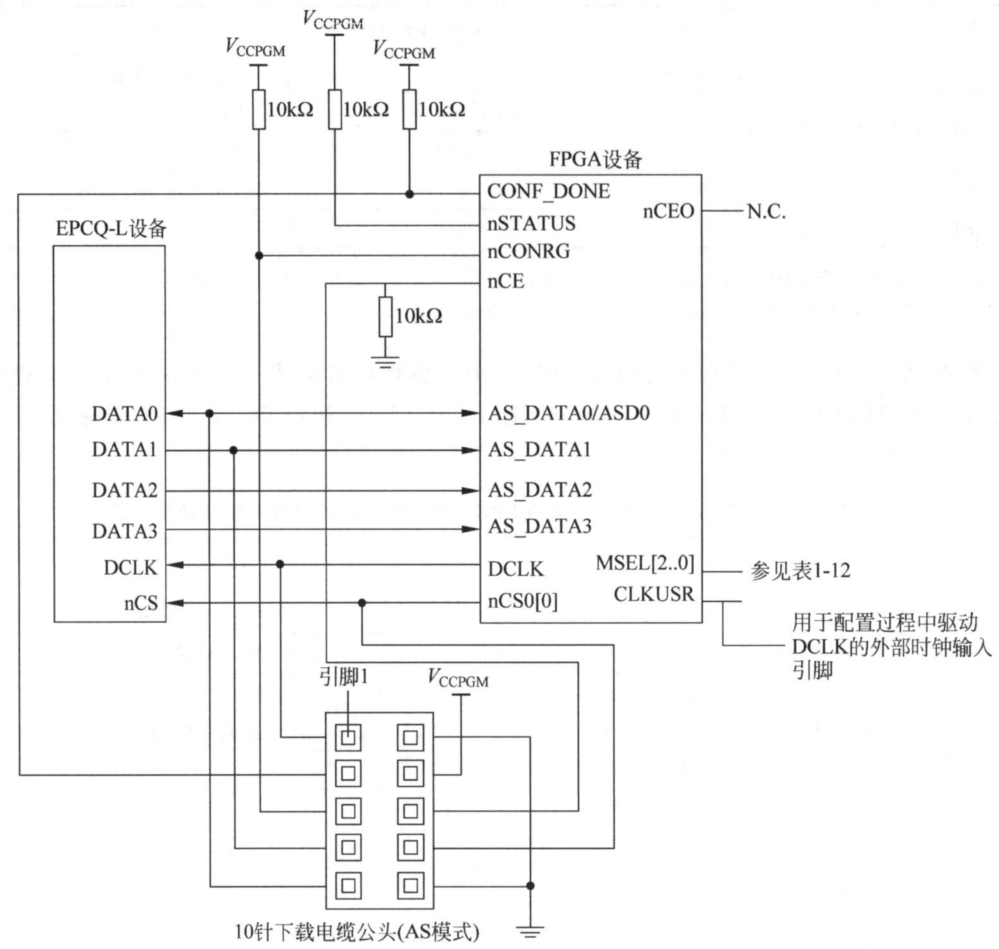

图 1-17　FPGA 的 AS 配置电路图

图 1-18 为 FPGA 的 PS 配置电路图。

FPGA 通过 JTAG 方式用下载电缆线配置的电路如图 1-19 所示。

当系统中有多个 FPGA 芯片需要配置时，可以采取将需要配置的前一个芯片的 TDO 与后一个芯片的 TDI 串联，所有需配置芯片的 TMS、TCK 并联的方式，构成 JTAG 链进行统一配置。

FPGA 的配置模式非常灵活，在使用时可参阅具体系列芯片数据手册。

1.4.4 基于 FPGA 的 SoC 设计方法

片上系统 SoC 是半导体和电子设计自动化技术发展的产物，也是目前业界研究和开发的焦点。国内外学术界一般倾向于将 SoC 定义为将微处理器、模拟 IP 核、数字 IP 核和存储器(或片外存储控制接口)集成在单一芯片上，由客户定制或是面向特定用途的标准产品。所谓 SoC，即将原来需要多个功能单一的 IC 组成的板级电子系统集成到一块芯片上，从而

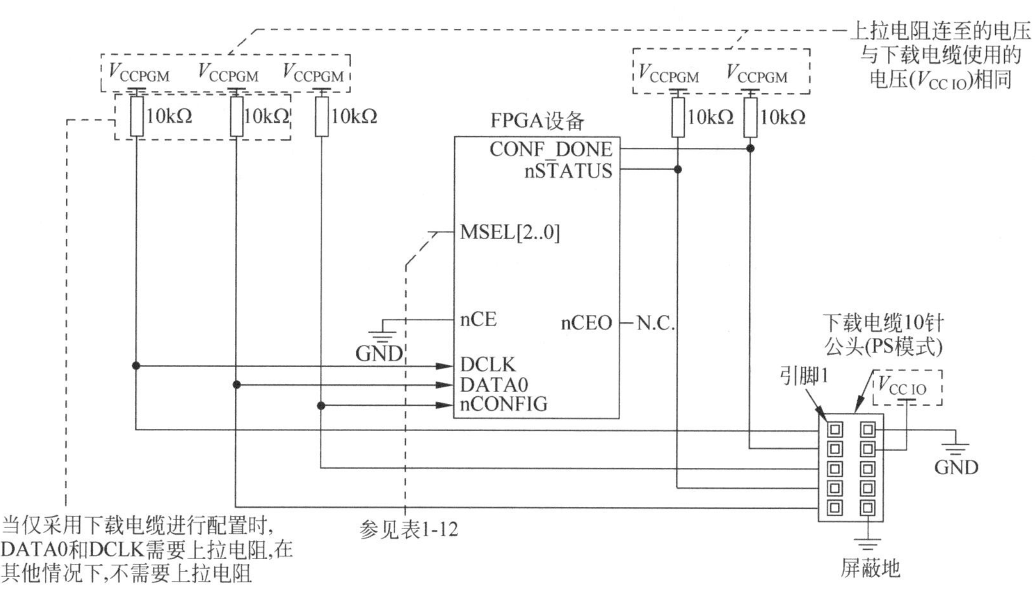

图 1-18 FPGA 的 PS 配置电路图

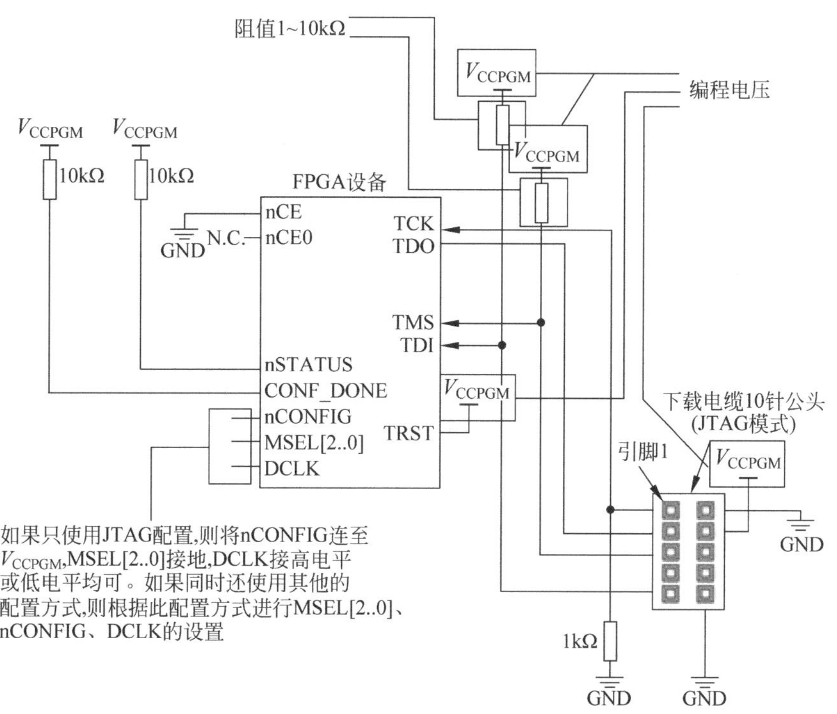

图 1-19 FPGA 的 JTAG 配置电路图

实现芯片即系统,芯片上包含完整系统并嵌有软件。SoC 又是一种技术,用来实现从确定系统功能开始,到软/硬件划分,并完成设计的整个过程。

高集成度使 SoC 具有低功耗、低成本的优势,并且容易实现产品的小型化,在有限的空间中实现更多的功能,提高系统的运行速度。

SoC 设计关键技术主要包括总线架构技术、IP 核可复用技术、软硬件协同设计技术、SoC 验证技术、可测性设计技术、低功耗设计技术、超深亚微米电路实现技术等，此外还要进行嵌入式软件移植、开发研究，是一门跨学科的新兴研究领域。基于 FPGA 的 SoC 设计流程如图 1-20 所示。在进行 SoC 设计的过程中，应注意采用 IP 核的重用设计方法，通用模块的设计尽量选择已有的设计模块，例如各种微处理器、通信控制器、中断控制器、数字信号处理器、协处理器、密码处理器、PCI 总线以及各种存储器等，这样才可把精力放在系统中独特的设计部分。关于 IP 核的介绍及使用，可参见本书第 6 章的内容。

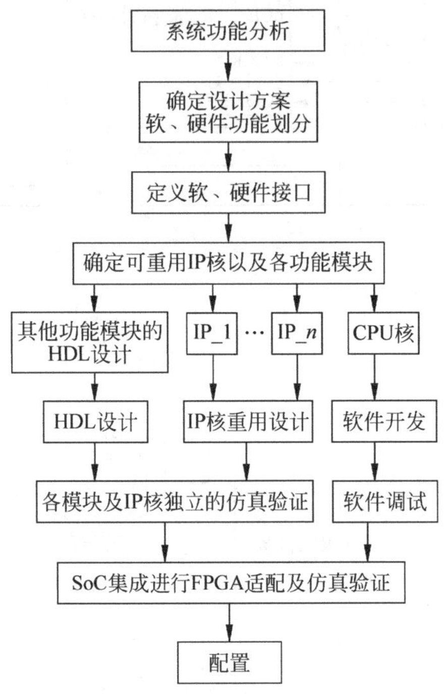

图 1-20　基于 FPGA 的 SoC 设计流程图

(1) 系统功能集成是 SoC 的核心技术。

在传统的应用电子系统设计中，需要根据设计要求的功能模块对整个系统进行综合，即根据设计要求的功能，寻找相应的集成电路，再根据设计要求的技术指标设计所选电路的连接形式和参数。这种设计的结果是一个以功能集成电路为基础，器件分布式的应用电子系统结构。设计结果能否满足设计要求不仅取决于电路芯片的技术参数，而且与整个系统 PCB 版图的电磁兼容特性有关。同时，对于需要实现数字化的系统，往往还需要有单片机等参与，所以还必须考虑分布式系统对电路固件特性的影响。很明显，传统应用电子系统的实现，采用的是分布功能综合技术。

对于 SoC 来说，应用电子系统的设计也是根据功能和参数要求设计系统，但与传统方法有着本质的差别。SoC 不是以功能电路为基础的分布式系统综合技术，而是以功能 IP 为基础的系统固件和电路综合技术。首先，功能的实现不再针对功能电路进行综合，而是针对系统整体固件实现进行电路综合，也就是利用 IP 技术对系统整体进行电路结合。其次，电路设计的最终结果与 IP 功能模块和固件特性有关，而与 PCB 板上电路分块的方式和连线技术基本无关。因此，设计结果的电磁兼容特性得到了极大提高。换句话说，就是所设计的结果十分接近理想设计目标。

(2) 固件集成是 SoC 的基础设计思想。

在传统分布式综合设计技术中,系统的固件特性往往难以达到最优,原因是所使用的是分布式功能综合技术。一般情况下,功能集成电路为了满足尽可能多方面的使用需求,必须考虑两个设计目标:一个是能满足多种应用领域的功能控制要求目标;另一个是要考虑满足较大范围应用功能和技术指标。因此,功能集成电路(也就是定制式集成电路)必须在I/O 和控制方面附加若干电路,以使一般用户能得到尽可能多的开发性能。从而导致定制式电路设计的应用电子系统不易达到最佳,特别是固件特性更是具有相当大的分散性。

从 SoC 的核心技术可以看出,使用 SoC 技术设计应用电子系统的基本设计思想就是实现全系统的固件集成。用户只需根据需要选择并改进各部分模块和嵌入结构,就能实现充分优化的固件特性,而不必花时间熟悉定制电路的开发技术。固件集成的突出优点就是系统能更接近理想系统,更容易实现设计要求。

(3) 嵌入式系统是 SoC 的基本结构。

在使用 SoC 技术设计的应用电子系统中,可以十分方便地实现嵌入式结构。各种嵌入结构的实现十分简单,只要根据系统需要选择相应的内核,再根据设计要求选择与之相配合的 IP 模块,就可以完成整个系统硬件结构。尤其是采用智能化电路综合技术时,可以更充分地实现整个系统的固件特性,使系统更加接近理想设计要求。必须指出,SoC 的这种嵌入式结构可以大大地缩短应用系统设计开发周期。

(4) IP 是 SoC 的设计基础。

传统应用电子设计工程师面对的是各种定制式集成电路,而使用 SoC 技术的电子系统设计工程师面对的是一个巨大的 IP 库,所有设计工作都以 IP 模块为基础。SoC 技术使应用电子系统设计工程师变成了一个面向应用的电子器件设计工程师。由此可见,SoC 是以 IP 模块为基础的设计技术,IP 是 SoC 设计的基础。

第 2 章 Verilog HDL 硬件描述语言

CHAPTER 2

传统的数字逻辑电路的设计方法，通常是根据设计要求，抽象出状态图，并对状态图进行化简，以求得到最简逻辑函数式，再根据逻辑函数式设计出逻辑电路。这种设计方法在电路系统庞大时，设计过程就显得烦琐且有难度，因此人们希望有一种更高效且方便的方法来完成数字电路的设计，这种需求推动了电子设计自动化技术(Electronic Design Automatic, EDA)的发展。所谓电子设计自动化技术，是指以计算机为工作平台，融合了应用电子技术、计算机技术、智能化技术的最新成果而开发出的电子 CAD 通用软件包，它根据硬件描述语言(Hardware Description Language，HDL)描述的设计文件，自动完成逻辑、化简、分割、综合、优化、布局布线及仿真，直至完成对于特定目标芯片的适配编译、逻辑映射和编程下载等工作。EDA 的工作范围很广，涉及 IC 设计、电子电路设计、PCB 设计等多个领域，本书介绍的内容仅限于数字电子电路的自动化设计领域。

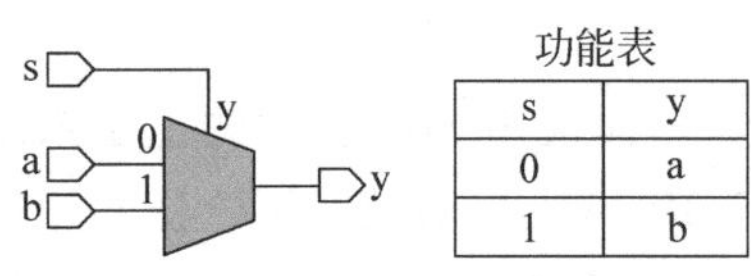

功能表

s	y
0	a
1	b

图 2-1　2 选 1 数据选择器

下面以图 2-1 所示的数据选择器为例介绍如何采用硬件描述语言设计数字电路，实现电子设计自动化。

例 2.1　2 选 1 的数据选择器的 Verilog HDL 描述。

```
module mux21a (a, b, s, y);
input a,b,s;
output y;
reg y;
always @(a or b or s)
begin
    if (s)
        y = b;
    else
        y = a;
end
endmodule
```

在这段程序中，黑体字部分的语句描述的功能和图 2-1 所示的功能完全一致，并且很容易理解。因此用 HDL 语言来设计数字电路是非常方便的，并且也已成为目前电子设计的主流。本例所采用的 HDL 语言为 Verilog HDL，最早由 Gateway Design Automation 公司于 1981 年提出，最初是为其仿真器开发的硬件建模语言。1985 年，仿真器增强版 Verilog-XL 推出。Cadence 公司于 1989 年收购了 Gateway,并于 1990 年将 Verilog HDL 语言推向市场。1995 年,Verilog HDL 在 OVI(Open Verilog International)的努力下成为 IEEE 标准,称为 IEEE Std1364—1995。

Verilog HDL 作为描述硬件电路设计的语言,允许设计者进行各种级别的逻辑设计,以及数字逻辑系统的仿真验证、时序分析、逻辑综合。能形式化地抽象表示电路的结构和行为,支持逻辑设计中层次与领域的描述。Verilog HDL 比较适合系统级、算法级、寄存器传输级、门级、开关级等的设计。与 VHDL 语言相比,Verilog HDL 语言最大的特点就是易学易用。另外,该语言的功能强,从高层的系统描述到底层的版图设计,都能很好地支持。

2.1 程序基本结构

Verilog HDL 程序(扩展名为.v)由模块构成,模块的内容都是嵌在 module 和 endmodule 两个关键字之间,每个模块实现特定的功能。模块之间可以进行多层次的嵌套。注意,Verilog HDL 程序区分字母大小写。

Verilog HDL 程序模块包括模块名、输入输出端口说明、内部信号说明、逻辑功能定义等几部分。程序模板如下:

```
module <模块名> (<输入、输出端口列表>)
   /* 端口描述 */
   output <输出端口列表>;
   input <输入端口列表>;
   /* 内部信号声明 */
   wire    //net 型变量
   reg     //register 变量
   integer
   /* 逻辑功能定义 */
   assign <结果信号名> = <表达式>;      //使用 assign 语句定义逻辑功能
   always @(<敏感信号表达式>)          //使用 always 块描述逻辑功能
    begin
       //过程赋值
       //条件语句
       //循环语句
       //函数调用
    end
   /* 元件例化 */
   <module_name 模块名><instance_name 例化元件名>(<port_list 端口列表>);
   endmodule
```

1. 端口声明

模块的端口声明了模块的 I/O 口,其格式如下:

```
module 模块名(端口 1,端口 2,端口 3,…);
```

如例 2.1 中的：

```
module mux21a (a, b, s, y);
```

表示模块 mux21a 有 4 个端口 a、b、s 和 y。

模块名是模块的唯一标识符。

2. 输入输出端口说明

输入输出端口说明明确了端口声明中端口的工作模式。如表 2-1 所示，Verilog 主要有 3 种端口工作模式：input、output、inout，下面给出这些端口的说明格式。

```
输入端口:input[n-1:0] 端口 n-1,端口 n-2, … ,端口 0;
输出端口:output[n-1:0] 端口 n-1,端口 n-2, … ,端口 0;
双向端口:inout[n-1:0] 端口 n-1,端口 n-2, … ,端口 0;
```

其中[n-1:0]表示端口数据的位宽为 n 位。默认数据位宽为 1。如

```
input a;  output b;
```

表 2-1 端口模式

端口模式	说明
input	数据只能从端口流入
output	数据只能从端口流出
inout	双向，数据从端口流入或流出

端口说明可以直接写在端口声明语句里。如：

```
module exam (a, b, s, y);
input[3:0] a,b;
input     s;
output[3:0] y;
reg[3:0] y;
```

也可以写为：

```
module exam (input[3:0] a, input[3:0] b, input s, output[3:0] y);
reg[3:0] y;
```

或

```
module exam (input[3:0] a, b, input s, output [3:0] y);
reg[3:0] y;
```

或

```
module exam (input[3:0] a, input[3:0] b, input s, output reg[3:0] y);
```

3. 内部信号说明

内部信号的数据类型有常量和变量。常量包括整数和参数常量，变量包括 net 型和 variable 型，详见 2.2 节。

不管是端口信号，还是内部信号，定义时都必须遵循 Verilog HDL 标识符定义规则。

Verilog HDL 标识符由 26 个大小写英文字母、数字 0～9、$ 符号以及下画线“_”构成，首字符必须是英文字母或者下画线，区分字母大小写，且 Verilog HDL 定义的保留字或关键字不能用作标识符。多个标识符间用“,”隔开。例如：

```
Mux21a,mux21a,mux21_a
```

4. 逻辑功能定义

模块中最重要的部分是逻辑功能定义，它描述各输入、输出变量及中间变量的逻辑功能。逻辑功能可以使用 assign 语句、always 语句以及元件例化等语句进行描述。assign 语句一般适用于对组合逻辑进行描述，称为连续赋值方式。always 块语句可以用于描述组合逻辑，也可用于描述时序逻辑。元件例化是指将具有一定功能的模块作为独立的元件在顶层文件中调用。采用元件例化的方法同在电路图输入方式下调入库元件一样，键入元件的名字和引脚的名字即可。

5. 注释

Verilog HDL 中有两种形式的注释。其具体格式如下：

```
/*第一种形式:可以扩展至多行*/
//第二种形式:在本行结束
```

关于模板中各部分内容将在后面详细介绍。

2.2 Verilog HDL 数据类型

数据类型用来表示数字电路中的数据存储和传送对象。Verilog HDL 的数据类型分为常量和变量，如图 2-2 所示。常量包括整数型常量、实数型常量、字符型常量和参数常量，变量分为网络(net)和变量(variable)两类，这两类数据在分配和保持数据的方式，以及硬件结构上有所不同。

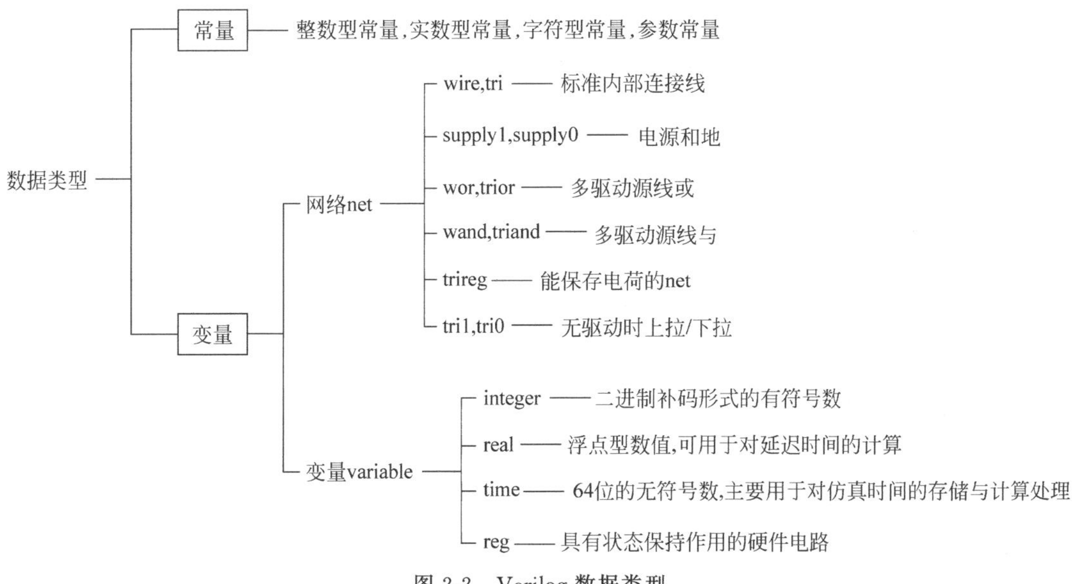

图 2-2 Verilog 数据类型

2.2.1 常量

在介绍数据类型前,先介绍一下常量及其表示形式。在程序运行过程中,其值不能被改变的量称为常量。

1. 值集

Verilog HDL 的值集中包含 4 个基本的值。

0:逻辑 0 或“假”状态。

1:逻辑 1 或“真”状态。

x(X):未知状态,不区分字母大小写。

z(Z):高阻状态,不区分字母大小写。

2. 整数型常量

在 Verilog HDL 中,整数有 4 种进制表示形式:二进制整数(b 或 B)、十进制整数(d 或 D)、八进制整数(o 或 O)、十六进制整数(h 或 H)。

完整的数字表达式为:

```
<位宽>'<进制><数字>
```

其中,位宽表示数字所对应的(二进制数的)位数,进制和数字共同表示常量值。例如,

```
8'b11001001        //表示位宽为 8 的二进制数 11001001
4'hf               //表示位宽为 4 的十六进制数 f
```

十进制数可以省略对位宽和进制的说明,例如,128。

取值为 x 或 z 时,也可以用? 来表示。例如,

```
8'b1001xxxx        //表示位宽为 8 的二进制数,低 4 位为不定值,等价于 8'h9x
4'b101z            //表示位宽为 4 的二进制数,最低位为高阻,也可以表示为 4'b101?
```

在较长的数之间可用下画线分开,如 16'b1001_0000_1000_1111。当常量不说明位数时,默认值为 32 位。

注意:值 x 和 z 以及十六进制中的 a~f 不区分字母大小写。

3. 实数型常量

实数型常量有两种描述形式:十进制计数法和科学记数法,具体形式如下:

(1) 十进制计数法。例如,

```
2.0,12.369,0.351
```

注意:小数点两侧必须要有 1 位数字。

(2) 科学记数法。例如,

```
37.2e3,其值为 37200.0
23_5.1e2,其值为 23510.0
4.592E2,其值为 459.2
7e-3,其值为 0.007
```

4. 字符型常量

字符型常量为用双引号括起来的一个或一串字符序列。字符型常量参与逻辑运算时,

其中的每一个字符采用其对应的8bit ASCII码参与运算，因此一个字符型常量的实际位宽为其包含的字符数乘以8。

例如，字符串常量“ab”等价于16'h6162。

5. 参数常量

在Verilog HDL中，用parameter定义一个标识符代表一个常量，称为参数常量。采用标识符代表一个常量可提高程序的可读性和可维护性。其定义格式如下：

```
parameter 参数名1 = 表达式,参数名2 = 表达式,…,参数名n = 表达式;
```

例如，

```
parameter lsb = 1,msb = 4'b1001;
```

此语句定义了参数lsb为十进制常数1，参数msb为二进制常数1001。

参数常量常用来表示总线宽度，如8bit D触发器的设计如下：

<table>
<tr><th>使用方法1</th><th>使用方法2</th></tr>
<tr><td><pre>
module lpm_reg (out, in, clk);
    parameter SIZE = 7;
    input [SIZE - 1:0] in,
    output reg[SIZE - 1:0] out;
    input clk;
    always @(posedge clk)
    begin
        out <= in;
    end
endmodule
</pre></td><td><pre>
module lpm_reg #(parameter SIZE = 7) (out, in, clk);
    input [SIZE - 1:0] in,
    output reg[SIZE - 1:0] out;
    input clk;
    always @(posedge clk)
    begin
        out <= in;
    end
endmodule
</pre></td></tr>
</table>

带有parameter参数的电路模块在被调用时，是可以改变其parameter参数值的。上例中的D触发器在例化使用时(有关元件例化的内容，请参见2.6节)，如果希望宽度为16bit，则可以描述如下：

```
lpm_reg #(.SIZE(16)) reg8
    (.out(q),
    .in  (din),
    .clk  (clk));
```

如果不改变参数，则可以描述如下：

```
lpm_reg reg8
    (.out(q),
    .in  (din),
    .clk  (clk));
```

除parameter参数外，还有localparam参数，两者的区别在于parameter可用作模块调用时传递参数的接口，而localparam的作用域仅限于当前module，不能作为模块间参数传递的接口。

2.2.2 net 型变量

net 型变量通常表示电路元件之间的物理连接，如逻辑门之间的连接。Verilog HDL 中提供了多种 net 型变量：wire、tri、supply1、supply0、wor、trior、wand、triand、trireg、tri1、tri0。net 数据类型的值由其驱动决定，始终根据输入的变化来更新其值，而不能存储值，除非是 trireg 类型，否则其值不能保持。如果没有驱动器连接到此网络，则其值为高阻 z。这里主要介绍常用的 wire 型变量。

wire 型数据用来表示以 assign 语句赋值的组合逻辑信号。在 Verilog HDL 模块中，输入、输出信号类型默认为 wire 型。

wire 型变量的定义格式如下：

```
wire[n-1:0] 变量名 1,变量名 2, …,变量名 m;
```

[n-1：0]表示数据的位宽为 n 位，默认数据位宽为 1。例如：

```
wire w1,w2;           //定义了两个 1 位的 wire 型变量 w1,w2
wire[7:0] data;       //定义 8 位宽的变量 data
```

数据位宽也可以描述为[0：n-1]，如：

```
wire[3:0] data;       //data[3]为最高位,data[0]为最低位
wire[0:3] address;    //address[0]为最高位,address[3]为最低位
```

可以使用变量中的某几位，但赋值时应注意位宽必须一致。例如：

```
wire[3:0] drain;
wire[1:0] source;
assign drain[3:2] = source;
```

此代码等效于：

```
assign drain[3] = source[1];
assign drain[2] = source[0];
```

2.2.3 variable 型变量

variable 型变量包括 integer、real、time、realtime 和 reg 型，其中 reg 型变量对应具有状态保持作用的电路元件，如触发器、锁存器等。若未被赋值，则 reg、time 和 integer 型的数据初值为未知值 x，real 和 realtime 型数据的初值默认为 0.0。

variable 型变量必须放在块语句(如 always 语句)中，通过过程赋值语句赋值。同一个 variable 型变量只可在一个块语句中重复赋值，但不能同时在多个块语句中赋值使用。

1. reg 型

reg 型变量是最常用的一种 variable 型变量，其定义格式为：

```
reg[n-1:0] 数据名 1,数据名 2, …,数据名 i;
```

如：

```
reg[7:0] a,b;
```

定义了两个 8bit 宽的变量 a 和 b。

reg 型变量可以用于定义存储器，存储器可以看成是由若干个相同宽度的向量组成的数组，因此存储器可以采用如下定义方式：

```
reg[n-1:0] memory[m-1:0];
```

例如，

```
reg[7:0] mymemory[1023:0];
```

或

```
reg[7:0] mymemory[0:1023];
```

该语句定义了一个容量为 8Kb 的存储器，存储深度为 1024，存储宽度为 8，存储器名为 mymemory。

在数组中，可以对存储器的某一存储单元赋值，但不能直接对存储器中的某一位进行寻址，只能间接寻址。例如，

```
mymemory [29] = 8'h3B;          //第 29 存储单元被赋值为 8'h3B
myreg  =  mymemory [8];
a  =  myreg [3];                //第 8 存储单元的第 3bit 位赋值给变量 a
myreg [3]  = 1;                 //将 myreg 的第 3bit 位赋值为高电平 1
```

2. integer 型

integer 型变量通常用于说明与实际硬件寄存器没有对应关系的量，如用于循环次数的控制。integer 的位宽为宿主机的字的位数，但最小为 32 位。综合时编译器自动调整其位宽。例如，

```
wire[3:0] a,b;
integer c;
c = a + b;
```

综合后 c 的位宽为 5 位，最高位是进位位。

2.3 Verilog HDL 运算符

Verilog HDL 运算符涉及的范围很宽，有不同的分类方法。按功能分为以下几类：算术运算符、关系运算符、等式运算符、逻辑运算符、位运算符、缩减运算符、移位运算符、条件运算符、位拼接运算符。按操作数的数量来分，可分为 3 类：单目运算符（unary operator），运算符带一个操作数；双目运算符（binary operator），运算符带两个操作数；三目运算符（ternary operator），运算符带 3 个操作数。表 2-2 列出了各运算符的优先级。为了避免出错，同时增加程序的可读性，在书写程序时可用括号“()”来控制运算的优先级。

1. 算术运算符

算术运算符实现简单的算术操作。常用的算术运算符如表 2-3 所示。

表 2-2 运算符的优先级

运 算 符	优 先 级 别
! ~	高优先级
{ }	↓
* / %	
+ -	
<< >>	
< <= > >=	
== != === !==	
& ~&	
^ ^~	
| ~|	
&&	
||	
?:	低优先级

表 2-3 算术运算符

运 算 符	功 能
+	加
-	减
*	乘(常数或乘数是 2 的整数次幂)
/	除(常数或除数是 2 的整数次幂)
%	取模(常数或右操作数是 2 的整数次幂)

以上算术运算符都属于双目运算符。除法运算只取结果的整数部分。取模运算也称求余运算,结果的符号位与运算式中的第一个操作数的符号位一致。例如:

```
9 % 2 = 1,10 % 5 = 0,-9 % 4 = -1
```

在进行算术运算时,如果某一个操作数有不确定值 x,则整个结果也为不确定值 x。

在 Verilog HDL 中,reg 型和 net 型变量综合将生成无符号数,integer 型变量综合生成有符号数。

2. 关系运算符

关系运算符如表 2-4 所示,为双目运算符,对两个数进行比较,如果比较的结果是真,则返回值为 1;如果比较的结果是假,则返回值为 0;如果某个操作数为不确定值 x,则返回值也是不确定值。

关系运算符同算术运算符相似,reg 型或 net 型变量之间相比较,综合生成无符号操作数;integer 型变量之间相比较则综合生成有符号操作数。

表 2-4 关系运算符

运 算 符	功 能	运 算 符	功 能
<	小于	==	等于
>	大于	!=	不等于
<=	小于或等于	===	全等
>=	大于或等于	!==	不全等

注意："<="也用于表示信号的赋值操作，要从程序的上下文区分关系运算符"<="和信号赋值运算符的不同。

"==""!="和"===""!=="运算符的区别在于："=="运算符是对两个操作数进行逐位比较，只有当两个操作数逐位相等，结果才为1；如果操作数中有不确定值，则比较的结果就是不确定值。"==="对操作数中的不确定值或高阻值也进行比较，当两个操作数完全一致，则结果为1；否则结果为0。详细功能如表2-5所示。

表2-5 "=="和"==="运算对照表

==	0	1	x	z	===	0	1	x	z
0	1	0	x	x	0	1	0	0	0
1	0	1	x	x	1	0	1	0	0
x	x	x	x	x	x	0	0	1	0
z	x	x	x	x	z	0	0	0	1

例如，若A =5'b11x01，B=5'b11x01，则A==B的返回值为不定值x，而A===B的返回值为1。

3. 逻辑运算符

逻辑运算符实现逻辑与、逻辑或、逻辑非的操作，如表2-6所示。

表2-6 逻辑运算符

<table>
<tr><th>运 算 符</th><th>功 能</th></tr>
<tr><td>&&</td><td>逻辑与</td></tr>
<tr><td>||</td><td>逻辑或</td></tr>
<tr><td>!</td><td>逻辑非</td></tr>
</table>

&& 和 || 为双目运算符，! 是单目运算符。例如，

A和B的与运算表示为：A&&B；

A和B的或运算表示为：A || B；

A的非运算表示为：!A。

4. 位运算符

位运算符实现操作数的位运算，如表2-7所示。

表2-7 位运算符

<table>
<tr><th>运 算 符</th><th>功 能</th><th>运 算 符</th><th>功 能</th></tr>
<tr><td>~</td><td>按位取反</td><td>|</td><td>按位或</td></tr>
<tr><td>&</td><td>按位与</td><td>^</td><td>按位异或</td></tr>
</table>

位运算符中除了~是单目运算符外，其余均为双目运算符。位运算实现两个操作数的相应位运算。例如：

若A=5'b11001，B=5'b10101，则：

```
~A = 5'b00110
A&B = 5'b10001
A|B = 5'b11101
A^B = 5'b01100
```

两个不同长度的数据进行位运算时，自动将两个操作数按右端对齐，位数少的操作数会在高位用 0 补齐。

5. 缩减运算符

缩减运算符是单目运算符，如表 2-8 所示。

表 2-8 缩减运算符

运 算 符	功 能	运 算 符	功 能
&	与	~|	或非
|	或	^	异或
~&	与非	^~,~^	同或

缩减运算符的与、或、非运算规则与位运算符的与、或、非运算规则类似，但运算对象不同。缩减运算针对单个操作数，先将操作数的第一位与第二位进行运算，再将结果与第三位进行运算，以此类推，直到最后一位，得到的结果是 1bit 的二进制数。例如，

```
wire[3:0] din;
out  = & din;           //等效于 out  = (( din [0]& din [1])& din [2])& din [3];
```

若 A=4'b1001，则 &A 的值为 0，|A 的值为 1。

6. 移位运算符

Verilog HDL 中包括两种移位运算符，如表 2-9 所示。

表 2-9 移位运算符

运 算 符	功 能
<<	左移
>>	右移

移位运算符的用法如下：

```
A<< n;          //将操作数 A 左移 n 位
B>> n;          //将操作数 B 右移 n 位
```

移位运算时，移出的空位用 0 来填补。例如：

```
input[3:0] a;
output[5:0] b;
output[3:0] c, d;
assign b = a << 2;
assign c = a << 2;
assign d = a >> 2;
```

若 a 为 4'b1101，则 b=6'b110100，c=4'b0100，d=4'b0011。

7. 条件运算符

条件运算符"?:"是一个三目运算符，有 3 个操作数，格式如下：

```
信号 = 条件? 表达式 1: 表达式 2;
```

当条件成立时，信号取表达式 1 的值，当条件不成立时，取表达式 2 的值。

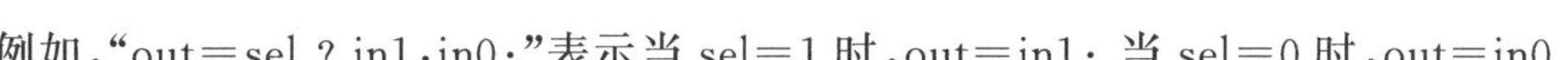

例如,“out=sel ? in1:in0;”表示当 sel=1 时,out=in1; 当 sel=0 时,out=in0。

8. 位拼接运算符

位拼接运算符“{}”是 Verilog HDL 中的一个特殊的运算符,它可以把两个或多个信号的某些位拼接起来。使用格式如下:

```
{信号 1 的某几位,信号 2 的某几位,…,信号 n 的某几位}
```

例如,若 ina=4'b1101,inb=4'b0110,则{ina,inb[1:0]}为 6'b110110,将 ina 和 inb 的低两位进行了拼接。

位拼接可以嵌套使用,也可以重复书写,如{2{m,n}}等同于{{m,n},{m,n}},也等同于{m,n,m,n}。

2.4 Verilog HDL 描述语句

Verilog HDL 的描述语句用来描述电路的逻辑功能,本节介绍 Verilog HDL 的赋值语句、条件语句、结构说明语句、循环控制语句和生成语句。

2.4.1 赋值语句

在 Verilog HDL 中,常用的赋值语句有连续赋值语句和过程赋值语句。

1. 连续赋值语句

连续赋值语句用关键词 assign 引出一种逻辑赋值关系,用于对 wire 型变量进行赋值。格式如下:

```
assign 被赋值变量 = 逻辑表达式;
```

连续赋值语句中被赋值变量需要定义为 wire 型。Verilog HDL 中的变量默认为 wire 型,因此不用重复定义。例 2.2 为图 2-3 所示电路的 Verilog HDL 描述。

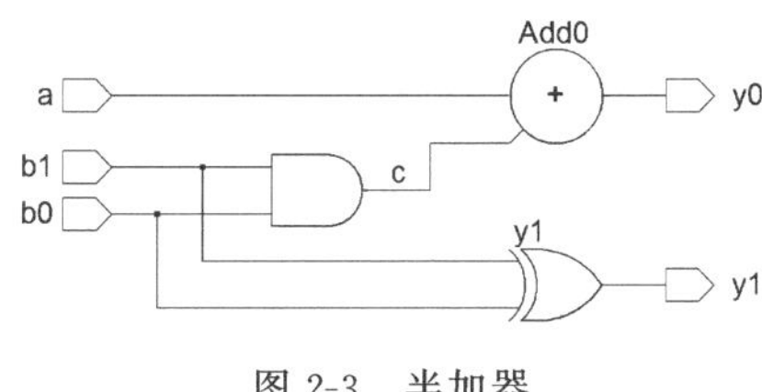

图 2-3　半加器

例 2.2　assign 语句示例

```
module add0(input a,b1,b0, output y1,y0);
wire c;
    assign c = b1 & b0;
    assign y1 = b1 ^ b0;
    assign y0 = a + c;
endmodule
```

其中 c,为内部信号,若将 c 的说明语句“wire c;”删除,则编译综合后,系统会提示:created implicit net for "c",即创建信号 c 为隐式 net 型。

若例中任一输入信号发生变化,则被赋值变量 c、y0、y1 都将立刻随之改变,因此称为连续赋值方式。连续赋值语句常用于描述组合逻辑电路。注意,虽然连续赋值语句在书写上有先后顺序,但是语句的执行是并行的,即若输入信号有变化,则输出信号的变化是同时的,这一点与电路的硬件结构相符,因此连续赋值语句的书写顺序可以调换。

在连续赋值语句中,被赋值的变量不能被重复赋值。例如,在下面程序中,第二个 assign 语句中 c 再次被赋值是错误的。

例 2.3 错误使用——assign 语句对同一信号重复赋值

```
module exam(input a,b, output c);
    assign c =  a & b;
    assign c =  a ^ b;          //c 被重复赋值
endmodule
```

2. 过程赋值语句

过程赋值语句必须在块语句中使用,比如 always 块语句、function 语句等。需要注意的是,过程赋值语句中被赋值的每一个信号都必须定义成 reg 型。IEEE Verilog 标准中提供了两种过程赋值语句:阻塞赋值语句和非阻塞赋值语句。

同一块内的阻塞赋值语句之间有先后执行的顺序。阻塞的含义为在同一个块中,当前阻塞赋值语句正在执行时禁止其后的所有其他赋值语句的执行。只有当前阻塞赋值语句执行完成后,其后的赋值语句才能被执行,即语句是顺序执行的。非阻塞赋值语句之间没有执行的先后顺序。非阻塞的含义为在同一个块中,当前非阻塞赋值语句执行的同时允许其他的语句执行,即语句是并行执行的。

(1) 阻塞赋值。

在块语句内采用符号"="的赋值语句为阻塞赋值语句。下面的例子说明了阻塞赋值语句的使用。

例 2.4 阻塞赋值

```
module exam1(clk,a,c,b);
input clk,a;
output c,b;
reg c,b;
always @(posedge clk)
begin
    b = a;
    c = b;
end
endmodule
```

仿真波形如图 2-4 所示。从波形图中可以看到,c 和 b 的值在时钟上升沿到来的时候是同时变化的。

在 Verilog HDL 中,双向端口信号 inout 不能被定义成 reg 型变量,因此不能在过程赋值语句中进行赋值。可以用中间寄存器变量,通过过程赋值语句获取数据,再通过连续赋值语句赋值给 inout 信号。下面的例子描述了 inout 端口信号的使用。

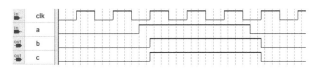

图 2-4 阻塞赋值仿真波形

例 2.5 inout 端口使用及其仿真

```
module inout_port(data, sel);
inout[3:0] data;                        //双向端口信号
input sel;
reg[3:0] midreg0,midreg1;               //中间寄存器变量
always @(sel or data)
begin
    if (sel == 1) midreg0 = ~data;      //双向端口作为输入,对中间寄存器变量赋值
    else midreg1 = midreg0;
end
assign data = (!sel)? midreg1:4'bz;     //利用中间寄存器变量向双向端口输出信号
endmodule
```

双向端口信号在仿真时,需要注意,其在作为输出端子使用时,仿真之前的信号应该将其初始化为高阻态。如图 2-5(a)所示为仿真执行前的信号赋值,当 sel 信号为 1 时,双向端子 data 为输入端子,给予具体的输入值;当 sel 信号为 0 时,双向端子 data 为输出端子,初值赋高阻态时,仿真结果与设计相符,为输入的非,否则仿真结果为未定义值“XXXX”,如图 2-5(b)所示。

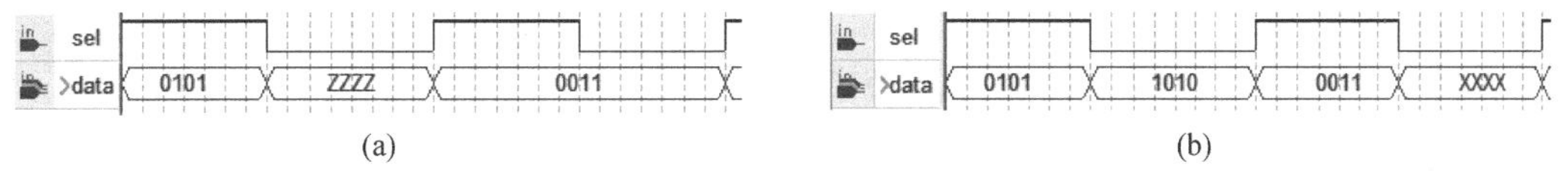

(a) (b)

图 2-5 inout 端口仿真波形

(2) 非阻塞赋值。

在块语句内采用符号“<=”的赋值语句为非阻塞赋值语句,下面的例子说明了非阻塞赋值语句的使用。

例 2.6 将例 2.4 中赋值符号由“=”改为“<=”。

```
module exam2(clk,a,c,b);
input clk,a;
output c,b;
reg c,b;
always @(posedge clk)
begin
    b<=a;
    c<=b;
end
endmodule
```

仿真波形如图 2-6 所示。从波形图中可以看到,c 信号的变化滞后于 b 信号一个周期。

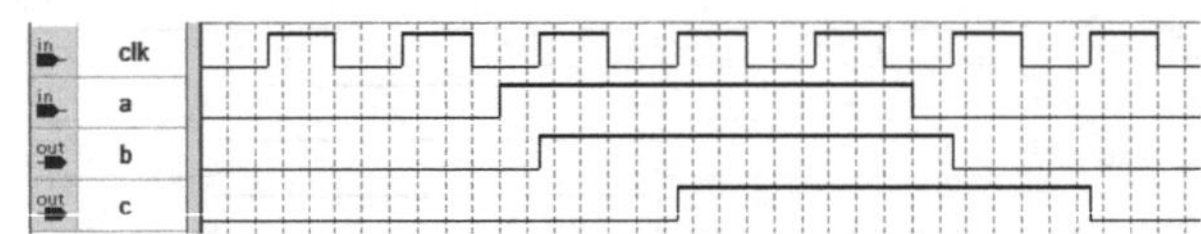

图 2-6　非阻塞赋值仿真波形

观察例 2.4 和例 2.6 程序综合后生成的 RTL 图(执行 Quartus 主菜单命令：Tools→Netlist viewers→RTL Viewer),分别如图 2-7(a)、(b)所示,综合后的电路结构与仿真结果吻合。

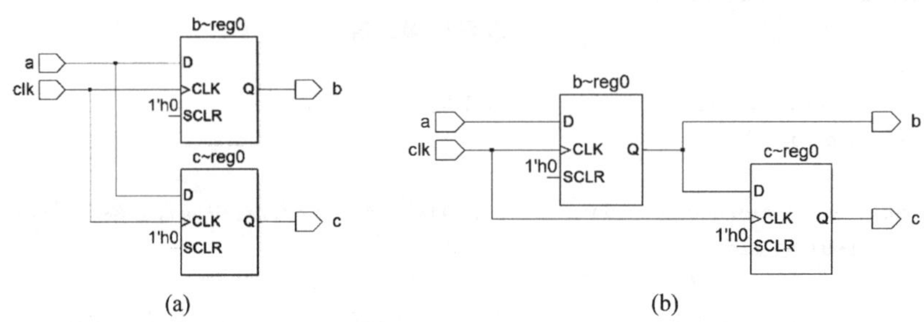

图 2-7　非阻塞赋值 RTL 图

阻塞赋值语句中的“阻塞”是指此赋值语句在顺序块内执行时,会阻塞其后序的顺序执行语句,但并不会阻塞并行执行语句。这一点在可综合电路中表现得不明显,在测试程序的顺序块中表现明显,感兴趣的读者可以参阅 5.3 节。非阻塞赋值语句在可综合电路和测试程序中的表现相对统一,非阻塞赋值语句在执行时,并不会阻塞顺序块内其后续语句的执行。一般来说,建议组合逻辑采用阻塞赋值,时序逻辑采用非阻塞赋值,生成的电路及逻辑功能符合设计预期。

注意：不能在不同的模块中对相同的变量进行赋值。

2.4.2　条件语句

在 Verilog HDL 中,条件语句有 if-else 语句和 case 语句两种。

1. if-else 语句

if-else 语句根据表达式的值来执行块中的内容,其格式与 C 语言中的 if-else 语句相似。

格式 1：

```
if(表达式)          语句;
```

格式 2：

```
if(表达式)          语句 1;
else                语句 2;
```

格式 3：

```
if(表达式 1)        语句 1;
else if(表达式 2)   语句 2;
…
else if(表达式 n)   语句 n;
else                语句 n+1;
```

其中,表达式一般为逻辑表达式或关系表达式,也可能是一位的变量。系统对表达式的值进行判断,若为 0、x、z,按假处理;若为 1,按真处理,然后执行指定的语句。语句可以是单句,也可以是多句。多句时要用 begin-end 语句括起来。

if-else 语句也可以嵌套使用,但为保证综合性能,避免冗长的路径延迟,不建议使用过长的 if 嵌套结构。由于 if 语句对条件的判断是有先后顺序的,所以 if 语句常用来实现具有优先权的电路。

例 2.7　用 if 语句设计四选一数据选择器

```
module mux41 (d0,d1,d2,d3,s,x);
input d0,d1,d2,d3;
input [1:0] s;
output reg x;
always @ (s, d0, d1, d2, d3)
    begin
        if (s == 2'b00)       x = d0;
        else if (s == 2'b01)  x = d1;
        else if (s == 2'b10)  x = d2;
        else                  x = d3;
    end
endmodule
```

例 2.8　用 if 语句设计一个两位数的数值比较器

```
module compare(com1, com2 , q1, q2, q3);
input[1:0] com1, com2;
output q1, q2, q3;
reg q1, q2, q3;
always @ (com1 or com2)
begin
if (com1 > com2)
    begin
        q1 = 1; q2 = 0; q3 = 0;
    end
else if (com1 < com2)
    begin
        q1 = 0; q2 = 1; q3 = 0;
    end
else begin
        q1 = 0; q2 = 0; q3 = 1;
    end
end
endmodule
```

数值比较器的仿真波形如图 2-8 所示。

2. case 语句

case 语句与 if-else 语句类似,但它是一种多分支选择语句,多用于实现平衡条件电路,常用于描述总线、译码器和普通编码器的结构,如描述译码器、数据选择器、状态机及微处理器的指令译码等。case 语句有 case、casez、casex 三种表示方式。

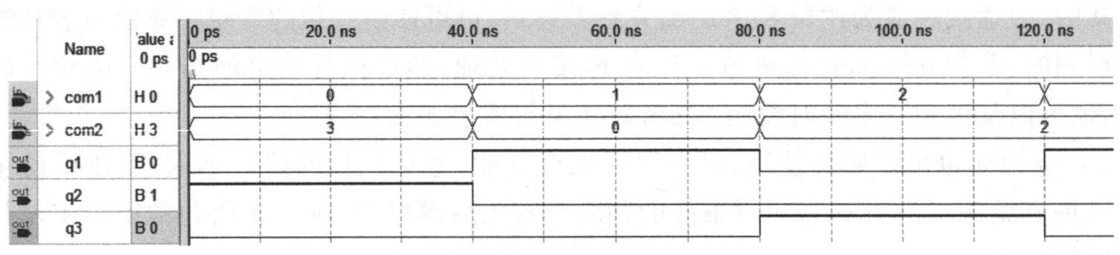

图 2-8　数值比较器仿真波形

(1) case 语句。

case 语句的使用格式为：

```
case (表达式)
    选择值 1: 语句 1;
    选择值 2: 语句 2;
    …
    选择值 n: 语句 n;
    default:语句 n+1;
endcase
```

当表达式的值为选择值 1 时，执行语句 1；为选择值 2 时，执行语句 2；以此类推，直到选择值 n。如果表达式的值与列出的所有分项的值都不相同，则执行 default 分支项。default 分支项也可以省略，但是要注意选择值必须覆盖表达式所有的取值范围。另外还要注意，条件句中的选择值必在表达式的取值范围内，且选择值之间不允许有重叠，case 语句执行时必须选中，且只能选中所列条件中的一条。

例如，对于例 2.7 中的四选一数据选择器，可以写为如下的 case 语句描述方式：

```
always @ (s, d0, d1, d2, d3)
    begin
        case ( s )
        2'b00:x = d0;
        2'b01:x = d1;
        2'b10:x = d2;
        default:x = d3;
        endcase
    end
```

与 if 语句相比，case 语句的可读性稍好，但是 case 语句占用资源多于 if 语句。

下面的程序段用 case 语句描述了一个高有效输出的七段显示译码器。其中 decin 为译码输入，decout 为七段译码输出。

```
always @(decin)
begin
    case(decin)
    4'd0:decout  =  7'b1111110;
    4'd1:decout  =  7'b0110000;
    4'd2:decout  =  7'b1101101;
    4'd3:decout  =  7'b1111001;
    4'd4:decout  =  7'b0110011;
```

```
        4'd5:decout = 7'b1011011;
        4'd6:decout = 7'b1011111;
        4'd7:decout = 7'b1110000;
        4'd8:decout = 7'b1111111;
        4'd9:decout = 7'b1111011;
        default:decout = 7'b0000000;
        endcase
    end
```

（2）casez 语句与 casex 语句。

casez 语句与 casex 语句是 case 语句的两种变体。在 case 语句中，表达式与选择值之间必须保证对应位全等，但是在 casez 语句和 casex 语句中，如果分支表达式某些位的值是 z 或 x，那么这些位的比较就不予考虑，只需关注其他位的比较结果即可。例如，

```
casez (value_z)
2'bz0:it_is = even;                //只需最低位为 0 即可
endcase
```

在使用条件语句时，应注意列出所有条件分支项，否则编译器在条件不满足时，会引进一个锁存器保持原值。这一点可用于某些时序电路的设计，例如计数器的设计。但对于组合逻辑电路，此结果通常是错误的，因为它隐含了锁存器的存储功能。下面的例子描述的模块中就隐含了锁存器。

例 2.9　隐含锁存器电路

```
module buried(buri1,buri2,result);
input buri1,buri2;
output result;
reg result;
always @(buri1 or buri2)
    begin
        if((buri1 == 1)&&(buri2 == 1)) result = 1;
    end
endmodule
```

在上面的例子中，当 buri1 和 buri2 同时为 1 之后，不论 buri1 和 buri2 改变为何值，result 始终是 1，这是因为电路中引入了一个锁存器来保存 result 的值。仿真波形如图 2-9 所示。（为便于理解，这里采用 Modelsim 进行仿真，具体方法可参见 3.2.3 节。）

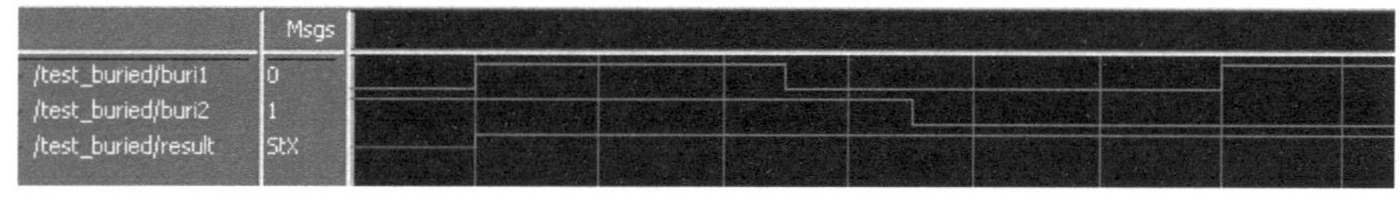

图 2-9　隐含锁存器电路仿真波形

如果设计中不想引入锁存器，那么在 if 语句中需要列出所有的条件分支项。比如在例 2.9 的 always 语句中加上一句：

```
always @(buri1 or buri2)
    begin
```

```
        if((buri1 == 1)&&(buri2 == 1)) result = 1;
        else result  =  0;
    end
```

仿真波形如图 2-10 所示。对于 case 语句，为避免引入锁存器，应在所有分支项后面加上 default 语句。

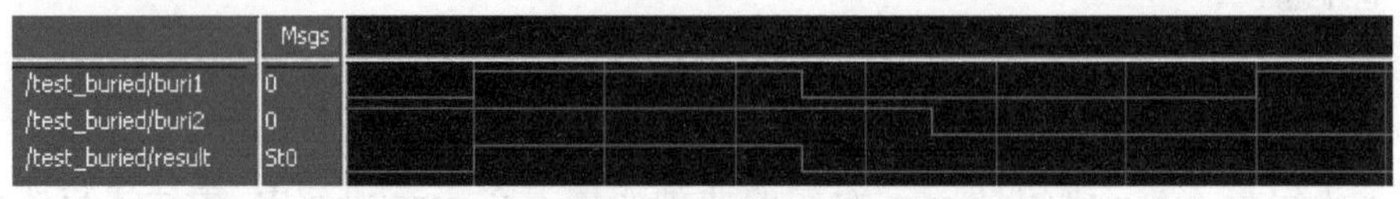

图 2-10　去掉隐含锁存器电路仿真波形

2.4.3　结构说明语句

在 Verilog HDL 中包括以下 4 种结构说明语句：initial 语句、always 块语句、task 语句、function 语句。其中 initial 语句通常用于仿真的初始化，仅执行一次；always 块语句则不断重复执行；task 和 function 语句可以在程序模块中的一处或多处调用，调用时注意参数的类型要和 task 及 function 语句定义中的参数类型保持一致。

initial 语句是不能被综合的语句，具体将在第 5 章进行介绍。always 块语句、task 语句、function 语句是可综合语句，综合后相当于目标芯片中的一个电路模块。

1. always 块语句

always 块语句是 Verilog HDL 语言中经常用到的语句，可以用来设计组合逻辑电路和时序逻辑电路。其格式如下：

```
always @(敏感信号表达式)
        begin
            <说明语句>
        end
```

敏感信号表达式声明了触发控制或时序控制信号，可以是一个或一组信号。当有多个信号时，信号之间用 or 连接。当表达式中任何一个信号的值改变时，always 块中的内容就会执行一遍。下面的例子使用 always 语句描述了一个二选一数据选择器。其中，sel 为控制端，in1 和 in2 为数据输入端，out 为数据输出端。

```
always @(sel or in1 or in2)
begin
    if(sel) out  =  in1;
    else out  =  in2;
end
```

设计组合逻辑电路时，在敏感信号表达式中最好列出影响块内取值的所有信号，一般为输入信号。如上例中列出了所有与 out 有关的信号 sel、in1、in2。

在 always 块中也可以声明临时变量，使用范围只限于该 always 块中。例如，

```
always @(an1 or an2)
  begin : label
    integer temp;                    //定义临时变量
```

```
    temp = an1 & an2;
    result = ～temp;
end
```

对于时序逻辑电路，时钟是敏感信号，事件由时钟边沿触发。在 Verilog HDL 中，上升沿和下降沿分别用 posedge 和 negedge 两个关键字来描述。例如，

```
always @(posedge clk)                    //时钟 clk 上升沿触发
```

或

```
always @(negedge clk)                    //时钟 clk 下降沿触发
```

下面是一个时钟上升沿触发的例子。在时钟信号的作用下，对输入信号连续取反。

```
always @(posedge clk)                    //时钟上升沿触发
begin
    dataout <= ～datain;                 //对输入信号 datain 取反后输出
end
```

上例中，敏感信号表达式里没有列出输入信号 datain，因为它与时钟信号同步，其对电路的影响，必须要求时钟边沿到来，因此只需列出时钟有效沿即可。

对于有异步预置的情况，由于异步信号不受时钟信号的影响，因此，需要在敏感信号表达式中列出所有的异步信号。可按以下格式书写：

```
always @(posedge clk or posedge event)
always @(posedge clk or posedge event1 or negedge event2)
```

下面的语句描述了一个带有异步控制信号的 8 位寄存器的例子。

```
always @(posedge clock or negedge clear)     //低电平异步清零
  begin
    if (!clear)                   //必须是 if (!clear),与敏感信号表达式中低电平清零一致
        out <= 0;                 //异步清零
    else
        out <= in;
end
```

需要注意的是，块内的逻辑描述要与敏感信号表达式中的有效电平一致。上例的敏感信号表达式中有 negedge clear，表示低电平异步清零，因此 always 块内的功能描述部分对应的是 if(!clear)，而不是 if(clear)。

always 块描述的电路既可以是组合逻辑电路，也可以是时序逻辑电路。当用 always 块描述组合逻辑时，应当使用阻塞赋值；时序逻辑的描述和建模，应当使用非阻塞赋值。另外，在同一个 always 块中，最好不要混合使用阻塞赋值和非阻塞赋值。

always 块内允许对同一个变量多次赋值，此时只有最后一个赋值执行，实际电路不建议如此设计，没有实际意义。

2. task 语句

task 语句的定义格式如下：

```
task <任务名>
```

```
    <端口及数据类型声明语句>;
    <语句>;
endtask
```

task 语句调用的格式为：

```
任务名 (端口 1,端口 2,…);
```

例如，

```
task my_task;
    input a,b;
    output c;
    assign c = a & b;
endtask
```

任务调用的格式为：

```
my_task(in1, in2, out);
```

任务调用变量和任务定义时的端口说明是一一对应的。当任务启动时，变量 in1 和 in2 的值赋给 a 和 b。任务完成后，输出通过 c 赋值给 out，实现任务的调用。

3. function 语句

函数的目的是返回一个表达式的值。其定义格式如下：

```
function <返回值位宽或类型说明> 函数名;
        端口声明;
        局部变量定义;
        其他语句;
endfunction
```

函数的定义中蕴含了一个与函数同名的内部寄存器。<返回值位宽或类型说明>是一个可选项，如果省略，则返回 reg 类型的数据为 1 位宽。

函数的调用格式如下，其中表达式 1、表达式 2 的值与函数定义时端口声明中的变量一一对应：

```
函数名(表达式 1,表达式 2,…);
```

例 2.10　函数使用

```
module func_exam(a, b, out);
input[1:0] a, b;
output out;
function fun;                //定义函数 fun
    input[1:0] x, y;
    reg z;
    begin
        if(x > y) z = ^x;
        else z = ^y;
        fun = z;             // 返回函数值
    end
endfunction
```

```
assign out = fun(a, b);    //函数调用
endmodule
```

函数调用的仿真波形如图 2-11 所示。

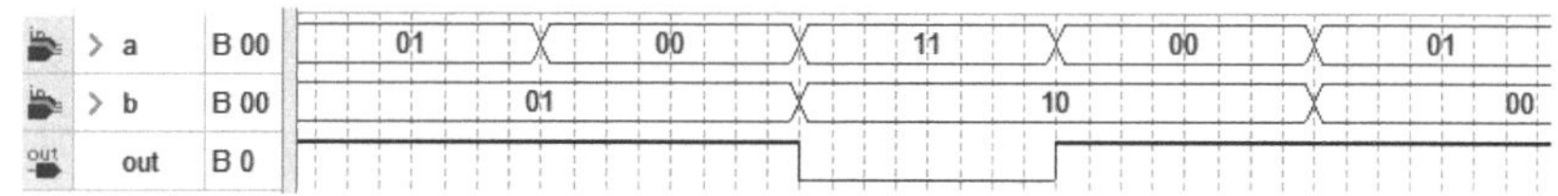

图 2-11　函数调用仿真波形

函数的定义应置于程序的功能语句前，类似于函数清单，告知本程序中包含哪些函数。任务与函数相比有许多不同之处，表 2-10 列出了任务与函数的区别。

表 2-10　任务与函数的区别

	任务(task)	函数(function)
输入与输出	可有任意个各种类型的参数	至少有一个输入，不能将 inout 类型作为输出
调用	只在过程语句中调用，不能在连续赋值语句 assign 中调用	可作为表达式中的一个操作数来调用，在过程赋值和连续赋值语句中均可被调用
调用其他任务和函数	可调用其他任务和函数	可调用其他函数，但不能调用其他任务
返回值	不返回值	向调用它的表达式返回一个值

2.4.4　循环控制语句

Verilog HDL 中有 4 类循环语句，用于控制语句的执行次数：forever、repeat、while 和 for 循环。这些循环语句主要用在测试文件中，本节主要介绍可综合生成电路的 for 循环语句。

for 循环语句需要放在结构说明语句内部，其语法格式如下：

```
for (初始值; 循环条件; 步进)
        语句;
```

例如，

```
always @( * )
    for (i = 0; i < 4; i = i + 1)
    begin
        a[i] = ~b[i];
    end
```

其中，i 为索引循环变量，此段程序的执行结果是将 4bit 变量 b 的值赋值给 4bit 变量 a，综合后的电路如图 2-12 所示。

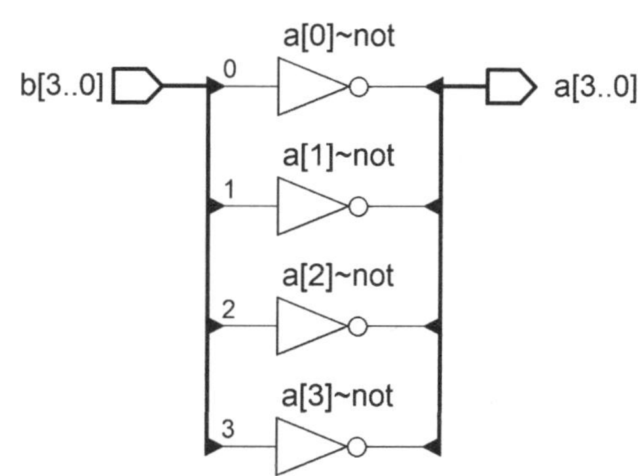

图 2-12　for 循环综合结果

再看下面的例子，在 always 块中增加了时钟敏感信号。

例 2.11 增加了时钟敏感信号的电路

```
module for_test1(a,b,clk);
input[3:0] b;
input clk;
output reg[3:0] a;
integer i;

always @(posedge clk)
    for (i = 0; i < 4; i = i+1)
    begin
    a[i] = ~b[i];
    end
endmodule
```

综合电路如图 2-13(a)所示，可见 for 循环会被综合器展开为所有变量执行，即 for 语句循环几次，就是将相同的电路复制几次。因此 for 循环中的所有变量均是在时钟有效沿同时动作的，这一点从图 2-13(b)所示的仿真结果中可以清楚地看到，在时钟上升沿时刻，a 信号 4 个比特的值均发生了变化，而非在时钟信号的作用下依次变化，这一点需要注意。

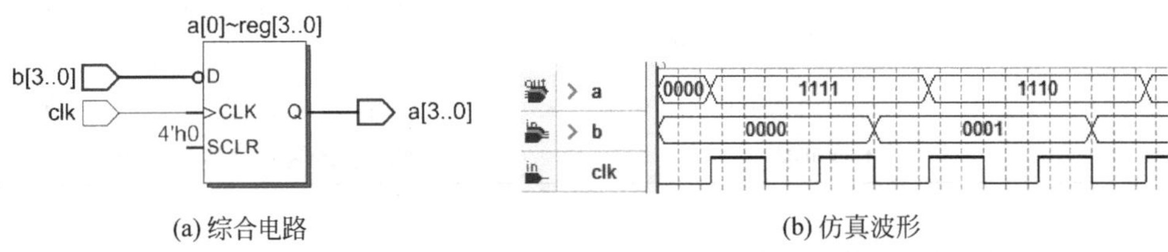

(a) 综合电路　　(b) 仿真波形

图 2-13 for 循环综合电路及仿真波形

2.4.5 生成语句

generate(生成)语句用于实例化一个或多个变量声明、模块、用户定义原语、门原语、连续赋值、initial 初始块和 always 块，generate 语句常常配合 for 循环、if 语句或 case 语句使用。

1. generate-for 语句

generate 语句内 for 循环使用的索引循环变量应声明为 genvar 类型。

例 2.12 格雷码到二进制码的转换

```
module gray2bin1 (bin, gray);
output [7:0] bin;
input [7:0] gray;
genvar i;
    generate for (i=0; i<8; i=i+1)
        begin: codeconvert
            assign bin[i] = ^gray[7:i];
        end
    endgenerate
endmodule
```

此电路完成格雷码到二进制码的转换，其中 i 为循环变量。generate-for 循环中 begin 后的

codeconvert 为 generate 块名，因此此块又称为命名块。Quartus Prime 要求 generate-for 块必须为命名块，否则编译不成功。在测试程序中，命名块可以通过“disable 块名”显式退出。

2. generate-if 语句

generate-if 语句允许模块、用户定义原语、Verilog 门原语、连续赋值、initial 初始块和 always 块根据设计时确定的表达式有条件地实例化到另一个模块中。需要注意的是，条件表达式的值必须是一个确定的常数。语句格式如例 2.13 所示。

例 2.13　generate-if 示例

```
module gen_if (a1,a2,y);
output y;
input a1,a2;
parameter w = 1;
    generate
        if (w)   assign y = a1 & a2;
        else     assign y = a1 | a2;
    endgenerate
endmodule
```

3. generate-case 语句

generate-case 语句允许模块、用户定义原语、Verilog 门原语、连续赋值、initial 初始块和 always 块根据设计时确定的 case 选择值实例化到另一个模块中。需要注意的是，case 选择值必须是一个确定的常数。语句格式如例 2.14 所示。

例 2.14　generate-case 示例

```
module gen_case (a1,a2,y);
output y;
input a1,a2;
parameter w = 1;
    generate
        case (w)
            0: assign y = a1 & a2;
            1: assign y = a1 | a2;
            default: ;
        endcase
    endgenerate
endmodule
```

注意，generate-if 和 generate-case 语句中的 if 语句和 case 语句与 2.4.2 节中的不同，这里的 if 和 case 语句的条件，决定的是执行哪个电路模块，例如上面两个例子中使用的是“assign y=a1 & a2;”而不是“y=a1 & a2;”，这一点类似于 C 语言的条件编译语句 #ifdef 的功能。

2.5　语句的顺序执行与并行执行

在 Verilog HDL 中，语句有顺序执行（按照书写的顺序执行）和并行执行（所有语句同时执行）两种方式，这是 HDL 语言与传统软件语言最大的不同。语句的执行方式影响电路的设计结果。

1. 并行执行

Verilog HDL 经过编译综合最终得到的是数字逻辑电路，Verilog HDL 中的功能描述语句和模块对应于数字电路中的元件，语句或模块之间通过信号进行连接。因此，语句或模块之间不是按照书写的位置执行，而是如同电路中的元件一样并行执行，也就是说，语句或模块的位置不影响综合电路的结果。因此 Verilog HDL 语言的 always 块、assign 语句以及实例元件等语句都是并行执行的。

如例 2.15，内部有两个 always 块和一条 assign 语句，由于它们是并行执行的，因此放置顺序对综合结果没有影响。大家可以把每一个并行执行语句看作一个电路模块，只要保证模块间的信号连线正确即可，而模块间的信号传递是通过信号名传递的，不同模块的同名信号相连。仿真波形见图 2-14。

例 2.15 并行执行模块

```
module paral_oper(clk, d0,d1, q0, q1, q);
output q0, q1, q;
input clk,d0,d1;
reg q0, q1;
always @(posedge clk)
    begin
    q0 <= ~d0;
    end
always @(posedge clk)
    begin
    q1 <= ~d1;
    end
assign q = q0 & q1;
endmodule
```

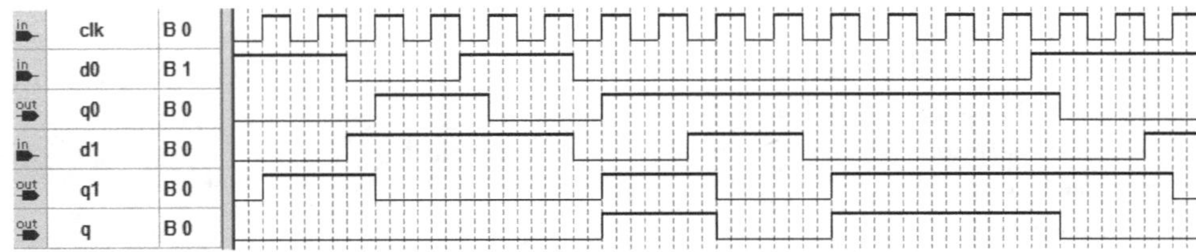

图 2-14 并行执行模块波形图

2. 顺序执行

模块(如 always)内部进行过程赋值的语句有阻塞赋值(=)和非阻塞赋值赋值(<=)两种。阻塞赋值是顺序执行的，在敏感信号触发时，语句按照书写的顺序执行；非阻塞赋值语句是并行执行的，在敏感信号触发时，语句同时执行。一般情况下，描述组合逻辑时，使用阻塞赋值和非阻塞赋值方式对综合电路没有影响，建议使用阻塞赋值；描述时序逻辑时，建议使用非阻塞赋值。

下面这个例子描述了一个时序逻辑电路，在时钟 clk 上升沿触发下，将输入 d 赋值给 q0，d 取反赋值给 q1。两条阻塞赋值语句之间没有信号的连接关系，是独立的。

例 2.16 顺序执行

```
module serial_oper(clk, d,q0,q1);
input clk;
input d;
output q0,q1;
reg q0,q1;
always @(posedge clk)
    begin
    q0 = d;
    q1 = ~d;
    end
endmodule
```

例 2.16 的仿真波形如图 2-15(a)所示，综合电路如图 2-15(b)所示。从电路中可以看出，这段程序描述了两个并列输出的触发器，两个触发器之间没有移位寄存的关系。如果将例子中的阻塞赋值语句替换为非阻塞赋值，如下：

```
q0 <= d;
q1 <= ~d;
```

仿真波形和综合电路与图 2-15 是一致的。

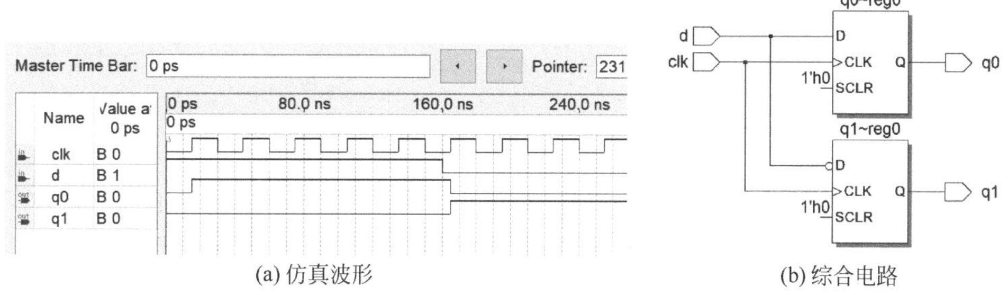

(a) 仿真波形 (b) 综合电路

图 2-15 例 2.16 仿真波形及综合电路

对例 2.16 做一个改动，将赋值给 q1 的变量替换为 q0，分别用阻塞赋值和非阻塞赋值方式进行描述，程序如下：

例 2.17 阻塞赋值描述

```
module serial_block(clk, d,q0,q1);
input clk;
input d;
output q0,q1;
reg q0,q1;
always @(posedge clk)
    begin
    q0 = d;
    q1 = q0;
    end
endmodule
```

对这段程序进行仿真，波形和综合电路如图 2-16 所示。

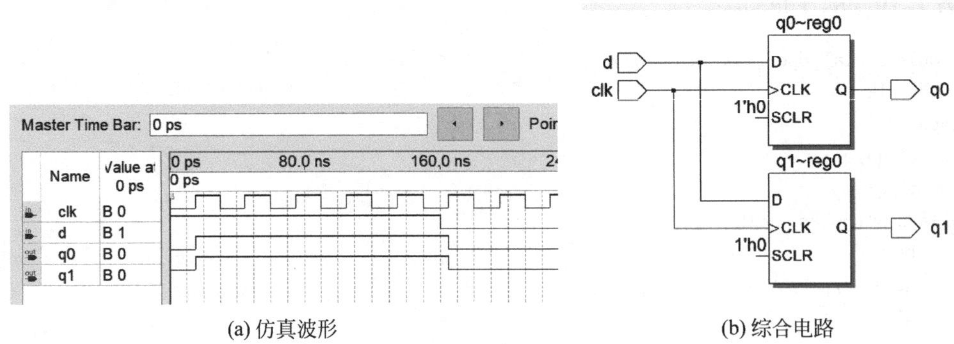

(a) 仿真波形 (b) 综合电路

图 2-16 例 2.17 仿真波形及综合电路

接下来分析非阻塞赋值的情况。

例 2.18 非阻塞赋值描述

```
module paral_nonblock(clk, d,q0,q1);
input clk;
input d;
output q0,q1;
reg q0,q1;
always @(posedge clk)
    begin
    q0 <= d;
    q1 <= q0;
    end
endmodule
```

仿真波形和综合电路如图 2-17 所示。从仿真波形中可以看到,q0 的值改变后,在下一个时钟边沿触发时传递给 q1。综合电路显示了两个触发器之间存在的连接关系,实现了移位寄存功能。

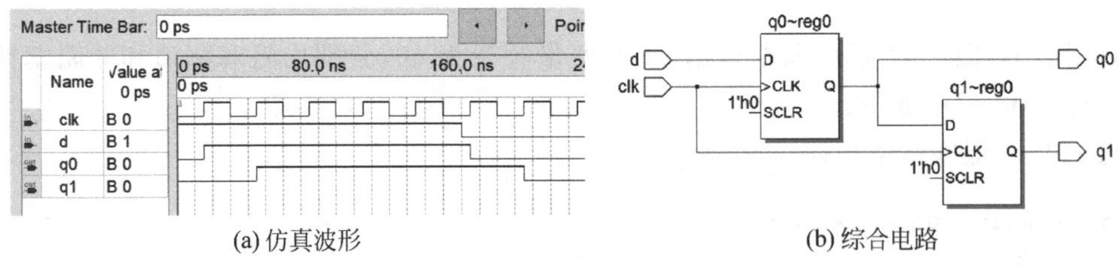

(a) 仿真波形 (b) 综合电路

图 2-17 例 2.18 仿真波形及综合电路

以上两个实例说明了描述时序逻辑时,阻塞语句和非阻塞语句对综合电路的影响存在不同的情况。在阻塞赋值方式下,由于阻塞赋值语句是顺序执行的,所以 clk 上升边沿触发时,在同一个时钟周期内,语句 q0=d 先执行,接着执行语句 q1=q0,q1 的值随之发生改变,相当于 q1 也随着 d 而改变。因此两条语句描述的触发器同时输出 d,没有移位的过程,如图 2-16 所示。在非阻塞赋值方式下,语句是并行执行的,语句右边的信号是 clk 边沿触发时刻之前的值,与其他语句的结果无关。因此,在同一个时钟有效沿,q0 跟随 d 改变,q1 跟随 clk 边沿触发前的 q0 改变,与前一条语句中 q0 的值不同,因此造成了 d→q0→q1 的信号传递，这也是设计移位寄存器或者进行信号延迟的原理，如图 2-17(b)所示为 2 位的移位寄存器。

2.6 元件例化

在 Verilog HDL 中，用户可以使用库中已有的元件，以 IP 核的方式调用(具体见第 6 章)，也可以调用自己设计的电路模块，即进行元件的例化。任何一个用户设计的模块，无论功能多么复杂，都可以例化成一个元件或模块，作为独立的元件在上一层模块中调用。元件例化的格式如下：

```
已有元件名  例化名 (端口关联表);
```

其中，端口关联表可以采用位置映射方式，此时元件例化端口列表中信号的排列顺序与模块声明端口列表中的信号顺序相同；也可以采用信号名映射方式，此时可以不必按信号名顺序，只要按照特定格式书写即可。

元件例化的使用是构成层次化设计的重要途径。下面是一个元件例化的实例。

例 2.19 已有与非门 nd2 的电路模块，如下所示：

```
module nd2 (input a,b, output c);
    assign c = !(a&b);
endmodule
```

要求采用元件例化的方式设计如图 2-18 所示电路。

```
module ord41 (a1,b1,c1,d1,z1);
input a1,b1,c1,d1;
output z1;
nd2 u1 (a1,b1,s1);                    //位置映射
nd2 u2 (
    .a(c1),
    .c(s2),
    .b(d1)
);                                    //名称映射
nd2 u3 (.a(s1),.b(s2), .c(z1));       //名称映射
endmodule
```

图 2-18 含有 3 个 ND2 门的电路

其中，元件 u1 采用的是位置映射方式，元件 u2、u3 采用的是名称映射方式。需要注意的是，程序 nd2.v 和 ord41.v 应当放在同一个目录下，进行调用和管理。也可以将被调用电路模块和上层的电路模块放在同一个程序中，也即一个程序中可以有多个 module，但是要注意文件名要和顶层电路模块的模块名保持一致。

例 2.20 元件例化

```
module instantiation(a, b, cin, sum, cout);
input a, b, cin;
output sum, cout;
wire sft;
assign cout = a & b & cin;
assign sum = sft ^ cin;               //调用例化元件的结果 sft
```

```
myxor x1(a, b, sft);                //例化元件调用
endmodule

module myxor(in0, in1, out);        //例化模块的声明
input in0, in1;
output out;
assign out =  in0 ^ in1;
endmodule
```

下面展示采用 generate 语句，重复调用已有元件 D 触发器 dff 构成移位寄存器的示例。对于带有多个重复结构的电路，通常采用此种设计方法。

例 2.21 利用已有的 D 触发器 dff 构成 4 位移位寄存器，其组成框图如图 2-19 所示。利用 generate 语句，循环调用 D 触发器构成 4 位移位寄存器，Verilog HDL 程序如下所述。

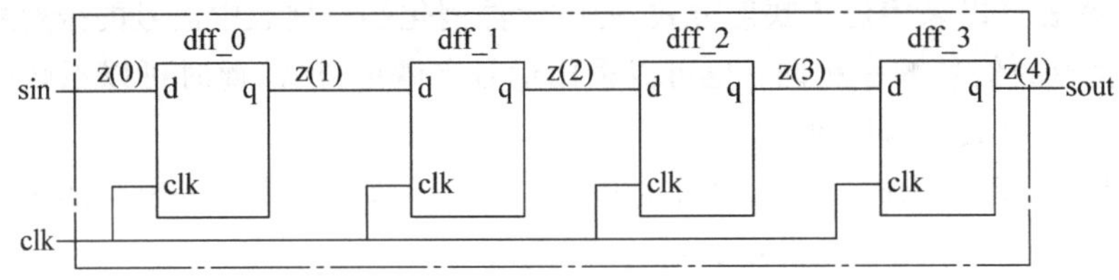

图 2-19　4 位移位寄存器组成框图

```
module shift(sin,clk,sout);
input sin,clk;
output sout;
reg [0:4] z;
genvar i;
    generate                              //生成语句
        for (i = 0;i < 4;i = i + 1)
        begin: gen                        //gen 命名块
            dff u1(z[i], clk, z[i + 1]);  //元件例化,重复调用 D 触发器
        end
    endgenerate
assign sout = z[4];
endmodule
```

2.7 内置基本门

Verilog HDL 内置(built-in)了一些基本门电路，称为门原语(gate primitives)，主要有多输入门：与门 and、与非门 nand、或门 or、或非门 nor、异或门 xor、同或门 xnor；多输出门：缓冲门 buf、非门 not；三态门：bufif0、bufif1、notif0、notif1。

多输入门的特点是单个输出，一个或多个输入；多输出门的特点是单个输入，一个或多个输出；三态门具有一个输出、一个数据输入和一个控制输入。

基本门的语法格式如下：

```
gate_type 例化名 (端子 1,端子 2, … ,端子 n)
```

其中，端子的顺序按照输出端子、输入端子、控制端子的顺序排列，具体输入端子的数量、输出端子的数量，以及是否存在控制端子，由门类型 gate_type 决定。例如，

```
and A1 (a, b, c);
```

例化了一个与门 A1，由于 and 为多输入门，无控制端子，所以 a 为输出端子，b 和 c 为输入端子。

例如，

```
buf B1 (f0, f1, f2, b);
```

例化了一个缓冲器 B1，由于 buf 为多输出门，无控制端子，所以 f0、f1、f2 为输出端子，b 为输入端子。

例如，

```
not N1 (b1, b2, a);
```

例化了一个非门 N1，由于 not 为多输出门，无控制端子，所以 b1、b2 为输出端子，a 为输入端子。

例如，

```
bufif1 BF1 (Y,X,Ready);
notif0 NT0 (Y,X,Ready);
```

分别例化了一个高有效输出的传输门 BF1 和一个低有效输出的非门 NT0，两条语句综合出的电路分别如图 2-20(a)和图 2-20(b)所示。

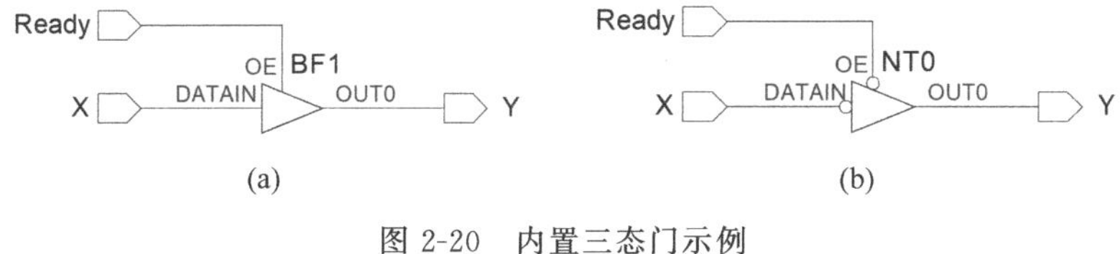

图 2-20 内置三态门示例

2.8 Verilog 语言模块描述方式

Verilog HDL 对电路模块的描述可以分为 3 种抽象级别：行为级或算法级的描述方式(行为级建模)、数据流描述方式(数据流级建模)、门和开关级描述方式(门和开关级建模)，也支持这 3 种描述方式相互混合的描述方式。

1. 行为级描述

行为级描述方式是对系统数学模型的描述，用输入/输出响应来描述器件的模型。其只描述电路的功能，而不关注电路的结构或具体的门级实现。同时不针对专门的硬件用于综合和仿真，抽象程度比其他描述方式更高。例 2.1 所示的二选一数据选择器的 Verilog HDL 描述就是一种基于行为描述的电路设计。例 2.22 所示为 8 位计数器的 Verilog HDL 行为级描述。

例 2.22 8 位计数器的 Verilog HDL 行为级描述

```
module counter8(clk,clr,out);
input clk,clr; output reg[7:0] out;
always @(posedge clk or posedge clr)
begin
    if(clr)
        out <= 0;
    else
        out <= out + 1;
end
endmodule
```

2. 数据流描述

数据流描述方式从抽象级别上又可分为两种：RTL(寄存器传输)级描述、结构级描述。RTL 级描述是以规定设计中的各种寄存器形式为特征，然后在寄存器之间插入组合逻辑。它描述了数据流的运动路径、运动方向和运动结果。RTL 级描述方式类似于布尔方程，可以描述时序电路，也可以描述组合电路。它既含有逻辑单元的结构信息，又隐含某种行为，是非结构化的并行描述。由于 RTL 级描述是对从信号到信号的数据流的路径形式进行描述，因此很容易进行逻辑综合，也可认为是一种用于综合的行为级描述模型。

如图 2-21 所示的电路由 2 个 D 触发器和 1 个加法器构成，其 Verilog HDL RTL 级描述如例 2.23 所示。

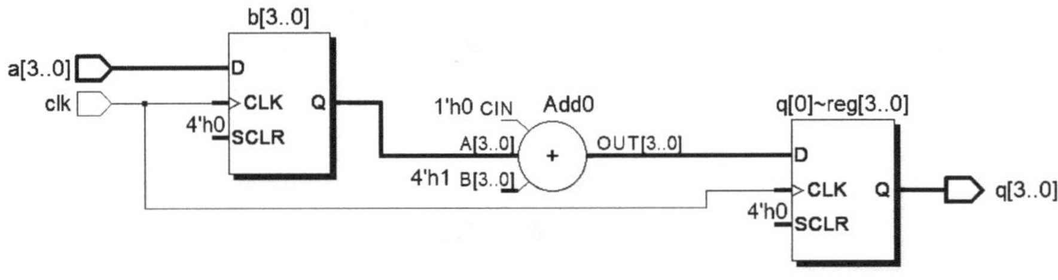

图 2-21 RTL 级电路

例 2.23 RTL 级描述

```
module twofft (a, q,clk);
input [3:0] a;
input clk;
output reg[3:0] q;
reg [3:0] b;
wire [3:0] c;
assign c = b + 1;
always @(posedge clk)
    begin
      b <= a;
    end
always @(posedge clk)
    begin
```

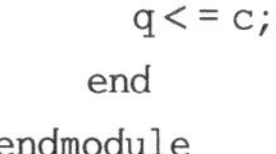

```
        q<=c;
    end
endmodule
```

一个复杂的电子系统可以分解成许多子系统，子系统再分解成模块。因此复杂系统通常采用多层次设计，多层次设计可以使设计工作由多人协作，并行执行。多层次设计的每个层次都可以作为一个元件，再构成一个模块或构成一个系统，每个元件可以分别仿真，然后再整体调试。结构级描述方式，就是在多层次的设计中，高层次的设计模块调用低层次的模块，或者直接用门电路设计单元来构成一个复杂电路的描述方法。结构级描述不仅是一个设计方法，还是一种设计思想，对于大型电子系统的设计可以很好地提高设计效率。此时的设计主要关注接口设计，即元件(模块)之间的互连。

例如，一个内部带有 2 个二选一数据选择器 mux21a 的电路 mux 如图 2-22 所示，其 Verilog HDL 的结构描述如例 2.24 所示。

例 2.24 结构级描述

```
module mux(a0,a1,b0,b1,sel0,sel1,y);
input a0,a1,b0,b1,sel0,sel1;
output y;
reg y0,y1;
    mux21a mux1(a0, b0, sel0, y0);
    mux21a mux2(a1, b1, sel1, y1);
    assign y<= y0 & y1;
endmodule
```

3. 门和开关级描述

门和开关级描述属于更低一级的描述，在这种描述方式下，电路的实现主要是由 Verilog HDL 语言提供的门和开关原语来完成。Verilog HDL 提供 14 个逻辑门和 12 个开关，这些门和开关的原语提供了在实际电路和模型之间一对一的映射，但不是所有的综合器都支持这些原语，具体情况根据所有综合器的不同有所区别，例如，Quartus Prime 不支持 pullup、pulldown 原语。门和开关级描述通常用于简单电路的设计。

以如图 2-23 所示的二选一数据选择器为例，其布尔方程为：y＝a • sel'＋b • sel，其门级描述如例 2.25 所示。

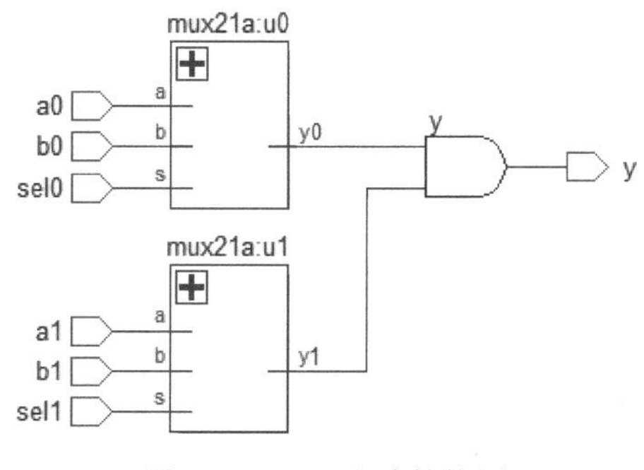

图 2-22 mux 电路结构图

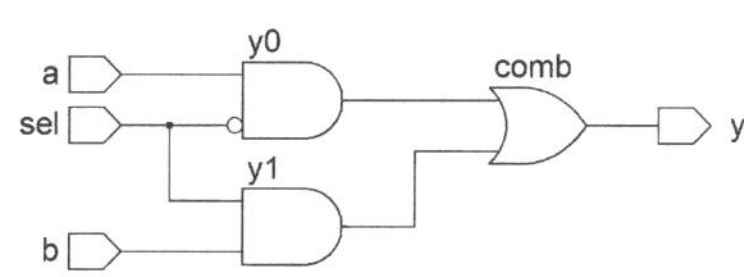

图 2-23 二选一数据选择器

例 2.25　门级描述

```
module mux21b(a,b,sel, y);
input a, b, sel;
output y;
wire y0, y1;
    and (y0,a,~sel);
    and (y1,b,sel);
    or (y,y0,y1);
endmodule
```

在实际电路设计时,为了能兼顾整个设计的功能、资源、性能几方面的因素,通常也可以采用混合描述方式,即上述 3 种描述方式的组合。

第3章 Quartus Prime 设计开发环境

CHAPTER 3

全球提供FPGA开发工具的厂商有近百家之多,大体分为两类:一类是专业软件公司研发的FPGA开发工具,独立于半导体器件厂商;另一类是半导体器件厂商为了推广本公司产品研发的FPGA开发工具,只能用来开发本公司的产品。本章介绍的Quartus开发工具属于后者,早期的Quartus由原Altera公司研发,Quartus版本15.1之前的所有版本称作Quartus Ⅱ,从Quartus 15.1开始软件称作Quartus Prime,Quartus Prime由Intel公司研发维护。Quartus Prime是在Quartus Ⅱ软件基础上的优化,采用了新的高效能Spectra-Q引擎,减少了设计迭代;同时具有分层数据库,保留了IP模块的布局布线,保证了设计的稳定性,避免了不必要的时序收敛投入,使其所需编译时间在业界最短,增强了FPGA和SoC FPGA的设计性能。

Quartus Ⅱ和Quartus Prime的主要功能基本相同,只是有些界面有所不同。本章以Quartus Prime16.0的基本使用方法为例进行设计开发环境的介绍。Quartus Prime 16.0提供的功能很多,读者可参考其他书籍或Quartus Prime用户手册,学习更多的内容。

3.1 Quartus Prime 概述

Quartus Prime支持Intel公司的各系列可编程逻辑器件的开发,包括Cyclone系列、Arria系列、MAX系列、Stratix系列等。

Quartus Prime提供了与第三方开发工具的无缝连接,支持Cadence、Mentor、Synopsys等专业软件公司的综合工具和校验工具,能读入和生成标准的EDIF、Verilog HDL及Verilog HDL网表文件。无论使用PC、UNIX或Linux工作站,Quartus Prime都提供了方便的实体设计、快速的编译处理以及编程功能。

运行Quartus Prime,可以看到Quartus Prime的管理器窗口如图3-1所示。管理器窗口主要包含项目导航窗口、任务窗口、消息窗口,可以通过View→Utility Windows菜单下的选项添加或隐藏这些窗口。

为了保证Quartus Prime的正常运行,第一次运行软件时,需要设置license.dat文件,否则许多功能将被禁用。在Quartus Prime管理器窗口选择Tools→License Setup…选项,单击License file后的"…"按钮,在出现的对话框中选择license.dat文件或直接输入具有完整路径的文件名,如图3-2所示。

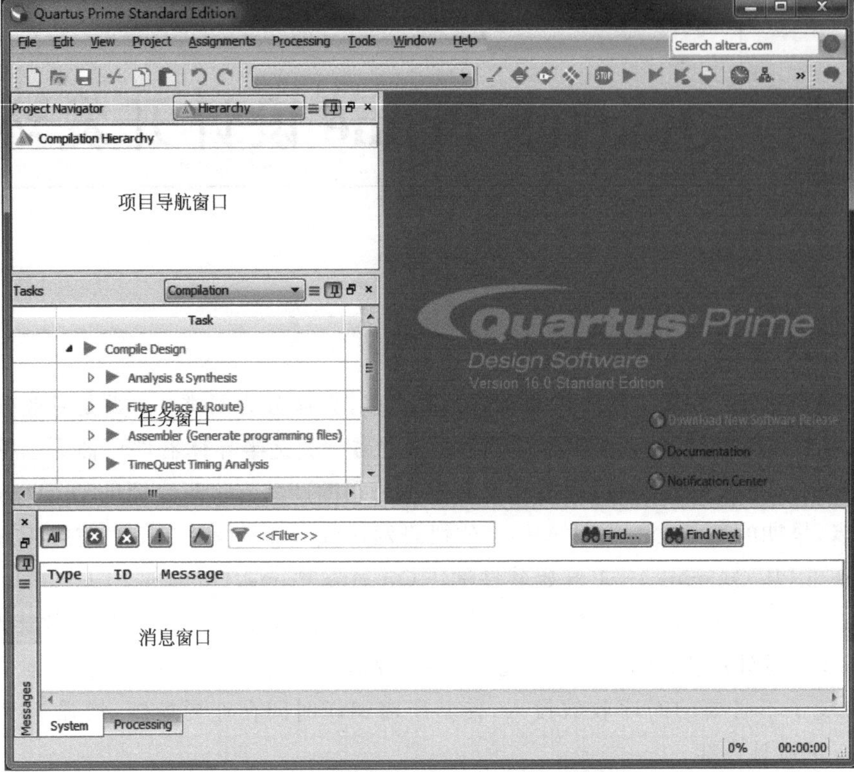

图 3-1　Quartus Prime 16.0 管理器窗口

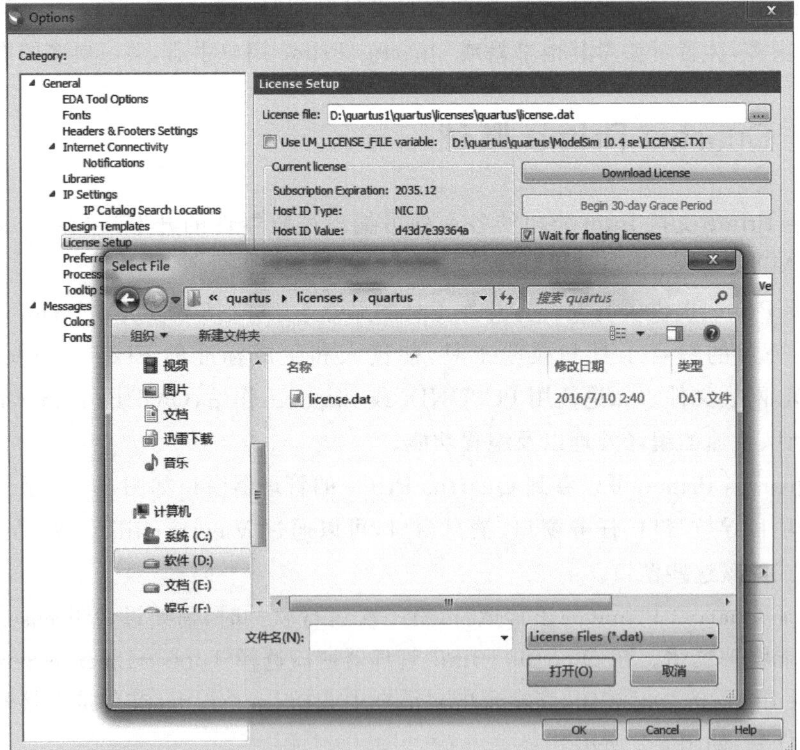

图 3-2　设置 license.dat 文件

3.2 Quartus Prime 设计流程

使用 Quartus Prime 开发工具进行 FPGA 器件的开发和应用，其过程主要有设计输入、设计处理、波形仿真和器件编程等阶段。在设计的任何阶段出现错误，都需要进行修改，纠正错误，重复上述过程，直至每个阶段都正确为止。

下面将以一个 4 位二进制计数器设计项目 myexam 设计为例，介绍 Quartus Prime 的使用流程，介绍如何经过设计各个阶段，最终将 myexam. v 设计下载到 FPGA 芯片，完成 4 位二进制计数器设计的完整过程。

3.2.1 设计输入

Quartus Prime 编辑器的工作对象是项目，项目用来管理所有设计文件以及编辑设计文件过程中产生的中间文档，建议读者在开始设计之前先建立一个文件夹，以便进行项目的管理。在一个项目下，可以有多个设计文件，这些设计文件可以是原理图文件、文本文件(如 AHDL、VHDL、Verilog HDL 等文件)、符号文件、底层输入文件以及第三方 EDA 工具提供的多种文件格式，如 EDIF、Tcl 等。下面以文本文件为例，学习设计输入过程中的主要操作。

1. 建立设计项目

在 Quartus Prime 管理器窗口中选择菜单 File→New Project Wizard 命令，出现新建项目向导(New Project Wizard)对话框的第一页，如图 3-3 所示。在对话框中输入项目目录、项目名称和顶层实体文件名，如 myexam。顶层实体文件名可以是与项目名称不一致、系统默认一致的名称。

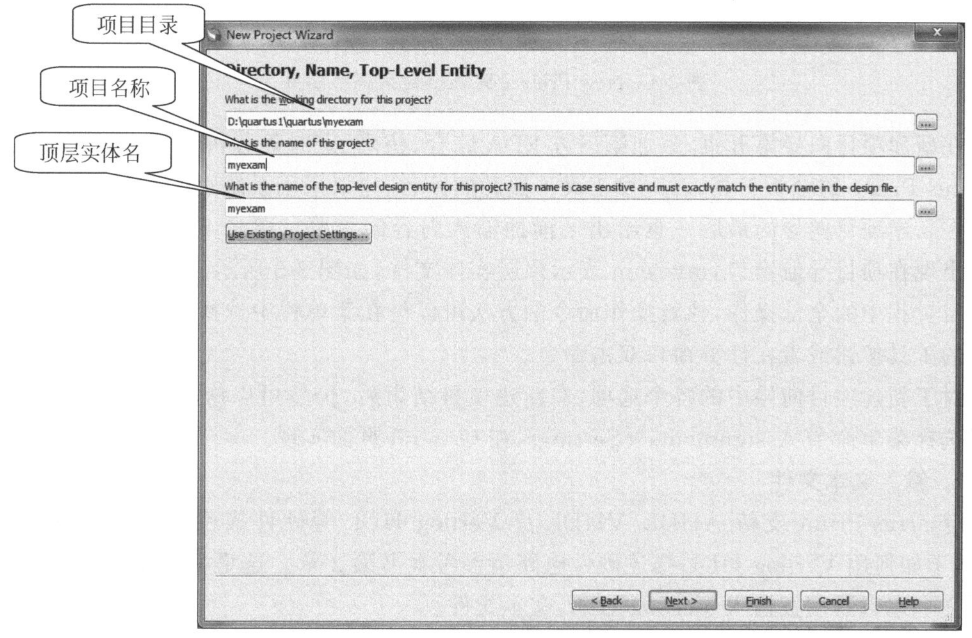

图 3-3 New Project Wizard 对话框第一页

在新建项目向导第三页,单击"…"按钮可浏览文件选项,添加或删除与该项目有关的文件。初学者还没有建立文件,可以先跳过该页。

在新建项目向导第四页,根据器件的封装形式、引脚数目和速度级别,选择目标器件。读者可以根据具备的实验条件进行选择,这里选择的芯片是 Cyclone Ⅳ E 系列的 EP4CE10F17C8 芯片,如图 3-4 所示。

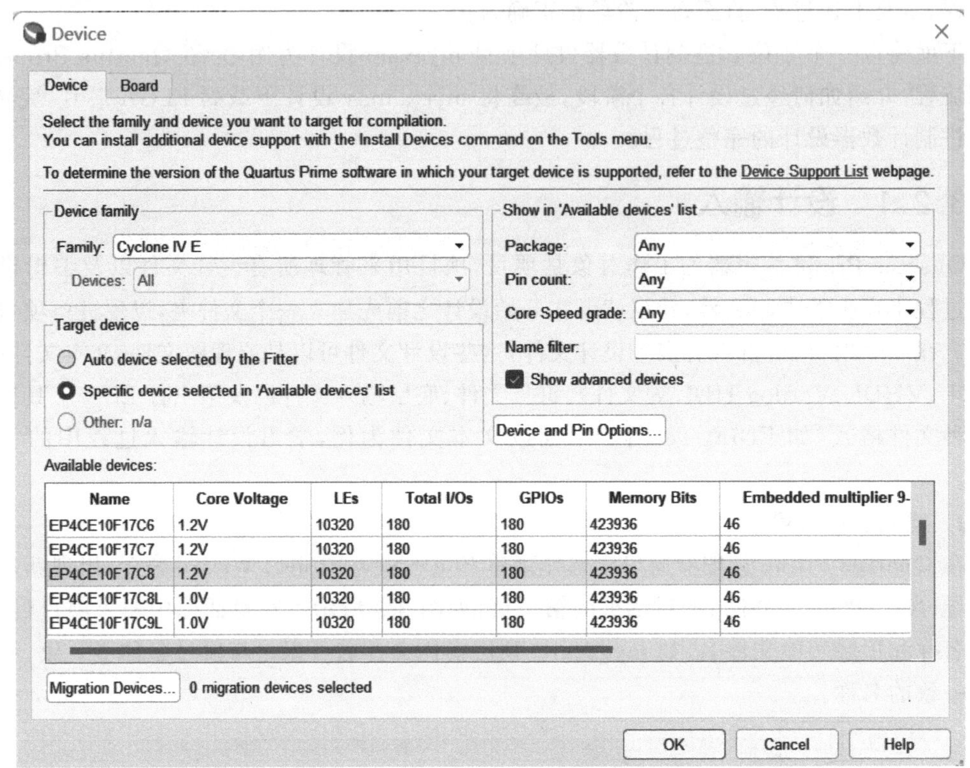

图 3-4 New Project Wizard 对话框第四页

在新建项目向导第五页,添加第三方 EDA 综合、仿真、定时等分析工具,系统默认选择 Quartus Prime 的分析工具,对开发工具不熟悉的读者,建议采用系统默认选项。

在新建项目向导的最后一页给出了前面输入内容的总览。单击 Finish 按钮,myexam 项目出现在项目导航窗口,myexam 表示顶层实体文件,如图 3-5 所示。在任务窗口出现设计项目过程中的全部操作,执行操作命令的方法可以是在菜单栏中选择命令、单击工具栏中对应的工具按钮或者在任务窗口双击命令。

对于新建项目向导中的各个选项,在新建项目结束后,仍然可以修改或重新进行设置,通过选择菜单命令 Assignments→Settings,在 General 页面实现。

2. 输入文本文件

Quartus Prime 支持 AHDL、VHDL 及 Verilog HDL 等硬件描述语言描述的文本文件,关于如何用 Verilog HDL 描述硬件电路请参考本书第 2 章。这里将结合实例说明如何使用文本编辑器模板输入 Verilog HDL 文本文件。

新建 Verilog HDL 文本文件,在 Quartus Prime 管理器界面中选择菜单命令 File→

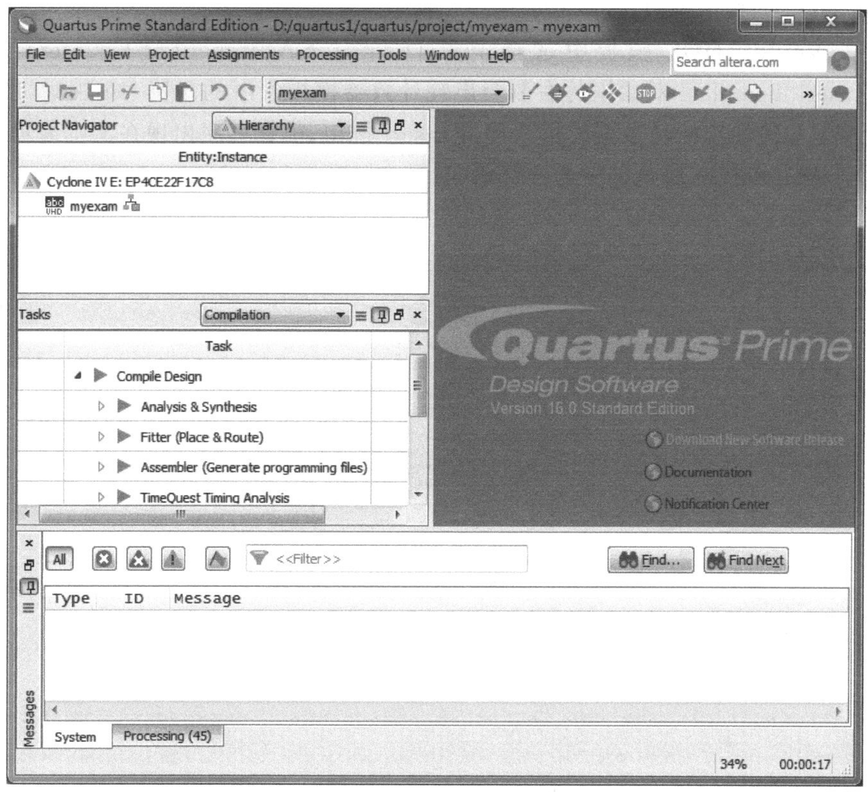

图 3-5　建立项目 myexam

New，或单击新建文件按钮，出现 New 对话框，如图 3-6 所示。在该对话框的 Design Files 中选择 Verilog HDL File，单击 OK 按钮，打开文本编辑器。在文本编辑器窗口中，按照 Verilog HDL 语言规则输入设计文件，并将其保存，Verilog HDL 文件的扩展名为.v。

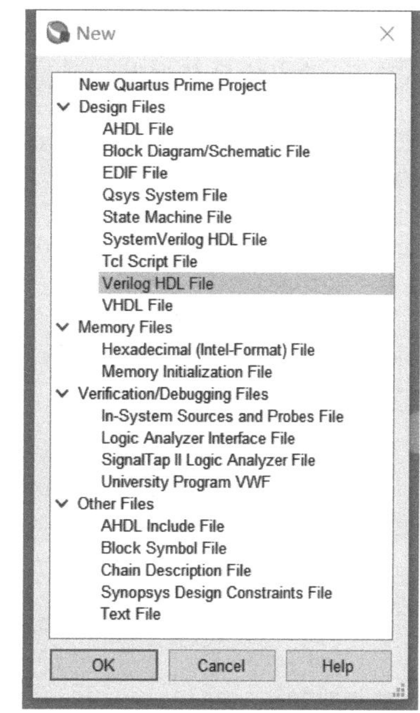

图 3-6　New 对话框

Quartus Prime 支持多种硬件描述语言，用不同的硬件描述语言编写的文件，其文件扩展名不同，如 AHDL 文件扩展名为.tdf，Verilog HDL 文件扩展名为.v。

Quartus Prime 提供了文本文件的编辑模板，使用这些模板可以快速准确地创建 Verilog HDL 文本文件，从而避免语法错误，提高编辑效率。例如，用 Verilog HDL 模板设计一个 4 位二进制计数器的 Verilog HDL 文本文件。

(1) 选择菜单命令 Edit→Insert Template，打开 Insert Template 对话框，单击右侧 LanguageTemplate 栏目，打开 Verilog HDL，Verilog HDL 栏目会显示所

有 Verilog HDL 的程序模板。

(2) 在 Verilog HDL 模板中选择 Full Designs→Arithmetic→Counters→Binary Counter，Insert Template 对话框的右侧会出现计数器模板程序的预览，如图 3-7 所示。这是一个带清零和使能端的计数器模板。单击 Insert 按钮，模板程序出现在文本编辑器中，其中蓝色的字母是关键字，绿色部分为注释语句。

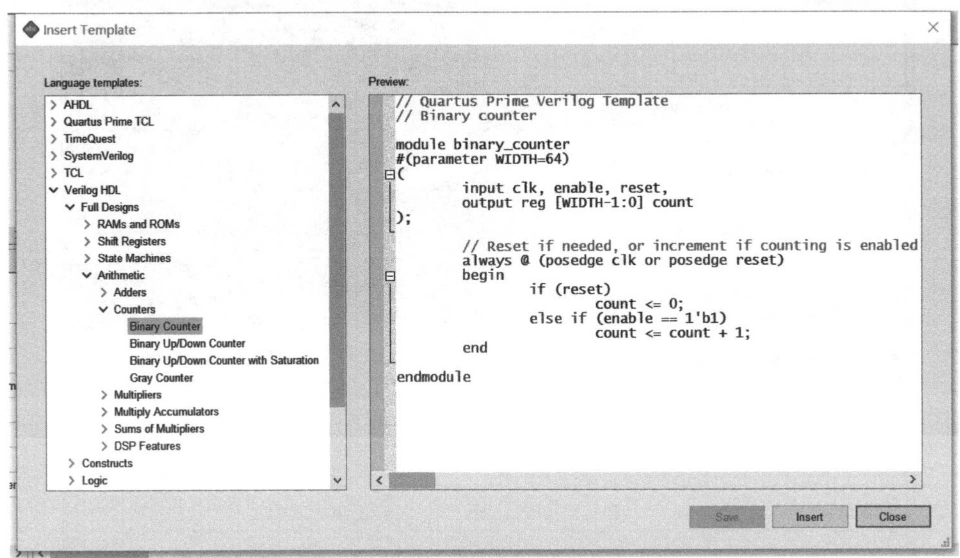

图 3-7 程序模板对话框

(3) 根据设计要求，对模板中的文件名、信号名、变量名等黑色部分的内容进行修改。将模块名 binary_counter 修改为 myexam；将计数器的宽度 WIDTH 改为 4；删除 enable 输入信号，输出信号名改为 q 等。修改后的 Verilog HDL 代码如下：

```
// Quartus Prime Verilog Template
// Binary counter
module myexam                              //模块名为 myexam
#(parameter WIDTH = 4)
(
    input clk, reset,                      //系统时钟、复位信号
    output reg [WIDTH - 1:0] q
);

    // Reset if needed, or increment if counting is enabled
    always @ (posedge clk or posedge reset)    //时钟上升沿触发
    begin
        if (reset)                         //高有效异步复位
            q<= 0;
        else        q<= q+ 1;              //计数
    end
endmodule
```

3. 添加或删除与当前项目有关的文件

如果希望将存放在其他位置的文件加入到当前的设计项目中，则选择菜单命令

Assignments→Settings，打开如图 3-8 所示的 Settings 对话框。在 Settings 对话框左侧的 Category 栏目下选择 Files 项，通过单击右边 File name 后的“...”按钮查找文件选项，单击 Add 按钮添加文件。Add All 按钮的作用是将当前目录下的所有文件添加到项目中。

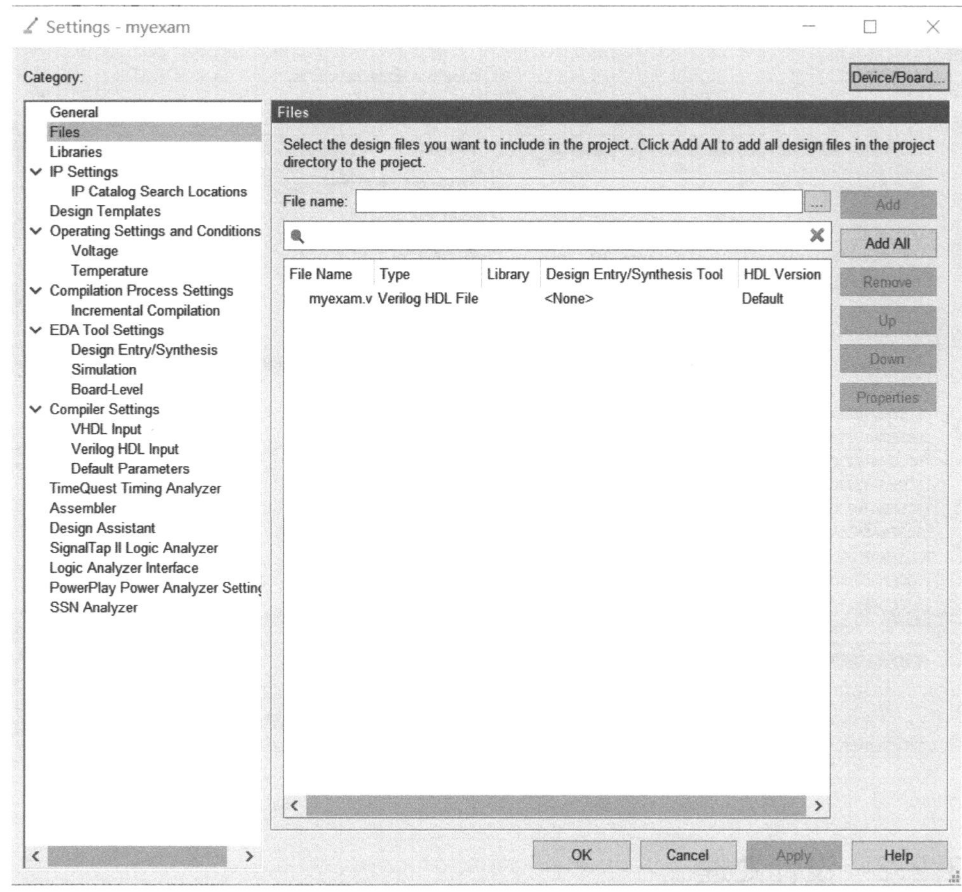

图 3-8　Settings 对话框

如果希望将当前项目中的文件从项目中删除，则首先选中待删除文件，Remove 按钮则被激活，单击 Remove 按钮即可。

如图 3-8 所示，在 Settings 对话框中，除了可以进行设计项目的文件设置外，还可以进行与设计有关的各种其他功能设置，如库 Libraries、IP、EDA Tool、Compilation、定时分析 Timing Analysis、SSN Analyzer 等设置。

4. 指定目标器件

如果在建立项目时，没有指定目标器件，那么可以通过选择菜单命令 Assignments→Device，打开如图 3-9 所示的 Device 对话框，在其中指定设计项目使用的目标器件。在 Family 下拉列表框中选择器件系列；在 Show in ‘Available devices’ list 中选择封装形式、引脚数和速度级别；在 Available devices 中选择目标器件；单击 Device&Pin Options 按钮，出现器件和引脚选项对话框，根据设计需要进行配置、编程文件、不用引脚、双用途引脚以及引脚电压等选项的详细设置。

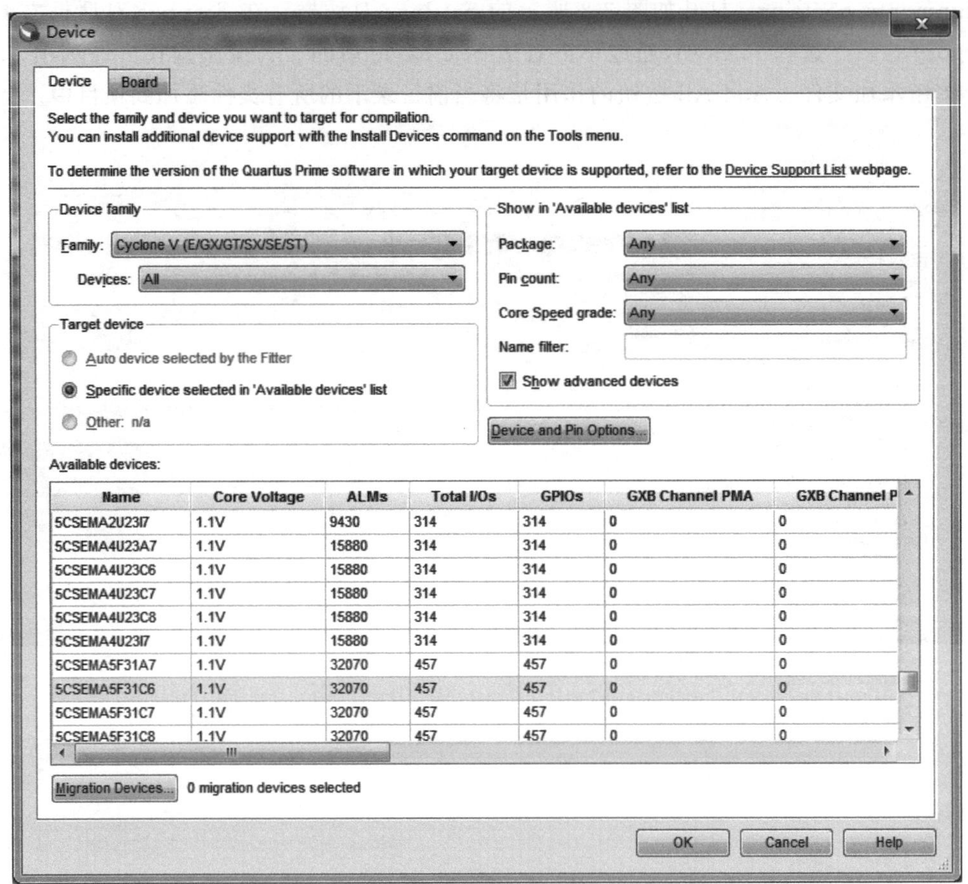

图 3-9　Device 对话框

3.2.2　设计处理

Quartus Prime 设计处理的功能包括设计错误检查、逻辑综合、器件配置以及产生下载编程文件等，称作编译(compilation)。编译后生成的编程文件可以用 Quartus Prime 编程器或其他工业标准的编程器对器件进行编程或配置。

编辑设计文件后可以直接执行编译操作，对设计进行全面的设计处理。也可以分步骤执行，首先进行分析和综合处理(analysis & synthesis)，检查设计文件有无错误，基本分析正确后，再进行项目的完整编译。

1. 设置编译器

初学者如果选择系统默认的设置，可以跳过编译器设置。

如果确实需要对编译器进行专门的设置，选择菜单命令 Assignments→Settings，在 Settings 对话框的 Category 栏目下选择 Compilation Process Settings 项，可以设置与编译相关的内容，如图 3-10 所示。

2. 执行编译

Quartus Prime 软件采用的是项目管理，一个项目中可能会有多个文件，如果要对其中的一个文件进行编译处理，则需要将该文件设置成顶层文件。

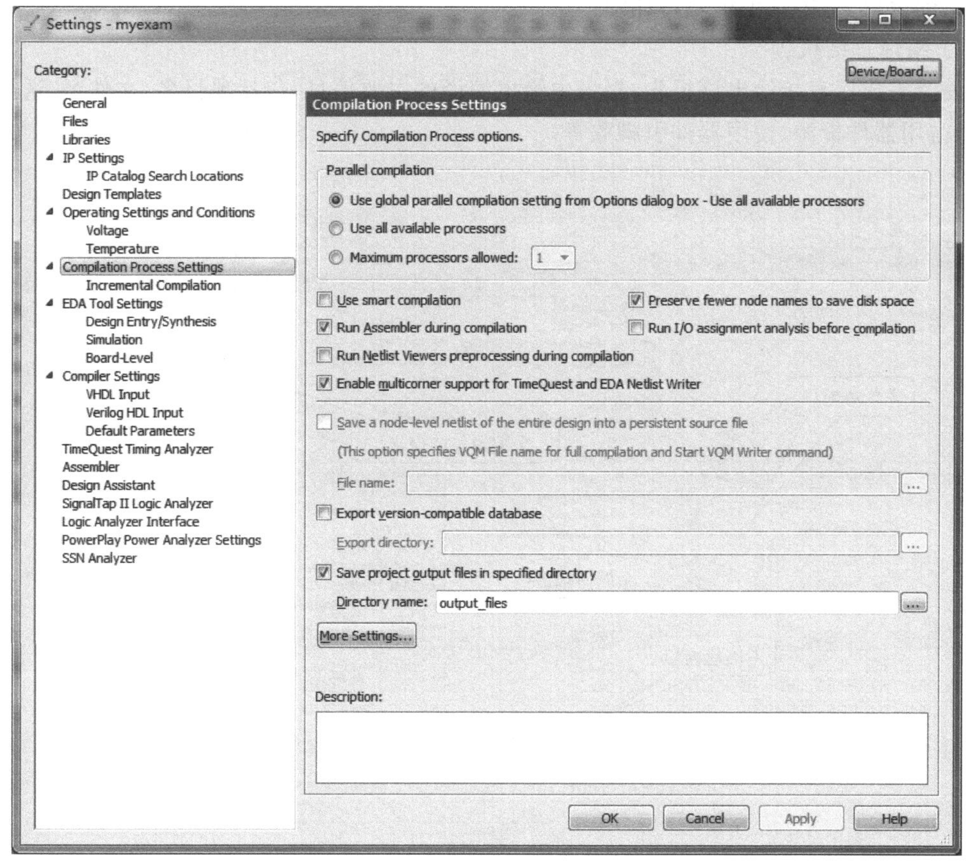

图 3-10 Settings 对话框中的编译设置选项

1) 设置顶层文件

首先打开准备进行编译的文件，如打开前面编辑的文件 myexam. v，执行菜单命令 Project→Set as Top-Level Entity。下面进行设计处理的各项操作就是针对这一顶层文件 myexam. v 进行的。

2) 进行编译

选择菜单命令 Processing→Start Compilation 或直接单击工具栏中编译按钮，开始执行编译操作，对设计文件进行全面的检查，编译操作结束后，出现如图 3-11 所示的界面，界面中给出编译后的信息。

3) 任务窗口

显示编译过程中编译进程以及具体操作的项目。

4) 信息窗口

显示所有信息、警告和错误。如果编译有错误，则需要修改设计，重新进行编译。双击某个错误信息项，可以定位到原设计文件并高亮显示。

5) 编译报告栏

编译完成后显示编译报告，编译报告栏包含了将设计放到器件中的所有信息，如器件资源统计、编译设置、底层显示、器件资源利用率、适配结果、延时分析结果等。编译报告栏是一个只读窗口，选中某项可获得详细信息。

6）编译总结报告

编译完成后直接给出该报告，报告中给出编译的主要信息，包括项目名、文件名、选用器件名、占用器件资源、使用器件引脚数等。

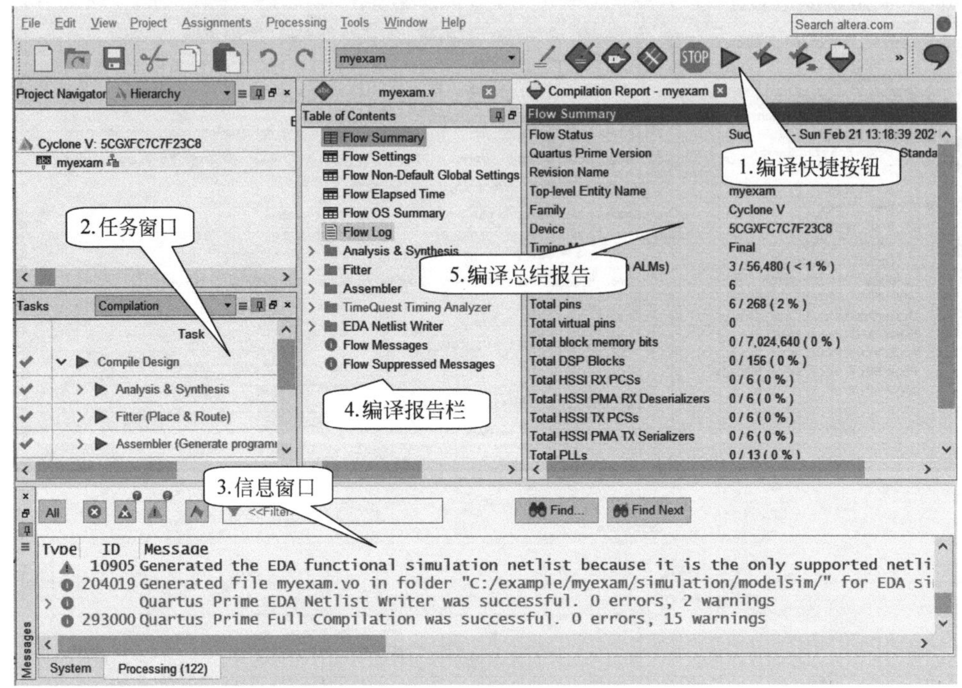

图 3-11 设计项目的编译

3. 锁定引脚

锁定引脚是指将设计文件的输入输出信号分配到器件指定引脚，这是设计文件下载到FPGA芯片必须完成的过程。在 Quartus Prime 中，锁定引脚分为前锁定和后锁定两种。前锁定是指编译之前的引脚锁定，后锁定是指对设计项目编译后的引脚锁定，这里介绍后锁定引脚的操作过程。

值得注意的是，在后锁定引脚完成之后，必须再次进行编译。

选择菜单命令 Assignments→Pins Planner，出现 Pin Planner 对话框，如图 3-12 所示。

由于设计项目已经进行过编译，因此在节点列表区会自动列出所有信号的名称，在需要锁定的节点名处，双击引脚锁定区 Location，在列出的引脚号中进行选择。例如，选择 clk 节点信号，锁定在 PIN_AF14 号引脚上。重复此过程，逐个进行引脚锁定，所有引脚锁定完成后，再次进行编译。

一些双功能引脚，如配置引脚在配置后，可被用作独立的 I/O 引脚。如图 3-13 所示，选择 Assignments→Device→Device and Pin Options→Dual-Purpose Pins，在弹出窗口的 Dual-purpose pins 栏会列出当前器件的所有 I/O 口，选中希望作为独立 I/O 使用的引脚，并在其右侧的列表中选择 Use as regular I/O 即可。

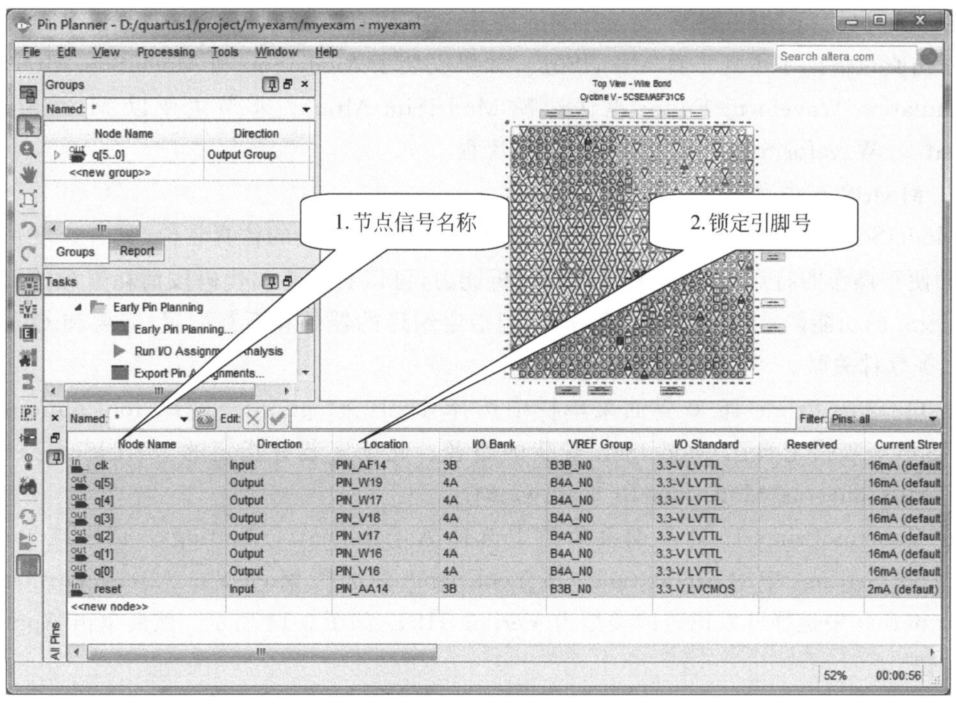

图 3-12　引脚锁定

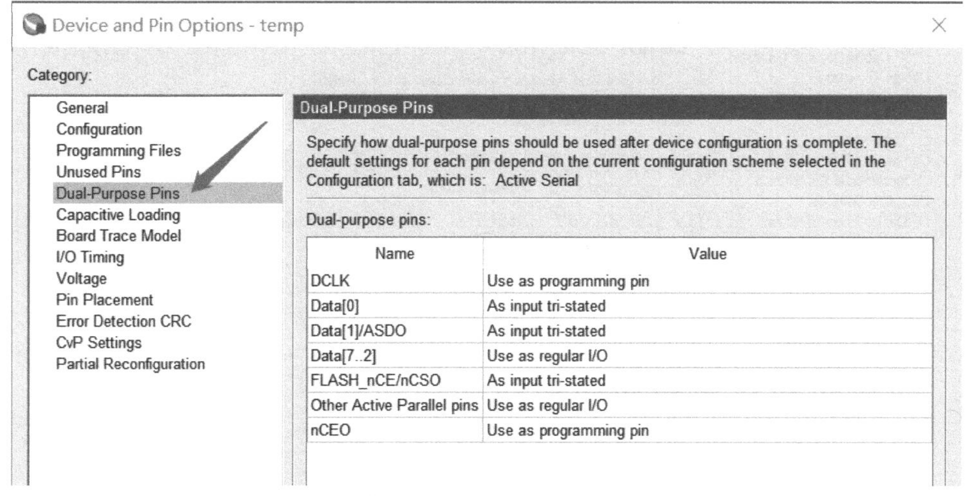

图 3-13　双功能引脚功能设置

3.2.3　波形仿真

当一个设计项目通过编译之后，能否实现预期的逻辑功能，仍需要进一步的检验，波形仿真分析是必不可少的一个环节。波形仿真就是在波形编辑器中将设计的逻辑功能用波形图的形式显示出来，通过查看波形图，检查设计的逻辑功能是否符合设计要求。Quartus Ⅱ 13.0 及之后的版本包含了 Simulation Waveform Editor 仿真工具，除此之外，Quartus

Prime 16.0 也支持 ModelSim、QuestaSim 等第三方仿真工具软件，Simulation Waveform Editor 仿真也借助了仿真工具 ModelSim。如果安装了 ModelSim 和 ModelSim-Altera，那么 Simulation Waveform Editor 默认选择 ModelSim-Altera。本节主要以 ModelSim 和 Simulation Waveform Editor 为例介绍仿真流程。

1. ModelSim 仿真

ModelSim 是 Mentor Graphics 公司开发的一款功能强大的仿真软件，具有速度快、精度高和便于操作的特点，此外还具有代码分析能力，可以看出不同代码段消耗资源的情况。ModelSim 的功能侧重于编译和仿真，但不能指定编译的器件和下载配置，需要和 Quartus Prime 等软件关联。

在 Quartus Prime 16.0 界面菜单栏中选择 Tools→Options→EDA tool options，在 ModelSim 一项指定自己 ModelSim 安装的路径。此处安装并指定的 ModelSim 路径为 D:\quartus\quartus\ModelSim 10.4 se\win64。

在 Quartus Prime 16.0 界面菜单栏中选择 Assignments→Settings。选中该界面中 EDA Tool Settings 中的 Simulation。在 Tool name 中选择 ModelSim-Altera，Format for output netlist 中选择开发语言的类型为 Verilog HDL，如图 3-14 所示。然后单击 Apply 和 OK 按钮。

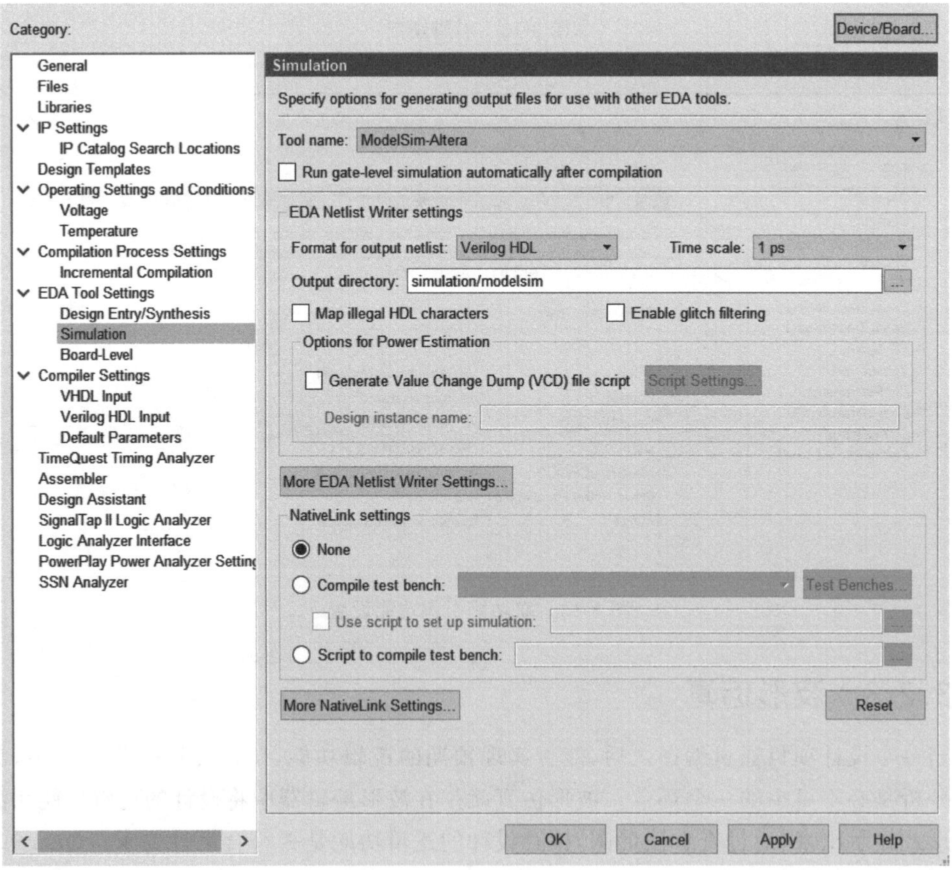

图 3-14 设置仿真工具

设置完成后，编译工程。在 Quartus Prime 16.0 菜单栏中选择 Processing→Start Compilation，等待编译结束，编译无错后会在 myexam 目录下生成 simulation 目录。单击菜单栏 Processing→Start→Start Test Bench Template Writer，如图 3-15 所示，该操作指令在 myexam/simulation/ModelSim 下会生成一个与项目顶层文件同名的 testbench 测试文件模板：myexam.vt。

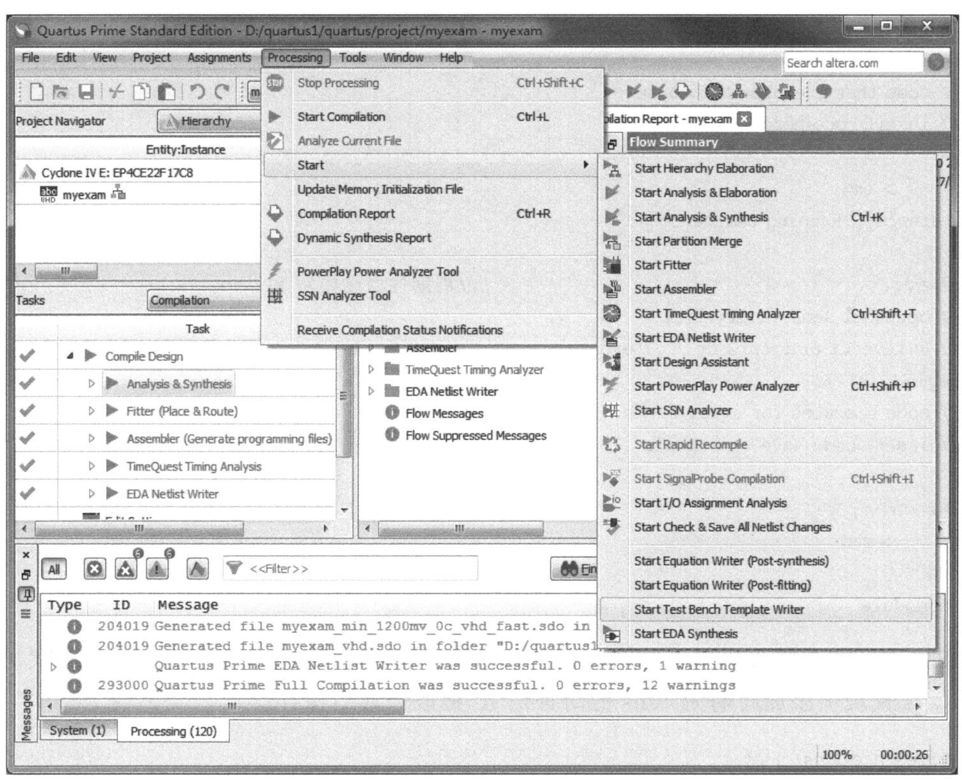

图 3-15 生成 test bench 文件模板

打开 myexam.vt 文件，可以看到此测试电路模块没有外部端子，模块名为 myexam_vlg_tst，内部包含了 3 个主要部分：信号定义、实例化、施加激励。施加激励通过 initial 模块和 always 模块实现，设计者需要根据测试需求，设计需要的激励信号，其中 initial 模块用于产生执行一次的激励信号，如复位信号、非周期性输入信号等；always 模块用于产生由敏感事件列表触发的信号，如时钟信号、周期性输入信号等。

```
`timescale 1 ps/ 1 ps
module myexam_vlg_tst();                    //测试电路模块名,没有外部端子
// constants
// general purpose registers
reg eachvec;
// test vector input registers
reg clk;
reg reset;
// wires
wire [3:0] q;
```

```
// assign statements (if any)
myexam i1 (                                  //myexam 模块实例化
// port map - connection between master ports and signals/registers
    .clk(clk),
    .q(q),
    .reset(reset)
);
initial                                      //一次激励模块 initial
begin
// code that executes only once
// insert code here --> begin

// --> end
$display("Running testbench");
end
always                                       //周期性激励模块 always
// optional sensitivity list
// @(event1 or event2 or .... eventn)
begin
// code executes for every event on sensitivity list
// insert code here --> begin

@eachvec;
// --> end
end
endmodule
```

根据测试需求修改此测试文件，在 initial 模块中添加 reset 激励信号，并为 clk 赋初值，在 always 模块中添加周期为 40ns 的时钟信号，修改完成后保存。

```
`timescale 1 ps/ 1 ps
module myexam_vlg_tst();
reg clk;                             //信号定义
reg reset;
wire [3:0] q;

myexam i1 (                          //模块实例化
    .clk(clk),
    .q(q),
    .reset(reset)
);
initial                              //initial 语句
begin                                //内部放置只需执行一次的激励信号
    $display("Running testbench");   //ModelSim 打印显示仿真运行
    clk = 0;                         //clk 赋初值
    reset = 1;
    #40 reset = 0;                   //40ns 后复位信号无效
end

always #20 clk = ~clk;               //always 语句，产生周期为 40ns 的时钟信号
endmodule
```

在 Quartus Prime 界面菜单栏中选择 Assignments→Settings，在对话框中选择 EDA Tool Settings→Simulation，如图 3-16 所示，在 NativeLink settings 区域选择 Compile test bench 右边的 Test Benches 按钮，弹出如图 3-17 所示的界面，单击 New 按钮。在新出现的界面(见图 3-18)的 Test bench name 文本框中输入测试文件名 myexam，在 Top level module in test bench 文本框中输入测试文件中的顶层模块名 myexam_vlg_tst。然后在 Test bench and simulation files 下的 File name 中选择测试文件 myexam. vt，然后单击 Add 按钮，单击 OK 按钮进入图 3-19，再单击 OK 按钮设置完成。

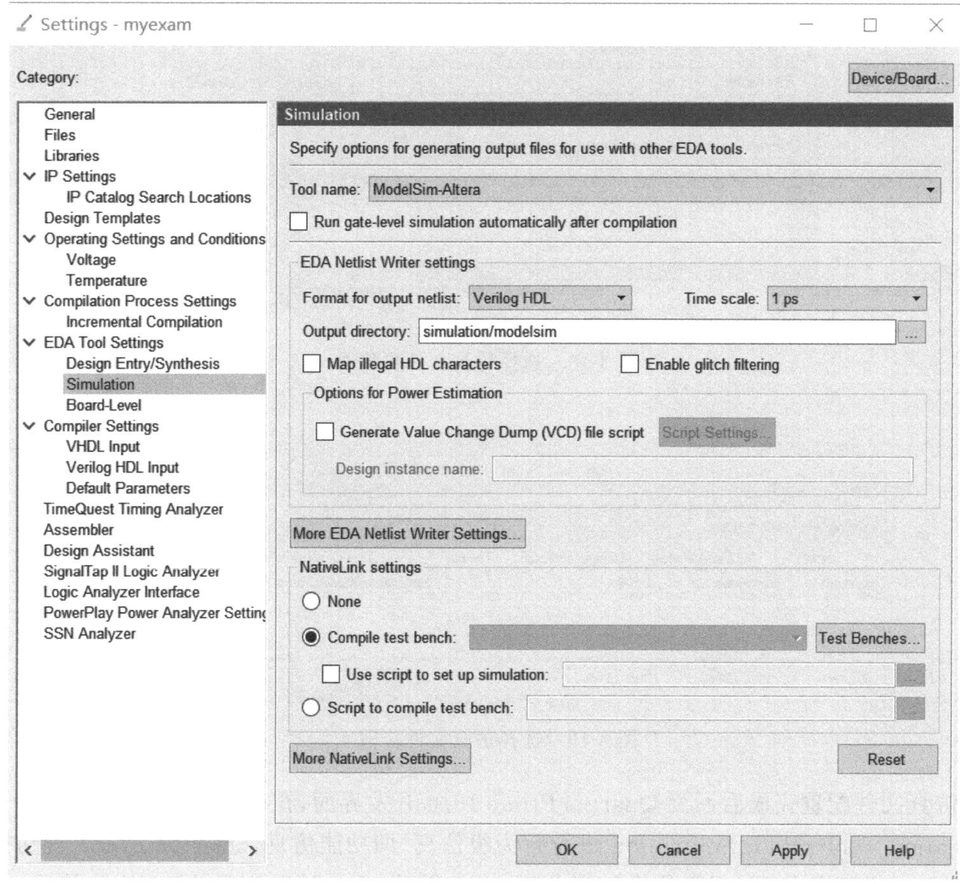

图 3-16 选择仿真文件步骤 1

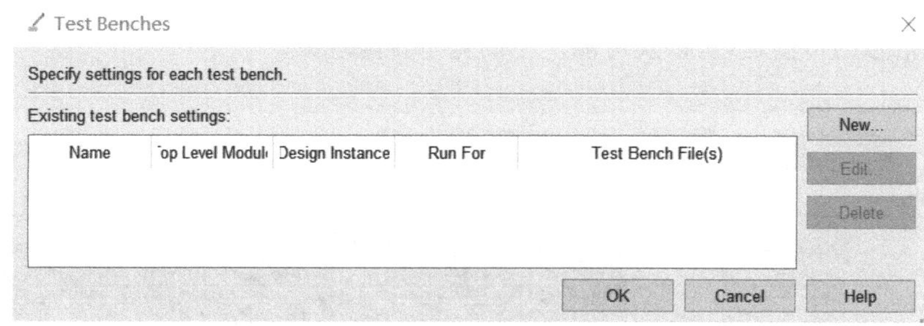

图 3-17 选择仿真文件步骤 2

Edit Test Bench Settings

Edit test bench settings for the selected test bench.

Test bench name: myexam

Top level module in test bench: myexam_vlg_tst

Use test bench to perform VHDL timing simulation

Design instance name in test bench: NA

Simulation period

Run simulation until all vector stimuli are used

End simulation at:

Test bench and simulation files

File name:

File Name	Library	HDL Version
simulation/modelsim/myexam.vt		

Add Remove Up Down Properties...

OK Cancel Help

图 3-18　选择仿真文件步骤 3

Test Benches

Specify settings for each test bench.

Existing test bench settings:

Name	Top Level Module	Design Instance	Run For	Test Bench File(s)
myexam	myexam_vlg_tst	NA		simulation/modelsim/myexam.vt

New... Edit... Delete

OK Cancel Help

图 3-19　选择仿真文件步骤 4

仿真文件配置完成后回到 Quartus Prime 16.0 开发界面，在菜单栏中选择 Tools→Run Simulation Tool→RTL Simulation 进行行为级仿真，即功能仿真，Quartus Prime 自动打开 ModelSim，并运行仿真，观察仿真波形如图 3-20 所示，为一计数容量为 16 的计数器，功能仿真正确。通过功能仿真波形，可以验证设计文件逻辑功能的正确性。如果选择 Run Simulation Tool→Gate Level Simulation 可以进行门级仿真，即时序仿真。在时序仿真图中可以看到信号的传输延迟，以及可能产生的竞争冒险现象。

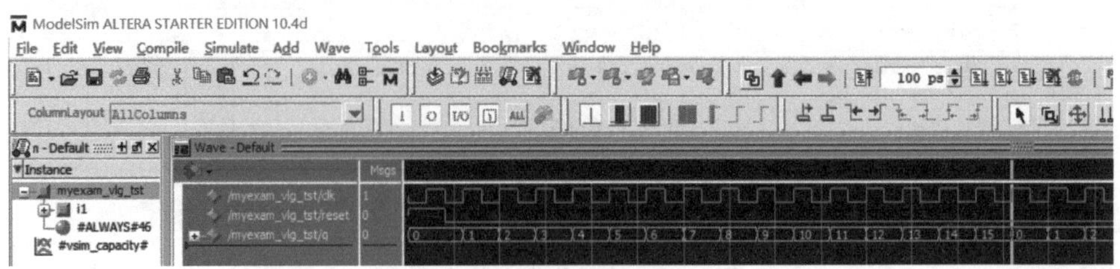

图 3-20　仿真结果

2. Simulation Waveform Editor 仿真

当 myexam 工程编译成功后，在 Quartus Prime 管理器界面中选择菜单命令 File→New，或单击新建文件按钮，出现 New 对话框。在该对话框中选择 Verification→Debugging Files→University Program VWF，单击 OK 按钮，然后弹出 Simulation Waveform Editor 界面，如图 3-21 所示。

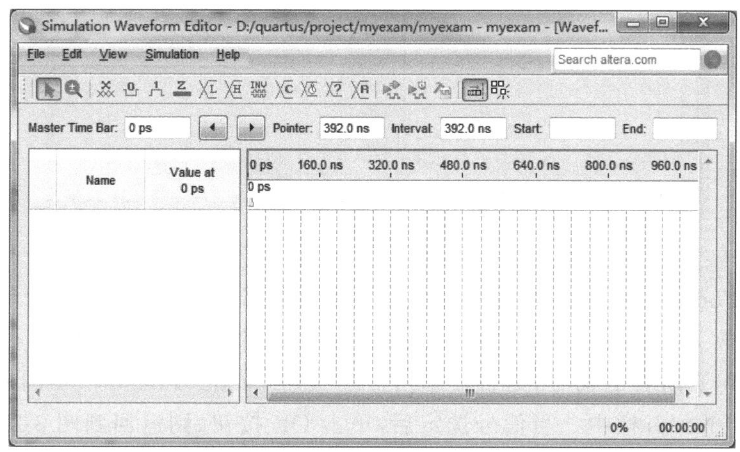

图 3-21　Simulation Waveform Editor 界面

在添加信号之前先设置仿真截止时间，在管理器界面选择菜单命令 Edit→Set End Time，弹出 End Time 界面，如图 3-22 所示。End Time 的时间范围是 10ns～100μs，如果设置的时间不在这个时间范围内，那么单击 OK 按钮会有时间范围设置的提示，关闭 End Time 界面。

仿真运行时间设置后，需在图 3-21 中的 Name 栏添加仿真信号。在管理器界面选择菜单命令 Edit→Insert→Insert Node or Bus，或者双击图 3-21 中 Name 栏的空白处，会弹出 Insert Node or Bus 界面，如图 3-23 所示。在 Name 文本框中输入需要插入的节点或总线，也可以单击 Node Finder 按钮，在弹出的 Noder Finder 界面(见图 3-24)中查找节点或总线并插入。其中 Look in 文本框用于设置需要仿真的工程文件名，单击“...”按钮，在弹出的对话框中选择 myexam 工程文件并单击 OK 按钮，如果是对当前工程的仿真，则此步可省略；接下来单击 List 按钮，myexam 工程中的信号就会出现在 Nodes Found 下方的空白处。

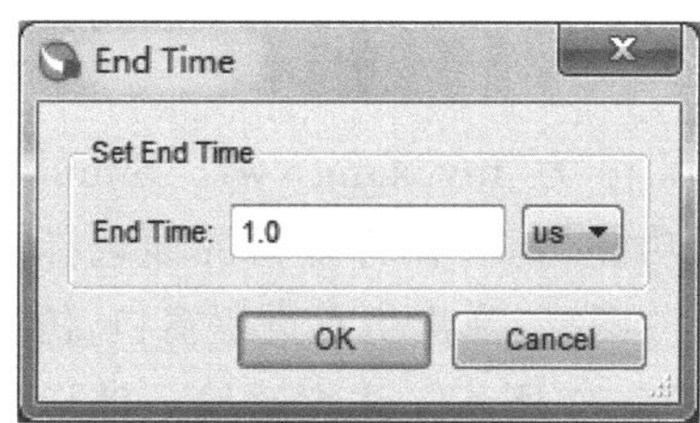

图 3-22　End Time 界面

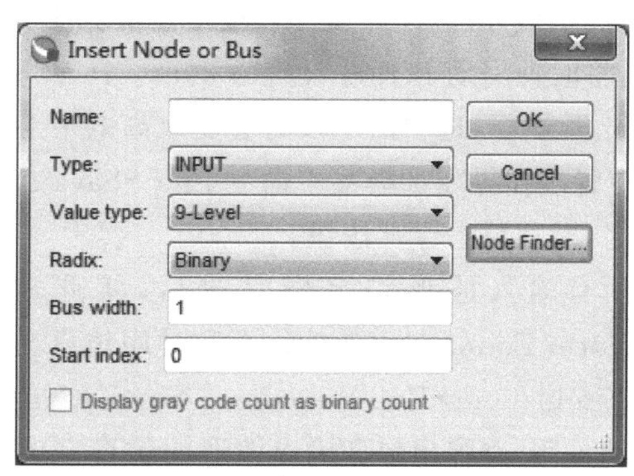

图 3-23　Insert Node or Bus 界面

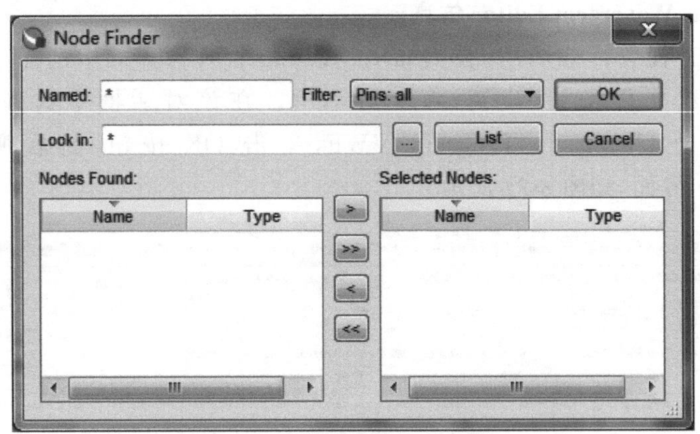

图 3-24 Node Finder 界面

在 Nodes Found 中单击需要仿真的输出信号和全部的输入信号，然后单击“>”按钮，将选中的信号放入 Selected Nodes 栏中。不需要仿真的信号，可以单击“<”按钮进行删除。如果需要仿真所有的信号，则直接单击“>>”按钮，Nodes Found 栏中的所有信号就会出现在 Selected Nodes 栏中。当信号选定后，单击 OK 按钮，则返回到图 3-23，再单击 OK 按钮后，信号和信号默认的波形图会出现在 Simulation Waveform Editor 界面中，如图 3-25 所示。

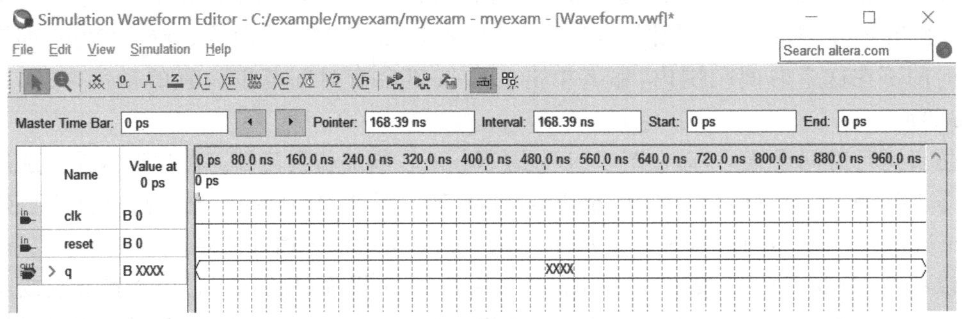

图 3-25 Simulation Waveform Editor 界面

现在需要为所有的输入信号赋值。在 Simulation Waveform Editor 界面的图标中，共有 11 种赋值方式，设计者可以根据需要选取。我们选择 对 clk 赋值，单击 弹出 Clock 界面，将时钟周期 Period 设置为 20ns。reset 赋值时，如图 3-26 所示，单击选中其中的一段后单击 图标，选中的一段将会变成高电平 1。信号 clk 和 reset 赋值完成后，如图 3-27 所示；在管理器界面选择菜单命令 File→Sava As，将文件名改为 myexam，最好与要仿真的项目同名，然后单击保存按钮。

所有输入波形均编辑完成后，将此波形文件保存为 myexam.vwf。Simulation Waveform Editor 包含功能仿真和时序仿真。这里进行功能仿真，在管理器界面选择菜单命令 Simulation→Run Functional Simulation 或者单击 图标，弹出仿真进程窗口，仿真完成自动关闭，并弹出包含输出波形的仿真完成界面，如图 3-28 所示。注意对输入波形的任何改动，都需要重新进行仿真。

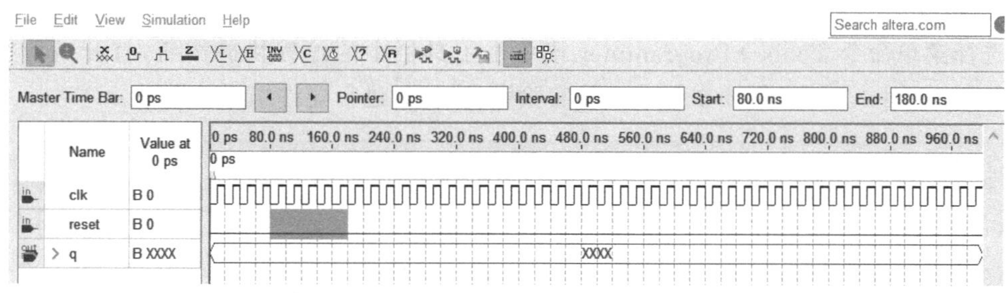

图 3-26 reset 信号赋值

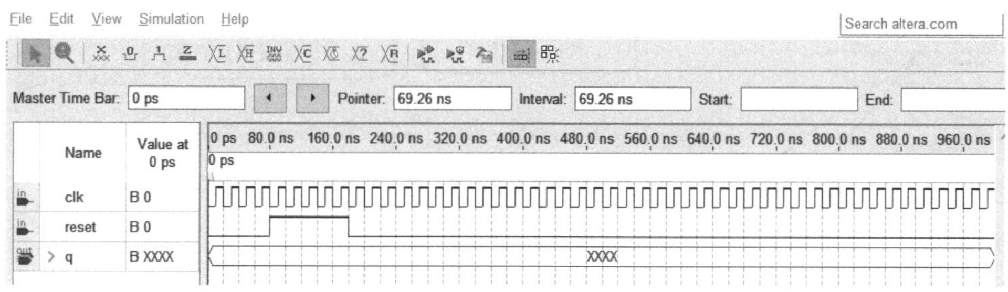

图 3-27 完成信号赋值

右击信号名，在弹出的快捷菜单中选择 Radix，可以设置此信号波形显示的进制形式，图 3-28 中的 clk 和 reset 采用的是二进制显示，q 采用的是 Unsigned Decimal 显示。

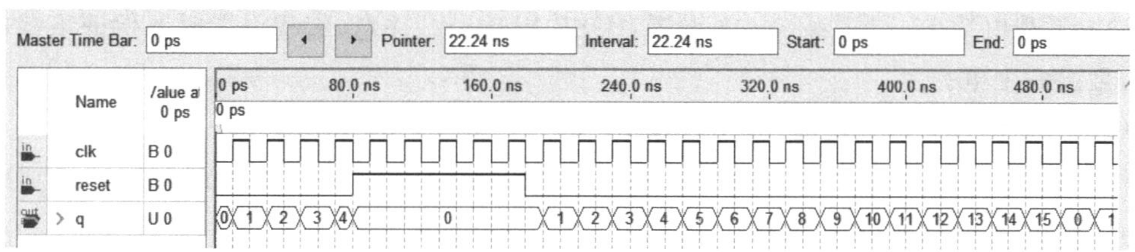

图 3-28 功能仿真图

时序仿真能观察到电路信号的实际延迟情况。只有 Cyclone Ⅳ 和 Stratix Ⅳ 支持时序仿真，如果 Quartus 工程所选择的芯片不是这两种芯片，那么时序仿真会定义为功能仿真。

3.2.4 器件编程

编译成功后，Quartus Prime 将生成编程数据文件，如. pof 和. sof 等编程数据文件，通过下载电缆将编程文件下载到预先选择的 FPGA 芯片中，该芯片就会执行设计文件描述的功能。

1. 编程连接

在进行编程操作之前，首先将下载电缆的一端与 PC 对应的端口进行相连。使用 MasterBlaster 下载电缆编程，将 MasterBlaster 电缆连接到 PC 的 RS-232C 串行端口。使用 ByteBlasterMV 下载电缆，将 ByteBlasterMV 电缆连接到 PC 的并行端口。使用 USB Blaster 下载电缆，则连接到 PC 的 USB 端口。下载电缆的另一端与编程器件相连，连接好后进行编程操作。

2. 编程操作

选择菜单命令 Tools→Programmer 或单击工具栏中的编程快捷按钮，打开编程窗口(如图 3-29 所示)。读者需要根据自己的实验设备情况，进行器件编程的设置。

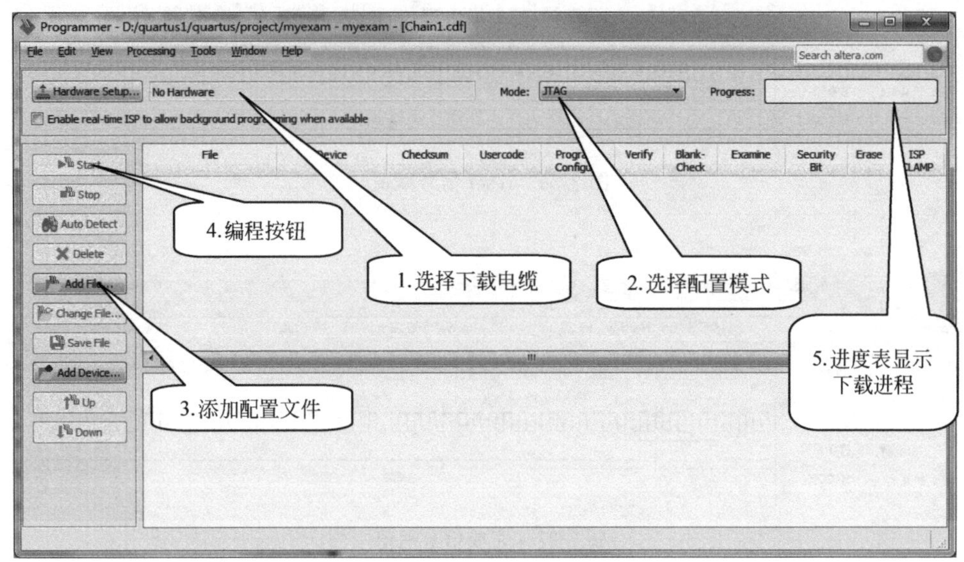

图 3-29　Programmer 编程窗口

本书进行的设置如下：

(1) 下载电缆 Hardware Setup 设置：USB Blaster。注意，编程设置时要保证下载电缆连接，且设备上电。

(2) 配置模式 Mode 设置：JTAG 模式。

(3) 配置文件：自动给出当前项目的配置文件 myexam. sof。如果需要自己添加配置文件，则单击 Add File 按钮添加配置文件。

(4) 执行编程操作：单击编程按钮 Start，开始对器件进行编程。在编程过程中，进度表显示下载进程，信息窗口显示下载过程中的警告和错误信息。

(5) 实际检验：器件编程结束后，在实验设备上实际查看 FPGA 芯片作为计数器的工作情况，应当给计数器加入频率为 1Hz 的时钟信号，方便观察计数器的变化。如果计数器工作正常，则说明读者已经基本学会了 FPGA 的开发流程以及 Quartus Prime 16.0 的使用。

3. 其他编程文件的产生

Quartus Prime 在编译过程中会自动产生编程文件，如. sof 文件。但对于其他格式的文件，如二进制格式的. rbf 配置数据文件，需要专门进行设置才能产生。

编译后产生. rbf 文件过程如下：选择菜单命令 File→Convert Program Files，出现如图 3-30 所示的对话框。首先，在 Programming file type 列表框中选择 Raw Binary File(. rbf)。下一步，将 File name 一栏改成 myexam. rbf。然后单击 Input files to convert 栏中的 SOF Data，此时 Add File 按钮被激活，单击 Add File 按钮，添加输入数据文件 myexam. sof，单击 Generate 按钮即可产生. rbf 文件。查找设计项目目录，可以找到 myexam. rbf 文件。

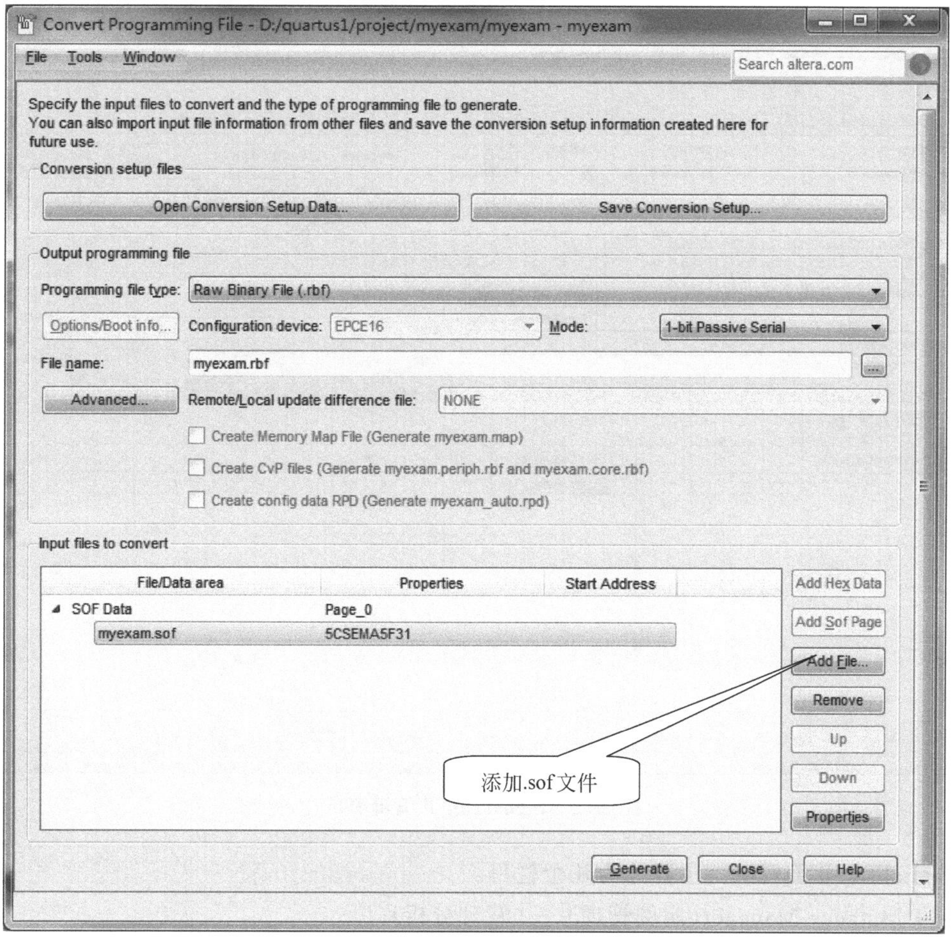

图 3-30　编译后生成.rbf 文件

3.3　嵌入式逻辑分析仪使用

Quartus Prime 软件提供了波形仿真工具，读者可以运行波形仿真工具，分析了解设计系统各信号波形。3.2.3 节中专门介绍了如何使用波形仿真工具对设计系统的信号进行波形仿真的测试，通过信号波形分析了解设计系统的工作是否正常。

这里介绍嵌入式逻辑分析仪的使用，就是将逻辑分析仪嵌入到 FPGA 芯片内部，测试 FPGA 芯片内部或外部引脚实际信号波形，分析系统工作是否正常。

嵌入式逻辑分析仪的使用分为以下几个步骤：打开 SignalTap Ⅱ Logic Analyzer 编辑窗口、输入待测信号、设置 SignalTap Ⅱ参数、编译下载、运行 SignalTap Ⅱ分析被测信号。

下面以前面已经输入的文件 myexam.v 为例，学习嵌入式逻辑分析仪的使用。

1. SignalTap Ⅱ编辑窗口

选择菜单命令 Tools→SignalTap Ⅱ Logic Analyzer，出现 SignalTap Ⅱ编辑窗口，如图 3-31 所示，显示一个空的 SignalTap Ⅱ文件。

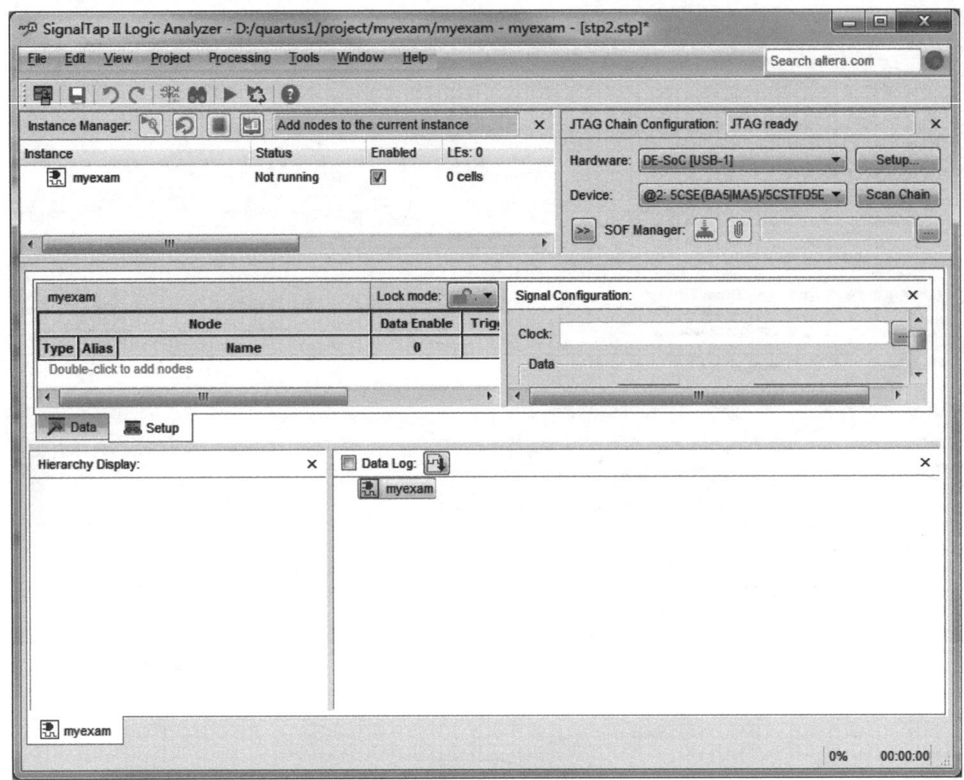

图 3-31　SignalTap Ⅱ编辑窗口

SignalTapⅡ编辑窗口主要分为几个栏目：

(1) Instance Manager(实例管理)——管理分析程序。

(2) JTAG Chain Configuration(JTAG 链配置)——管理配置硬件和文件。

(3) Setup/Data(设置/数据)——设置测试信号或者观察测试数据。

(4) Signal Configuration(信号设置)——设置逻辑信号分析仪。

(5) Hierarchy Display(层次显示)——显示分析文件的结构层次。

2. 输入文件和待测信号

在 Instance Manager 栏目下，单击 Instance 下面的 auto_signaltap_0，将其更名为准备分析的文件名 myexam。

双击设置测试信号 Setup 空白处，弹出 Node Finder 对话框，在该对话框中选择测试信号。这里选择观察 myexam 模块的 cnt。插入节点的过程与波形仿真选择信号完全相同。

3. SignalTap Ⅱ参数设置

在信号设置 Signal Configuration 栏目下，完成对逻辑信号分析仪参数的设置，设置窗口如图 3-32 所示。

(1) 设置 SignalTap Ⅱ工作时钟：单击图 3-32 中 Clock 右侧的"..."按钮，在出现的 Node Finder 对话框中，选择 clk 信号作为逻辑分析仪的采样时钟。

(2) 设置采样数据：采样数据深度设置为 1K，根据待测信号的数量和 FPGA 芯片内部的存储器的大小决定采样数据深度。

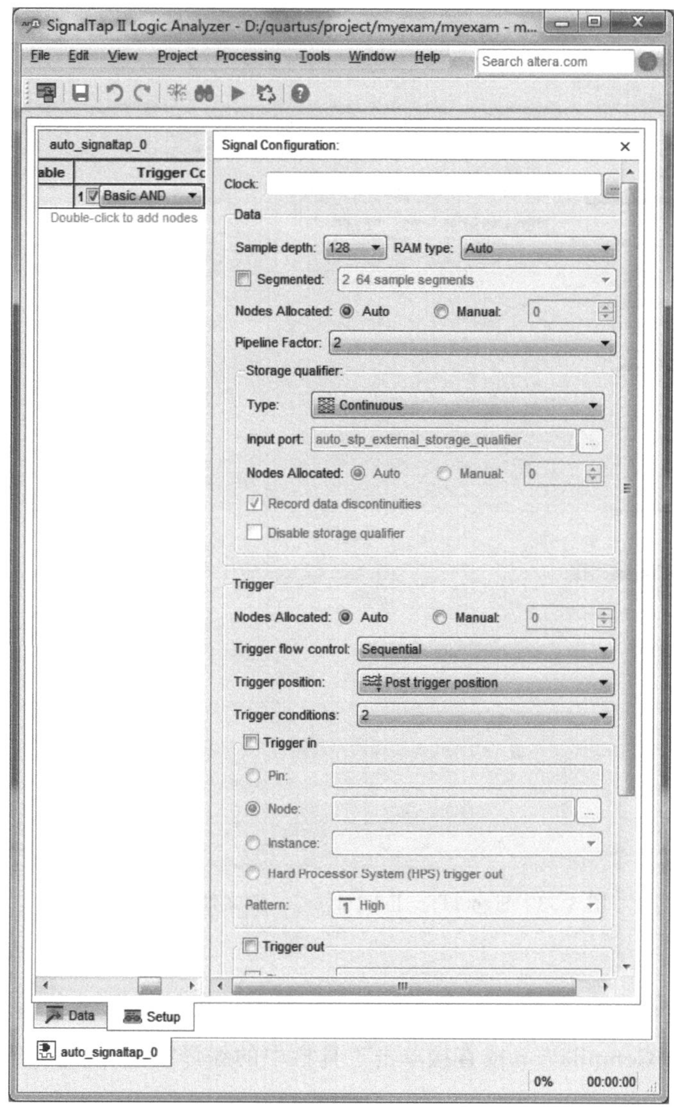

图 3-32 设置 SignalTap Ⅱ参数

(3) 触发设置：触发器流控制、触发位置、触发条件均采用默认值。

(4) 触发输入：首先选中触发输入 Trigger in，接着在触发源 Node 处选择 myexam 设计中的复位信号 reset，触发方式采用下降沿 Falling Edge。

(5) 保存文件：设置完成后，保存该文件 myexam.stp，保存时，系统出现提示信息：Do you want to enable SignalTap Ⅱ，单击 Yes 按钮，表示同意使用 SignalTap Ⅱ，并准备将其与 myexam 文件捆绑在一起进行综合和适配，一同下载到 FPGA 芯片中。

也可以通过选择菜单命令 Assignments→Settings，打开如图 3-33 所示的 Settings 对话框。在 Settings 对话框左侧的 Category 栏目下选择 SignalTap Ⅱ Logic Analyzer 项，选中 Enable SignalTap Ⅱ Logic Analyzer 复选框，添加 myexam.stp 文件，完成 SignalTap Ⅱ与 myexam 源文件的捆绑。

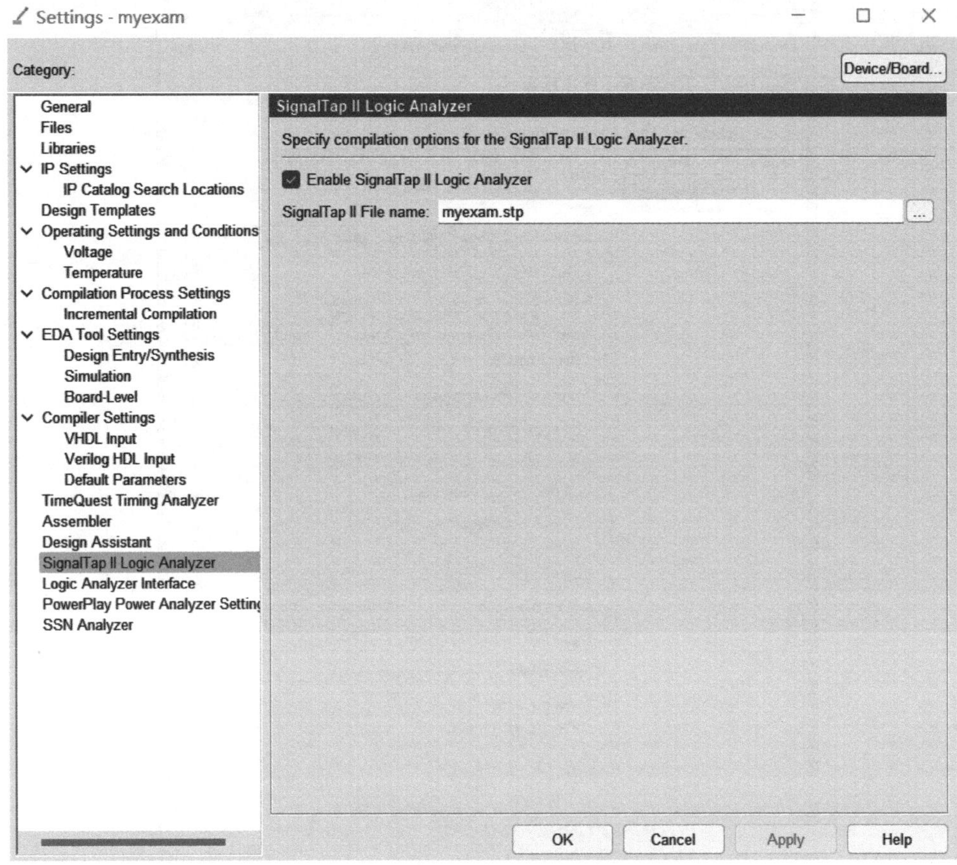

图 3-33 SignalTap Ⅱ与 myexam 源文件的捆绑设置

4. 编译下载

(1) 编译：完成上述设置并保存文件后，必须再次进行完整的编译。选择菜单命令 Processing→Start Compilation 或直接单击工具栏中的编译按钮，执行编译操作，对设计文件进行检查。

(2) 连接硬件：在进行下载操作之前，首先将下载电缆的一端与 PC 对应的端口进行相连，这里使用 USB Blaster 下载电缆，连接到 PC 的 USB 端口，下载电缆的另一端与编程器件相连。

(3) 下载设置：如图 3-34 所示。Hardware 设置为 USB Blaster；连接硬件正常，系统会自动找到下载器件 Device 为 5CSE；通过"…"按钮设置下载文件为 myexam.sof。

(4) 执行下载操作：单击编程按钮，开始对器件 5CSE 进行编程。

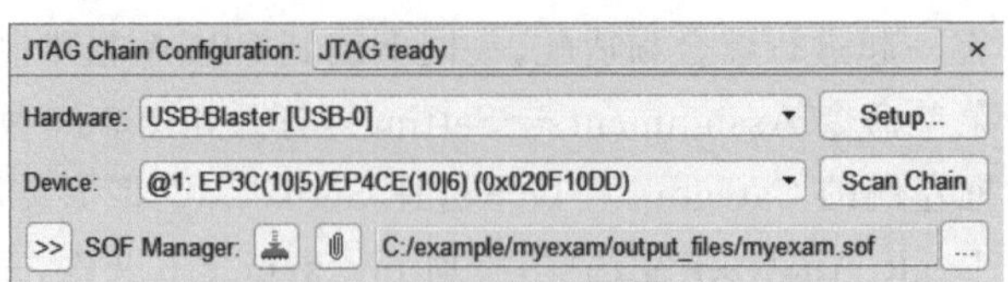

图 3-34 下载设置界面

5. SignalTap Ⅱ信号分析

如图3-35所示，在实例管理Instance Manager栏目下，选中Instance下面的文件myexam，再单击Autorun Analysis(启动分析)按钮，启动SignalTap Ⅱ信号分析。只有当器件编程成功后，该分析按钮才会激活。

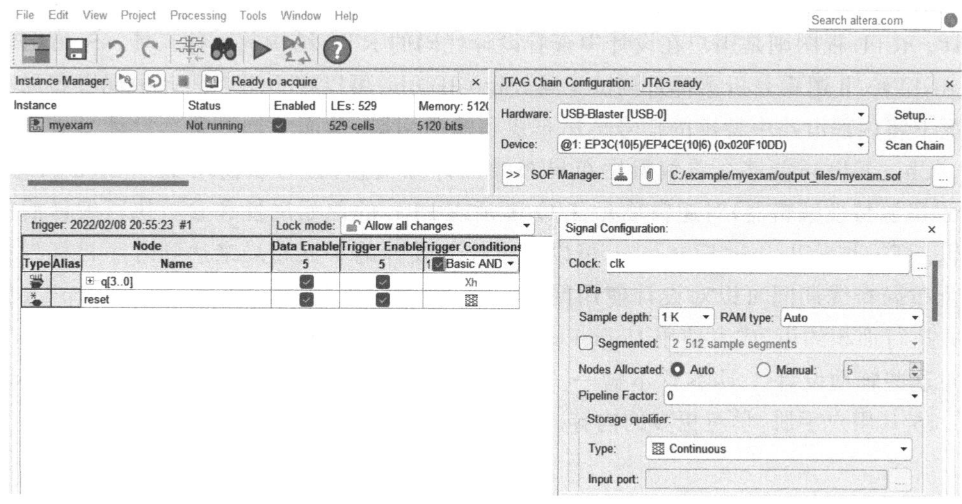

图3-35　启动SignalTap Ⅱ信号分析

在Setup/Data栏目下，选择观察测试数据Data窗口。

选择观察测试数据Data窗口。按下设备的reset键，使reset信号发生一次从高电平到低电平的变化，为SignalTap Ⅱ逻辑分析仪提供采样触发信号。这时，在SignalTap Ⅱ的Data窗口就会观察到来自FPGA芯片的实时信号，如图3-36所示。

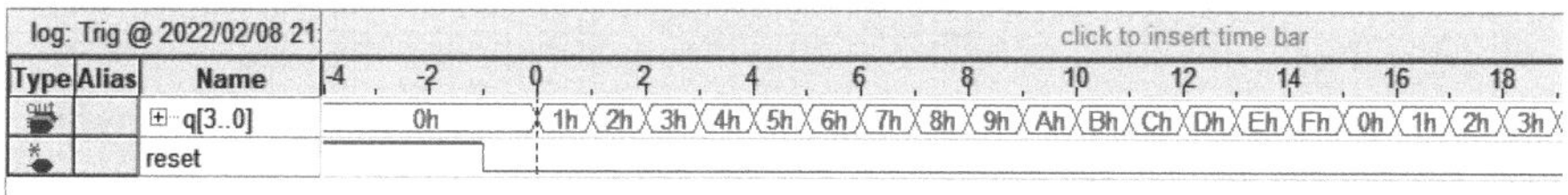

图3-36　SignalTap Ⅱ采样的信号波形

按下Stop Analysis(停止分析)按钮，结束分析过程。将鼠标指针移动到分析波形处，通过单击鼠标右键和左键，可缩放波形的显示，使之适合观察。这里可以看到输出信号q的变化规律与设计的4位二进制计数器功能一致。

6. 撤销SignalTap Ⅱ信号分析

结束SignalTap Ⅱ逻辑分析后，应撤销SignalTap Ⅱ逻辑分析与myexam源文件的捆绑，释放嵌入式逻辑分析仪对FPGA芯片资源的占用。

撤销SignalTap Ⅱ逻辑分析与myexam源文件捆绑的方法是：选择菜单命令Assignments→Settings，在Settings对话框左侧的Category栏目下选择SignalTap Ⅱ Logic Analyzer项，取消选中对Enable SignalTap Ⅱ Logic Analyzer复选框，单击OK按钮确认后，重新对myexam源文件进行完整编译，就可以释放嵌入式逻辑分析仪对FPGA芯片资源的占用。

Quartus Prime开发软件除了提供设计输入、设计处理、波形仿真等设计流程中必备的工具外，还集成了一些辅助设计工具，包括 I/O 分配验证工具、功率估计和分析工具、RTL 阅读器、SignalProbe(信号探针)及 Chip Editor(底层编辑器)、Timing Closure Floorplan(时序收敛平面布局规划器)。

在设计的任何阶段都可以使用 I/O 分配验证工具来验证引脚分配的合理性，保证在设计早期尽快确定引脚分配。功率估计工具可以对设计的功耗进行估算，以方便电源设计和热设计。RTL 视图则是用户在设计中查看设计代码的 RTL 结构的一种工具。SignalProbe 和 SignalTap Ⅱ逻辑分析器都是调试工具，SignalProbe 可以在不影响设计中现有布局布线的情况下将内部电路中特定的信号迅速布线到输出引脚，从而无须对整个设计另做一次全编译。Chip Editor 能够查看编辑后布局布线的详细信息，且可以使用 Resource Property Editor(资源特性编辑器)对逻辑单元、I/O 单元或 PLL 的原始属性和参数执行编译后的重新编辑。Timing Closure Floorplan 可以通过控制设计的平面布局来达到时序目标。在综合以及布局布线期间可以对设计使用网表优化，同时使用 Timing Closure Floorplan 分析设计并执行面积约束，或者使用 LogicLock 区域分配进一步优化设计。

对这些辅助设计工具本章不做一一介绍，有需求的读者可参考相关书籍或 Quartus Prime 16.0 用户手册，学习更多的内容。

第4章 基本电路的HDL设计

CHAPTER 4

本章将以数字逻辑为基础，对包括组合和时序在内的基本逻辑电路的 Verilog HDL 设计，以及数字电路设计中的关键问题和基本设计要点进行介绍，通过本章内容能够了解实现简单电路 HDL 设计的方法。

4.1 优先编码器

优先编码器是数字电路中的常用逻辑电路，这里所说的编码是对有效输入通道的编码，优先编码器对所有的输入通道进行了优先级排队，允许多个输入通道同时有有效信号，而只对优先级最高的有效输入通道进行编码，产生编码输出信号，优先级低的有效通道则不对其进行编码。优先编码器的功能用 FPGA 实现起来非常方便，假设需要设计如表 4-1 所示的 4-2 优先编码器，其中 s 为扩展输出端，out[1：0]输出为优先级最高的有效输入通道号的原码。

表 4-1 4-2 优先编码器功能表

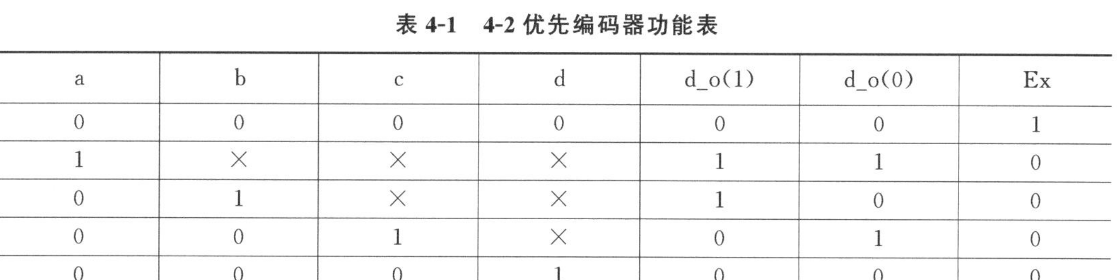

a	b	c	d	d_o(1)	d_o(0)	Ex
0	0	0	0	0	0	1
1	×	×	×	1	1	0
0	1	×	×	1	0	0
0	0	1	×	0	1	0
0	0	0	1	0	0	0

从行为描述的角度看，输出信号的获得取决于输入信号，因此可以把输入信号看作判断条件，通过对条件的判断获得输出值。

在 Verilog HDL 中，描述优先编码器有多种方法。可以使用条件运算符“?:”对编码器输入信号进行判断，实现优先编码器功能。例 4.1 描述了此 4-2 优先编码器，其中端子 a 的优先级最高，d 的优先级最低，输入信号高有效。s 表示是否有有效输入。当 s=1 时，表示无有效信号输入；当 s=0 时，表示有有效信号输入。

例 4.1 4-2 优先编码器

```
module encode4_2(a,b,c,d,out,s);
input a,b,c,d;
output[1:0] out;
```

```
output s;
assign {s, out} = (a == 1)? 3'b011 : ((b == 1)? 3'b010 : ((c == 1)? 3'b001 : ((d == 1)?
3'b000 : 3'b100)));
endmodule
```

4-2 优先编码器仿真波形如图 4-1 所示。

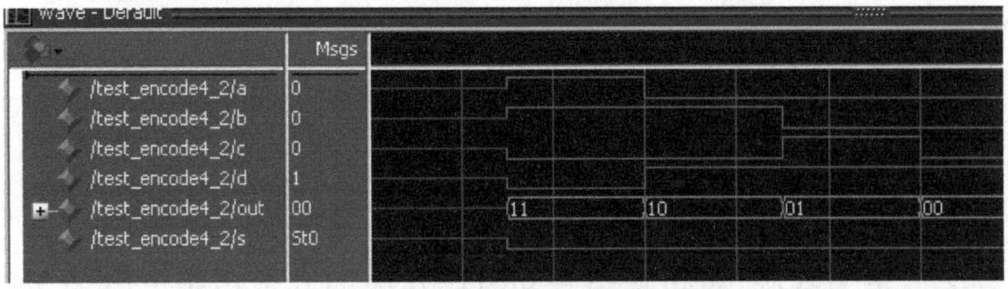

图 4-1 4-2 优先编码器仿真波形

从上面的例子可以看出，使用条件运算符描述的优先编码器程序简单，易实现。但是在编码器输入信号比较多的情况下，该运算符嵌套层次比较多，不利于电路优化设计。if-else 语句在执行过程中对条件分支依次进行判断，先判断的条件优先级最高，可以体现出输入优先级的特点，因此 if-else 语句更适合用于设计优先编码器。下面是对例 4.1 的 4-2 编码器使用 if-else 语句描述的例子。

例 4.2 if-else 语句描述 4-2 优先编码器

```
module encode4_2(a,b,c,d,out,s);
input a,b,c,d;
output[1:0] out;
output s;
reg[1:0] out;
reg s;
always @(a or b or c or d)
begin
        if(a == 1)      {s, out} = 3'b011;
        else if(b == 1) {s, out} = 3'b010;
        else if(c == 1) {s, out} = 3'b001;
        else if(d == 1) {s, out} = 3'b000;
        else            {s, out} = 3'b100;
end
endmodule
```

一般情况下，case 语句不用于设计优先编码器。因为 case 语句在对输入条件进行判断的时候，电路根据判断结果直接跳转到相对应的分支，各个分支之间没有优先级顺序。但是如果对 case 语句的一个分支进行嵌套设计，则可以用来描述优先编码器，只是嵌套结构的使用同样不利于电路的优化设计。

4.2 译码器

译码器的功能是根据输入，确定输出相应的译码信号。这一功能可以采用 if-else 语句和 case 语句实现。例如，设计一个 2-4 译码器，使用 if-else 语句和 case 分支语句分别描述如下(其中 in 为 2bit 输入信号,out 为 4bit 译码输出信号)。

(1) 用 if-else 语句描述的 2-4 译码器。

```
if(in == 0)             out = 4'b0001;
else if(in ==1)         out = 4'b0010;
else if(in ==2)         out = 4'b0100;
else                    out = 4'b1000;
```

(2) 用 case 语句描述的 2-4 译码器。

```
case(in)
        0 : out = 4'b0001;
        1 : out = 4'b0010;
        2 : out = 4'b0100;
        3 : out = 4'b1000;
endcase
```

需要指出的是,if-else 语句的执行过程是先从第一个条件分支开始判断。如果选项满足最后一个条件分支,那么只有在前面的所有条件都不满足的情况下,才执行最后一个分支。因此,使用 if-else 语句设计译码器时效率低。而 case 语句则是直接根据判断条件的结果执行对应的分支,因此使用 case 语句设计译码器更为合适。

显示译码器是译码器最常见的一个实际应用,用于驱动 7 段 LED 数码管显示字符。LED 数码管由 7 个发光二极管 a、b、c、d、e、f、g,外加小数点 h 构成,根据发光二极管相互间的连接情况,分为两种类型的数码管:共阴极数码管和共阳极数码管,如图 4-2 所示。

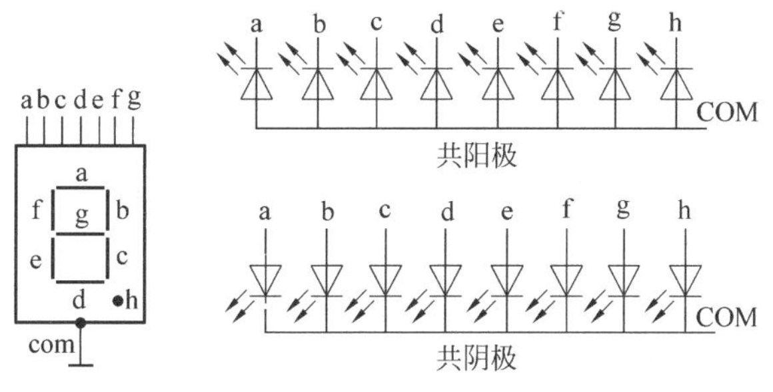

图 4-2　LED 数码管

通过控制各发光段的亮、灭,就可以显示不同的符号。例如,若共阴极数码管"gfedcba"7 个引脚的电平依次为"1101101",即控制数码管的 a、c、d、f、g 段亮,b、e 段灭,则数码管显示数字"5",因此也称"1101101"为数字"5"的段码或字形码。共阴极和共阳极数码管的段码如表 4-2 所示。

表 4-2　段码(hgfedcba)对照表

显示字符	0	1	2	3	4	5	6	7	8	9	A	b	c	d	E	F
共阴极段码	3F	06	5B	4F	66	6D	7D	07	7F	6F	77	7C	39	5E	79	71
共阳极段码	C0	F9	A4	B0	99	92	82	F8	80	90	88	83	C6	A1	86	8E

注:表中段码均为十六进制数表示。

显示译码器的 Verilog HDL 设计与普通译码器设计方法一样,使用 case 语句即可。代码如下所示(其中 in 为 4bit 输入,out 为 8bit 输出,顺序为 hgfedcba)。

```
always @ (in)
  begin
    case(in)
        0 : out = 8'h3F;
        1 : out = 8'h06;
        2 : out = 8'h5B;
        3 : out = 8'h4F;
        4 : out = 8'h66;
        5 : out = 8'h6D;
        6 : out = 8'h7D;
        7 : out = 8'h07;
        8 : out = 8'h7F;
        9 : out = 8'h6F;
        10 : out = 8'h77;
        11 : out = 8'h7C;
        12 : out = 8'h39;
        13 : out = 8'h5E;
        14 : out = 8'h79;
        15 : out = 8'h71;
        default :out = 8'h00;
    endcase
end
```

4.3 数据选择器

FPGA 内部有大量的数据选择器(又称多路选择器或多路开关),通过数据选择器对数据的传输通道进行选择,从而实现电路逻辑和时序功能。例如,前面介绍到的 FPGA 最小可编程逻辑构成单元——4 输入 LUT,就是以 4 个输入信号作为地址选择信号,将 16 个数据存储单元作为数据输入端的 16 选 1 数据选择器。从行为描述的角度看,输出信号的获得取决于地址信号,因此可以把地址信号作为判断条件,通过对条件的判断获得输出值。

例 4.3 使用 case 语句描述了一个四选一数据选择器。其中 in1、in2、in3、in4 是 4 个输入通道,每个通道 4bit; sel 为地址选择端; out 为 4bit 输出端。

例 4.3 四选一数据选择器

```
module mux4_1(in1, in2, in3, in4, sel, out);
input[3:0] in1, in2, in3, in4;
input[1:0] sel;
output[3:0] out;
reg[3:0] out;
always @(sel or in1 or in2 or in3 or in4)
begin
        case(sel)
        2'b00 : out = in1;
        2'b01 : out = in2;
```

```
        2'b10 : out = in3;
        2'b11 : out = in4;
        endcase
end
endmodule
```

四选一数据选择器仿真波形如图 4-3 所示。

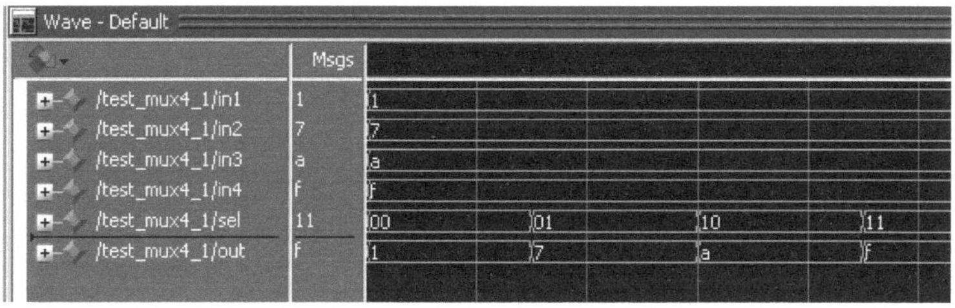

图 4-3 四选一数据选择器仿真波形

数据选择器的另一个应用是在算法设计中实现非线性运算。下面以 DES(Data Encryption Standard)密码算法中 S 盒的设计为例进行介绍。DES 是目前广泛应用于诸如 POS、ATM 等数据加密领域的分组对称密码算法，S 盒是整个 DES 算法中唯一的非线性变换部件，其本质是进行数据压缩，把 6bit 输入压缩为 4bit 输出。DES 算法中共有 8 个 S 盒，每个 S 盒是一个 4 行、16 列的表，表中数据为 4bit 的二进制数据。运算时，6bit 输入数据的第 0、5 位组合构成一个 2bit 的数，对应表中的某一行，第 1 到第 4 位组合构成一个 4bit 的数，对应表中的某一列，其交叉点的数据作为 S 盒的 4bit 输出项。若给定该 S 盒的输入为“b0b1b2b3b4b5”，则输出为行“b0b5”和列“b1b2b3b4”交叉点的数据。8 个 S 盒的内容各不相同，但设计方法相同。下面以 S1 盒为例介绍其设计，S1 盒的内容如表 4-3 所示。

表 4-3 DES 算法 S1 盒

行	列																
	0	1	2	3	4	5	6	7	8	9	10	11	12	13	14	15	
0	14	4	13	1	2	15	11	8	3	10	6	12	5	9	0	7	S1 盒
1	0	15	7	4	14	2	13	1	10	6	12	11	9	5	3	8	
2	4	1	14	8	13	6	2	11	15	12	9	7	3	10	5	0	
3	15	12	8	2	4	9	1	7	5	11	3	4	10	0	6	13	

由上所述，S 盒的设计就是根据输入信号获得行列地址信号，从而有选择地输出数据。DES 算法 S1 盒的 Verilog HDL 设计如例 4.4 所示，其中 addr 为 S1 盒的 6bit 输入，dout 为 S1 盒的 4bit 输出。

例 4.4 DES 算法 S1 盒

```
module sbox1(addr, dout);
input  [0:5] addr;
output [0:3] dout;
reg    [0:3] dout;
always @(addr)
begin
```

```
        case ({addr[0], addr[5], addr[1:4]})
            0: dout = 14;
            1: dout = 4;
            2: dout = 13;
            3: dout = 1;
            4: dout = 2;
            …
            60: dout = 10;
            61: dout = 0;
            62: dout = 6;
            63: dout = 13;
        endcase
    end
    endmodule
```

S1 盒的仿真波形如图 4-4 所示。

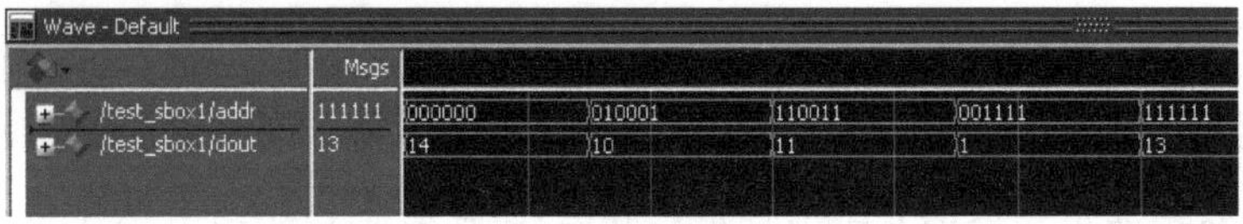

图 4-4 DES 算法 S1 盒仿真波形

使用 case 语句设计 S 盒占用的是 FPGA 的寄存器资源，因此若 S 盒的数量或内容多时，将占用 FPGA 芯片的大量寄存器资源，不利于电路其他逻辑功能的实现。考虑到 S 盒的设计与查找表结构相同，因此可以利用 FPGA 芯片丰富的存储器资源，将 S 盒的内容存储在芯片的 ROM 中，S 盒的输入作为 ROM 的地址。ROM 的地址 add 与 S 盒的输入 data 之间的关系如下：

```
add[5:0] <= {data[5], data[0], data[4:1]};
```

在使用 S 盒时直接调用 ROM 存储器即可，可将设计好的 ROM 存储器作为例化元件在顶层文件中调用，在存储资源充足的情况下，可达到节省芯片逻辑资源的目的。关于存储器设计以及 Verilog HDL 元件例化可参见 5.3 节和 2.6 节。

4.4 运算电路的设计

运算电路可以实现数值的加减乘除等操作，也是数字系统设计中的常见电路。Verilog HDL 提供了各种运算符用于进行运算电路的设计。下面的程序描述了两个 4 位二进制数运算电路，该电路能实现加法、减法和乘法。

例 4.5 4 位数加、减、乘运算电路

```
module calculate (op1, op2, sum, sub, mult);
input [3:0] op1,op2;
output [3:0] sum,sub;
output [7:0] mult;
    assign sum = op1 + op2;
    assign sub = op1 - op2;
```

```
    assign mult  =  op1 * op2;
endmodule
```

综合电路如图 4-5 所示。

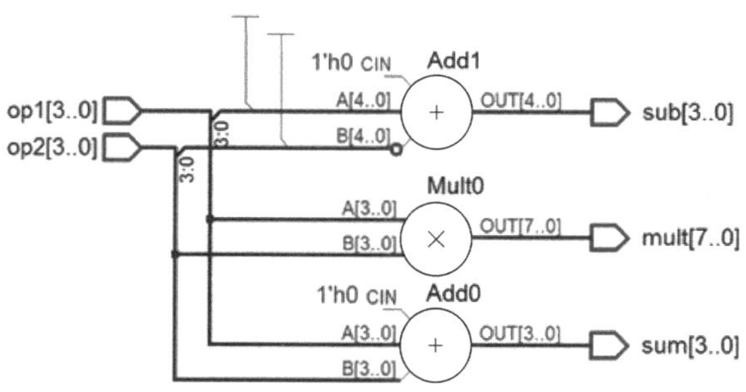

图 4-5　4 位运算器的 RTL 综合电路

FPGA 中电路的设计非常灵活，下面以如图 4-6 所示的串联结构的 4 位加法器为例，介绍基于结构的设计方法。

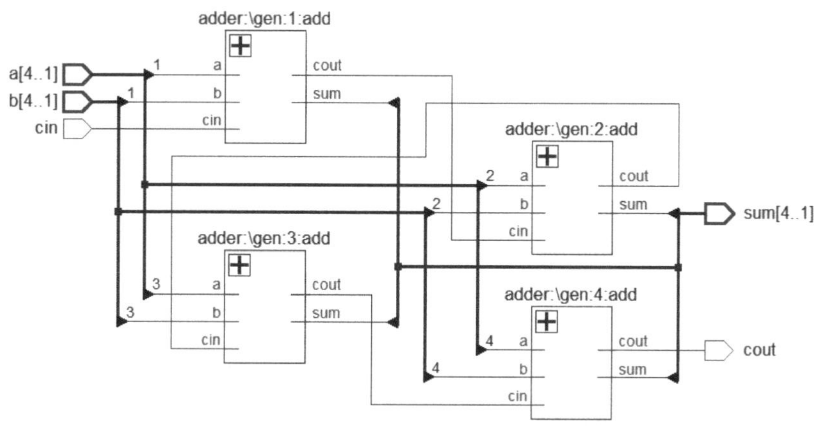

图 4-6　4 位串行进位加法器

例 4.6　4 位串行进位加法器的设计

```
module adder4 (a,b,cin,sum,cout);
input [3:0] a,b;
input cin;
output [3:0] sum;
output cout;
wire carry[0:4];
    assign carry[0] = cin;
    assign cout = carry[4];
    adder adder0 (a[0], b[0], carry[0], sum[0], carry[1]);
    adder adder1 (a[1], b[1], carry[1], sum[1], carry[2]);
    adder adder2 (a[2], b[2], carry[2], sum[2], carry[3]);
    adder adder3 (a[3], b[3], carry[3], sum[3], carry[4]);
endmodule
```

其中,例化元件 adder 的设计如下:

```
module adder (a,b,cin,sum,cout);
input a,b,cin;
output sum,cout;
    assign sum = (a^b)^cin;
    assign cout = (a & b)| (cin & a) |(cin & b);
endmodule
```

这种设计方法的优点是电路结构清晰、简单,但是运行速度慢,因为进位端 cout 必须要经过 4 个相同的加法模块 adder,才能正确输出。为提高运算速度,可采用超前进位加法器。

例 4.7 基于数据流的 4 位超前进位加法器的设计

```
module adder4 (a,b,cin,sum,cout);
input [3:0] a,b;
input cin;
output reg [3:0] sum;
output reg cout;
reg [3:0] vsum,i = 0;
reg carry;
always @ (a or b or cin)
begin
    for (i = 0;i < 4;i = i + 1)
    begin
        vsum[i] =  (a[i]^b[i])^carry;
        carry  =  (a[i]&b[i])|(carry&(a[i]|b[i]));
    end
    sum  =  vsum;
    cout  =  carry;
end
endmodule
```

综合出来的电路如图 4-7 所示。

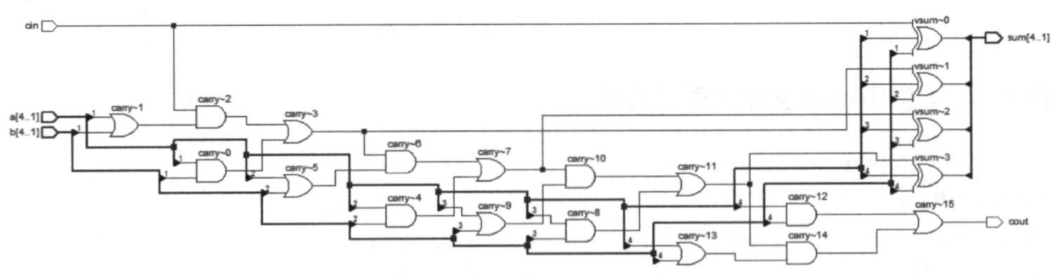

图 4-7 超前进位加法器的 RTL 综合电路图

通过对采用上述 3 种方法设计的 4 位加法器的传输延迟时间进行比较,可知采用运算符设计的 4 位加法器的运行速度高于超前进位加法器,超前进位加法器的运行速度高于串行进位加法器。感兴趣的读者可以进一步对比观察 3 种方法编译之后的 flow summary,可以看到,采用运算符的设计逻辑单元(total logic elements)占用率最少,逻辑单元占用最多的是超前进位加法器。可见,相同功能的电路采用不同的设计方法生成电路的运行速度和资源占用是不同的,可以根据需要灵活选择。

4.5 时钟信号

时钟信号是时序逻辑电路必不可少的输入信号,时序逻辑电路是以时钟信号为节拍工作的。

1. 时钟触发

时序逻辑电路的设计,通常采用如下的描述形式:

```
always @ (时钟信号条件)
begin
    逻辑功能描述
end
```

如果满足条件的时钟信号到来,则电路执行。为了保证电路工作的可靠性,常采用时钟边沿动作的电路结构,其中时钟信号 clk 的上升沿表示为"posedge clk",下降沿表示为"negedge clk"。

2. 时钟信号的产生

时钟是同步电路设计的核心,时钟的质量和稳定性决定着同步电路的性能。为了获得高性能的时钟信号,通常使用 FPGA 内部专用的时钟资源——布线资源和锁相环 PLL。从 FPGA 外部引脚看,FPGA 有专门的时钟引脚 CLK,连接芯片内部的全局时钟布线资源和长线资源(又称第二全局时钟资源)。

时钟信号可以由外部晶振或外部时钟电路输入,也可以由内部产生。外部输入的时钟通常称为系统时钟,且时钟输入建议采用专门的时钟引脚,从而保证设计电路能够获得性能良好的时钟信号。当外部输入的时钟信号不能满足系统要求时,例如,时钟频率不符合要求,或者系统内部需要多种不同频率或相位的时钟信号时,需要对外部输入的系统时钟进行处理,包括分频或倍频处理,以获得满足需要的时钟信号。内部时钟信号的产生在对时钟频率要求不是很严格的情况下,可以简单地采用 4.10 节介绍的分频方法;如果需要获得性能良好的时钟信号,则应采用 FPGA 内部固有的 DLL(Delay-Locked Loop)或者 PLL(Phase-Locked Loop)生成。通过对 DLL 或 PLL 的配置,获得需要的时钟信号,供系统内部的不同电路模块使用。不同 FPGA 芯片内部集成的 DLL 或 PLL 的数量及功能各不相同,使用时要参考具体的器件手册,通常 Xilinx 芯片内集成 DLL,称为 CLKDLL,在高端 Xilinx FPGA 中,CLKDLL 的增强模块为数字时钟管理模块(Digital Clock Manager,DCM);Intel FPGA 芯片内集成的 PLL,包括增强型 PLL(Enhanced PLL)和高速 PLL(Fast PLL)。

下面通过一个例子,了解基于 IP 的多时钟信号的产生及其在电路中的应用。

例 4.8 通过 IP Catalog 生成 PLL,由输入系统时钟 clkin 获得其 2 分频和 1.5 倍频时钟 outclk0、outclk1。通过元件例化,在顶层文件中调用此 PLL,使输出信号 b、c 分别在 outclk0、outclk1 两个时钟的作用下翻转。

(1) 先建立工程,工程创建好后,在右侧的 IP Catalog 栏中输入 PLL,在搜索结果中选中 Altera PLL,则弹出 Save IP Variation 界面,如图 4-8 所示。

(2) 在图 4-8 中,填写生成文件的名称为 pll_use,并单击 OK 按钮。

(3) 在弹出的窗口中,依次设置 PLL 模块输入时钟 refclk 的频率和 PLL 的工作模式。

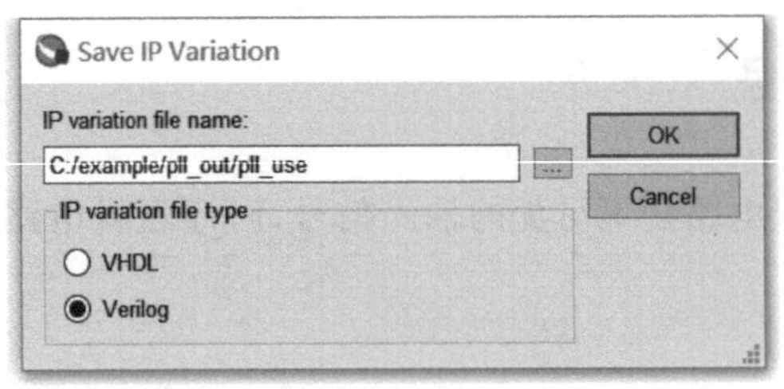

图 4-8　Altera PLL 初始化界面

这里假设输入频率为 100MHz，工作模式采用 direct 模式，如图 4-9 所示。Intel FPGA 器件有多种工作模式：direct 模式，不对 PLL 的输入引脚进行延时补偿；normal 模式，PLL 的输入引脚与 I/O 单元的输入时钟寄存器相关联；zero delay buffer 模式，PLL 的输入引脚和 PLL 的输出引脚的延时相关联，通过 PLL 的调整，到达两者"零"延时；External feedback 模式，PLL 的输入引脚和 PLL 的反馈引脚延时相关联。

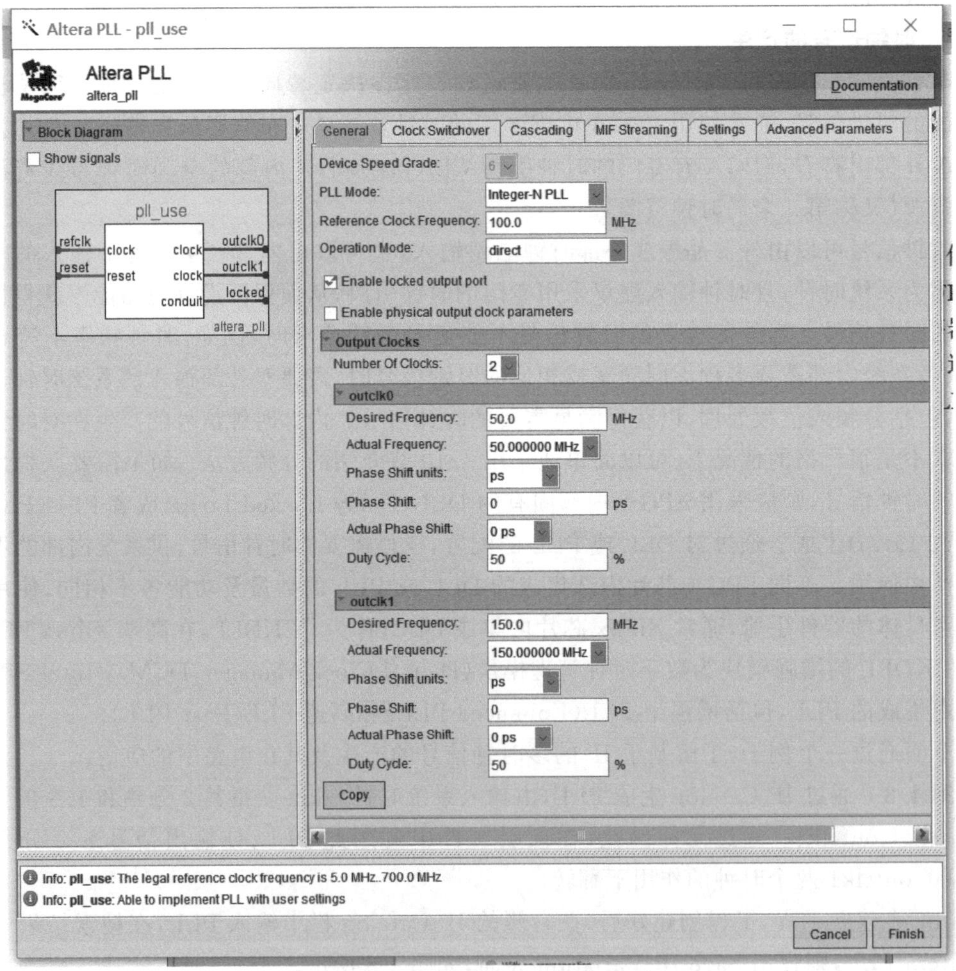

图 4-9　Altera PLL 设置界面

通过 Number Of Clocks 可以设置输出时钟的个数，这里选择 2 个。输出时钟频率设为 50MHz 和 150MHz，相移和占空比保持不变，为 0ps 和 50%。设置后的界面如图 4-9 所示。在左侧的模块框图中可以看到设置后的 PLL 模块，其中 reset 为异步复位输入引脚，默认高有效，locked 为锁定输出引脚，当 locked=1 时，表示输出时钟稳定。

(4) 单击 Finish 按钮，自动生成 pll_use. v 文件(本操作未提及的步骤，可选择默认设置，关于 IP 核的详细说明及应用，可参见第 6 章)。在工程所在路径下，可以找到元件模板文件 pll_use. cmp，内容如下：

```
component pll_use is
    port(
        refclk   : in std_logic := 'X';    -- clk
        rst      : in std_logic := 'X';    -- reset
        outclk_0: out std_logic;           -- clk
        outclk_1: out std_logic;           -- clk
        locked   : out std_logic           -- export
    );
end component pll_use;
```

注意，此 Altera PLL 核生成的元件模板只提供 VHDL 语言格式；如果选择 ALTPLL 核，则会同时生成 Verilog HDL 和 VHDL 两种语言格式的元件模板，且 Verilog HDL 语言格式的元件模板名字为 pll_use_inst. v，具体见 6.4 节。

(5) 在顶层文件 pllclk. v 中对生成的 pll_use 模块进行调用，完成电路功能要求。代码如下：

```
module pllclk (reset, b, c, clkin, locked);
input reset, clkin;
output reg b,c,locked;
wire clkout0,clkout1;
pll_use pll0 (
    .refclk  (clkin),
    .rst     (reset),
    .outclk_0( clkout0 ),
    .outclk_1( clkout1 ),
    .locked  ( locked )
    );
always @ (posedge reset or posedge clkout0)
begin
    if (reset)     b<=0;
    else           b<=~b;
end
always @ (posedge reset or posedge clkout1)
begin
    if (reset)     c<=0;
    else           c<=~c;
end
endmodule
```

编译时，需要将 pll_use 文件加入到工程文件中，否则编译时会提示找不到 pll_use 模块。具体操作如下：打开 Settings 对话框，在 Category 栏目下选择 Files，通过单击 File name 后的“...”按钮在工程路径下找到 pll_use.qip 文件，单击 Add 按钮将其添加至工程中，如图 4-10 所示。

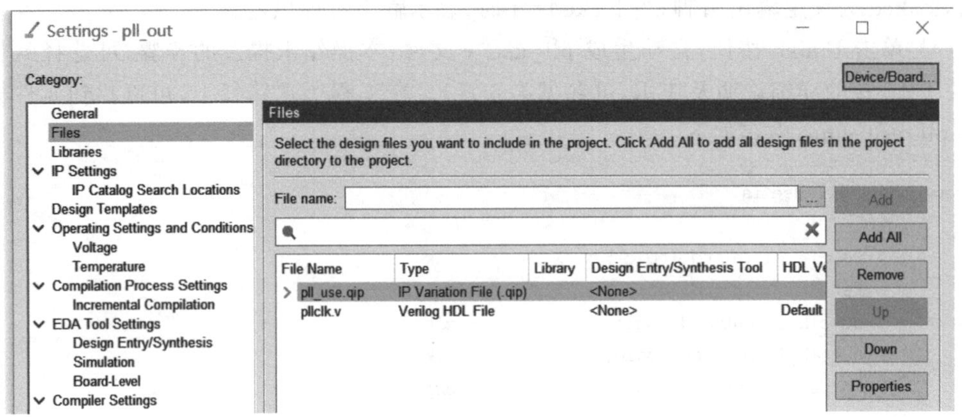

图 4-10　将生成的 PLL 添加至工程文件中

Quartus 下的仿真波形如图 4-11 所示，可以看到，PLL 的输出需要经过一定的时间，在 locked 稳定为高电平时，b、c 才输出稳定的波形。

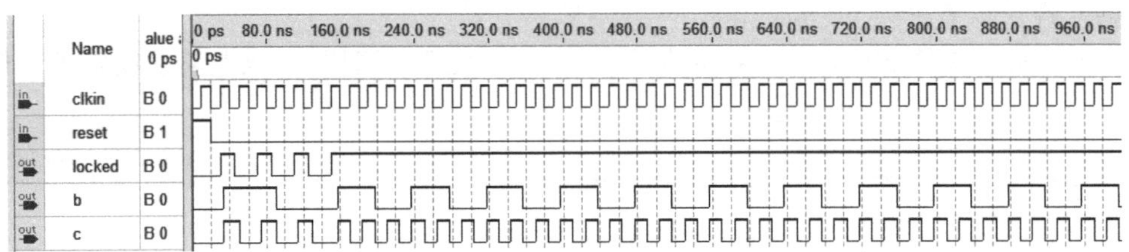

图 4-11　PLL 调用仿真波形

上述的元件例化，也可以采用位置关联的方式，可简单写成如下形式：

```
pll_use  pll0 (clkin, reset, clkout0, clkout1,locked);
```

4.6　锁存器和触发器

4.6.1　锁存器

锁存，就是把信号暂存，以维持某种电平状态。锁存器(latch)属于电平触发的存储单元，不同于触发器，当使能信号有效时，即不锁存数据时，锁存器相当于一个缓冲器，输出对输入是透明的，输入立即体现在输出端，因此锁存器也称为透明锁存器；当使能信号无效时，输出端的数据被锁住，输出不再随输入变化。锁存器的最主要作用是缓存，完成高速地控制其与慢速外设的不同步问题，其次是解决驱动的问题。另外，当使能信号有效时，由于输入对输出是透明的，布线延迟的不同，使得锁存器容易产生毛刺，同时也不能过滤毛刺，这是锁存器的一个缺点。但是与触发器相比，锁存器完成同一个功能所需要的逻辑门的数量要少，可以提高集成度，因此在 ASIC 中用得较多。

如何设计一个带存储功能的电路呢？4.1 节指出，if 语句对条件的判断具有优先级，这里我们说，当 if 语句的条件覆盖不全时，可以综合出带有存储功能的电路，即当电路处于 if 语句条件中未列出的状态时，电路的状态保持不变，即状态锁存。同样对于 case 语句，当在条件分支中采用 null 语句时，也可以综合出带有存储功能的电路。下面分别举例加以说明。

例 4.9　设计一个 D 锁存器，要求当使能信号 en 为高电平时，输出随输入变化，当 en 变为低电平时，锁存数据。

```
module d_latch (en, d, q);
input en,d;
output reg q;
always @(en or d)
begin
    if (en)  q<=d;
end
endmodule
```

综合出的电路如图 4-12 所示，仿真波形如图 4-13 所示，可以看出，当 en 为 1 时，输出随输入变化；当 en 为 0 时，输出保持不变，即数据锁存，符合锁存器的逻辑功能。

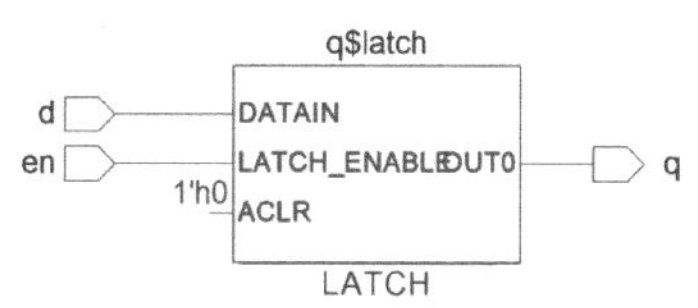

图 4-12　d_latch 的 RTL 综合电路图

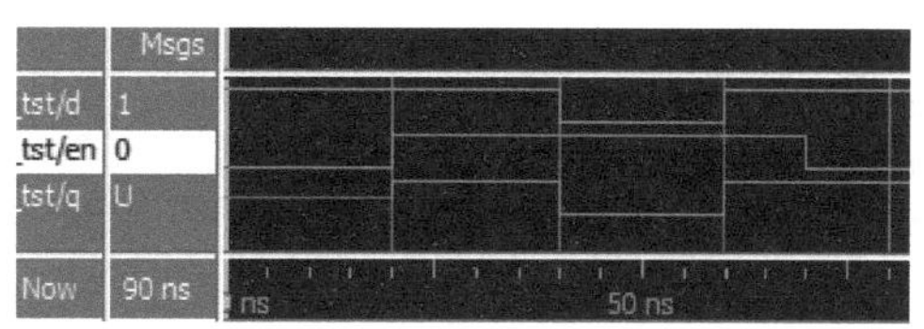

图 4-13　d_latch 的仿真波形图

这里要注意 always 块敏感信号列表里的信号既包含使能信号 en，也包含输入信号 d。

4.6.2　触发器

作为时序逻辑电路的基本构成单元，触发器(Flip-Flop，FF)又称为双稳态触发器或双稳态门，是一种可以在两种状态下运行的数字逻辑电路。触发器与锁存器相比较，最大的区别就是具有时钟信号，触发器属于脉冲边沿敏感电路，当时钟信号处于恒定的电平区间时，触发器的状态始终保持不变，即状态锁存；只有在时钟脉冲的上升沿或下降沿的瞬间，输出才会跟随输入(又称触发)变化。

讲到触发器就不得不介绍建立时间和维持时间。建立时间(setup time)t_{su} 是指数据在被采样时钟边沿采样到之前，需保持稳定的最小时间。维持时间(hold time)t_h 是指数据在被采样时钟边沿采样到之后，需保持稳定的最小时间。任何连接到触发器输入端的信号要被采集到，必须满足触发器的建立时间和保持时间，否则就会被过滤，或者进入亚稳态。由于毛刺出现的时间非常短暂，一般为几纳秒，很难满足此条件，因此触发器可以很好地滤除毛刺信号。触发器的种类很多，最常用的是 D 触发器，另外还有 T 触发器、SR 触发器、JK 触发器等，FPGA 内部采用的都是 D 触发器。触发器的建立和维持时间实际上也就是程序设计所要用的 FPGA 器件的建立和维持时间，具体可参见器件手册。

研究例 4.9 中的程序，如果把敏感信号改为时钟上升沿，程序其他部分不变，则得到的是一个触发器。

```
always @(posedge en)
begin
    if (en)  q<=d;
end
```

综合出的电路如图4-14所示,仿真波形如图4-15所示,可以看出,只有当en出现上升沿时,输出才会跟随输入变化,其他时刻输出保持不变,符合触发器的逻辑功能,en实际上就是时钟信号。

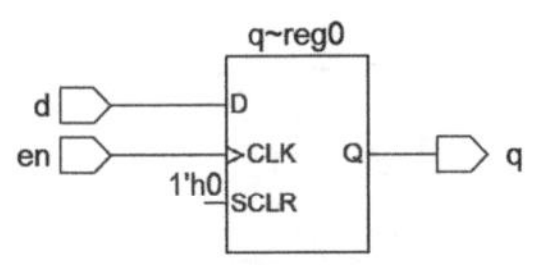

图4-14 d_ff的RTL综合电路图

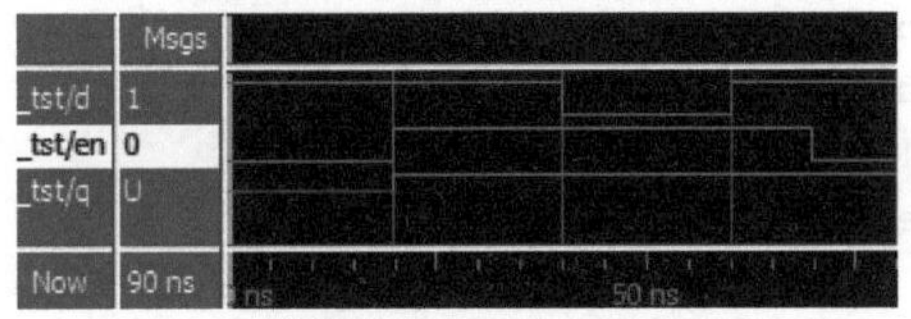

图4-15 d_ff的仿真波形图

完整的上升沿动作的D触发器如下。其中q为输出,qn为反向输出。

例4.10 D触发器。

```
module dff(clk, d, q, qn);
input clk, d;
output q, qn;
reg q,qn;
always @(posedge clk)
begin
        {q, qn} <= {d, ~d};
end
endmodule
```

该D触发器的仿真波形如图4-16所示。从波形图中可以看出,在时钟信号clk的作用下,电路实现了D触发器的功能。在波形图的开始阶段,由于没有指定触发器输出的初始状态,因此仿真默认为不确定值。如果要指定输出的初值,则可以使用异步控制端子,例如异步复位信号来实现,具体参见4.7节。

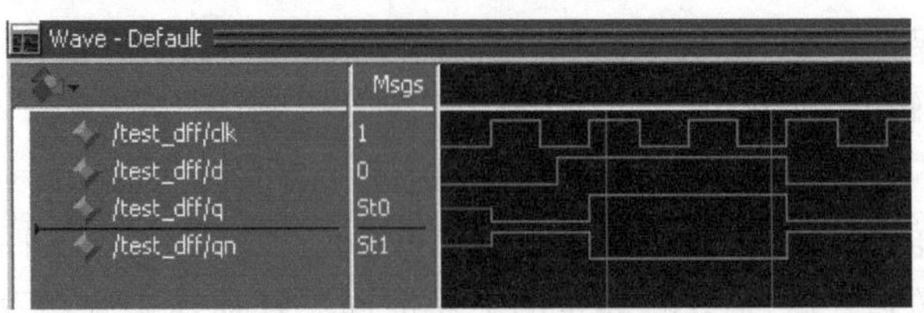

图4-16 D触发器仿真波形

在电路的设计过程中,有时需要将某个信号延迟一段时间,在3.2.3节的仿真测试程序中有这样的延迟赋值语句:“#40 reset=0;”,表示延迟40个时间单位后将reset信号值赋为0,这种延迟仅仅在仿真时有效,而在电路综合时是被忽略的。实际电路中确切的信号延迟是通过触发器对信号的传递实现的,具体参见例4.11。

例 4.11 具有三级时钟延迟的电路设计

```
module delay (a,clk,q1,q2,q3);
input a,clk;
output q1,q2,q3;
reg qn,qnl,qnm;
assign q3 = qnm;
assign q2 = qnl;
assign q1 = qn;
always @(posedge clk)
begin
    qn <= a;
    qnl <= qn;
    qnm <= qnl;
end
endmodule
```

仿真波形如图 4-17 所示，输入端的信号 a 在延迟了 3 个时钟周期后，出现在 q3 端。为了提高延迟的精确性，可以提高时钟信号 CLK 的频率。

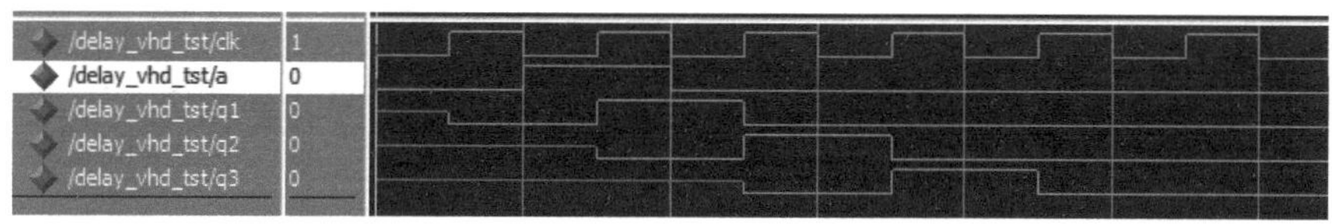

图 4-17 三级延迟电路的仿真波形

综合后的电路如图 4-18 所示，可以看出，此电路是由 3 个 D 触发器首尾依次相连实现信号传输的，此结构也是构成移位寄存器的基本方法。

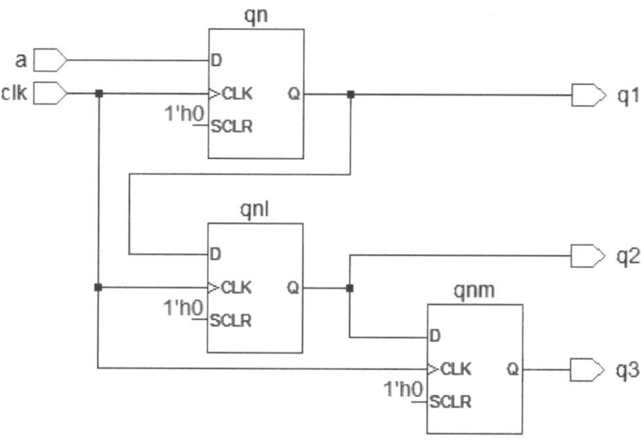

图 4-18 三级时钟延迟电路的 RTL 综合电路

4.7 同步、异步控制信号

一般情况下，触发器或者其他时序电路都会设计同步控制端或异步控制端，比如置零端或复位端。这里的同步和异步是指控制信号相对于时钟信号来说的。同步控制信号是指该信号有效的同时必须有有效的时钟沿,才能对电路起作用;异步控制信号是指该信号在任何时刻只要有效,就会对电路起作用,而不必考虑有效时钟沿信号。

控制信号在数字系统设计中起到很重要的作用,如复位信号可以使电路从某个确定的初始状态开始工作,或者在电路出现异常时,回到有效状态中。在 Verilog HDL 中,同步或异步控制信号的描述方式不同。

(1) 同步控制信号。

若 rst 为低有效同步复位信号,则描述如下:

```
always @ (posedge clk)
begin
        if (rst == 0) out = 0;
        else …
end
```

从程序中可以看出,在时钟有效沿到来时,若复位信号 rst 为 0,则电路执行复位操作,输出清零;否则即使复位信号有效,电路也不能执行复位操作。若 rst 为高有效复位信号,则只需将 if 语句的判断条件改为 rst==1 即可。

(2) 异步控制信号。

用关键字 posedge 和 negedge 表示是高有效或者低有效的异步控制方式。若 rst 为低有效异步复位信号,则描述如下:

```
always @ (posedge clk or negedge rst)
begin
        if ( !rst ) out = 0;
        else …
end
```

只要复位信号 rst 为 0,则电路清零,不必考虑时钟信号。只有在复位信号无效的情况下,电路才会在时钟信号的作用下执行相关功能。多数情况下,电路采用异步复位方式。

高有效异步复位信号的描述如下:

```
always @ (posedge clk or posedge rst)
begin
        if ( rst ) out = 0;
        else …
end
```

需要注意,低有效异步控制信号在判断语句中使用 if(!clr),而不是 if(clr==0)。高有效异步控制信号使用 if(clr),而不是 if(clr==0)。这一点与同步控制端子的书写方式不同。

例 4.12 设计一个 4 位宽的 d 触发器 dff4,具有异步清零 clr 和异步置位 prn、同步使能 en 的控制功能,其中 clr 的优先级高于 prn。

```
module dff4 (clk,clr,prn,en,d,q);
input clk,clr,prn,en;
output reg [3:0] d,q;
always @(posedge clk or posedge clr or posedge prn)
```

```
begin
    if (clr)                    //异步清零
        q<=4'b0000;
    else if (prn)               //异步置位
        q<=4'b1111;
    else if ( en)               //同步使能
        begin
            q<=d;
        end
end
endmodule
```

综合后的电路如图 4-19 所示，仿真波形如图 4-20 所示。从这两个图可以分析出，异步清零的优先级高于异步置位的优先级。clr 为 1 时，电路清零；clr 为 0，且 prn 为 1 时，电路置位，q=4'b1111；clr 为 0，prn 为 0，en 为 1 时，在时钟上升沿，输入信号 d 赋值给 q。

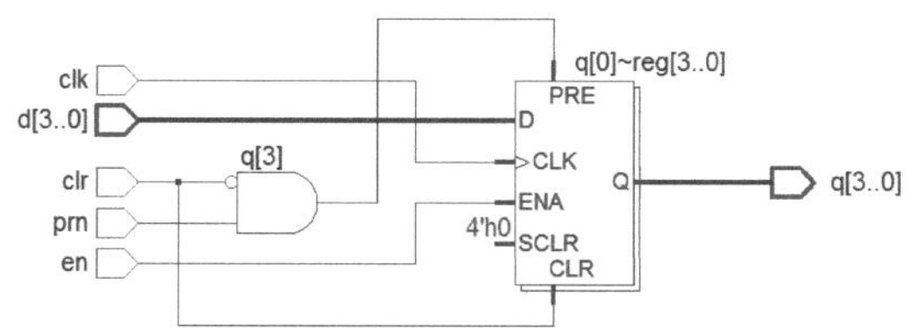

图 4-19　4 位 D 触发器 dff4 的 RTL 综合电路图

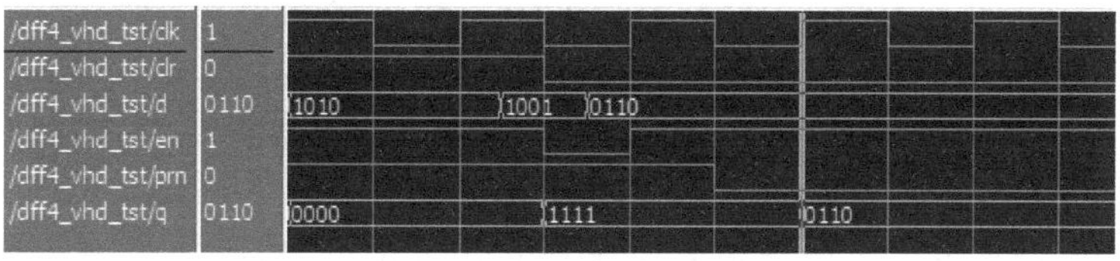

图 4-20　4 位 D 触发器 dff4 的仿真波形图

4.8　同步电路的设计原则

下面以例 4.13 所示的半加器设计为例，观察其时序仿真波形图 4-21(通过 Tool\Run Simulation Tool\Gate Level Simulation 实现)，不难看出，图中 48ns 左右存在两个不希望出现的毛刺。

例 4.13　半加器的 Verilog HDL 设计

```
module half_add (a, b, c, result);
input a,b;
output c,result;
    assign result  =  a^b;
    assign c  =  a&b;
endmodule
```

通过 Processing→Start→Start TimeQuest Timing Analyzer 编译后，在 Table of Contents 栏中选择 TimeQuest Timing Analyzer 并在其右键快捷菜单中选择 Generate

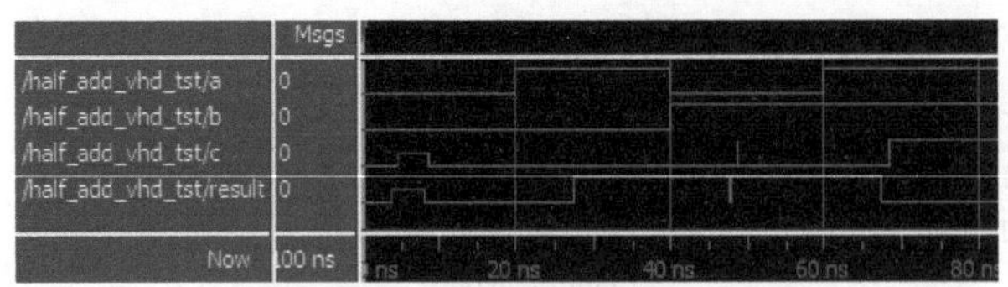

图 4-21 半加器仿真波形图

Report in TimeQuest 命令，进入 TimeQuest Timing Analyzer 界面，然后选择 Reports→Datasheet→Report Datasheet 命令，可以看到如图 4-22 所示的传输延迟(propagation delay)情况，需要注意的是，图 4-22 中显示的延迟时间的长短与电路综合时所用的芯片型号有关。其中，RR 表示信号的上升时间、RF 表示高到低的变化时间、FR 表示低到高的变化时间、FF 表示下降时间。观察仿真图，在 40ns 时输入信号 a、b 同时向相反的方向跳变，即电路出现了竞争，而信号 a 下降所需的时间比信号 b 上升所需的时间长，从而使传输到 c 和 result 的输入信号同时出现了高电平，这就是产生毛刺的原因。对于组合逻辑电路的设计，竞争冒险通常是不可避免的，因此不建议将组合逻辑电路的输出直接作为时钟或片选等用于对信号质量要求较高的场合。这也说明在验证一个设计是否正确时，不仅要通过功能仿真看其逻辑是否正确，还要通过时序仿真看其时序功能是否正确。

Propagation Delay

	Input Port	Output Port	RR	RF	FR	FF
1	a	c	10.211			11.292
2	a	result	10.403	10.515	11.295	11.399
3	b	c	10.195			11.407
4	b	result	10.275	10.395	11.378	11.484

图 4-22 传输延迟时间示例

所谓异步电路，是指电路的输出与时钟信号没有关系，或者说电路内部各个模块的时钟信号在时间和相位上没有关联的电路。异步电路常常用组合逻辑来进行电路的译码，由此输出信号上的毛刺常常是不可避免的。而同步电路的输出依赖于时钟信号的边沿，通过触发器输出信号，4.6.2 节介绍毛刺常常难以满足触发器的建立时间和保持时间要求，因此可以得到很好的滤除。为此在提高信号输出质量上，我们倾向于设计同步电路，而不是异步电路。由于同步电路在设计时，不仅包含组合逻辑，还包含各种触发器，而许多异步电路单纯使用组合逻辑就可实现，因此同步电路设计时所需的逻辑资源往往多于异步电路的设计。

下面以例 4.14 为例，看看怎样通过异步电路的同步化，消除竞争冒险的毛刺现象。

例 4.14 在半加器的输出端增加一个触发器，使信号的输出与时钟同步，从而消除毛刺。

```
module synch (a,b,clk,result,c);
input a,b,clk;
output reg result,c;
wire tmpr,tmpc;
assign tmpr = a^b;
assign tmpc = a&b;
```

```
always @(posedge clk)
    begin
        result <= tmpr;
        c <= tmpc;
end
endmodule
```

电路的仿真波形如图 4-23 所示，可见，原来在信号 c 和 result 上的毛刺消失了，只是输出信号的获得比原来延迟了 20ns(1 个时钟周期)左右的时间。

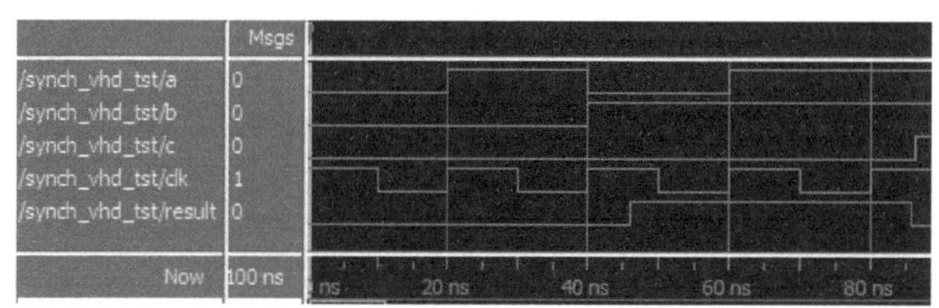

图 4-23　消除毛刺后的仿真波形

4.9　计数器

计数器是数字电路设计中的重要组成部分，常用来进行定时电路的设计，最常见的就是数字钟这种在我们日常生活中广泛使用的电子设备。

下面的例子是基于 Verilog HDL 的十进制计数器。其中，out 是 4 位计数结果，cout 是进位输出信号。程序中设计有一个异步低有效的清零信号 clr。

例 4.15　十进制计数器

```
module counter(clk, clr, out, cout);
input clk, clr;
output[3:0] out;
output cout;
reg[3:0] out;
always @(posedge clk or negedge clr)
begin
        if(!clr) out <= 0;                              //异步清零
        else out <= (out == 4'h9) ? 0 : (out + 1);      //计数
end
assign cout = (out == 4'h9) ? 1 : 0;                    //计数值为 9 时，产生进位输出
endmodule
```

十进制计数器仿真波形如图 4-24 所示。

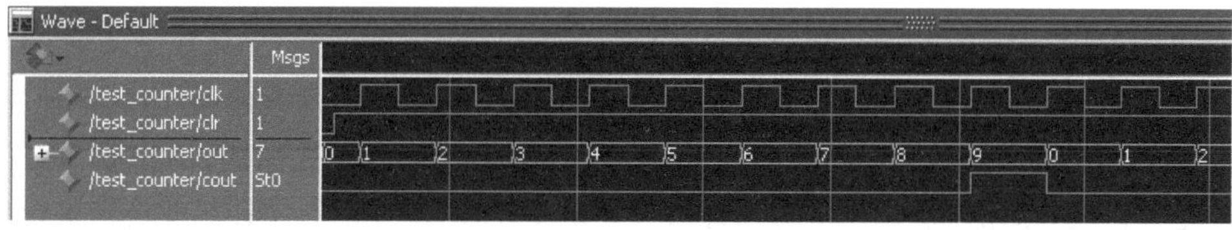

图 4-24　十进制计数器仿真波形

六十进制计数器是设计数字钟的关键电路。如果按照二进制计数器设计方式进行描述，则需要一个6位寄存器变量进行计数就可以了。但是，如果将六十进制计数值用数码管以十进制的形式显示出来，就需要两个数码管分别显示十位数和个位数。此时计数器需要两组输出信号：一组为个位数输出，从0～9循环；一组为十位数输出，仅需要显示0～5的数字。此输出信号用两个4bit信号表示，调整后的程序如下所示。其中，clr为异步清零端，ld为同步置数端。

例4.16 六十进制计数器

```
module counter60(clk, clr, ld, data_a, data_b, q_a, q_b);
input clk, clr, ld;
input[3 : 0] data_a, data_b;
output[3 : 0] q_a, q_b;
reg [3 : 0] temp_a,temp_b;
always @(posedge clk or negedge clr)
begin
if(!clr) {temp_a,temp_b} = 0;                                   //异步清零
else
    if(ld == 1) {temp_a,temp_b} = {data_a, data_b};             //同步置数
    else begin
        if({temp_a,temp_b} == 8'h59) {temp_a,temp_b} = 0;       //计数到59,整体回0
        else if(temp_b == 9)    //如果低位计数到9,则低位回0,高位加1
            begin
                temp_b = 0;
                temp_a = temp_a + 1;
            end
        else temp_b = temp_b + 1;                               //其他情况,低位加1
    end
end
assign {q_a, q_b} = {temp_a,temp_b};                            //数据输出
endmodule
```

在对六十进制计数器进行硬件实现的时候，由于数码管是8bit输入，所以需要设计显示译码器，计数结果经过显示译码器后在数码管上显示。显示译码器设计请参考4.2节。六十进制计数器仿真波形如图4-25所示。

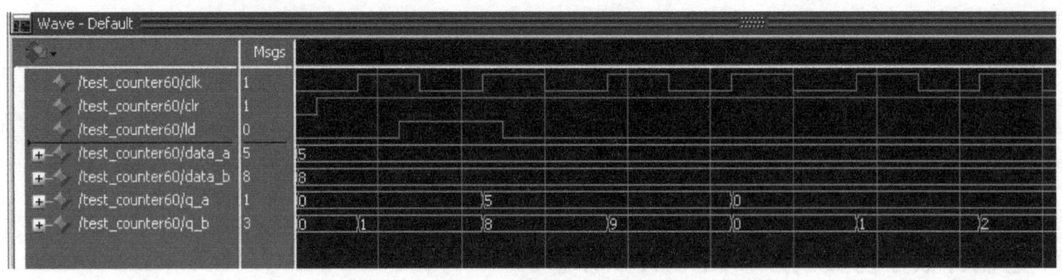

图4-25 六十进制计数器仿真波形

采用相同的设计思路，还可以设计出十二进制、二十四进制的计数器，考虑数字钟的时、分、秒实际上就是一个十二进制的计数模块和两个六十进制的计数模块，则按照如图4-26所示的电路结构，采用模块调用的方法即可设计出12小时工作的数字钟。此电路的设计留给读者作为练习。

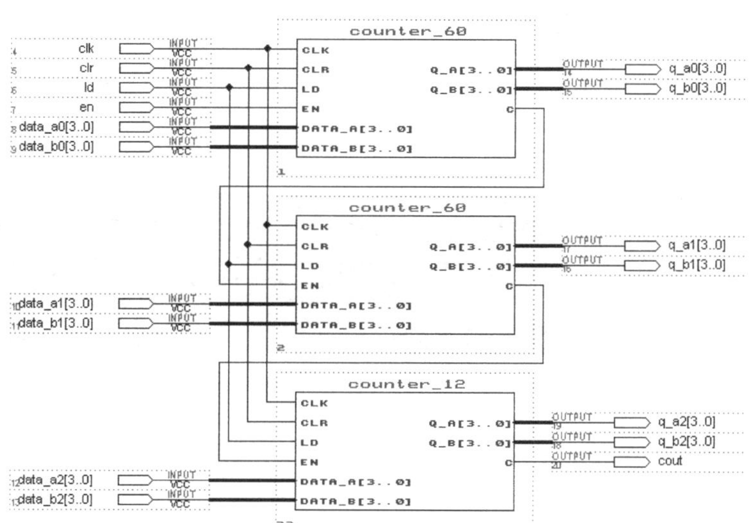

图 4-26 12 小时数字钟电路

4.10 分频器

在系统设计中,有时外部提供的时钟信号频率(基准频率)不是系统内部模块需要的工作频率,例如 24 小时时钟电路,要求时钟信号提供的频率为 1Hz,如果外部的基准频率为 1kHz,这时就需要用到分频器对基准频率信号进行 1000 分频,得到需要的时钟信号。分频器在数字电路的设计中应用十分广泛,除用来产生所需的时钟信号外,还常常用来产生选通信号、中断信号以及帧头信号等,这些信号常用来规范数字电路或数字系统的工作过程,或者用来控制数字电路的具体操作等,这些信号的产生和时序关系正确与否往往是整个电路设计成败的关键。

分频器可以用计数器实现,N 分频器的设计是在 N 进制计数器的基础上,在合适的状态下,加入额外的分频输出信号即可。如例 4.15 所示,十进制计数器的进位输出信号 cout 的频率与时钟 clk 频率之间就是 10 分频关系。但此时进位输出信号频率占空比不是 50%,而是 10%。如果想得到占空比为 50%的分频信号,就需要对电路加以调整。当分频系数 N 为偶数时,只要在时钟计数到 $N/2$ 时将输出信号翻转,不断继续下去,就可以得到任意偶数分频,且占空比为 50%。

例 4.17 占空比为 50%的 10 分频电路

```
module ten_division(clk, clr, out, cout);
input clk, clr;
output[3:0] out;
output reg cout;
reg[3:0] out;
always @(posedge clk or negedge clr)
begin
        if(!clr) begin out <= 0; cout <= 0; end                //异步清零
        else out <= (out == 4'h9) ? 0 : (out + 1);             //计数
```

```
        cout <= (out == 4'h4) ? ~cout : cout;
end
endmodule
```

分频器仿真波形如图 4-27 所示。

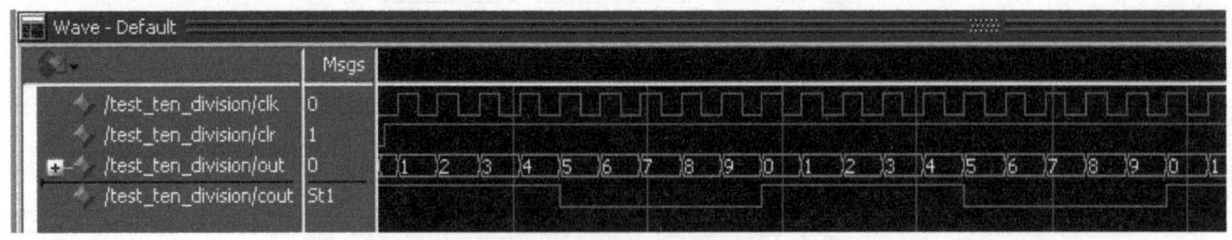

图 4-27　10 分频电路仿真波形

如果分频系数 N 为奇数，要得到占空比为 50%的信号，则需要对程序进一步调整。首先，设计一个时钟上升沿触发的 N 分频电路：在时钟计数为 $0 \sim (N-1)/2$ 时，分频信号为 0，时钟计数为 $(N+1)/2 \sim N$ 时，分频信号为 1。这样得到一个占空比为非 50%的 N 分频电路。同样的方法设计一个时钟下降沿触发的占空比为非 50%的 N 分频电路。将两个分频信号进行逻辑或，最终得到一个占空比为 50%的 N 分频信号。下面的程序描述了一个 9 分频电路的设计。

例 4.18　9 分频电路

```
module nine_division(reset,clk,count);
input clk, reset;
output count;
reg[3:0] reg1, reg2;
reg count1,count2;
parameter num = 9;
always @(posedge clk or negedge reset)
begin
if(!reset)
    begin count1 <= 0; reg1 <= 0;end
else
    begin
        if(reg1 == num - 1) reg1 <= 0;
        else reg1 <= reg1 + 1;
        if (reg1 <(num - 1)/2) count1 <= 1;
        else count1 <= 0;
    end
end
always @(negedge clk or negedge reset)
begin
    if(!reset) begin count2 <= 0;reg2 <= 0;end
else
    begin
        if(reg2 == num - 1) reg2 <= 0;
        else reg2 <= reg2 + 1;
        if (reg2 <(num - 1)/2) count2 <= 1;
        else count2 <= 0;
    end
end
assign count = count1|count2;
```

```
endmodule
```

分频器仿真波形如图 4-28 所示。

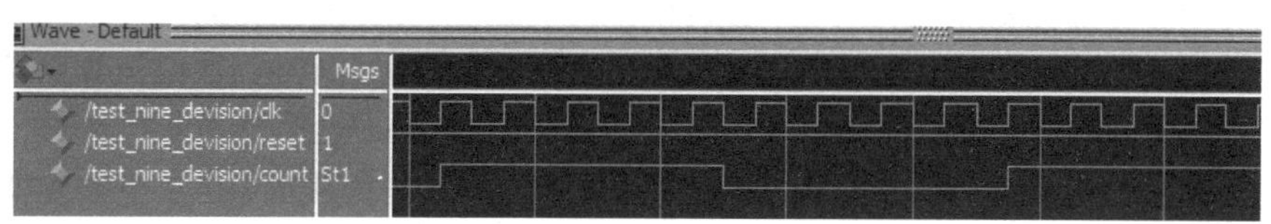

图 4-28　9 分频电路仿真波形

4.11　寄存器

寄存器作为一种常用的时序逻辑电路，广泛用于各类数字系统和计算机中，用来暂时存放参与运算的数据和运算结果，以及实现数据的并串、串并转换，构成移位型的计数器，如环形或扭环形计数器等。寄存器的电路结构是由触发器构成的，常用 D 触发器。n 个触发器组成的寄存器可存储 n 位二进制代码，如 8 位寄存器、16 位寄存器等。寄存器通常具有公共输入/输出使能控制端和时钟输入端，一般把使能控制端作为寄存器的选择信号，把时钟作为数据输入控制信号。

4.11.1　寄存器

用 Verilog 设计实现的一个带异步清零端和同步置数端的 8 位并行寄存器。

例 4.19　8 位寄存器

```
module register8(clk, clr ,load, data, q);
input clk, clr, load;
input[7:0] data;
output[7:0] q;
reg[7:0] q;
always @(posedge clk or negedge clr)
begin
if(!clr) q <= 0;                    //异步清零
else begin
      if(load == 1) q <= 8'hff;     //同步预置数 ff
      else q <= data;
    end
end
endmodule
```

寄存器仿真波形如图 4-29 所示，寄存器电路具有数据并行输入，并行输出的功能。

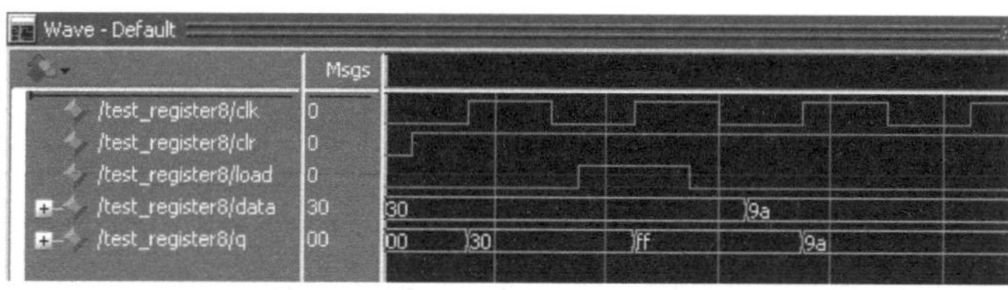

图 4-29　8 位寄存器仿真波形

4.11.2 移位寄存器

移位寄存器除存储数据功能之外，还具有移位功能，即寄存器中存储的数据能够在时钟信号的作用下，依次左移、右移或循环移位，从而实现数据的串并转换、数值运算以及其他电路设计。

移位寄存器是由触发器(通常为D触发器)首尾依次连接构成的，由 n 个触发器构成的 n 位移位寄存器也称为 n 级移位寄存器。如图4-30所示为一个4级移位寄存器，其中right_da为右移串行数据输入端，data0为串行数据输出端。

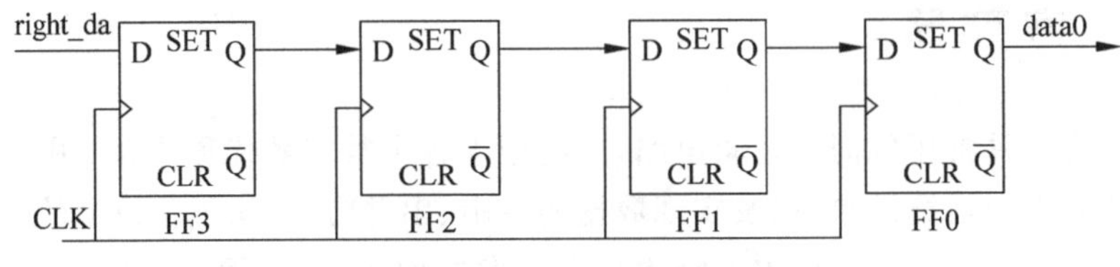

图 4-30 4级移位寄存器

寄存器中的数据data可以通过如下的操作完成右移或左移。

(1) 赋值语句描述。

```
右移:data <= {right_da, data [3:1]};
左移:data <= {data [2:0], left_da};
```

(2) 运算符描述。

```
右移:data <= data >> 1; data[3] <= right_da;
左移:data <= data << 1; data[0] <= left_da;
```

若要移动多位或循环移位，则将上述语句放在循环语句内部即可实现。

例4.20是一个8位跑马灯电路的Verilog HDL程序。其中，rst为异步置数信号，ctl为显示方式控制端。当ctl=0，输出循环右移；当ctl=1，输出循环左移；当ctl=2，输出高4位与低4位分别循环左移；当ctl=3，输出高4位与低4位分别循环右移。

例4.20 跑马灯

```
module shift_circuit(clk, rst, ctl, din, dout);
input clk, rst;
input [1 :0] ctl;
input [7 :0] din;
output[7 :0] dout;
reg [7 :0] dout;
always @(posedge clk or negedge rst)
begin
if (!rst) dout = din;
else
    case(ctl)
    0: dout <= {dout[0], dout[7:1]};
    1: dout <= {dout[6:0], dout[7]};
    2: dout <= {dout [6:4], dout [7], dout[2:0], dout [3]};
    3: dout <= {dout [4], dout [7:5], dout [0], dout [3:1]};
```

```
        default: dout <= din;
        endcase
    end
    endmodule
```

如果要设计更多显示方式，可以增加 ctl 的位宽，在 case 语句中添加控制方式。跑马灯仿真波形如图 4-31 所示。

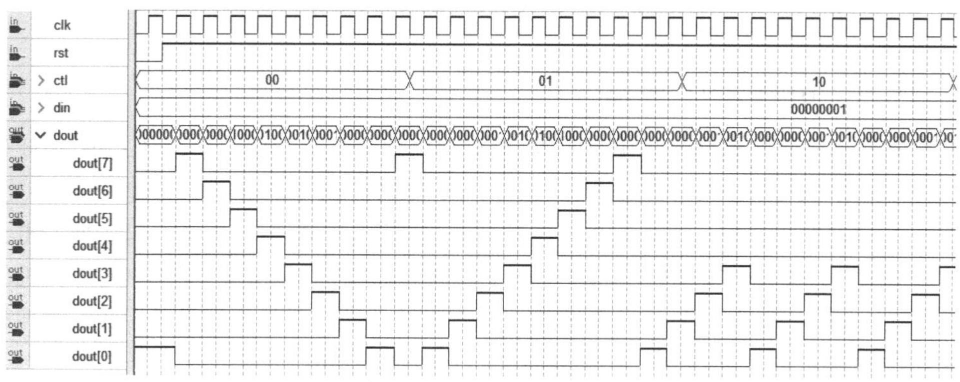

图 4-31　跑马灯仿真波形

4.11.3　串并转换电路

数据的串并转换和并串转换，是数据流处理的常用手段。数据量小的串并转换电路可以通过移位寄存器实现。例 4.21 的程序描述了一个 4 位数据并行输入，串行输出的转换电路。其中，dout 为 4 位并行输出；c 为串行输出。

例 4.21　数据并串转换电路

```
module par_to_ser (clk, din, clr, dout, c);
input clk, clr;
input[3 : 0] din;
output[3 : 0] dout;
output c;
reg[3 : 0] dout;
reg c;
always @(posedge clk or negedge clr)
begin
if(!clr) begin dout = din; c = 0;end              //异步清零
else begin
        c <= dout[0];
        dout <= dout >> 1;
    end
end
endmodule
```

数据并串转换电路的仿真波形如图 4-32 所示。

串入并出数据类型转换电路的设计与此类似，留给读者作为练习。

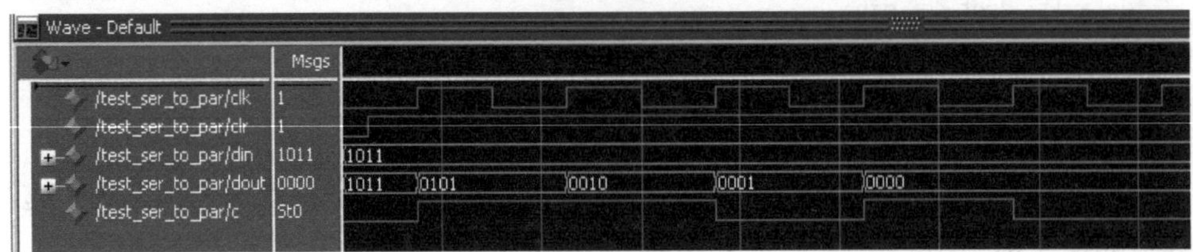

图 4-32　并串转换电路仿真波形

4.11.4　m 序列产生器

伪随机数在密码领域的应用无处不在，它是很多密码算法和密码协议的基础，因此伪随机数发生器在密码系统中处于基础性地位，是一个密码系统是否健壮的关键因素之一。真正意义上的随机数或者随机事件是由自然现象产生的，比如掷钱币、骰子、转轮、使用电子元件的噪声、核裂变等，其结果是不可预测、不可见的。计算机并不能产生这种绝对随机的随机数，只能生成相对的随机数，即伪随机数。最常见的伪随机数发生器是基于线性反馈移位寄存器的伪随机数发生器，简称 LFSR(Linear Feedback Shift Register)。

一个反馈移位寄存器(Feedback Shift Register，FSR)由两部分组成：移位寄存器和反馈函数，其结构如图 4-33 所示。反馈函数由移位寄存器某些位的与、或、异或等组合逻辑构成，当反馈函数是由移位寄存器某些位的异或组成时，此 FSR 称为线性反馈移位寄存器(LFSR)。n 级移位寄存器中的初始值称为移位寄存器的初态。

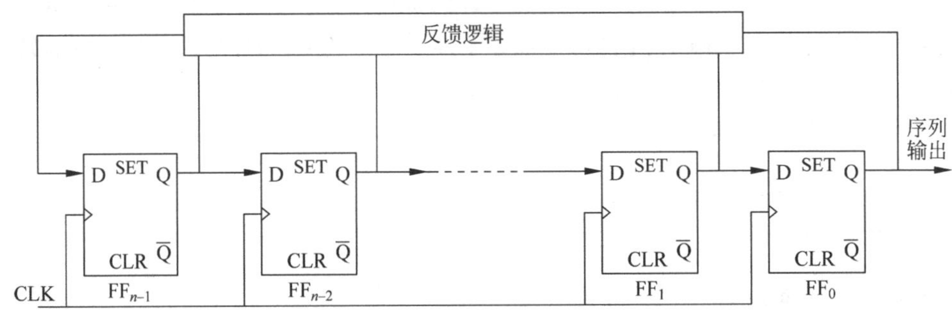

图 4-33　反馈移位寄存器

LFSR 的工作原理是：移位寄存器中所有位的值右移 1 位，最右边的一个寄存器移出的值是输出位，最左边一个寄存器的值由反馈函数的输出值填充，此过程称为进动 1 拍。移位寄存器根据需要不断地进动 m 拍，便有 m 位的输出，形成输出序列。线性反馈移位寄存器的周期是指输出序列从开始到重复所经历的长度，n 级 LFSR 的最大周期为 2^n-1，此时输出的最长周期序列称为 m 序列，即 m 序列是周期最长线性反馈移位寄存器序列。

m 序列决定于反馈函数，即寄存器的抽头序列，用 m 序列的特征多项式表示：

$$f(x)=c_nx^n+\cdots+c_2x^2+c_1x+1$$

此多项式实际上是一个 n 阶本原多项式，其中 x^n 表示构成移位寄存器的第 n 个触发器，c_n 为反馈系数，当 c_n 为 1 时，表示反馈支路连通；c_n 为 0 时，表示反馈支路断开。常用的 m 序列产生器的反馈系数如表 4-4 所示。

表 4-4　常用 m 序列产生器反馈系数

寄存器级数	m 序列长度	反馈系数	寄存器级数	m 序列长度	反馈系数
2	3	7	14	16383	42103
3	7	13	15	32767	100003
4	15	23	16	65535	210013
5	31	45	17	131071	400011
6	63	103	18	262143	1000201
7	127	211	19	524287	2000047
8	255	435	20	1048575	4000011
9	511	1021	21	2097151	10000005
10	1023	2011	22	4194303	20000003
11	2047	4005	23	8388607	40000041
12	4095	10123	24	16777215	100000207
13	8191	20033	25	33554431	200000011

注：表中反馈系数采用八进制表示。

例如，要设计一个 5 级的 m 序列产生器，由表 4-4 可知，此时的反馈系数为八进制数“45”，即二进制数“100101”，对照特征多项式，可知寄存器抽头为：

$$c_5 = c_2 = c_0 = 1, \quad c_4 = c_3 = c_1 = 0$$

由此，可构造如图 4-34 所示结构的 LFSR，其中，异或门后的非门是为了避免 m 序列发生器输出“全 0”信号。

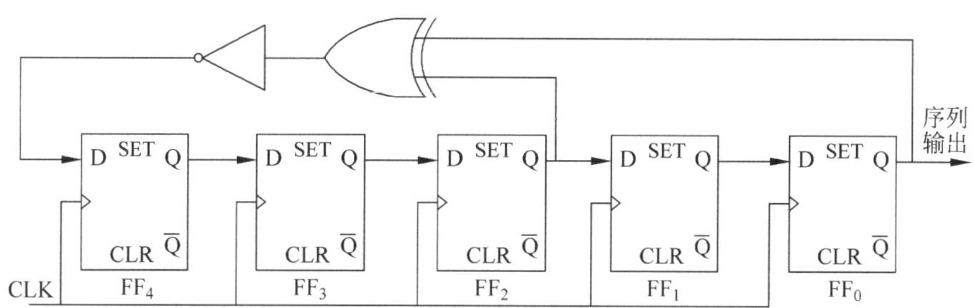

图 4-34　5 级的 m 序列产生器

例 4.22　5 级 m 序列产生器

```
module m_serial (clk, q, dout);
input clk;
output dout;
output reg[4:0] q;

always @(posedge clk)
begin
    q[0]<=q[1];
    q[1]<=q[2];
    q[2]<=q[3];
    q[3]<=q[4];
    q[4]<=~(q[2]^q[0]);
end
```

```
assign dout = q[0];
endmodule
```

仿真波形如图 4-35 所示，dout 端输出的即为 m 序列，可以看出，此序列的周期为 31，即每隔 31 个时钟节拍，m 序列重复一次，而在任一时刻，从 q 端口输出的即为 5bit 的伪随机数。

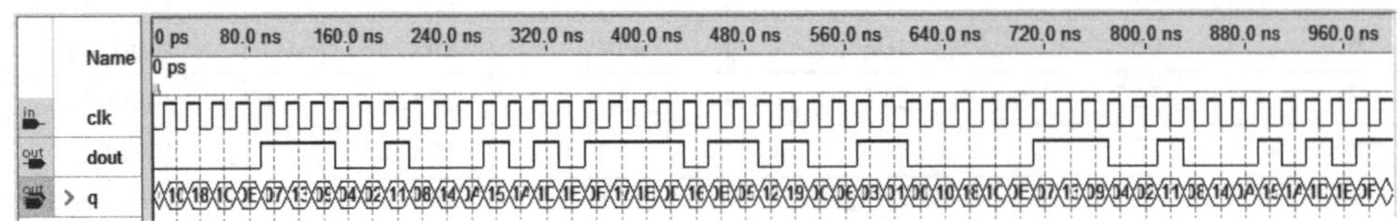

图 4-35　5 级 m 序列产生器仿真波形

4.12　有限状态机

时序逻辑电路在任何一个时刻，必处于某一状态下，因此时序逻辑电路实际上是以时钟信号为节拍，在有限个状态下按照预先设计的顺序有序运行的电路。因此可以从状态转换的角度描述时序逻辑电路，即采用状态机的设计方式。确切地说，状态机是表示有限个状态以及在这些状态之间的转移和动作等行为的数学模型。由于状态数有限，所以又把状态机称为有限状态机(Finite State Machine，FSM)。

采用状态机的方式描述时序逻辑电路，具有结构简单、清晰的特点，容易构成性能良好的同步时序逻辑模块；同时状态机设计的系统可靠性高，可以高效地实现控制功能。一般由状态机构成的硬件系统比相同功能的 CPU 软件构成的系统工作速度要高 3～4 个数量级，且能够摒除 CPU 软件运行过程中的许多固有缺陷。

根据时序逻辑电路的两大分类，状态机也可以分为两类：Mealy 型状态机和 Moore 型状态机。

1. 状态机类型

1）Moore 型状态机

Moore 型状态机输出为当前状态的函数，由于状态的变化与时钟同步，因此输出的变化也与时钟同步，属于同步输出电路模型。可以用如图 4-36 所示的状态转换图来描述 Moore 型状态机，其电路结构框图如图 4-37 所示。

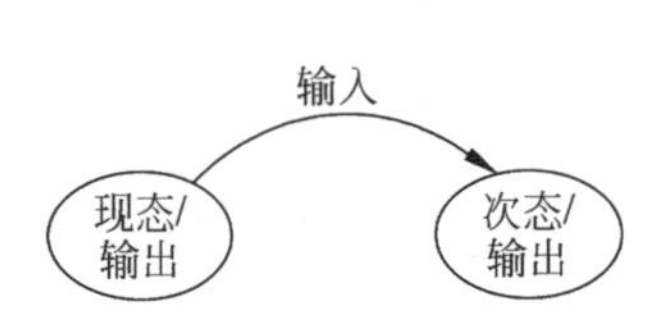

图 4-36　Moore 型状态机状态转换图

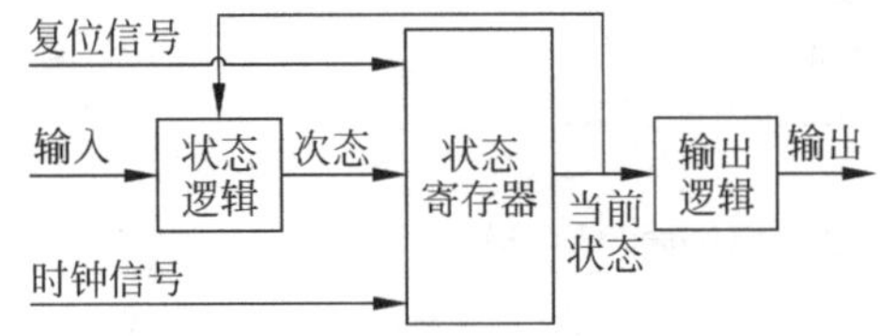

图 4-37　Moore 型状态机结构框图

2）Mealy 型状态机

Mealy 型状态机的输出为当前状态和所有输入信号的函数，由于输入信号与时钟信号无关，因此其输出在输入变化后将立即发生变化，不依赖于时钟，因此 Mealy 型状态机属于异步输出电路模型。可以用如图 4-38 所示的状态转换图来描述 Mealy 型状态机，其电路结构框图如图 4-39 所示。

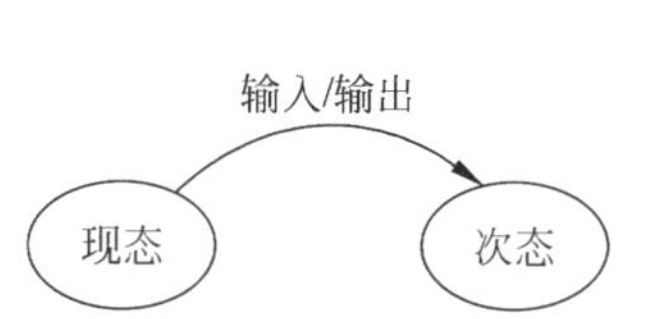

图 4-38　Mealy 型状态机状态转换图

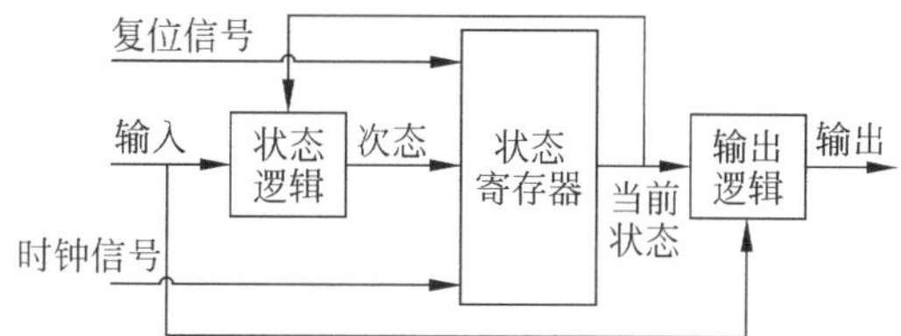

图 4-39　Mealy 型状态机结构框图

2. 状态机设计

状态机设计一般应包括状态定义、状态转换、输出及其他控制信号产生 3 个部分。为使电路能够可靠工作，状态机还应该设置同步或异步复位端子。

1) 状态定义

在电路的内部信号说明部分，进行状态变量声明，并对状态变量的各个状态进行编码。例如，一个时序逻辑电路中用到 3 个状态，那么可以定义一个 2 位的状态机变量，同时定义 3 个参数常量表示各个状态值。描述如下：

```
reg[1:0] state;                               //状态变量
parameter s0 = 2'h0, s1 = 2'h1, s2 = 2'h2;    //状态编码
```

其中，state 为状态变量名，其有 3 个状态，分别 s0、s1、s2。状态机的设计一般都要定义一个复位状态，通常表示为 s0，用来明确状态机的初始状态，在电路出现异常时，也可使其从不定态中恢复。

当然状态信号的定义也不止上述一种方式，计数器的状态输出也可用作状态信号。例如，假设有一个 3 位宽的逻辑向量 cnt：

```
reg [2:0] cnt;
always @(posedge clk)
begin
    cnt <= cnt + 1;
end
```

可知，cnt 在时钟信号的作用下依次加 1，值由 000 变化至 111，因此 cnt 可以作为具有 8 个状态值的状态变量，此 always 块即为状态转换模块。

2) 状态转换

状态转换模块用于描述状态的转换过程。状态机一般都设计为同步时序电路，其状态只有在时钟边沿信号触发的情况下才能从一个状态转移到另一个状态。在 Verilog HDL 中，case 语句可以很好地描述状态跳转的情况，因此，常用 case 语句来描述状态机的状态转换。例如，上述定义的状态变量 state，其状态转换如图 4-40 所示。

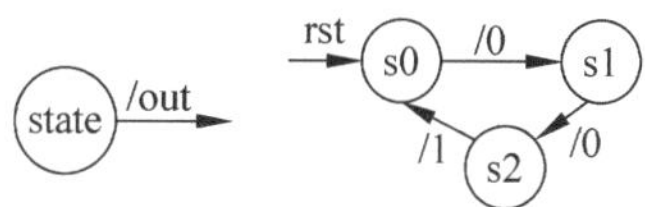

图 4-40　状态转换图

此状态转换的 Verilog HDL 描述如下：

```
always @(posedge clk or posedge rst)
begin
```

```
        if (rst) state <= s0;
        else
            case(state)
                s0: begin state <= s1; end
                s1: begin state <= s2; end
                s2: begin state <= s0; end
            endcase
    end
```

其中,状态机变量取值也可采用编码值,描述如下:

```
case(state)
    2'b00: begin state <= 2'b01; end
    2'b01: begin state <= 2'b10; end
    2'b10: begin state <= 2'b00; end
endcase
```

3) 输出及其他控制信号产生

根据输入信号和当前状态的取值确定输出以及状态机内部所需的其他控制信号。例如,图 4-40 中的输出信号 out 可以描述为:

```
always @(posedge clk or posedge rst)
begin
    if (rst) out <= 1'b0;
    else
        case (state)
        s0: out <= 1'b0;
        s1: out <= 1'b0;
        s2: out <= 1'b1;
        endcase;
end
```

状态转换和输出及其他控制信号的产生可以如上所述放在两个 always 块中描述,也可以放在一个 always 块中描述。例如,

```
always @(posedge clk or posedge rst)
begin
    if (rst) state <= s0;
    else
        case(state)
            s0: begin state <= s1; out <= 1'b0;end
            s1: begin state <= s2; out <= 1'b0;end
            s2: begin state <= s0; out <= 1'b1;end
        endcase
end
```

状态转换和输出及其他控制信号的产生放在两个 always 块中描述的状态机设计方法,通常称为两段式状态机描述,放在一个 always 块中描述的状态机设计方法,称为一段式状态机描述。除此之外,还有三段式状态机描述,即在状态量的定义上,区分了现态和次态,增加了现态与次态间的转换描述,如下所示:

```
reg[1:0] current_state, next_state;          //current_state 和 next_state 分别表示现态
                                             //和次态
parameter s0 = 2'h0, s1 = 2'h1, s2 = 2'h2;   //状态编码
always @(posedge clk)
begin
    current_state <= next_state;
end
always @(posedge clk or posedge rst)
begin
    if (rst) next_state <= s0;
    else
        case(current_state)                  //根据现态进行判断,获得次态值
            s0: begin next_ state <= s1; end
            s1: begin next_state <= s2; end
            s2: begin next_state <= s0; end
        endcase
end
always @(posedge clk or posedge rst)
begin
    if (rst) out <= 1'b0;
    else
        case (current_state)
        s0: out <= 1'b0;
        s1: out <= 1'b0;
        s2: out <= 1'b1;
        endcase;
end
```

采用三段式描述,由于次态到现态的转换需要一个时钟周期,因此每个状态下输出信号的值将多维持一个时钟周期。

例 4.23 设计一个跑马灯控制电路,当复位信号 rst 为高电平时,8 个 LED 发光二极管全部熄灭,当 rst 为低电平时,8 个 LED 发光二极管的状态变化如下:从左至右逐个依次点亮、全部熄灭、从右至左逐个依次点亮、全部熄灭,再重新开始新一轮循环。

为简单起见,我们把发光二极管的 4 种状态变化:从左至右逐个依次点亮、全部熄灭、从右至左逐个依次点亮、全部熄灭,依次用 s0、s1、s2、s3 表示,用状态机进行 4 个状态间的切换,用移位寄存器来控制逐个点亮 LED,并为输出端赋值,使用 count 为亮灯数量进行计数,当达到 8 时,切换状态。具体程序设计如下:

```
module light (clk,rst,q);
    input clk,rst;
    output [7:0] q;
    reg [3:0] state;                                   //状态机的定义,4 个循环状态
    parameter [3:0] s0 = 4'b0001,s1 = 4'b0010,s2 = 4'b0100,s3 = 4'b1000;
    reg [3:0] count;                                   //亮灯数量计数
    reg [7:0] q1;                                      //用于信号锁存的内部信号
always @(posedge clk or posedge rst)                   //状态转换
begin
    if (rst) state <= s0;                              //返回初始状态 s0
    else case(state)                                   // case 语句选择当前状态
```

```
            s0:if (count == 4'b0111)  state <= s1;
            s1:state <= s2;
            s2:if (count == 4'b0111)  state <= s3;
            s3:state <= s0;
            endcase
end
always @( posedge clk or posedge rst)                    //输出
begin
    if (rst) begin q1 <= 0;  count <= 0;end
    else case(state)
        s0: begin
                q1 <= 1&q1[7:1];                         //移位,依次点亮 LED
                if (count == 4'b0111)  count <= 0;       //点灯计数达到 8,计数复位
                else count = count + 1;
            end
        s1:q1 = 0;
        s2:begin
                q1 <= q1[6:1]&1;
                if (count == 4'b0111)  count <= 0;
                else count <= count + 1;
            end
        s3:q1 <= 0;
        endcase
end
assign q = q1;                                           //数据输出
endmodule
```

仿真波形如图 4-41 所示,其中输出信号 q 为十六进制显示。可以看到在时钟节拍下状态的变换顺序,以及 8 个 LED 灯的亮灭情况,功能完全符合要求。

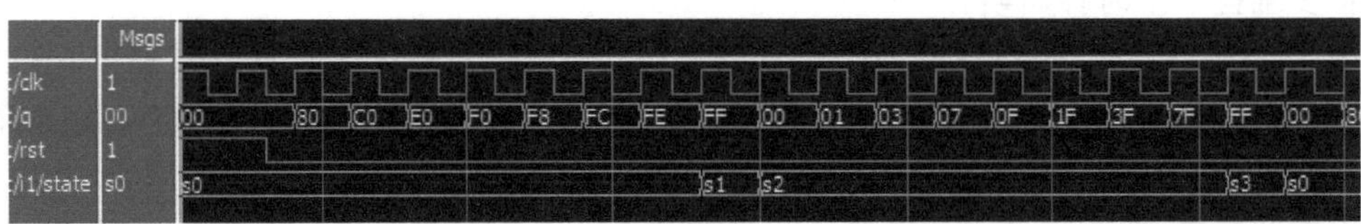

图 4-41 跑马灯仿真波形图

如将状态转换和信号输出写在一个 always 块中,采用一段式状态机描述方式,代码如下:

```
always @( posedge clk or posedge rst)                    //输出
begin
    if (rst) begin q1 <= 0; count <= 0; state <= s0;end
    else case(state)
        s0: begin
            q1 <= 1&q1[7:1];                             //移位,依次点亮 LED
            if (count == 4'b0111) begin count <= 0; state <= s1;end  //点灯计数达到 8,复位
            else count = count + 1;
        end
        s1:begin q1 = 0; state <= s2;end
        s2:begin
                q1 <= q1[6:1]&1;
```

```
            if (count == 4'b0111) begin count <= 0; state <= s3;end
            else count <= count + 1;
        end
    s3:begin q1 <= 0; state <= s0;end
    endcase
end
```

下面的程序用 case 语句描述了一个包含 4 个状态的有限状态机，其中，clk 为输入时钟信号，reset 为异步复位信号，in 为同步控制信号，out 为输出信号，state 为状态变量。图 4-42 显示了该状态机的状态转换图。

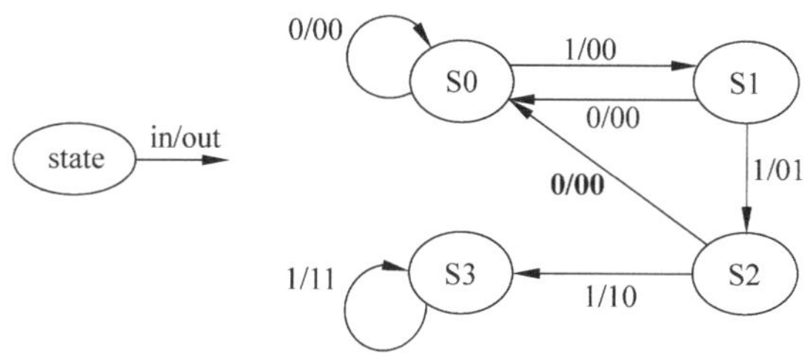

图 4-42　状态转换图

例 4.24　状态机 1

```
module state_machine1(clk, reset, in, out);
input clk, reset, in;
output[1:0] out;
reg[1:0] out;
reg[1:0] state;                                        //状态变量
parameter s0 = 2'h0, s1 = 2'h1, s2 = 2'h2, s3 = 2'h3;  //状态编码
always @(posedge clk or negedge reset)
begin
if(!reset) begin out <= 2'b00; state <= s0; end        //异步复位
else begin
    case(state)
      s0 : begin if(in) begin out <= 2'b00; state <= s1; end
                 else begin out <= 2'b00; state <= s0; end
      s1 : begin if(in) begin out <= 2'b01; state <= s2; end
                 else begin out <= 2'b00; state <= s0; end
      s2 : begin if(in) begin out <= 2'b10; state <= s3; end
                 else begin out <= 2'b00; state <= s0; end
      s3 : begin out <= 2'b11;state <= s3; end
      default: state = s0;                             //默认初始状态 s0
      endcase
      end
end
endmodule
```

状态机 1 的仿真波形如图 4-43 所示。从图中可以清楚地看到各信号和状态之间的关系。

有限状态机还可以用另一种风格的模型来表示，在这个模型中用边沿触发的 always 语句描述状态跳转部分，用电平敏感的 always 语句描述组合逻辑电路部分。

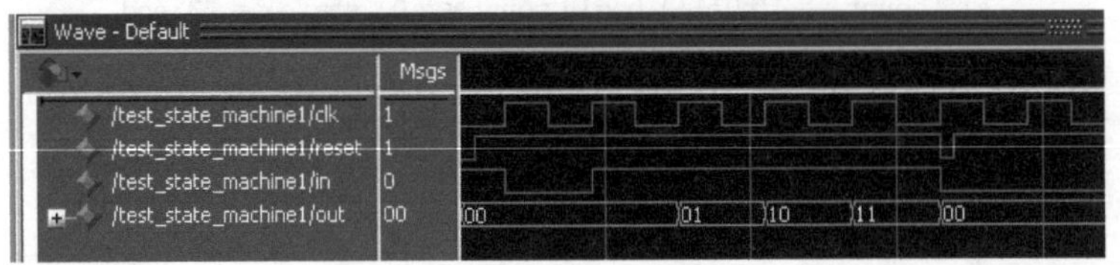

图 4-43 状态机 1 仿真波形

例 4.25 状态机 2

```
module state_machine2(clk, reset, in, out);
input clk, reset, in;
output[1:0] out;
reg[1:0] out;
reg[3:0] state;                                                   //状态
parameter s0 = 4'b0001, s1 = 4'b0010, s2 = 4'b0100, s3 = 4'b1000;  //独热编码
always @(posedge clk or negedge reset)                            //触发器部分
begin
if(!reset) state = s0;                                            //异步复位
else begin
    case(state)
        s0 : begin if(in) state = s1; else state = s0; end
        s1 : begin if(in) state = s2; else state = s0; end
        s2 : begin if(in) state = s3; else state = s0; end
        s3 : begin state = s3; end
        default : state = s0;                                     //默认初始状态 s0
    endcase
    end
end
always @(state or in)                                             //组合逻辑部分
begin
case(state)
    s0 : out = 2'b00;
    s1 : if(in) out = 2'b01; else out = 2'b00;
    s2 : if(in) out = 2'b10; else out = 2'b00;
    s3 : out = 2'b11;
    default : out = 2'b00;
endcase
end
endmodule
```

上面的程序与例 4.24 程序的结果一致,这里不再做仿真。需要指出的是,设计有限状态机时建议采用 case 语句来描述。因为 case 语句可以清晰地表达,便于从当前状态转向下一个状态并设置输出。另外,使用 case 语句时要在语句最后加上 default 分支项,指定缺省状态,这样综合器就可以删除不需要的译码电路,使生成的电路简洁。使用 default 分支项还可以使电路在通电时立即进入指定的初始状态,并且状态机进入无效状态后能跳回到正常的工作状态,实现电路的自启动。

3. 状态机实例——密码算法接口电路设计

由于密码算法分组长度与接口总线宽度不一致,算法输入/输出数据位宽远多于 FPGA

芯片的可用I/O引脚资源，在密码算法硬件实现过程中无法将一个分组数据和密钥同时送入FPGA，只能分批传输。因此，需要设计FPGA接口电路，用于数据在FPGA外围电路与FPGA内部密码算法模块之间进行传输，并与算法运行过程匹配，提高算法硬件实现的效率和数据传输速度。

下面以DES算法为例，介绍数据串并转换的接口电路设计。DES算法的明文、密文和密钥分别为64bit，如果全部使用FPGA芯片引脚资源一次性输入输出，则优点是数据并行输入，速度快。但这样就需要占用192个引脚，还可能有其他输入/输出信号。此时，芯片引脚资源不一定能满足要求；另一方面，也会造成芯片内部资源的不合理使用。解决这一问题的方法就是设计使用较少的引脚资源的接口电路，将数据分批地输入输出，再经过串并转换将分批输入的数据合并为需要长度的并行数据。这里采用如图4-44所示的接口电路，32bit输入端子传输明文和密钥，32bit输出端子传输密文。

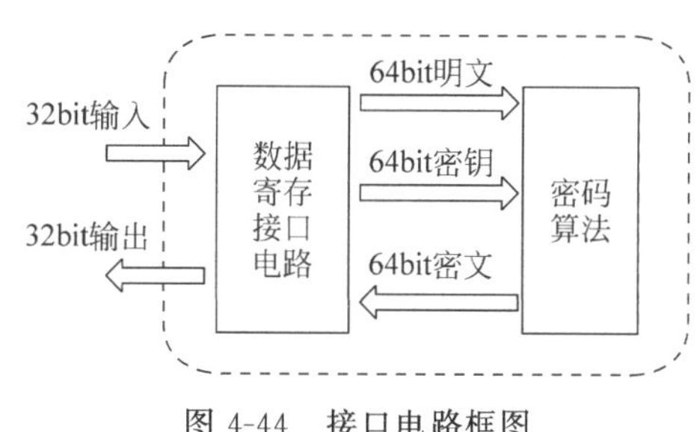

图4-44 接口电路框图

数据传输过程可以状态机实现。在第一个时钟信号到来的时候，输入明文的低32bit数据并寄存在内部寄存器中；第二个时钟到来的时候，输入明文的高32bit数据并寄存在内部寄存器中。语句可以描述为：

```
s0 : begin encoder[63 : 32] = indata; state = s1; end
s1 : begin encoder[31 : 0] = indata; state = s2; end
```

其中，indata为输入数据，encoder为内部寄存器变量。按照同样的方式输入密钥并寄存在另外一个内部寄存器中，然后将明文和密钥送到密码算法电路进行处理。等待算法处理结束，再经过两个时钟信号将密文输出。例4.26描述了这一过程。在case语句中，通过对state变量的控制，可以实现在不同时钟周期输入输出数据。在这个例子中，由于只是说明接口电路的设计，所以没有加入DES算法的程序，而是设计了一个简单的64bit输入和密钥的异或运算来替代DES算法。

例4.26 接口电路

```
module interface(clk, rst, indata, outdata,flag);
input clk, rst;
input[31 : 0] indata;
output[31 : 0] outdata;
output flag;
reg [31 : 0] outdata;
reg flag;
reg en;
wire over;
```

```
reg[63 : 0] key,encoder;
wire [63: 0] outcoder;
reg[4 : 1] state;
parameter s0 = 0, s1 = 1, s2 = 2, s3 = 3, s4 = 4, s5 = 5, s6 = 6, s7 = 7,s8 = 8;
always @ (posedge clk or negedge rst)
begin
if (!rst)
  begin state = s0; flag = 0; en = 0; end
else
  begin
      case(state)
        s0 : begin encoder[63 : 32] = indata; state = s1; end
        s1 : begin encoder[31 : 0] = indata; state = s2; end
        s2 : begin key[63 : 32] = indata; state = s3; end
        s3 : begin key[31 : 0] = indata; en = 1;state = s4; end
        s4 : begin if (over == 1) state = s5;
                   else state = s4;
             end
        s5 : begin outdata = outcoder[31 : 0]; state = s6; end
        s6 : begin outdata = outcoder[63 : 32]; state = s7; end
        s7 : begin en = 0;flag = 1; state = s8; end
        s8 : begin flag = 0; state = s8; end
        default : state = s0;
      endcase
  end
end
algorithm algr(clk, en, encoder, key, outcoder, over);
endmodule
```

例化元件 algorithm 描述如下：

```
module algorithm(clk, en, din, dkey, dout, over);
input clk, en;
input[63:0] din, dkey;
output[63:0] dout;
output over;
reg[63:0] dout;
reg over;
reg[2 : 1] state;
parameter s0 = 0, s1 = 1, s2 = 2;
always @ (posedge clk)
begin
    if (en == 0)
      begin over = 0; dout = 0; state = s0; end
    else
      begin
        case(state)
            s0 : begin dout = din ^ dkey; over = 1;state = s1; end
            s1 : begin over = 0; state = s1; end
            default : begin dout = 0; over = 0; state = s0; end
        endcase
```

```
            end
end
endmodule
```

在上面的程序中，变量 state 为分支 s3 的时候，明文和密钥就全部输入到了接口电路中。在分支 s4 中，置算法启动标志信号 en 有效（假设高有效），然后跳转至分支 s5 等待算法处理结束标志信号 over。一旦该信号有效，则表明算法处理结束，可以输出密文了。仿真波形如图 4-45 所示。

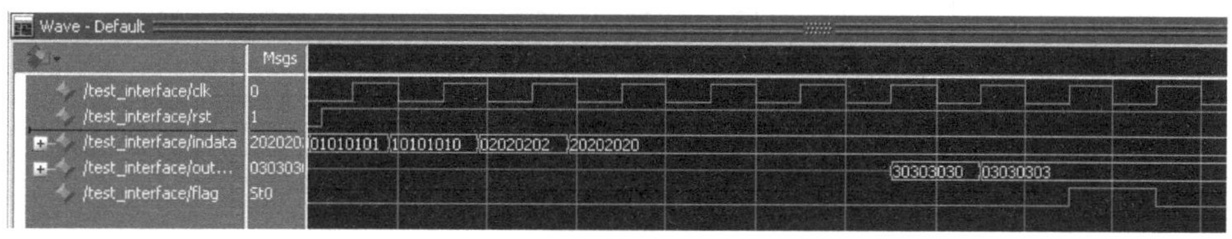

图 4-45 密码算法接口电路仿真波形

本例中算法接口电路的设计只是给出一个示例性说明。具体的电路设计，比如数据位宽选择、接口电路与外部设备之间握手协议的定制等，还需要根据问题进行具体分析。在这个例子中，在时钟的作用下，使用 case 语句在不同的分支中实现了数据的分批输入输出。

4.13 动态扫描电路

动态扫描电路在数字系统中应用非常普遍，例如，键盘按键值的读取、多位 LED 数码显示等。这里以多位 LED 数码显示为例，说明动态扫描电路的设计方法。

当需要使用多个数码管显示多位数值时，常采用动态扫描的方式进行电路的连接。即多个数码管采用同一组 8 位的数据线，而通过对公共端 COM 的扫描，即依次使公共端有效，实现多位数的显示。在这种连接方式下，只需要 8 位数据线以及几个公共端即可，与静态显示相比，具有连线简单的特点。动态扫描的显示方式在任一时刻其实只有一个 LED 数码管有数据显示，但是由于扫描的频率较高，而视觉有一定的暂留效应，人眼观察到的现象就是多位数据同时显示。

下面基于如图 4-46 所示的电路说明如何进行 Verilog HDL 程序的设计。分析电路图，可知显示电路需要两组数据：动态扫描信号、显示所需的字形码。

如果只使用一个数码管显示，可以将其他数码管的选通信号置为无效。例如，若控制端高有效，则当 s1＝1，s2＝s3＝…＝s8＝0 时，左边第一个数码管被选中，其他数码管均不工作。此时数码管根据 a～g 的情况显示相应的数字。如果 8 个数码管的选通信号同时有效，那么 8 个数码管根据 a～g 的值同时显示相同的数字。

1. 动态扫描信号的输出

在使用 Verilog HDL 设计动态扫描电路时，可以使用状态机实现。使状态机在不同状态下，设置某一个数码管选通信号有效，其他数码管选通信号无效，同时将数据赋值给相应的数码管。状态机在几个状态之间循环执行，从而实现数码管动态扫描。

以 4 个数码管的动态扫描为例，若使用的是共阳极数码管，则动态扫描信号为依次使 4 个数码管的公共端为高电平。由于有 4 个数码管，所以需要 4 个状态值，定义如下：

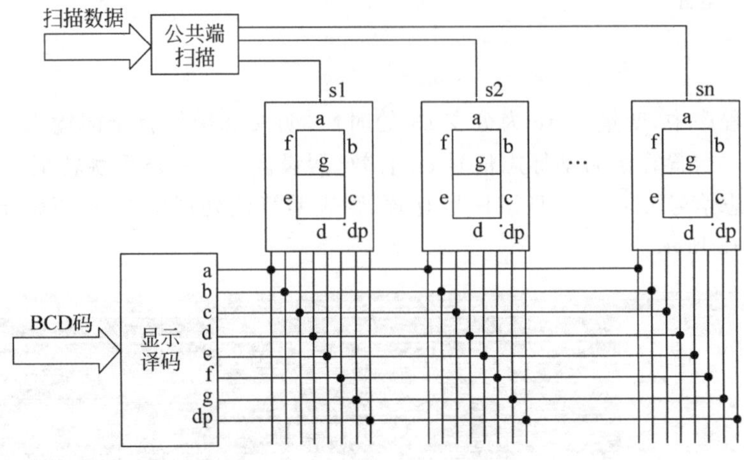

图 4-46　8 位 LED 显示电路

```
reg[1:0] state;
parameter s0 = 0, s1 = 1, s2 = 2, s3 = 3;
```

s 为 4bit 的选通信号,分别连接 4 个数码管的公共端。temp 为输出给数码管的数据。

```
case(state)
        s0 : begin s  =  2'b1000; temp  =  data1; state  =  s1; end
        s1 : begin s  =  2'b0100; temp  =  data2; state  =  s2; end
        s2 : begin s  =  2'b0010; temp  =  data3; state  =  s3; end
        s3 : begin s  =  2'b0001; temp  =  data4; state  =  s0; end
endcase
```

可见,随着状态的转换,选通信号 s 依次选中其中的一个数码管,使其显示对应的数据。在设计电路时,如果数码管接收的是 4 位 BCD 码,那么可以直接将 temp 的内容输出到数码管进行显示。如果数码管接收的 8 段信号(七段译码值加小数点),那么还需要设计 4-7 译码器,将数据经过 4-7 译码器电路后再输出到数码管进行显示。

2. 显示译码

电路内部的数据信号通常是以 BCD 码的形式表示,因此要输出字形码,就必须包含 BCD 码到字形码的转换模块,因此字形码的输出包括两个模块:对应位的 BCD 码的获得以及 BCD 码到字形码的转换,如图 4-47 所示。

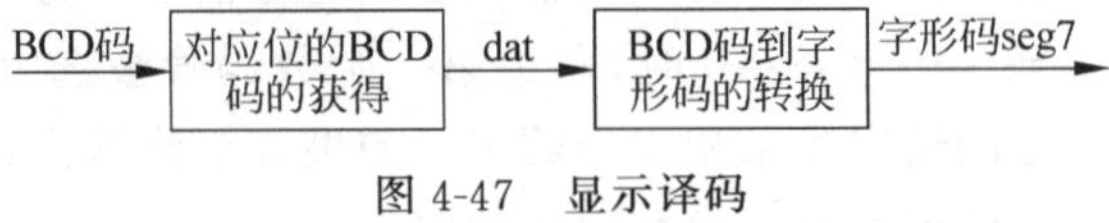

图 4-47　显示译码

假设所用数码管为共阳极数码管,将 BCD 码转换为字形码的进程如下。若用共阴极数码管,其字形码可参考表 4-2。

```
case (dat)
    4'b0000: seg7 = 8'b11111100;
    4'b0001: seg7 = 8'b01100000;
    4'b0010: seg7 = 8'b11011010;
```

```
    4'b0011: seg7 = 8'b11110010;
    4'b0100: seg7 = 8'b01100110;
    4'b0101: seg7 = 8'b10110110;
    4'b0110: seg7 = 8'b10111110;
    4'b0111: seg7 = 8'b11100000;
    4'b1000: seg7 = 8'b11111110;
    4'b1001: seg7 = 8'b11110110;
    default: seg7 = 8'b11111100;
endcase;
```

例 4.27 的程序描述了一个使用两个数码管同时显示数字 2 和 5，并经过 4-7 译码器输出到数码管显示的 Verilog HDL 程序。其中，ctr 为两个数码管的选通信号。

例 4.27　数码管动态扫描电路

```
module scanning(clk, rst, out, ctr);
input clk, rst;
output[6:0] out;
output[1:0] ctr;
reg[6:0] out;
reg[3:0] temp;
reg[1:0] state;
reg[1:0] ctr;
parameter s0 = 2'h0, s1 = 2'h1, s2 = 2'h2;
always @(posedge clk or negedge rst)
begin
if (!rst)
    begin state = s0; temp = 0; ctr = 0; end
else
    begin
        case(state)
            s0 : begin ctr = 2'b10; temp = 2; state = s1; end
            s1 : begin ctr = 2'b01; temp = 5; state = s0; end
        endcase
    end
end
always @ (temp)
begin
    case(temp)
        4'd0:out = 7'b1111110;
        4'd1:out = 7'b0110000;
        4'd2:out = 7'b1101101;
        4'd3:out = 7'b1111001;
        4'd4:out = 7'b0110011;
        4'd5:out = 7'b1011011;
        4'd6:out = 7'b1011111;
        4'd7:out = 7'b1110000;
        4'd8:out = 7'b1111111;
        4'd9:out = 7'b1111011;
        default:out = 7'b0000000;
    endcase
end
```

```
endmodule
```

动态扫描电路仿真波形如图 4-48 所示。

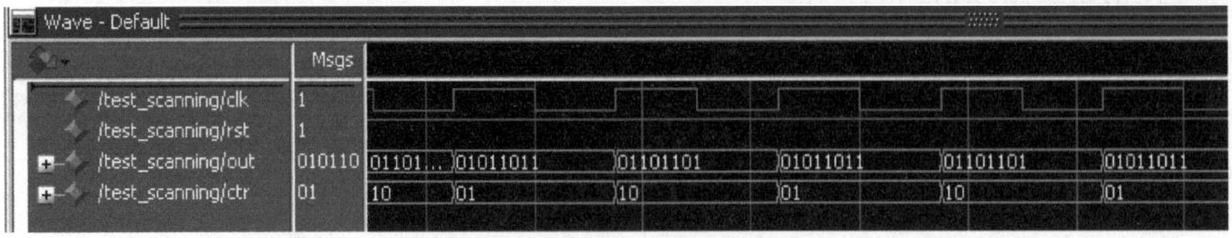

图 4-48　数码管动态扫描仿真波形

上面的程序是动态扫描显示数字 2 和 5。一般情况下，数码管显示的数据需要根据具体电路而定。比如时钟电路中的六十进制计数器，数码管的显示数据就需要变化。六十进制计数器动态扫描电路设计框图可以用图 4-49 表示。

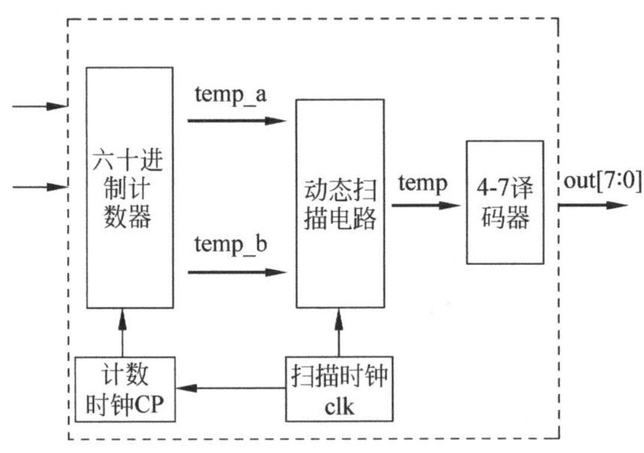

图 4-49　六十进制计数器电路框图

为了实现如图 4-49 所示的计数器电路，可以在动态扫描电路中加入例 4.16 中描述的六十进制计数器电路的 always 块语句内容。同时，在计数器和动态扫描电路进行连接时，将六十进制计数器变量 temp_a 和 temp_b 替换数字 2 和 5，赋值给变量 temp。该语句可描述如下：

```
case(state)
        s0 : begin ctr = 2'b10; temp = temp_a; state = s1; end
        s1 : begin ctr = 2'b01; temp = temp_b; state = s0; end
endcase
```

这样就实现了六十进制计数器的动态扫描电路设计。需要注意的是，由于六十进制计数器电路需要的时钟频率低(例如作为秒计数时，频率需为 1Hz)，而动态扫描电路需要的时钟频率远高于计数器的时钟频率。为了得到不同的时钟信号，需要将动态扫描电路的时钟信号进行分频，然后将分频后的信号作为计数器时钟。因此，电路还需要增加分频器设计。对于六十进制计数器动态扫描电路设计，请读者自行练习。

第5章 仿真测试文件

CHAPTER 5

测试文件用来在仿真软件环境下测试设计电路的功能是否符合设计要求。编写测试文件最主要的工作就是设计激励信号，也就是需要测试电路模块输入端子的信号，通过给被测试电路输入端子特定的激励信号，观察被测电路的输出是否满足设计要求，以此来辅助和验证电路设计。这里介绍 ModelSim 仿真软件支持下的测试文件的设计。

5.1 测试文件结构

由 3.2.3 节的介绍可知，Quartus Prime 软件可以辅助进行测试程序的编写。在电路设计综合完成后，通过菜单命令 Processing→Start→Start testbench template writer，可以生成一个与项目顶层文件同名的 testbench 测试文件模板。

可以看到，此测试电路模块没有外部端子，模块名为 myexam_vlg_tst，内部包含了3个主要部分：信号定义、实例化、施加激励。施加激励通过 initial 模块和 always 模块实现，设计者需要根据测试需求，设计需要的激励信号，其中 initial 模块用于产生执行一次的激励信号，如复位信号、非周期性输入信号等；always 模块用于产生由敏感事件列表触发的信号，如时钟信号、周期性输入信号等。

```
`timescale 1 ps/ 1 ps
module <测试电路模块名>( );                    //测试电路没有外部端子
constant                                      //常量说明
reg                                           //通用寄存器信号说明
wire                                          //net 型变量说明
reg     //被测电路输入信号说明,输入信号数据类型定义为 reg

<被测电路模块名> <被测电路模块例化名>(                  //被测电路模块实例化
//端口映射表
    .被测模块端口  (测试模块信号),
    .被测模块端口  (测试模块信号),
    …
    .被测模块端口  (测试模块信号)
);

//一次性激励信号产生模块 initial
initial
begin
```

```
    //只需要执行一次的程序代码
    $display("Running testbench");
end

//周期性激励信号产生模块 always
always @(敏感信号列表)                    //敏感信号列表是否存在可选
begin
    //需要在敏感信号激励下执行的程序代码
end
assign                                    // 功能描述语句
endmodule
```

5.2 `timescale 指令

该指令用于指定测试程序仿真时的时间单位和时间精度,时间单位是模拟时间和延迟值等时间值的度量单位。如果测试程序中没有该指令,则 ModelSim 仿真器采用默认的时间单位 1ps。可以通过系统任务 $printtimescale 显示测试程序当前使用的时间单位和时间精度。

例 5.1 时间单位仿真验证

```
`timescale 10 ns / 1 ns
module test;
reg set;
initial begin
    #1 set = 0;            //经过 1 个时间单位,即 10ns,set 值赋为 0
    #2 set = 1;            //经过 2 个时间单位,即 20ns,set 值在 30ns 处赋为 0
    $printtimescale;
end
endmodule
```

此段代码的执行结果如图 5-1 所示。

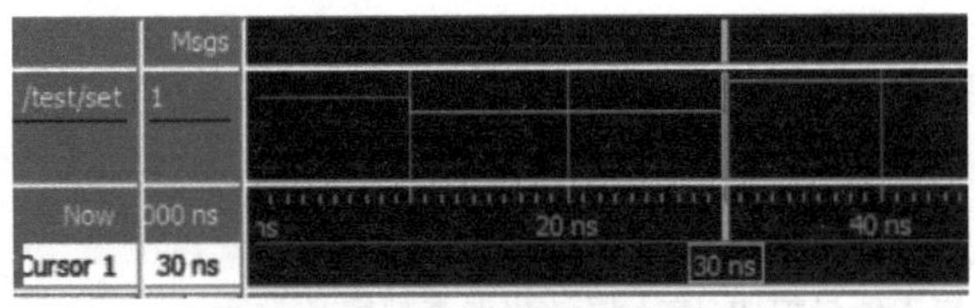

图 5-1 时间单位仿真验证

同时在 ModelSim 的 Transcript 窗口中显示如下信息:

```
# Time scale of (test) is 10ns / 1ns
```

5.3 initial 语句

initial 语句面向模拟仿真过程,不能被综合。initial 语句通常用来对信号进行初始化,或者产生一次性变化的信号。initial 语句格式如下:

```
initial
    begin
      语句 1;
      语句 2;
      …
    end
```

例如,

```
initial
    begin
    data = 0;
    for(addr = 0;addr < size;addr = addr + 1)
        memory[addr] = 0;
end
```

这段代码用 initial 语句在仿真开始时对各变量进行了初始化,data 赋值为 0,并且初始化了一个空间为 size 大小的存储器 memory。

通常可以用 initial 语句生成一系列特定的激励信号,如例 5.2 所示。

例 5.2 激励信号生成

```
module test;
reg[3:0] a;
initial
    begin
        a = 4'h0;
        #10 a = 4'h1;
        #10 a = 4'h2;
        #20 a = 4'h3;
        #10 a = 4'h0;
    end
endmodule
```

实现效果如图 5-2 所示,生成了一个随时间变化的信号 a,且 begin-end 块内每条语句的延迟是累加的。由此可知,块内的语句是按照顺序执行的,只有上面一条语句执行完后下面的语句才能执行;每条语句的延迟时间都是相对于前一条语句的仿真时间而言的;直到最后一条语句执行完,程序流程控制才跳出该语句块。因此我们称 begin-end 块为顺序块。

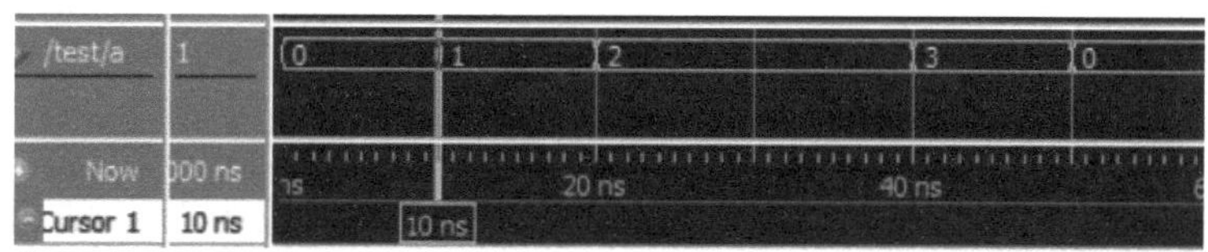

图 5-2 begin-end 顺序块生成激励信号

例 5.3 激励信号生成

```
module test;
reg[3:0] a;
initial
```

```
    fork
        a = 4'h0;
        #10 a = 4'h1;
        #10 a = 4'h2;
        #20 a = 4'h3;
        #30 a = 4'h0;
    join
endmodule
```

实现效果如图 5-3(a)所示，可见 fork-join 块内每条语句的延迟是独立的。由此可知，块内的语句是并行关系，块内每条语句的延迟时间都是相对于程序流程进入块内的时刻。因此，称 fork-join 块为并行块。当对同一信号赋值时，若延迟时间不同，则语句的顺序可以随意调换；但是若对同一信号赋值，且延迟时间相同，则实际起作用的是最后一条信号赋值语句。例如，对 fork-join 语句做如下修改，则实现效果如图 5-3(b)所示，信号 a 在 10ns 时的值由 4'h2 变为了 4'h1。

```
fork
    a = 4'h0;
    #30 a = 4'h0;
    #10 a = 4'h2;
    #10 a = 4'h1;
    #20 a = 4'h3;
join
```

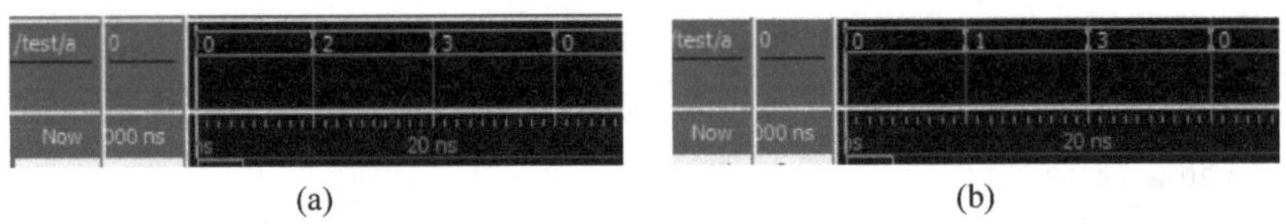

(a) (b)

图 5-3 fork-join 并行块生成激励信号

5.4 always 语句

always 语句在测试文件中用于产生在一定条件下变化的输入信号，具体描述方式与 2.4.3 节中介绍的相同。这里主要介绍如何用 always 语句生成时钟信号。always 语句生成时钟信号的描述如下：

```
always #20 clk = ~clk;
```

此语句设置每隔 20 个时间单位，信号 clk 翻转一次。若时间单位为 1ns，则 clk 信号的周期为 40ns。

5.5 系统函数

Verilog HDL 的系统任务和函数分为 10 个类别：显示任务、文件输入/输出任务、时标任务(timescale tasks)、仿真控制任务、PLA 建模任务、随机分析任务、仿真时间函数、转换函数、概率分布函数、命令行输入。这里只介绍常用的任务和函数。

1. $display

$display 用于输出信息，信息显示在 ModelSim 的 Transcript 窗口中。$display 任务的格式如下：

```
$display(p1,p2, … ,pn);
```

其中，参数 p1 用于格式控制，格式控制符如表 5-1 所示。参数 p2～pn 为要显示的信息，又称输出列表，即将参数 p2～pn 按参数 p1 给定的格式输出。

表 5-1 格式控制符

格　式	含　义
%h 或 %H	以十六进制的形式输出
%d 或 %D	以十进制的形式输出
%o 或 %O	以八进制的形式输出
%b 或 %B	以二进制的形式输出
%s 或 %S	以字符串的形式输出
%t 或 %T	以当前的时间格式的形式输出
%c 或 %C	以 ASCII 码字符的形式输出

$display 输出显示后自动换行，如：

```
$display("a = %d, b = %h", 1, 2);
$display(" %b", 3);
```

执行结果如图 5-4 所示，默认数据长度为 32bit。

```
# a=          1,b=00000002
# 00000000000000000000000000000011
```

图 5-4 显示结果

除 $display 任务外，还有如下 3 个任务：$displayb、$displayh、$displayo，分别表示以二进制、十六进制和八进制显示数据。如“$displayb(1,2);”的执行结果为：

```
# 0000000000000000000000000000000100000000000000000000000000000010
```

2. $write

$write 和 $display 的功能相同，也是用于在 ModelSim 的 Transcript 窗口中显示信息。$write 任务的格式如下：

```
$write(p1,p2, … ,pn);
```

其中，参数 p1 用于格式控制，参数 p2～pn 为要显示的信息。$write 也有另外 3 个任务：$writeb、$writeh、$writeo，分别表示以二进制、十六进制和八进制显示数据。

$write 和 $display 的区别在于输出显示后不会自动换行，例如，

```
$write("a = %d, b = %h", 1, 2);
$write(" %b", 3);
```

执行结果为：

```
a =        1,b = 0000000200000000000000000000000000000011
```

3. $fopen

$fopen 的功能是打开文件。$fopen 使用格式有两种：

(1) $fopen("<文件名>");

(2) <文件句柄>= $fopen("<文件名>", < type >);

type 为打开文件的类型，如表 5-2 所示。type 类型可以省略，默认以"w"的方式打开文件。注意，以此方式打开文件，若文件原来并不存在，则 $fopen 会先创建此文件再打开；若文件存在，则文件会被清空。

若文件名中有路径，则文件路径间隔为"/"而不是"\"。例如，

```
h1 = $fopen("D:/example/file1.txt");
```

表 5-2　文件打开类型

参　　数	描　　述
"r"或"rb"	以读的方式打开文件
"w"或"wb"	将文件清空或创建文件，并以写的方式打开文件
"a"或"ab"	以追加写的方式打开文件；若文件不存在，则先创建文件
"r+"、"r+b"或"rb+"	打开以更新(读/写)文件
"w+"、"w+b"或"wb+"	将文件清空或创建文件，以进行更新(读/写)
"a+"、"a+b"或"ab+"	打开或创建一个以追加写方式的文件

4. $fdisplay

$fdisplay 将数据写入指定的文件中，使用格式如下：

```
$fdisplay(<文件句柄>,"写入内容");
```

例如，

```
integer h1;
h1 = $fopen("file1.txt");                //取一个文件的句柄
$fdisplay(h1,"This is a test.");         //将数据写入文件
```

如果写入内容为双引号括起来的信息，则作为字符串写入，否则作为数据写入。

除 $fdisplay 任务外，还有如下 3 个任务：$fdisplayb、$fdisplayh、$fdisplayo，分别表示将整型数以二进制、十六进制和八进制的方式写入文件，且数据长度为 32bit，对整型数以外的数据无效。例如：

```
$fdisplayb(h1,10);
$fdisplayb(h1,10.2);
```

写入文件中的内容显示如下：

```
00000000000000000000000000001010
10.2
```

5. $fwrite

$fwrite 将数据写入指定的文件中，使用格式如下：

```
$fwrite(<文件句柄>,"写入数据");
```

$fwrite 和 $fdisplay 的区别在于 $fdisplay 写完就会自动换行，$fwrite 不会换行。

6. $fclose

$fclose 的功能是关闭文件，使用格式如下：

```
$fclose(<文件句柄>);
```

7. $readmemb

$readmemb 用于读取二进制数据文件内容到存储器，此系统任务常用来初始化一个内存空间。使用格式有如下 3 种：

(1) $readmemb("<数据文件名>",<存储器名>);

(2) $readmemb("<数据文件名>",<存储器名>,<起始地址>);

(3) $readmemb("<数据文件名>",<存储器名>,<起始地址>,<终止地址>);

例 5.4　假设文件 file1.dat 的内容如下：

```
01010000
1000_1010
1010 zzxx11xx
```

若要将此文件的内容读至存储器 memory 中，程序代码如下：

```
`timescale 10ns/1ns
module test;
reg[7:0] memory[0:3];                    //申请 4 个 8bit 空间的存储单元
integer n;
initial
    begin
        $readmemb("file1.dat",memory);   //读取 file1.dat 中的内容到 memory
    for(n = 0;n <= 3;n = n + 1)          //显示读取到的 4 个存储单元的内容
        $display("%b",memory[n]);
    end
endmodule
```

程序执行后，Transcript 窗口的显示内容如下：

```
# 01010000
# 10001010
# 00001010
# zzxx11xx
```

可见，$readmemb 是以分行符或空格为间隔符读取文件数据，且忽略下画线，并以地址从低到高的顺序存储至存储器中的。若读取的数据位数少于存储单元的长度，则高位自动补零。

8. $readmemh

$readmemh 用于读取十六进制数据文件内容到存储器，使用格式有如下 3 种：

(1) $readmemh("<数据文件名>",<存储器名>);

(2) $readmemh("<数据文件名>",<存储器名>,<起始地址>);

(3) $readmemh("<数据文件名>",<存储器名>,<起始地址>,<终止地址>);

9. $time、$realtime

$time 用于返回整数型的仿真时间，$realtime 用于返回实数型的仿真时间。具体返回值取决于`timescale 的设置，如下例所示。

例 5.5 仿真时间获取

```
`timescale 10ns/1ns
module test;
initial
begin
    #10.2 ;
    $display("time_end = %t", $realtime);
    $display("time_end = %t", $time);
    end
endmodule
```

程序执行后，Transcript 窗口的显示内容如下：

```
# time_end =            102
# time_end =            100
```

本例中，时间单位为 10ns，时间精度为 1ns，当延迟数为 10.2 时，$realtime 返回的值为：10.2×10ns，$time 返回值的获得则要将 10.2 转换为整数 10，再乘以时间单位，即：10×10ns。

10. $random

$random 函数用于产生随机整数，使用格式有如下两种：

(1) $random%b　　　　//产生 (−b+1)～(b−1)范围内的随机数

(2) { $random}%b　　　//产生 0～(b−1)范围内的随机数

其中，b 为十进制整数，例如，

```
    reg [7:0] rand;
rand = { $random} % 60;
```

可以获得 8bit 宽的随机数，且数值在 0～59 范围内。

第6章 基于IP的设计

CHAPTER 6

本章主要介绍 Quartus Prime 中可重复利用的参数化模块库(Library of Parameterized Modules,LPM)设计资源,讲述如何配置和实例引用参数化模块等 IP 资源。通过本章内容能够学会利用 Quartus Prime 软件工具提供的 IP 核进行高效快速的 HDL 电路设计。

6.1 IP 核

在 IC 设计领域,IP(Intellectual Property)核指具有知识产权核的实现某种特定功能的(如 FIR 滤波器、SDRAM 控制器、PCI 接口等)、经过反复验证过的功能良好的电路设计。这些电路通常是参数可修改的,又称为 IP 模块。随着 CPLD/FPGA 的规模越来越大,设计越来越复杂,越来越多的人认识到 IP 核以及 IP 复用技术的优越性,到了 SoC 阶段,IP 核设计已成为 ASIC 电路设计公司和 FPGA 提供商的重要任务,另一方面也体现了这些设计公司的设计实力。FPGA 开发软件提供的 IP 核越丰富,用户的设计就越方便。目前,IP 核已经成为系统设计的基本单元,并作为独立设计成果被交换、转让和销售。

根据实现的不同,IP 核可以分为 3 类:完成行为域描述的软核(soft core)、完成结构域描述的固核(firm core)和基于物理域描述并经过工艺验证的硬核(hard core)。3 种 IP 核的特点比较见表 6-1。

(1) 软核是用硬件描述语言描述功能的 IP 核,属于集成电路设计的高层描述,与具体的实现技术无关,可以用于多种制作工艺,灵活性强。这类 IP 核通常是参数化的,可以在电路设计中重新配置,以实现重定目标电路。软核只通过了功能和时序验证,其他的实现内容及相关测试等均需要使用者自己完成,因此软核 IP 用户的后继工作量较大。

(2) 硬核是基于半导体工艺的物理设计,已有固定的拓扑布局和具体工艺,并已经过工艺验证,具有可保证的性能。提供给用户的形式是电路物理结构掩膜版图和全套工艺文件,允许设计者将 IP 快速集成在衍生产品中。因为与工艺相关,硬核 IP 的灵活性较差。

(3) 固核是介于软核和硬核之间的 IP 核。除了完成软核所有设计外,固核还完成了门级电路综合和时序仿真等环节,以 RTL 描述和可综合网表的形式提交。固核的用户使用灵活性介于软核和硬核之间。

Intel 公司以及第三方 IP 合作伙伴给用户提供了很多可用的功能模块,它们基本可以分为两类:免费的 LPM 宏功能模块(Megafunctions/LPM)和需要授权使用的 IP 知识产权核;从功能上来说,又可分为数字信号处理类、图像处理类、通信类、接口类、处理器及外围功能模块类,使用方法基本相同。提供的功能模块均针对其自身的 FPGA 器件结构做了优化,因此必须使用宏功能模块才可以使用一些 FPGA 器件特定的功能,如存储器、DSP 块、LVDS 驱动器、PLL 电路。

表 6-1　3 种 IP 核的特点比较

项　目	软(soft)IP 核	固(firm)IP 核	硬(hard)IP 核
描述内容	模块功能	模块逻辑结构	物理结构
提供方式	HDL 文档	门电路级网表、对应具体工艺网表	电路物理结构掩膜版图和全套工艺文件
优点	灵活、可移植	介于两者之间	后期开发时间短
缺点	后期开发时间长		灵活性差,不同工艺难移植

从 Quartus Ⅱ 14.0 开始,IP Catalog 和参数编辑器取代 MegaWizard Plug-In Manager 来提供 IP 选择和参数化功能。Quartus Prime 将 LPM 宏功能模块和授权使用的 IP 核都放在 IP Catalog 栏目下。通过 IP Catalog 和参数编辑器可以快速选择和配置 IP 内核端口、特性和输出文件。

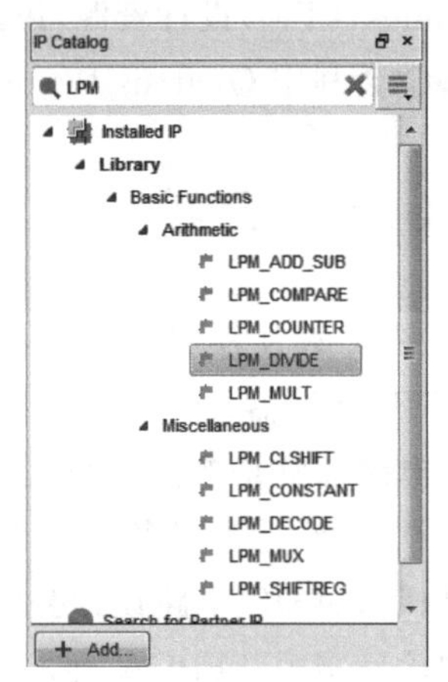

图 6-1　IP Catalog 界面

通过菜单命令 Tools→IP Catalog,打开 IP Catalog 窗口,IP Catalog 窗口中列出了可用于设计的已安装 IP 内核。在其搜索栏中输入需要的 IP 核名,即可在下方的目录中显示当前 FPGA 器件支持的对应的 IP 核。此搜索栏支持模糊搜索,例如输入 LPM,会出现 Quartus Prime 软件已安装且当前 FPGA 器件支持的 LPM 种类,如图 6-1 所示。需要注意,对于不同的 FPGA 器件,栏目显示的内容可能有所不同。双击任何 IP 内核都可启动参数编辑器并生成 IP 实例的相关文件。不同 IP 核,其参数编辑器的形式不同,参数编辑器用于设定 IP 实例名称、可选端口和输出文件生成选项,生成代表 IP 内核的顶层 Qsys 系统文件(.qsys)或 Quartus IP 文件(.qip)。基于 Qsys 的参数编辑器如图 6-2 所示。

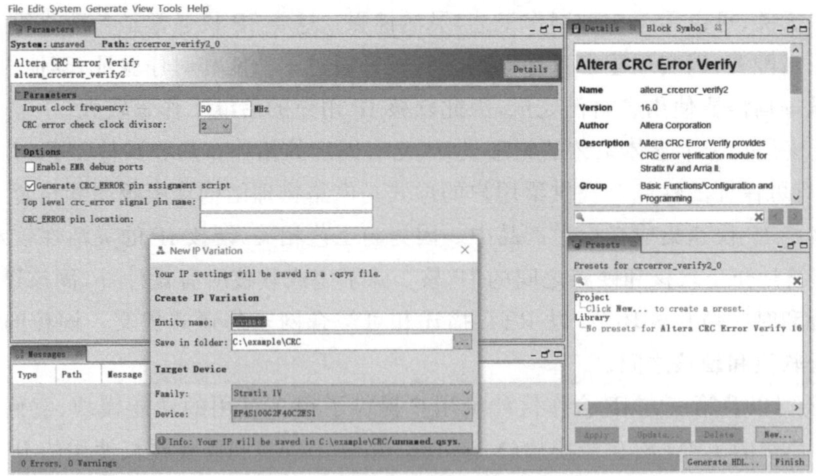

图 6-2　基于 Qsys 的参数编辑器

6.2 触发器 IP 核的 Verilog HDL 设计应用

触发器(Flip-Flop)是数字电路设计中的基本单元,尤其是 D 触发器,通常被用来实现延时、缓存和产生序列信号,第 4 章给出了利用多个 D 触发器构造移位寄存器和 m 序列发生器的示例。

1. 原理图输入方式下 LPM_DFF 的应用

如图 6-3 所示,在原理图输入模式下,可以在 Symbol 界面下,在 megafunctions→storage 下使用宏功能模块 LPM_DFF 实现功能更复杂的 D 触发器。

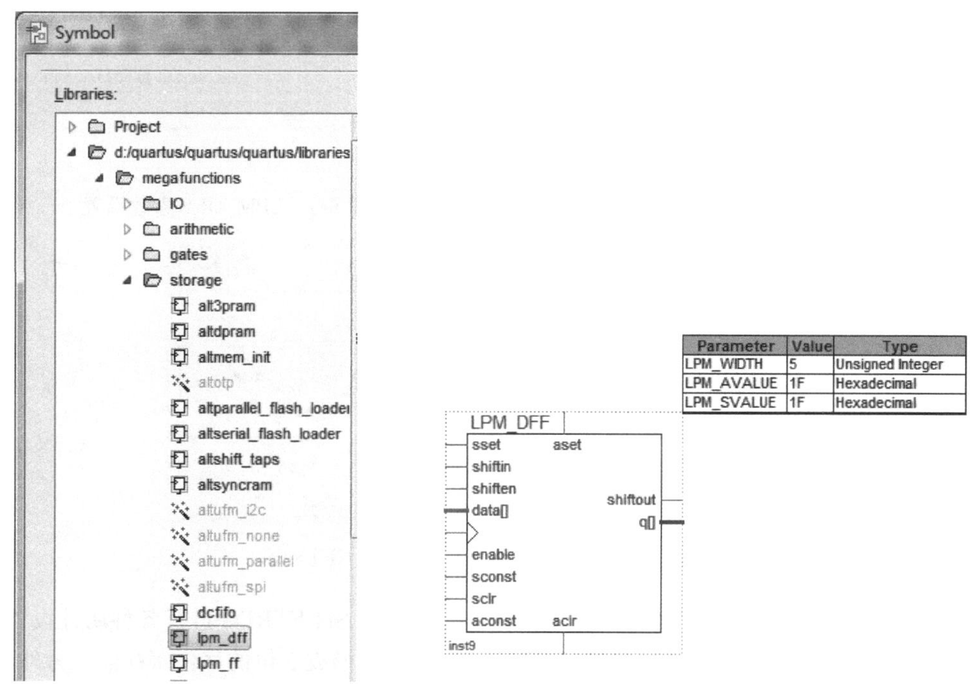

图 6-3 原理图输入方式下的 LPM_DFF

在.bdf 原理图文件中插入 LPM_DFF 后,双击右上角的参数列表或者选择右键快捷菜单中的 Properties 命令,可以进行 LPM_DFF 的属性和参数设置,如图 6-4 和图 6-5 所示。

利用图 6-4 所示页面,对端口的状态设置为使用或不使用,可以改变 LPM_DFF 的端口,从而使相应的功能有效或无效。如图 6-5 所示的参数设置,可以确定 D 触发器的级数和初始值等。

2. 文本输入方式下 LPM_SHIFTREG 的应用

通过 MegaWizard Plug-In Manager(在 IP Catalog 中选中元件并双击即可弹出)同样可以进行 D 触发器的设计。在 MegaWizard Plug-In Manager 中,没有 LPM_DFF,只有 LPM_SHIFTREG。在 IP Catalog 栏中输入 LPM_SHIFTREG,并双击,弹出 Save IP Variation 界面,如图 6-6 所示;选择文件类型为 Verilog,并命名为 LPM_SHIFTREG1,然后单击 OK 按钮,可以进入 MegaWizard Plug-In Manager 界面。

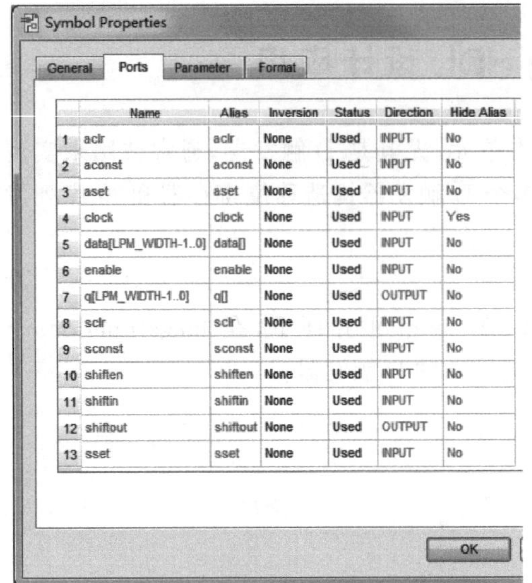

图 6-4 LPM_DFF 端口设置

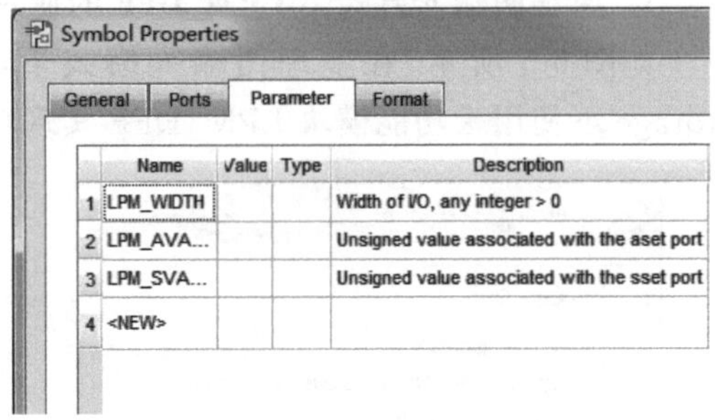

图 6-5 LPM_DFF 参数设置

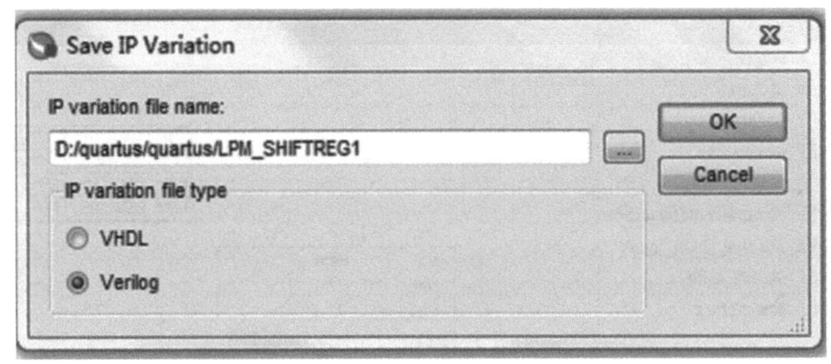

图 6-6 触发器应用设计——LPM_SHIFTREG

在如图 6-7 和图 6-8 所示的参数配置页面，可以对 LPM_SHIFTREG 进行各种属性设置，这里设置并行输出 q 的宽度为 5bit，表示内部有 5 个 D 触发器，形成 5 位的移位寄存器。另外还有输出端口的选择和输入端口的配置，如并行输入、输出端口以及同步、异步端口设置等。

比较 LPM_DFF 和 LPM_SHIFTREG 可以看到，二者实现的功能相同，对比分析可以更好地理解各个端口的功能和使用方法。LPM_SHIFTREG 的其他设置可采取默认值，最终可以实现定制的 LPM_SHIFTREG 功能。

编写例 6.1 所示 Verilog HDL 代码，对产生的 5 级 LPM_SHIFTREG 进行调用，可以获得与第 4 章 m 序列产生器设计的相同功能。

例 6.1 调用 LPM_SHIFTREG 模块产生 m 序列

```
module ipffm (input clk,output out);
wire [4:0] q;
LPM_SHIFTREG1  SHIFTREG1_inst(
    .clock    ( clk ),
    .shiftin ( ~(q[2]^q[4]) ),            //反馈输入
    .q        ( q ),
    .shiftout( out )
    );
endmodule;
```

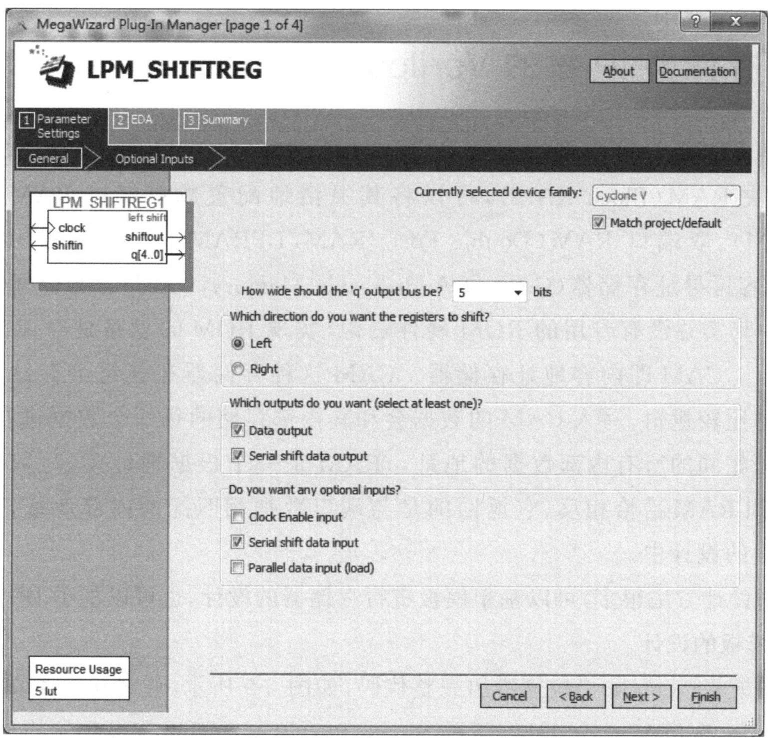

图 6-7 LPM_SHIFTREG 参数设置(1)

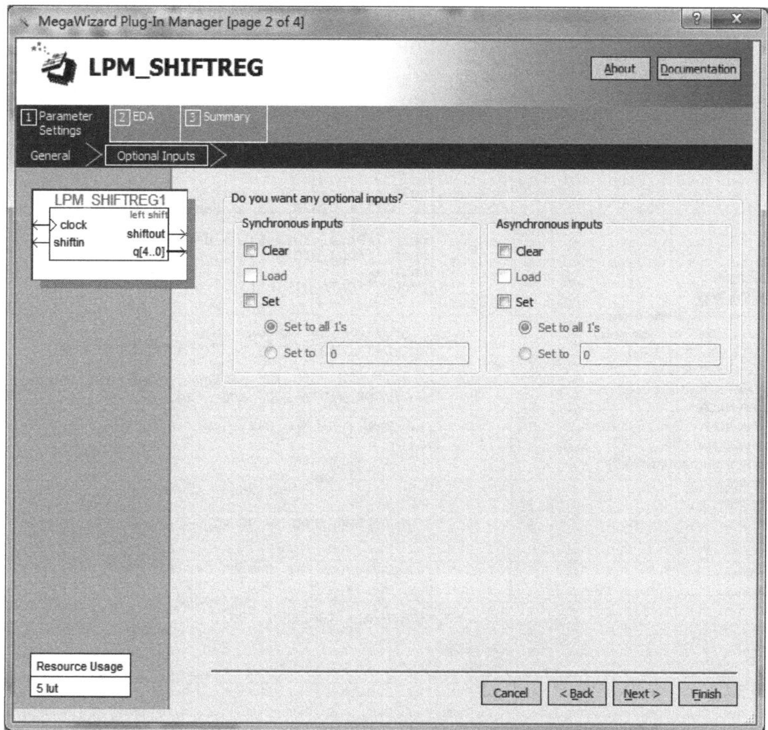

图 6-8 LPM_SHIFTREG 参数设置(2)

6.3 存储器 IP 核的 Verilog HDL 设计应用

存储器是 FPGA 设计中常用的模块之一，包括 RAM、ROM 等。目前大多数 FPGA 都有内嵌的块 RAM(Block RAM)，可以将其灵活地配置成单端口 RAM(Single Port RAM,SPRAM)、双端口 RAM(Double Ports RAM,DPRAM)、伪双端口 RAM(Pseudo DPRAM)、内容可寻址存储器(Content Addressable Memory,CAM)、FIFO 等常用存储结构。FPGA 中其实并没有专用的 ROM 硬件资源，实现 ROM 的思路是对 RAM 赋初值，并保持该初值。CAM 即内容地址存储器。CAM 这种存储器在其每个存储单元都包含了一个内嵌的比较逻辑，写入 CAM 的数据会和其内部存储的每一个数据进行比较，并返回与端口数据相同的所有内部数据的地址。RAM 是一个根据地址读、写数据的存储单元，而 CAM 和 RAM 恰恰相反，它返回的是与端口数据相匹配的内部地址，常用在路由器地址交换表的设计中。

存储器的设计方法很多，可以基于模板进行存储器的设计，也可以基于 IP 进行设计。

1. 基于模板的设计

可以通过模板(template)快速给出完整代码，如图 6-9 所示，通过执行菜单命令 Edit→Insert Template，选择 Verilog HDL 下的 Single Port RAM，可以获得完整的单口 RAM 代码，只需要将此代码的参数 DATA_WIDTH 和 ADDR_WIDTH 修改为需要的数据总线宽度和地址总线宽度即可，不做修改时，是一个 64×8bit 的单口 RAM。

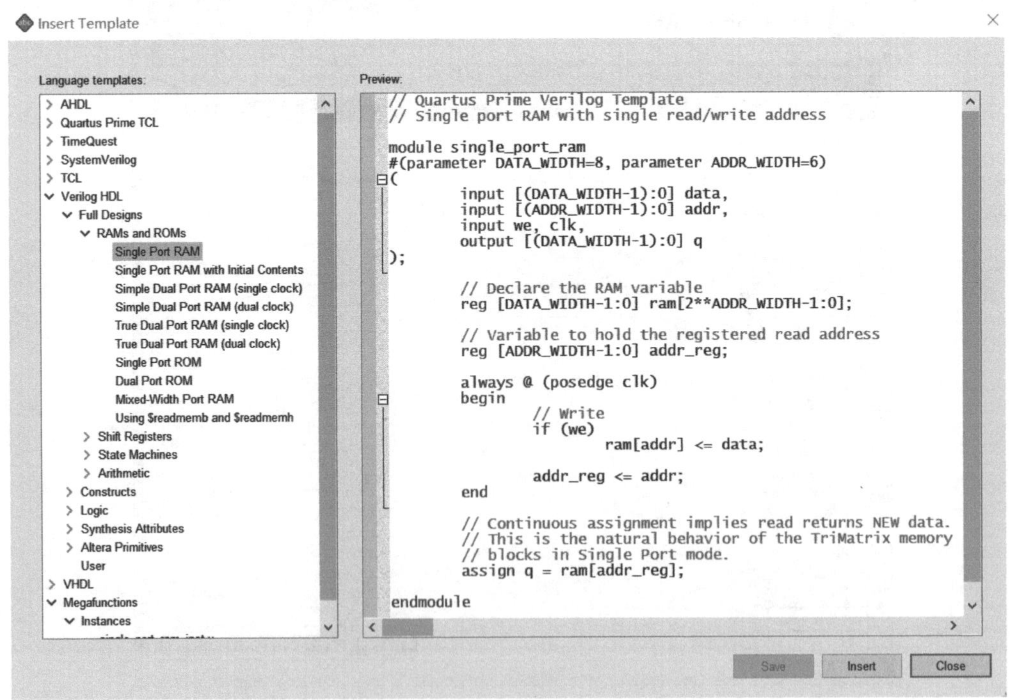

图 6-9 基于模板的 RAM

2. 基于 IP 的设计

下面介绍利用 IP Catalog 提供的存储器资源进行 DES 数据加密算法中 S 盒的设计过程。

通过执行菜单命令 Tools→IP Catalog，在 IP Catalog 栏中输入 RAM，可以列出库中提供的所有 RAM IP 核，这里选择 RAM:1-PORT，并双击进入如图 6-6 所示的界面。设计语言选择 Verilog HDL，输入文件名为 single_port_ram，然后单击 OK 按钮，依次进入如图 6-10～图 6-12 所示的参数设置界面。

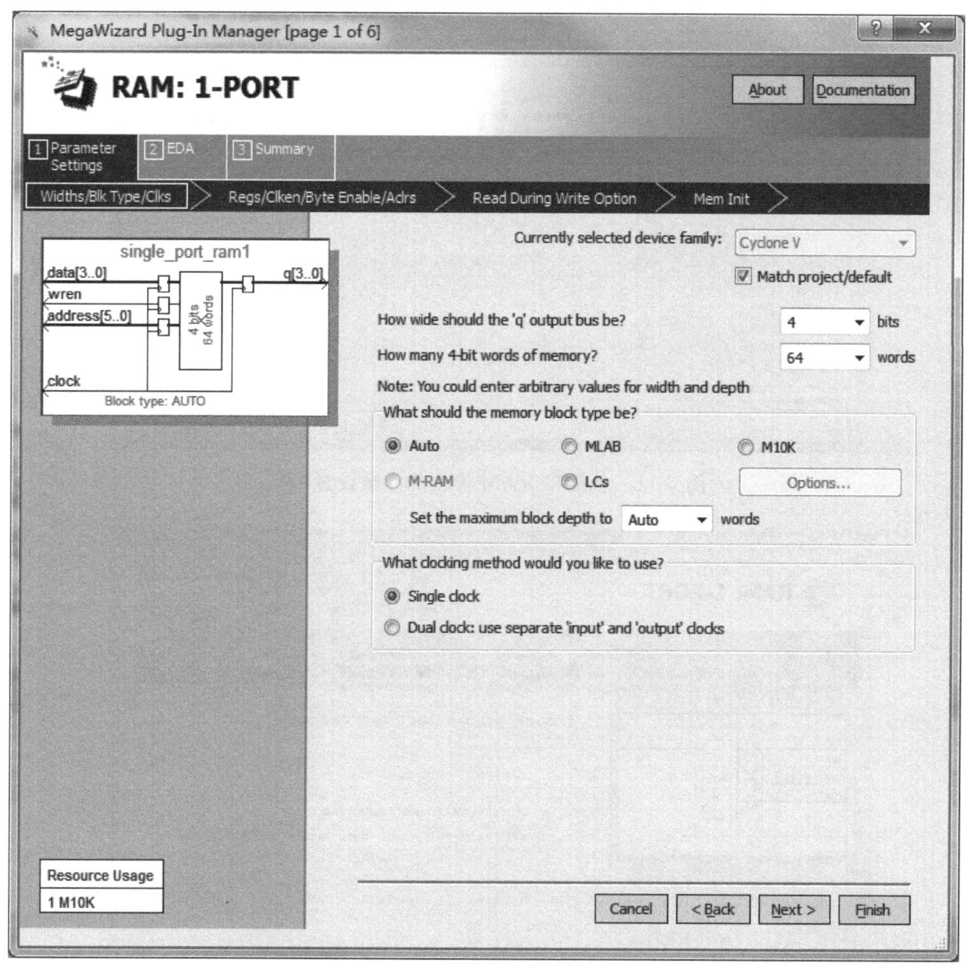

图 6-10　单端口 RAM 模块的参数设置(1)

因为 DES 算法的 S 盒包含 64 个 4bit 数据，因此，在如图 6-10 所示的页面中设置存储容量 64word、数据宽度 4bit，输入输出使用相同的时钟；在如图 6-11 所示的页面中设置字节使能、寄存器存储、独立读使能等相关属性；在图 6-12 中可以指定 RAM 的初始内容，这里使用的是内存初始化文件 sbox.mif，该初始化文件的生成过程见后面“3. 初始化文件生成”部分。单击 Next 按钮，进入最后一个设置页面，选中 single_port_ram_inst.v 项，生成例化模板文件，如图 6-13 所示。其中 single_port_ram.v 为默认生成文件。

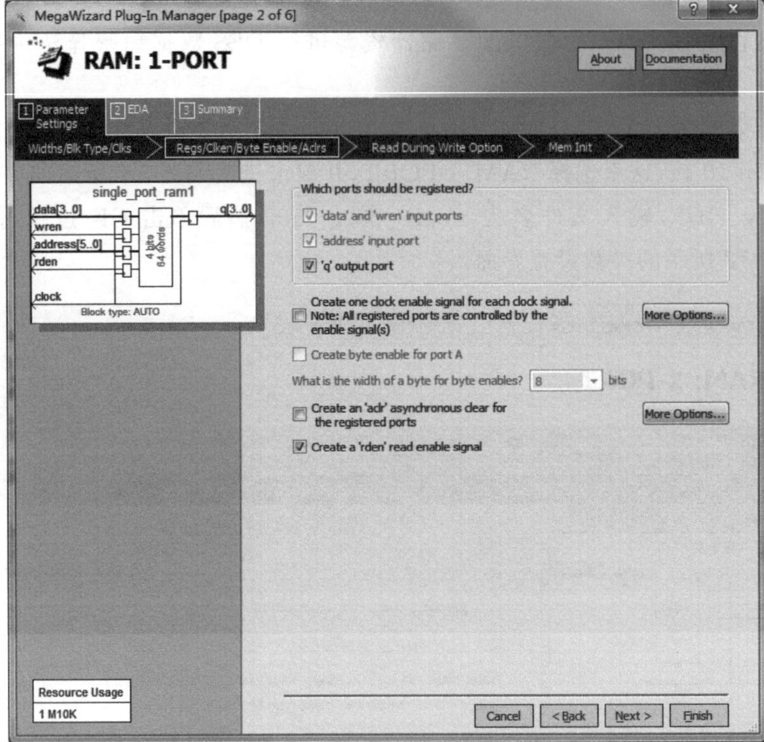

图 6-11　单端口 RAM 模块的参数设置(2)

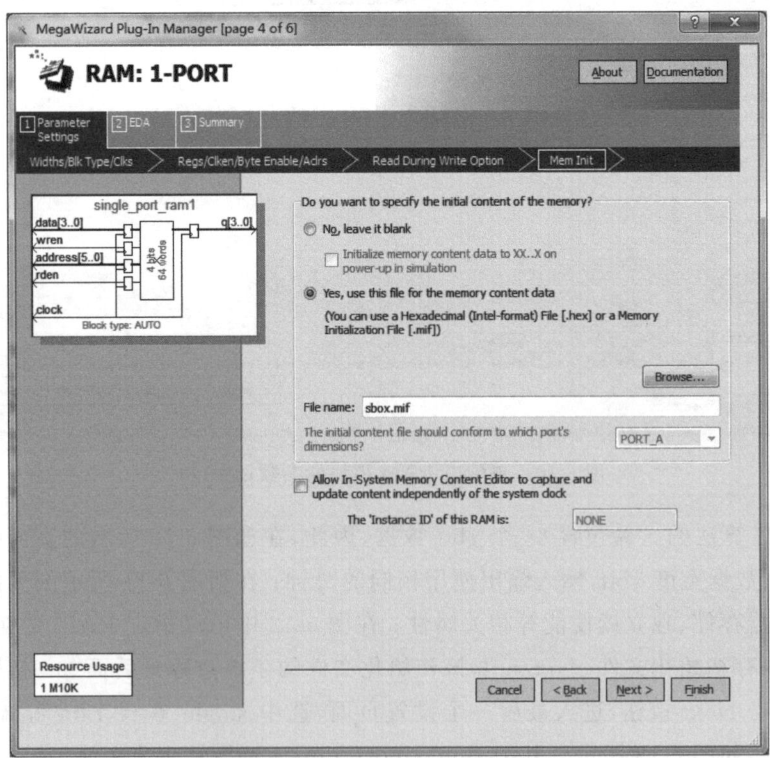

图 6-12　单端口 RAM 模块的参数设置(3)

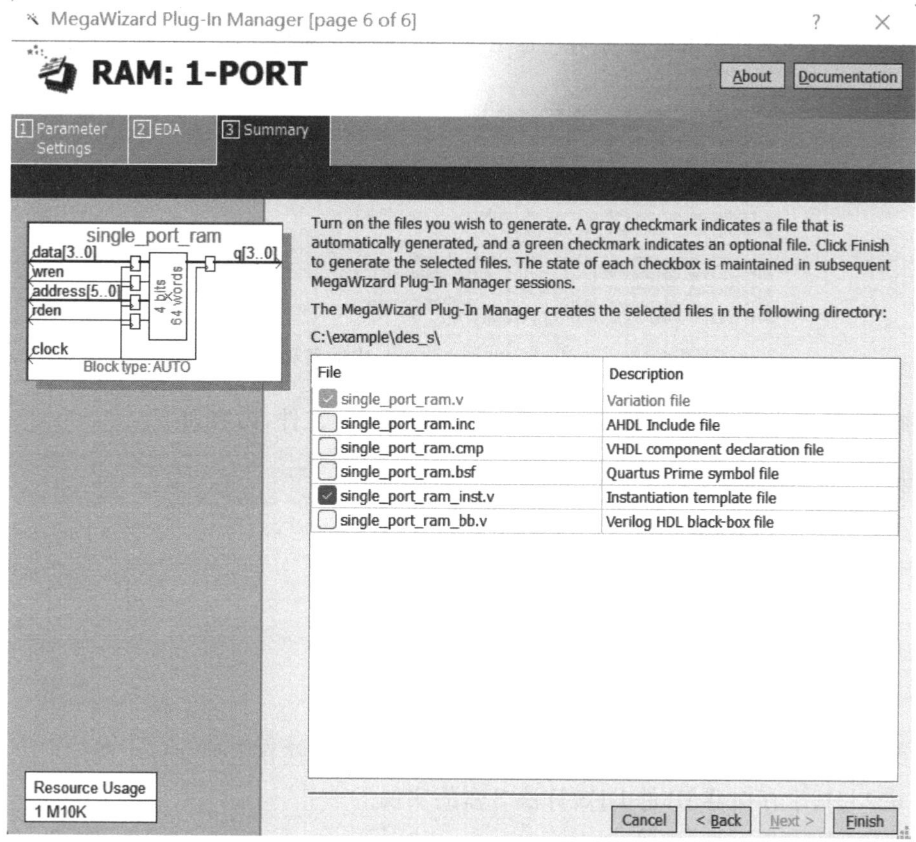

图 6-13　单端口 RAM 模块的参数设置(4)

单击 Finish 按钮，完成单端口 RAM 的创建。系统弹出提示窗口，询问是否将新生成的 IP 核加入工程文件中，单击 Yes 按钮。

在工程文件中，可以看到生成的 single_port_ram.v 文件，如图 6-14 所示。

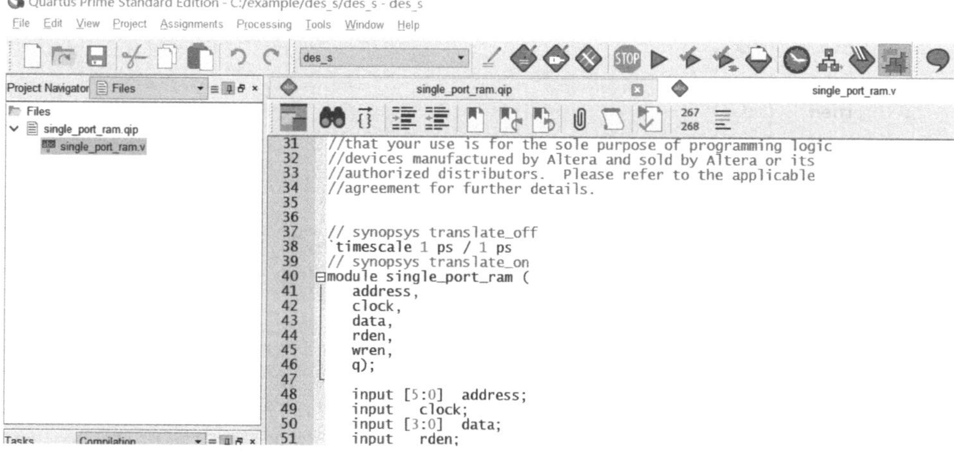

图 6-14　生成的 single_port_ram.v 文件

分析此文件,可以看到 single_port_ram IP 是通过例化 Altera 内部模块 altsyncram,然后进行端口配置实现的,从文件中可以看到,在生成 IP 核的过程中所做的各项设置,如图 6-15 所示。

```
defparam
    altsyncram_component.clock_enable_input_a = "BYPASS",
    altsyncram_component.clock_enable_output_a = "BYPASS",
    altsyncram_component.init_file = "sbox.mif",
    altsyncram_component.intended_device_family = "Cyclone V",
    altsyncram_component.lpm_hint = "ENABLE_RUNTIME_MOD=NO",
    altsyncram_component.lpm_type = "altsyncram",
    altsyncram_component.numwords_a = 64,
    altsyncram_component.operation_mode = "SINGLE_PORT",
    altsyncram_component.outdata_aclr_a = "NONE",
    altsyncram_component.outdata_reg_a = "CLOCK0",
    altsyncram_component.power_up_uninitialized = "FALSE",
    altsyncram_component.read_during_write_mode_port_a = "NEW_DATA_NO_NBE_READ",
    altsyncram_component.widthad_a = 6,
    altsyncram_component.width_a = 4,
    altsyncram_component.width_byteena_a = 1;
```

图 6-15　single_port_ram_inst. v 中的各项设置

在此 IP 核生成目录下,找到 single_port_ram_inst. v 文件,内容如下:

```
single_port_ram single_port_ram_inst(
    .address ( address_sig ),
    .clock ( clock_sig ),
    .data ( data_sig ),
    .rden ( rden_sig ),
    .wren ( wren_sig ),
    .q ( q_sig )
    );
```

此即生成的 single_port_ram IP 核的例化模板,可以直接在上层文件中调用。

例 6.2　基于存储器 IP 的 DES 算法 S 盒的实现

```
module des_s (clk, in, data, rden, wren, out);
input clk;                          //系统时钟
input [5:0] in;                     //S 盒 6bit 输入
input [3:0] data;                   //RAM 输入端子
input rden, wren;                   //读使能、写使能信号
output [3:0] out;                   //S 盒 4bit 输出
single_port_ram ram(
        .address({in[5],in[0],in[4:1]}),
        .clock  (clk),
        .data   (data),
        .rden   (rden),
        .wren   (wren),
        .q      (out)
    );
endmodule
```

此程序 S 盒的非线性变换体现在元件例化的端口映射上:

```
.address({in[5],in[0],in[4:1]}),
```

{in[5],in[0]}作为高 2 位地址,用于 S 盒的行选择; in[4:1]作为低 4 位地址,用于 S 盒的列选择。对 des_s 进行仿真,得到如图 6-16 所示的仿真波形,由于写信号 wren 始终为 0,不对 RAM 进行写操作,所以没有对输入信号 data 进行设置; 地址输入在时钟下降沿发生变化,读信号始终有效,在时钟上升沿输出 RAM 中的数据,完成 S 盒内容读取的仿真。

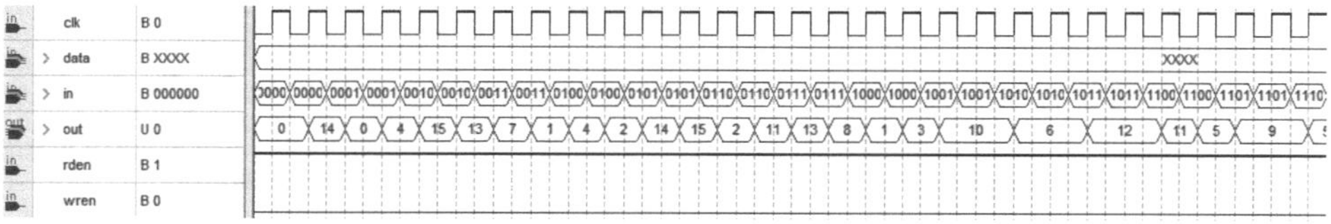

图 6-16　基于 RAM 存储器 IP 的 DES 算法 S 盒的仿真波形

密码算法的 S 盒变换通常是固定数据的，读者可以将上述设计修改为 ROM 实现，也可以通过 wren 和 data 端口对 S 盒内容进行更改，从而可以用在不同的算法中。

3. 初始化文件生成

选择 File→New→Memory Initialization File 命令，在如图 6-17 所示的对话框中设置存储字数和字大小，单击 OK 按钮，生成如图 6-18 所示的. mif 文件编辑界面，输入 DES 的 S 盒数据，然后保存即可。保存的初始化文件扩展名为. mif，这里保存为 sbox. mif。

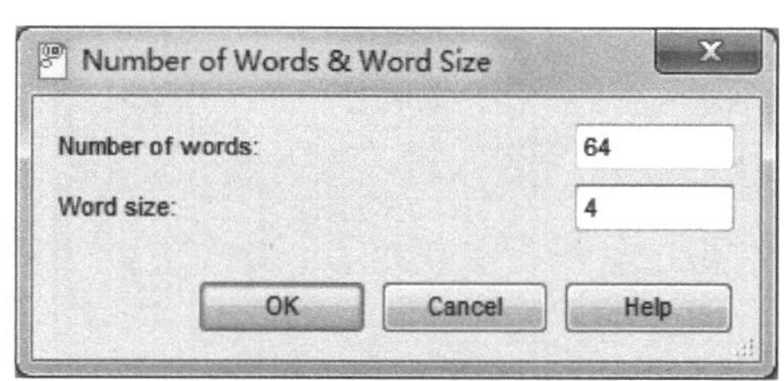

图 6-17　内存初始化文件容量设置

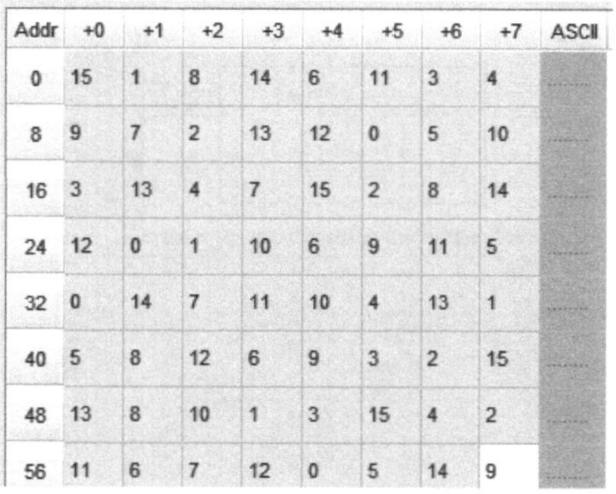

Addr	+0	+1	+2	+3	+4	+5	+6	+7	ASCII
0	15	1	8	14	6	11	3	4	
8	9	7	2	13	12	0	5	10	
16	3	13	4	7	15	2	8	14	
24	12	0	1	10	6	9	11	5	
32	0	14	7	11	10	4	13	1	
40	5	8	12	6	9	3	2	15	
48	13	8	10	1	3	15	4	2	
56	11	6	7	12	0	5	14	9	

图 6-18　内存初始化文件内容编辑

6.4　锁相环 IP 核的 Verilog HDL 设计应用

Intel 公司在多数 FPGA 芯片中都提供了专用锁相环电路，用来实现设计所需的多种时钟频率。通过 Quartus Prime 软件参数化模块库中的 PLL 模块可以很好地利用 FPGA 芯片中的锁相环资源。下面利用 ALTPLL 模块的参数配置和实例化对锁相环电路 IP 核的 Verilog HDL 设计进行介绍。

在 IP Catalog 栏中输入 PLL 或者 ALTPLL，在 Library 中双击 ALTPLL，在弹出的 Save IP Variation 界面（如图 6-19 所示），选择 Verilog 作为创建的设计文件语言，将输出文件命名为 mypll。单击 OK 按钮后进入如图 6-20 所示的对话框，在这里对输入时钟 inclk0 的频率和 PLL 的工作模式进行设置，假设输入频率为 100MHz，工作模式采用 normal 模式。输入频率用于输出频率设置的参考，不与实际工作频率相关。Altera 器件共有 4 种工作模式：normal 模式，PLL 的输入引脚与 I/O 单元的输入时钟寄存器相关联；zero delay buffer 模式，PLL 的输入引脚和 PLL 的输出引脚的延时相关联，通过 PLL 的调整，实现两者“零”延时；External feedback 模式，PLL 的输入引脚和 PLL 的反馈引脚延时相关联；no compensation 模式，不对 PLL 的输入引脚进行延时补偿。

图 6-19　创建新的参数化模块——锁相环 PLL

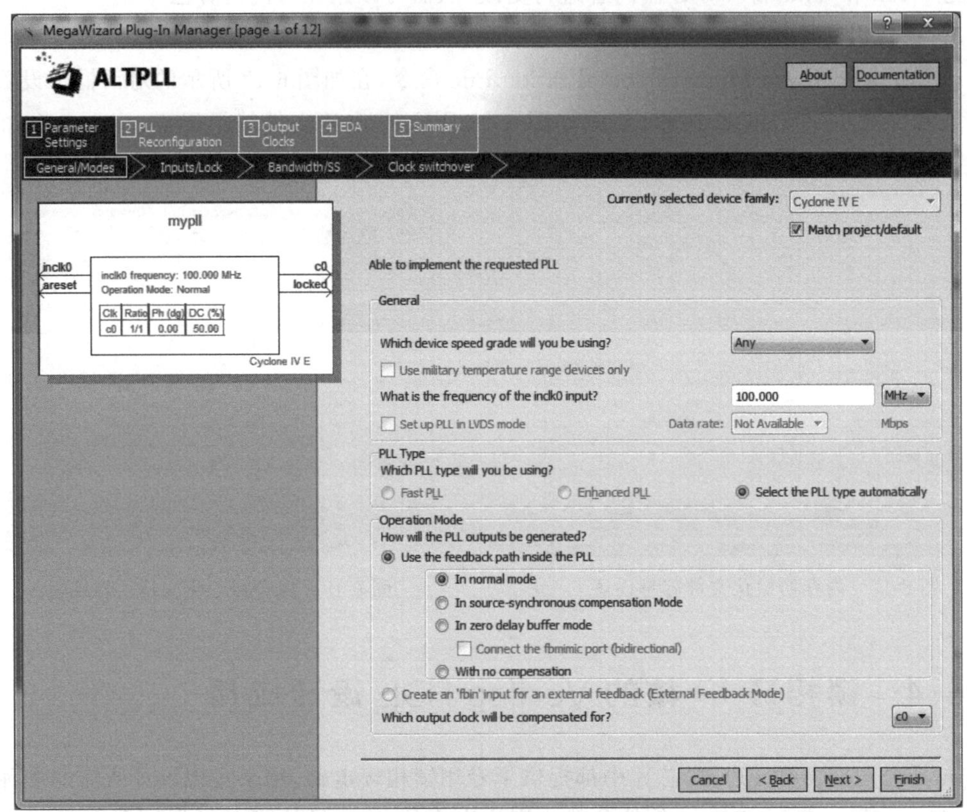

图 6-20　参数化模块 ALTPLL 的参数设置

参数化模块 ALTPLL 可以设置 9 个输出时钟，这里仅使用两个输出时钟：c0 和 c1，分别设置为 300MHz 和 75MHz，如图 6-21 和图 6-22 所示。这里的时钟输出频率都是以设定乘因子和除因子的方式给出的，也可以直接输入预期时钟频率(requested setting)。

时钟模块的其他设置均采用默认设置。通过给定输入时钟频率进行仿真，可以得到如图 6-23 所示的仿真图。

分析如图 6-23 所示的仿真波形，其中 inclk0 是输入时钟信号，时钟周期为 10000ps，时钟频率为 100MHz；c0 和 c1 是输出信号，3 个时钟信号都是占空比 1∶1 的时钟信号。inclk0 经过 1 个时钟周期后，c0 恰好经过了 3 个时钟周期，即 c0 的频率是 inclk0 的 3 倍，即 300MHz。再分析 c1 和 c0 的周期特性，可以发现，c1 的频率是 c0 的 1/4，即 75MHz。所以，通过仿真波形可知，仿真结果与 ALTPLL 的设置一致，PLL 设计正确。

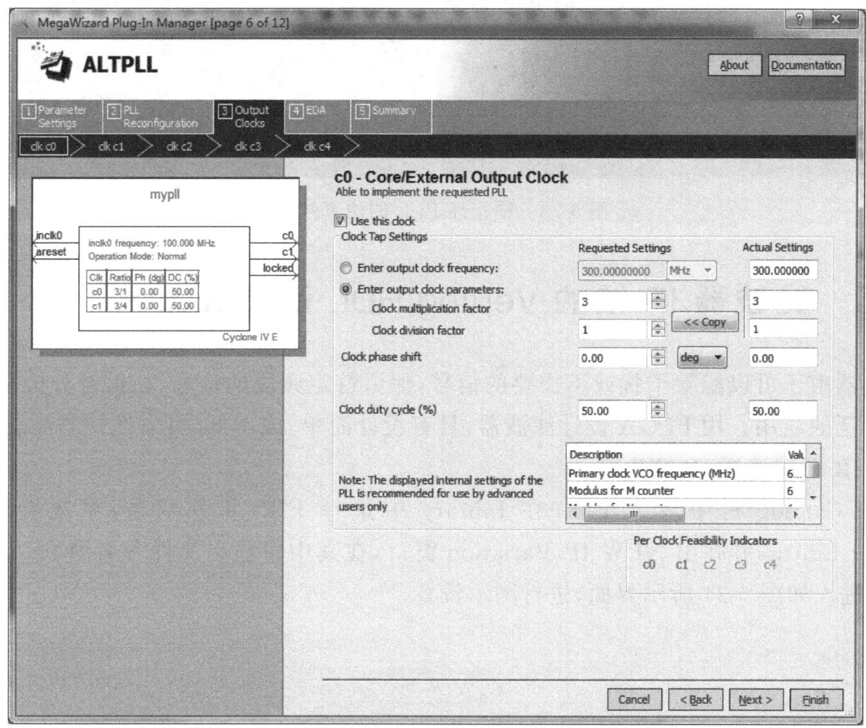

图 6-21　参数化模块 ALTPLL 的参数设置-c0

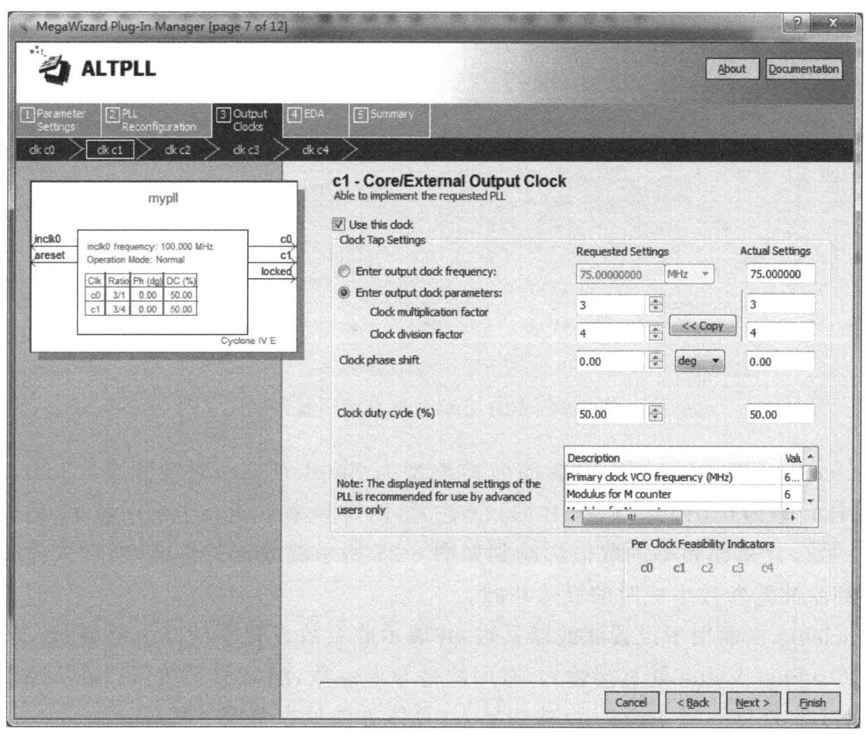

图 6-22　参数化模块 ALTPLL 的参数设置-c1

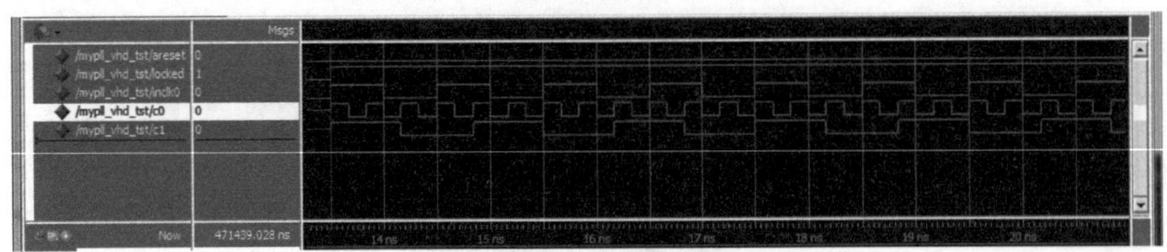

图 6-23　锁相环 PLL 的仿真结果

6.5　滤波器 IP 核的 Verilog HDL 设计应用

滤波器由于可以滤除干扰或不需要的信号，保留特定频段的信号，在信号分析和处理领域有着广泛的应用。用 FPGA 设计滤波器，具有设计简单、成本低、可靠性好的优点。

1. FIR Ⅱ滤波器 IP 核生成

在 IP Catalog 栏中输入 FIR，在 Library 中选择 FIR Ⅱ并双击，系统会启动 IP Parameter Editor，并弹出 NEW IP Variation 窗口，在其中将输出文件命名为 fir_ip。单击 OK 按钮进入如图 6-24 所示界面，进行图示设置。

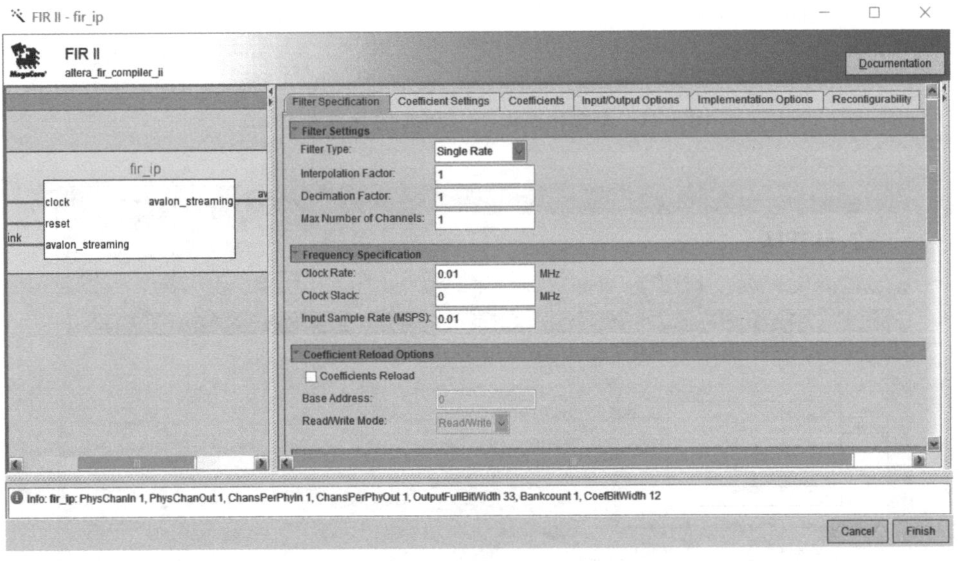

图 6-24　FIR Ⅱ滤波器参数设置(1)

在 Filter Specification 页面设置滤波器类型为 Single Rate，时钟频率(Clock Rate)为 10kHz，采样频率为 0.01MSPS，即 10kHz。注意，时钟频率不能高于采用频率，最好和采样频率保持一致，且采样频率的取值影响到如图 6-25 所示滤波器的性能，所以采样频率的设置一定要和滤波器参数生成时的设置相同。

Coefficients 页面用于设置滤波器系数，并展示此系数设置下的滤波器频谱。滤波器系数可以在 Original Value 处直接输入，常用的是导入系数，滤波器系数可以在 MATLAB 下生成，再通过单击 Import from file 按钮导入，具体方法见本节第 2 部分。

假设滤波器系数文件为 filter_coef.txt，如图 6-25 所示，通过单击 Import from file 按钮导入后的界面如图 6-26 所示。

filter_coef.txt - 记事本

文件(F) 编辑(E) 格式(O) 查看(V) 帮助(H)

-0.000503540039062500	0.000602722167968750	0.00223541259765625	0.00413513183593750
0.00498962402343750	0.00277709960937500	-0.00392913818359375	-0.0142364501953125
-0.0238800048828125	-0.0259323120117188	-0.0132675170898438	0.0179367065429688
0.0653381347656250	0.119827270507813	0.167869567871094	0.196037292480469
0.196037292480469	0.167869567871094	0.119827270507813	0.0653381347656250
0.0179367065429688	-0.0132675170898438	-0.0259323120117188	-0.0238800048828125
-0.0142364501953125	-0.00392913818359375	0.00277709960937500	0.00498962402343750
0.00413513183593750	0.00223541259765625	0.000602722167968750	-0.000503540039062500

图 6-25 滤波器系数文件

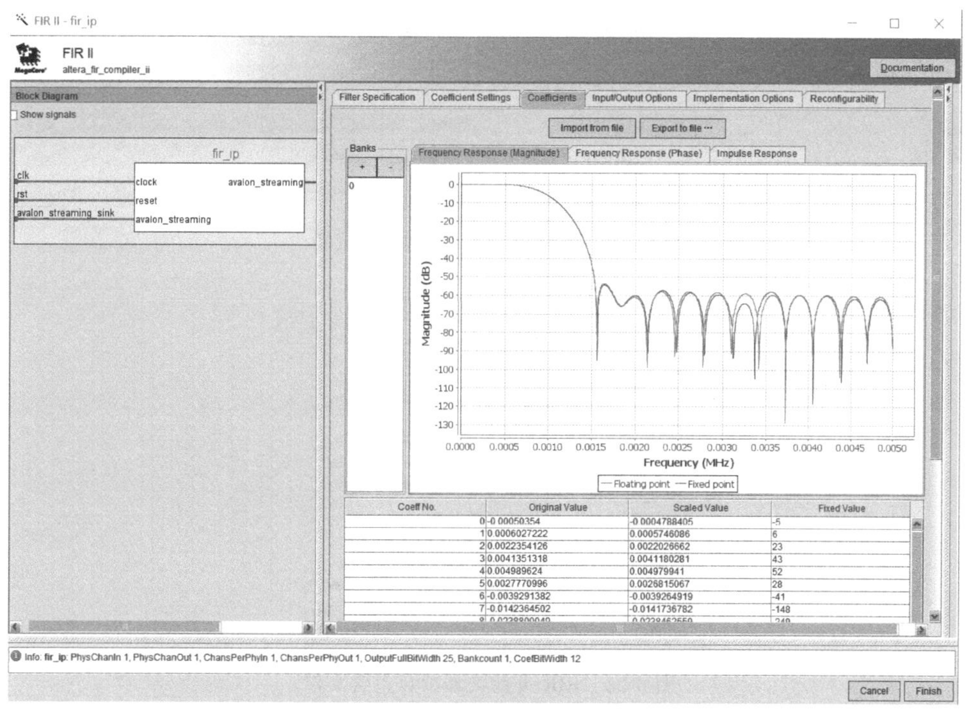

图 6-26 FIR Ⅱ滤波器参数设置(2)

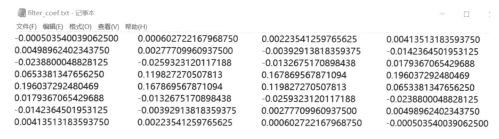

Input/Output Options 页面用于设置输入/输出数据的类型(Signed Binary 或 Signed Fractional Binary)、以及输入数据的位宽,输出数据的位宽随输入数据的位宽而变化,不可随意设置,但可以设置输出数据的截断位数,可以从高位截断(MSB Bits to Remove),也可以从低位截断(LSB Bits to Remove)。这里设置输入数据为 8bit,输出低位截断 10bit,因此输出数据为 15bit,如图 6-27 所示。

其他参数选择默认设置,单击 Finish 按钮。参数编辑器生成 IP 核的顶层 HDL 代码,. qip 文件中包含处理 Quartus Ⅱ编译器中 IP 核心所需的所有必要的配置信息,同时生成一个包含仿真文件的仿真目录 * _sim,其中 * 为生成的 IP 核名,这里为 fir_ip_sim。查看 fir_ip_sim 目录中的文件,可以发现其中的 HDL 文件均为. vhd 文件,即用 VHDL 语言描述。同时生成的还有 MATLAB 下的. m 文件,用于在 MATLAB 下分析生成的 FIR 滤波器性能。

将 fir_ip_sim 仿真目录下的所有的. vhd 文件加入项目,如图 6-28 所示,并将 fir_ip. vhd 设为顶层文件,对生成的 IP 核进行仿真。

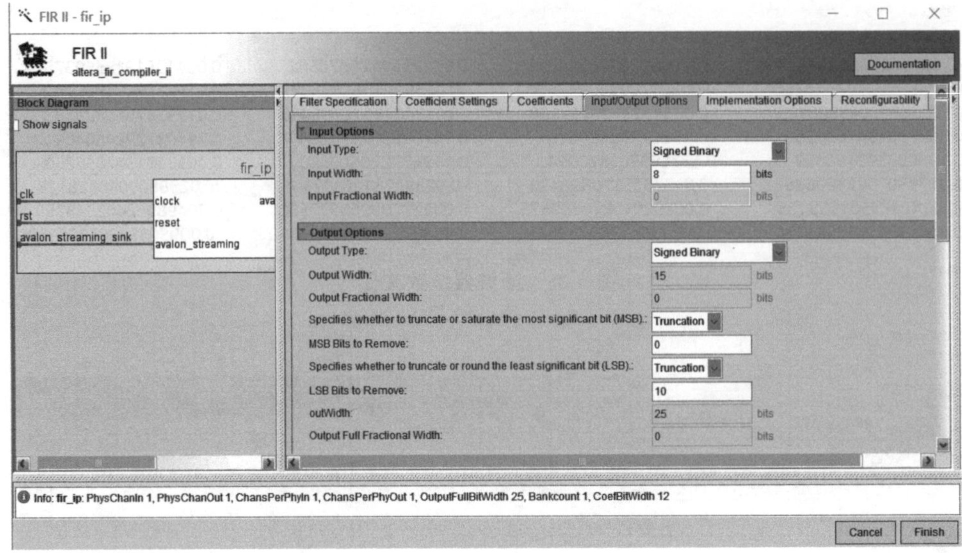

图 6-27 FIR Ⅱ滤波器参数设置(3)

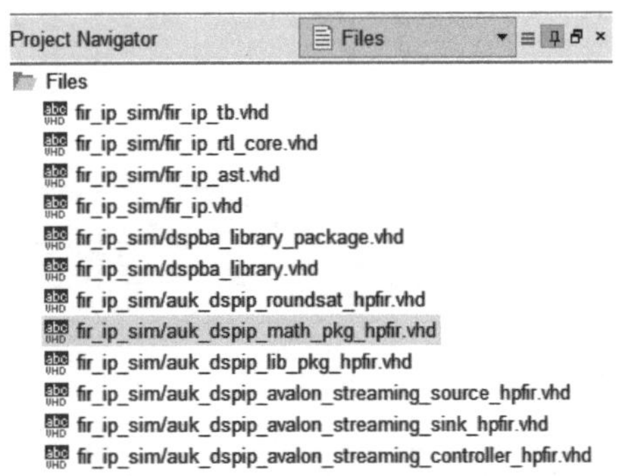

图 6-28 FIR Ⅱ滤波器项目包含文件

系统自动给出的 testbench 测试文件为 fir_ip_tb. vhd，其内容如图 6-29 所示。

```
library ieee;
use ieee.std_logic_1164.all;
use ieee.numeric_std.all;
use std.textio.all;
library work;
entity fir_ip_tb is

    constant FIR_INPUT_FILE_c          : string := "fir_ip_input.txt";
    constant FIR_OUTPUT_FILE_c         : string := "fir_ip_output.txt";
```

图 6-29 自动生成的滤波器测试文件部分内容

可以看到，此测试文件默认的滤波输入文件为 fir_ip_input. txt，输出文件为 fir_ip_output. txt，在此可以将输入文件改为需要进行滤波的波形数据文件，这里改为 data_in. txt，此文件的获得见后面“2. 滤波器系数的获得”小节的“(4)滤波器性能验证”部分，输出文件改为 data_out. txt。注意，如果仿真过程中提示找不到 data_in. txt 文件，则需要将文件的完整路径加入，例如，

```
constant FIR_INPUT_FILE_c  : string := "C:\example\FIR_8\fir_ip_sim\data_in.txt";
constant FIR_OUTPUT_FILE_c : string := "C:\example\FIR_8\fir_ip_sim\data_out.txt";
```

按照 3.2.3 节介绍的 ModelSim 仿真方法，将 fir_ip_tb.vhd 文件加入仿真设置中，如图 6-30 所示。

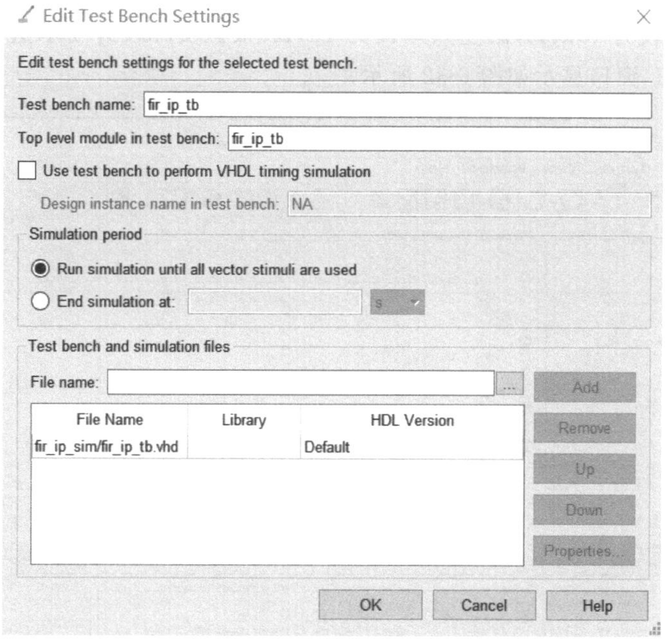

图 6-30　仿真设置

单击菜单命令 Tools→Run Simulation Tool→RTL Simulation，Quartus Prime 会自动打开 ModelSim 并运行仿真。单击 ModelSim 的 Wave 标签，可以看到仿真波形。为了便于观察，右击输入和输出波形信号 ast_sink_data、ast_source_data，选择 Format→Analog (automatic)命令，可以直观地看到滤波前后的波形如图 6-31 所示，由此可知，IP 核设计符合要求。

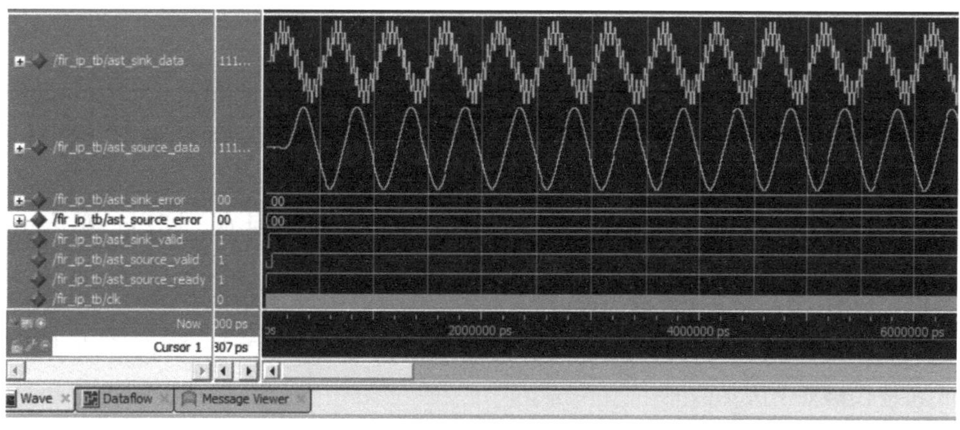

图 6-31　FIR Ⅱ 滤波器仿真波形

2. 滤波器系数的获得

使用 MATLAB 的 Filter Designer 工具箱设计滤波器并生成滤波器系数，具体步骤如下。

(1) 单击 Filter Designer，在弹出的窗口中设置如下：滤波器类型选择低通 FIR 滤波器，采用窗函数设计滤波器，且窗函数为汉明窗，滤波器阶数设为 31 阶，将产生 32 个抽头系数，采样频率这里设为 10kHz，截止频率设为 1kHz(根据实际设计要求进行设定)，并单击 Design Filter 按钮，窗口显示如图 6-32 所示。

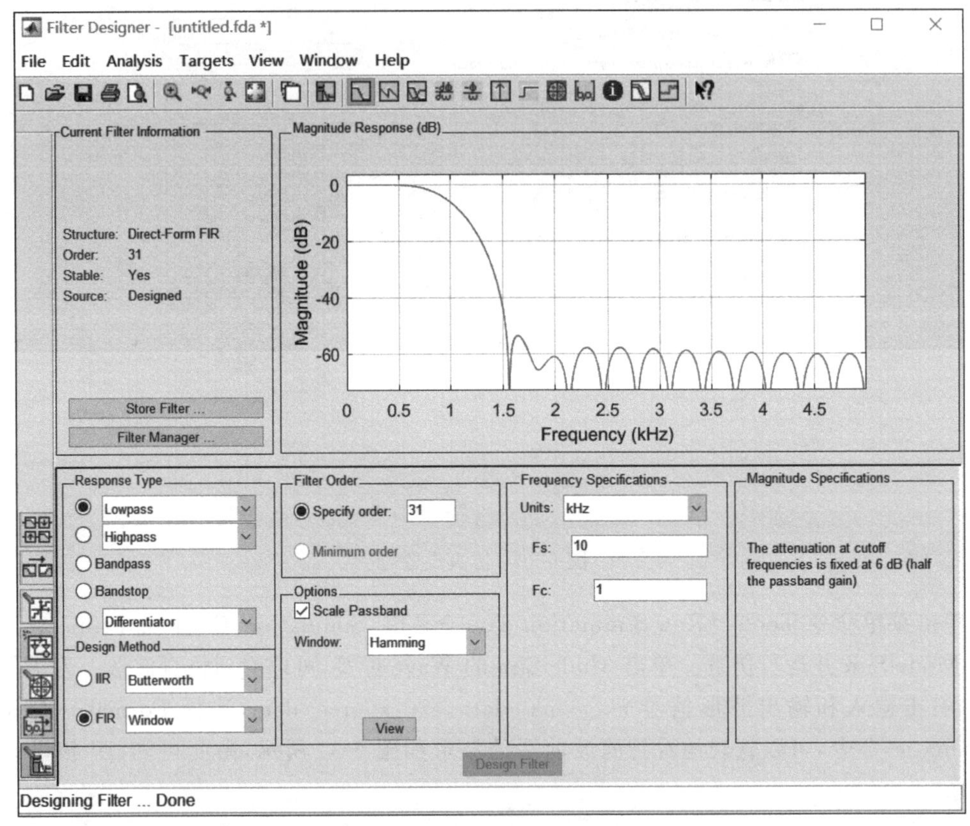

图 6-32　Filter Designer 参数设置

(2) 量化滤波器系数。单击图 6-32 左侧的第 3 个按钮(Set quantization parameters)，设定系数形式为 Fixed-point，字长为 16bit。这一步也可以略去，在 Quartus IP 核导入系数时，会自动将导入的系数转换为定点数。

(3) 导出系数。选择 File→Export 命令，把系数导出到 MATLAB 工作区，默认导入到变量 Num 中。双击 Num，将 Num 的值复制粘贴到. txt 文件中，保存为 filter_coef. txt，至此就获得了如图 6-26 所示滤波器的系数。

(4) 滤波器性能验证。为验证滤波器性能，生成 200Hz 和 2. 5kHz 混叠的波形信号源，. m 文件代码如下所示。

```
clf;
Fs = 10000;                          % 采样频率 10kHz
```

```
T = 1/Fs;                                   % 采样周期 0.1ms
L = 1000;                                   % 信号长度
t = (0:L-1) * T;                            % 时间序列
S = 5 * sin(2 * pi * 200 * t) + sin(2 * pi * 2500 * t);    % 生成 200Hz 和 2.5kHz 的混叠信号

   % Write data out to file
   file_name = ['data_in'];                                 % 数据文件名
   outfile1 = fopen([file_name, '.txt'],'w');               % 获取数据文件句柄
   for i = 1:1:L
       fprintf(outfile1, '%ld\n', round(S(i)));            % 将混叠信号写入数据文件
   end
   fclose(outfile1);                                        % 关闭文件
```

此文件将产生的信号保存至 data_in. txt 文件中，其中 round(S(i))用于将波形数据转换为整型数，以便于 FPGA 处理。

通过如下程序，可以在 MATLAB 中观察滤波前后信号的波形：

```
fid1_read = fopen('data_in.txt','r');
fid2_read = fopen('filter_coef.txt','r');
data1 = fscanf(fid1_read,'%d');
coef = fscanf(fid2_read,'%g');
data2 = filter(coef,1,data1);

t = 1:1:1000;
subplot(121);
plot(t,data1);
subplot(122);
plot(t,data2);
```

其中，data2=filter(coef,1,data1)表示采用 coef 滤波系数对 data1 数据进行滤波处理，并将结果保存至 data2。输出结果如图 6-33 所示，其中左侧为滤波前数据，右侧为滤波后数据，可见保留了 200Hz 信号，滤除了 2.5kHz 的信号。

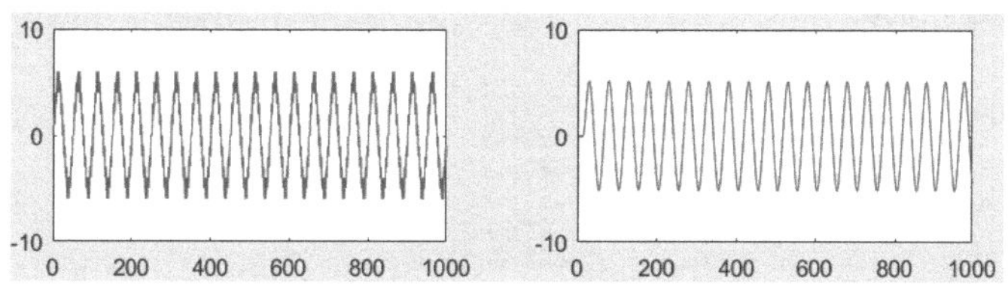

图 6-33　MATLAB 下滤波前后波形

3. FIR II IP 核的使用

1) IP 核例化模板

IP 核例化模板可以参考生成的 IP 核 VHDL 代码，如此例的 fir_ip. vhd，将此文件的设计实体 entity 部分的端口复制出来，设计 Verilog HDL 例化模板如下：

```
fir_ip fir_ip_0
    ( .clk                  (),
      .reset_n              (),
      .ast_sink_data        (),
```

```
    .ast_sink_valid      (),
    .ast_sink_error      (),
    .ast_source_data     (),
    .ast_source_valid    (),
    .ast_source_error    () );
```

2) IP 核调用

直接在上层电路中调用比例化模板模块即可,示例代码如下。

```
module fir_test (clk, resetn,d_in,d_out,valid,error);
input clk, resetn;
input [7:0] d_in;
output [14:0] d_out;
output valid;
output [1:0] error;
reg [7:0] cnt;
reg clk_s;
fir_ip fir_ip_0                    //滤波器例化
    ( .clk               (clk),
      .reset_n           (resetn),
      .ast_sink_data     (d_in),
      .ast_sink_valid    (1'b1),
      .ast_sink_error    (2'b0),
      .ast_source_data   (d_out),
      .ast_source_valid  (valid),
      .ast_source_error  (error) );
endmodule
```

3) testbench 文件

仿真测试文件代码如下。

```
`timescale 1 ps/ 1 ps
module fir_test_vlg_tst();
parameter fs_num = 1000;
reg clk;
reg [7:0] d_in;
reg resetn;
wire [14:0] d_out;
wire [1:0] error;
wire valid;
reg [9:0] cnt ;
reg [7:0] data_in[0:fs_num - 1] ;

fir_test i1 (                          //顶层文件(被测电路)例化
    .clk(clk),
    .d_in(d_in),
    .d_out(d_out),
    .error(error),
    .resetn(resetn),
    .valid(valid) );
```

```
initial begin
    $display("Running testbench");
    resetn = 0;                     //复位有效
    clk = 0;                        //时钟清零
    #40 resetn = 1;                 //复位无效
end

initial begin                       //读取测试输入数据
    $readmemb("C:/example/FIR_8/fir_ip_sim/data_in_signed.txt",data_in);
end

always @(posedge clk)               //采样计数
begin
    if (resetn == 0) cnt <= 0;
    else begin
        if (cnt == fs_num) cnt <= 0;
        else cnt <= cnt + 1;
        end
end

always @(posedge clk)
begin
    if (valid == 1)  d_in <= data_in[cnt];    //valid 为 1 时,将输入数据送至被测电路输入端
    else             d_in[cnt]<= 0;
end

always #20 clk = ~clk ;
endmodule
```

仿真波形如图 6-34 所示。

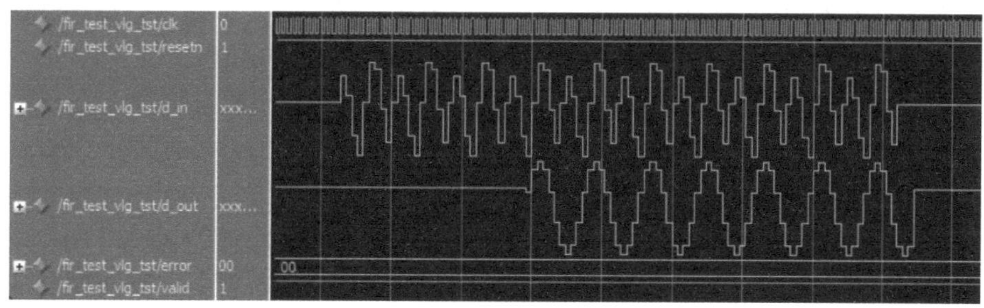

图 6-34　fir_test 的仿真波形

4) 测试用输入数据文件 data_in_signed. txt 的获得

输入数据由 MATLAB 产生,产生测试输入数据的. m 代码如下。

```
clf;
Fs = 1000;                          % 采样频率 1kHz
T = 1/Fs;                           % 采样周期 1ms
L = 100;                            % 信号长度
t = (0:L-1) * T;                    % 时间序列
S = 5 * sin(2 * pi * 200 * t) + 2 * sin(2 * pi * 900 * t);    % 生成 200Hz 和 900Hz 的混叠信号
Sdata = round(S);                   %将波形数据转换为整型数
```

```
for i = 1:1:100                                              %将整型数转换为8bit的二进制补码
    if Sdata(i)> = 0
      data_out(i,:) = dec2bin(Sdata(i),8);                   %如果整数为正,则直接转换
    else
      data_out_tmp(i,:) = dec2bin(abs(Sdata(i)),8);          %如果为负,则先将绝对值转换为二进制数
      data_out(i,:) = num2str(data_out_tmp(i,:));            %对二进制数按位取反
      for j = 1:1:7    %j = 1 表示二进制最高位,j = 8 表示二进制最低位,最低位的补码不变
            if data_out(i,j) == '1'
                data_out(i,j) = '0';
            else data_out(i,j) = '1';
            end
        end
    end
end
% 将二进制补码形式的波形数据写入文件保存
file_name = ['data_in_signed'];
outfile1 = fopen([file_name, '.txt'],'wt');
for i = 1:1:L
    for j = 1:1:8
        fprintf(outfile1, '%s', data_out(i,j));              %写入时按字符处理
        if (j == 8)                                          %每8bit换行
            fprintf(outfile1, '\n');
        end
    end
end
fclose(outfile1);
```

6.6 时钟优化 IP

FPGA 内部有专门的梳状时钟布线网络,外部有专门的全局时钟输入引脚,全局时钟是最简单的可预测时钟,在此时钟输入下能够提供最短的时钟输出延时。

全局时钟可以有较大的时钟扇出,但对于普通的 GPIO,扇出数量不能太大,因为数量太多,时钟到达各器件之间的时间差距太大会导致时序错乱。在 Intel 的部分 FPGA 内部,如 Cyclone Ⅳ E 器件中,设计有专用的缓冲器,将普通 I/O 或者寄存器产生的时钟信号分配到全局时钟资源上。该缓冲器对用户以 IP 的形式提供,名为 ALTCLKCTRL。因此可以采用 IP 核 ALTCLKCTRL 专用缓冲器将普通 I/O 的时钟接入到全局时钟源中,以提高其扇出时钟量,同时也可降低同源不同时钟树之间的偏差,实现片内时钟同步。这一点对于高质量图像处理的设备,如 CMOS 摄像头尤其重要。ALTCLKCTRL 在实现时钟动态切换的同时,还可以降低局部时钟网络的功耗。

ALTCLKCTRL 的生成过程如下:在 IP Catalog 栏中输入 ALTCLKCTRL,在 Library 中双击 ALTCLKCTRL,系统会启动 IP Parameter Editor,并弹出 New IP Variation 窗口,选择目标 FPGA 器件和生成模块所在路径和名称,这里将输出文件命名为 altclk。单击 OK 按钮,进行参数设置,如图 6-35 所示。其中,ALTCLKCTRL 用途选择 For global clock,用于接入全局时钟资源。

ALTCLKCTRL 最多可以输入 4 个时钟信号,如图 6-36 所示,其中 inclk0x 和 inclk1x

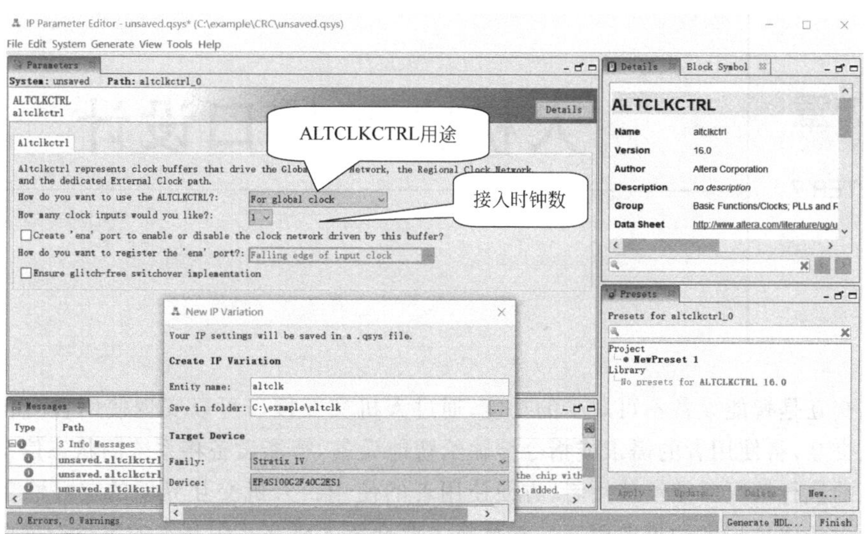

图 6-35 ALTCLKCTRL 参数设置(1)

必须由 FPGA 引脚直接输入，inclk2x 和 inclk3x 必须是以锁相环的输出作为输入，还必须是同一个锁相环的不同输出。

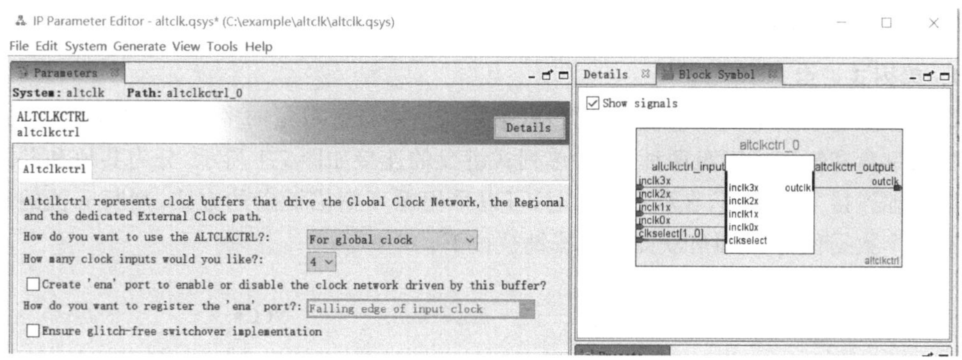

图 6-36 ALTCLKCTRL 参数设置(2)

如果接入时钟数选择 4，单击 Generate HDL 按钮，生成 IP 核相关文件。打开 altclk_inst.v，内容如下：

```
altclk u0(
    .inclk3x(<connected-to-inclk3x>),
    .inclk2x(<connected-to-inclk2x>),
    .inclk1x(<connected-to-inclk1x>),
    .inclk0x(<connected-to-inclk0x>),
    .clkselect(<connected-to-clkselect>),
    .outclk(<connected-to-outclk>) );
```

在上层文件中，可以直接调用此模块，并将 outclk 作为其他模块的输入时钟使用，其中 clkselect 用于选择使用哪个输入时钟源产生 outclk。

第7章 人机交互接口设计

CHAPTER 7

人机交互是智能设备不可缺少的功能，通过人机交互接口可以实现使用者与智能设备间的信息交互，将使用者的需求或指令传输给智能设备，智能设备将系统的状态信息或者指令及需求的执行情况反馈给使用者，方便使用者的使用。人机交互界面的友好性也是评价一个智能设备优良程度的重要因素。本章将主要介绍人机交互中基本的键盘扫描电路和液晶显示电路的 Verilog HDL 设计。

7.1 键盘扫描电路的 Verilog HDL 设计

7.1.1 设计原理

1. 单列式键盘

键盘是数字系统中常见的输入装置，根据系统所需按键数量的多少，按键的排列方式分为单列式键盘和矩阵式键盘两种，其中单列式键盘的连接如图 7-1 所示，分为共地和共阳两种。以共地连接方式为例，在程序设计时，可以采用循环扫描键盘的方式，判断 n 位的键盘输入端哪个数据位为 0，即可获知哪个按键被按下。

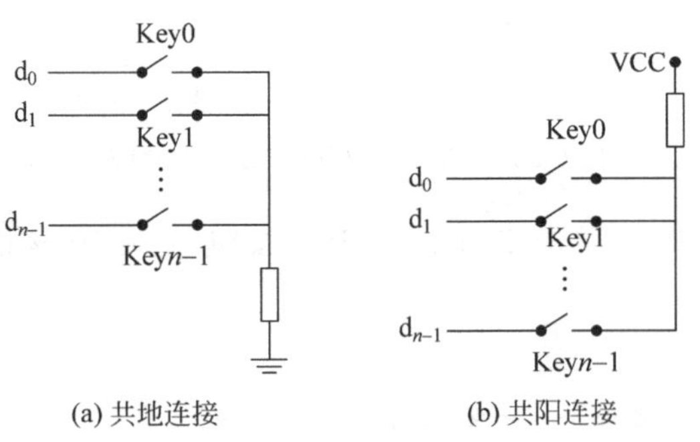

图 7-1 单列式键盘

例如，若带有 4 个按键的共地连接的单列式键盘与 FPGA 相连的数据端定义为 data，端口描述如下：

```
input [3:0] data;
```

4 个按键 Key0、Key1、Key2、Key3 的键值编码依次为 0、1、2、3，则按键值获得可采用如下代码，其中 key 用于存储获得的键值。

```
always @(posedge clk)
begin
    case (data)
        4'b0111 : key<="11";                //Key3 按键
        4'b1011 : key<="10";                //Key2 按键
        4'b1101 : key<="01";                //Key1 按键
        4'b1110 : key<="00";                //Key0 按键
        default : ;
    endcase;
end
```

2. 矩阵式键盘

矩阵式键盘是一种常见的输入装置,如图 7-2 所示为 4×4 矩阵式键盘,键盘的行线和列线在交叉处不直接连通,而是通过一个按键加以连接。4 个 FPGA 输出端口加 4 个 FPGA 输入端口就可以构成 4×4=16 个按键的键盘控制接口,可以采用逐行或逐列扫描查询法获得所按键的键值。这里给出用行信号进行扫描时的基本原理和流程:矩阵式键盘与 FPGA 相连的引脚分别命名为 keyrow[3:0]和 keycol[3:0],其中 keyrow[3:0]为行引脚,对应于"行 4 行 3 行 2 行 1";keycol[3:0]为列引脚,对应于"列 4 列 3 列 2 列 1"。所谓行扫描,就是逐行给出低电平,同时读取键盘列信号,低电平的行信号与低电平的列信号交叉点处的按键即为按下的按键。例如,当行扫描信号 keyrow 输出 1011 时,表示正在扫描行 3,若此时读入的列信号 keycol 值为 1111,则表示行 3 上没有按键按下;若 keycol 为 1101,列 2 为低电平,则表示行 3 与列 2 交叉处的按键 9 被按下,导致列 2 为低电平。列扫描就是逐列给出低电平,同时读取键盘行信号,低电平的列信号与低电平的行信号交叉点处的按键即为按下的按键。

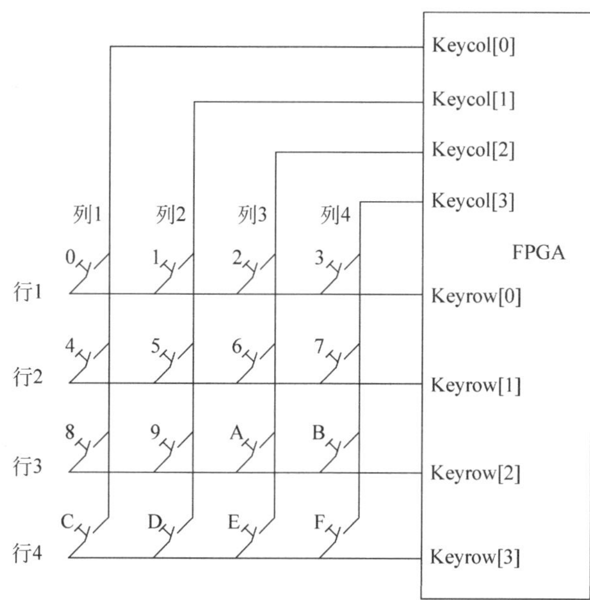

图 7-2 矩阵式键盘接口示意图

当然，扫描信号也可为高电平，以列扫描为例，keycol 依次输出 0001、0010、0100、1000，同时读取行信号，高电平的列信号与高电平的行信号交叉点处的按键即为按下的按键。当列扫描信号 keycol 输出 0010 时，表示正在扫描列 2，若此时读入的行信号 keyrow 值为 0100，则表示列 2 与行 3 交叉处的按键 9 被按下，导致行 3 为高电平。

若扫描信号采用低电平，则行扫描方式下的 Verilog HDL 程序如下，由状态机输出行扫描信号：

```
reg [3:0] state = s0;
parameter s0 = 4'b0001, s1 = 4'b0010, s2 = 4'b0100, s3 = 4'b1000;
always @ (posedge clk_scan)
    begin
        case (state)
        s0:begin keyrow <=  4'b1110;state <=  s1; end          //扫描行 1
        s1:begin keyrow <=  4'b1101;state <=  s2; end          //扫描行 2
        s2:begin keyrow <=  4'b1011;state <=  s3; end          //扫描行 3
        s3:begin keyrow <=  4'b0111;state <=  s0; end          //扫描行 4
        endcase;
    end
```

键值的获得可采用双 case 语句，通过当前 keyrow 的扫描输出值，结合读入的 keycol 值，获取按键值，具体见 7.1.2 节的键值获取模块的程序设计。

3. 键盘消抖原理

在进行键值获取的过程中，常会出现键盘不灵或扫描不正确的情况，原因之一就是按键的抖动。如图 7-3 所示，在按键按下和抬起时，会在金属键盘回路中产生短暂的冲击信号，此段时间内如果在时钟的上升沿采集键值则会导致键值的不确定性。

因此在设计键盘扫描电路时，需要考虑按键的消抖，以获取波形稳定、长度合适的键盘反馈信号。人们在大量使用以及对示波器观察得到的金属按键闭合过程波形图进行总结后，得出按键抖动时间一般为 5～10ms，因此可以采用延迟一段时间再采样的方法，获得准确的按键值。按键消抖的流程如图 7-4 所示。其中的 x 为重新采样的次数，可以根据具体使用情况确定。

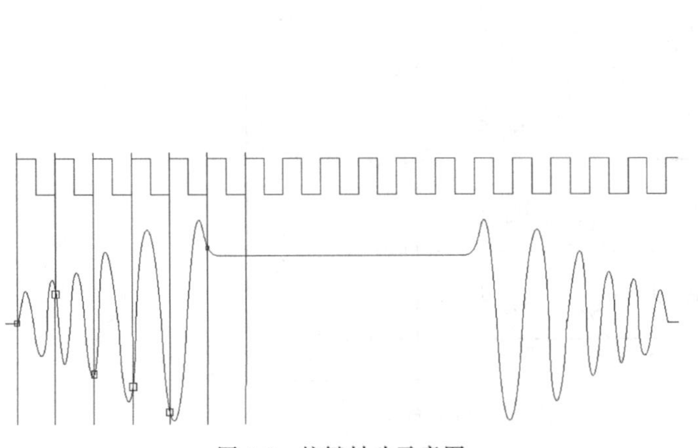

图 7-3　按键抖动示意图

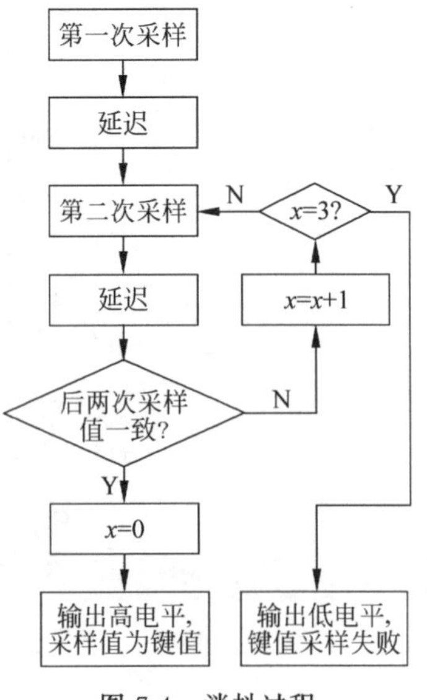

图 7-4　消抖过程

7.1.2　设计实现

下面以矩阵式键盘为例，介绍键盘与 FPGA 的接口设计。FPGA 与 4×4 矩阵式键盘的接口电路如图 7-5 所示。键盘的 4 个行线和 4 个列线分别与 FPGA 的 I/O 口相连。

键值的获取过程如图 7-6 所示。

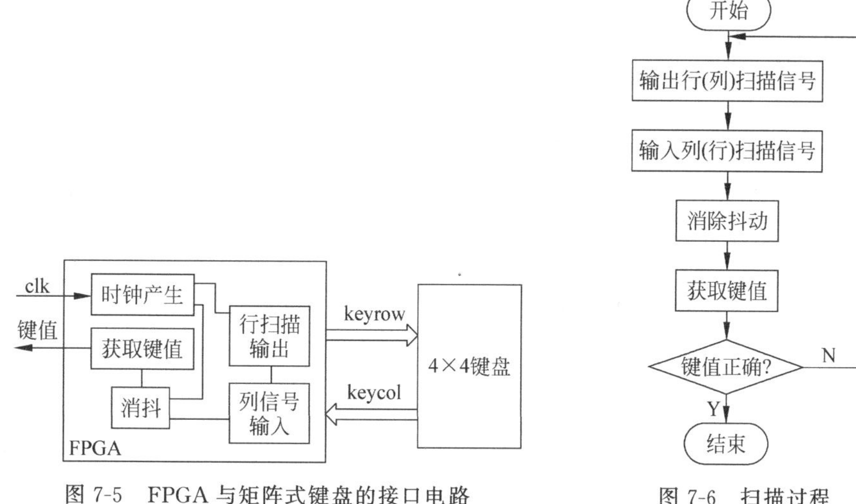

图 7-5　FPGA 与矩阵式键盘的接口电路

图 7-6　扫描过程

1. 时钟产生模块

时钟信号由系统时钟分频产生，可以采用计数器分频的方法获得。时钟产生模块用来产生键盘扫描用的时钟和消抖时钟，因为一般人的按键速度至多是 10 次/秒，亦即一次按键时间是 100ms，所以按下的时间也即波形稳定的时间可以估算为 50ms。以频率为 8ms(125Hz)的扫描时钟取样按键信息，则可取样 6 次。而通常消抖频率是键盘扫描频率的 4 倍或更高，即若键盘扫描频率为 125Hz，消抖频率则为 500Hz。假设系统时钟为 10kHz，要产生 125Hz 的键盘扫描时钟则需要对系统时钟进行 80 分频。时钟产生模块的示例程序如下所示。

```
module clk_gen(clk, clk_scan, clk_xd);        //10kHz
input clk;                                    //系统时钟
output reg clk_scan, clk_xd;                  //扫描键盘时钟,键盘消抖动时钟
reg [3:0] count1 = 0;                         //产生消抖信号的计数器
reg [6:0] count2 = 0;                         //产生键盘扫描信号的计数器
reg clk_out = 0;
always @ (posedge clk)
begin
    if (count1 ==  9)
        begin
        clk_xd <=  ~clk_xd;                   //clk_xd 为 clk 的 10 分频时钟
        count1 <= 0;
        end
    else count1 <=  count1  + 1;
end

always @ (posedge clk)
begin
```

```
    if (count2 == 79)
        begin
        clk_scan <= ~clk_scan;          //clk_scan 为 clk 的 80 分频时钟
        count2 <= 0;
        end
    else count2 <= count2 + 1;
end
endmodule
```

受仿真时间长度的限制，为观察仿真波形，在波形编辑窗口选择菜单命令 Edit→Set End Time，将默认仿真时长由 1μs 改为 10μs，仿真结果如图 7-7 所示。

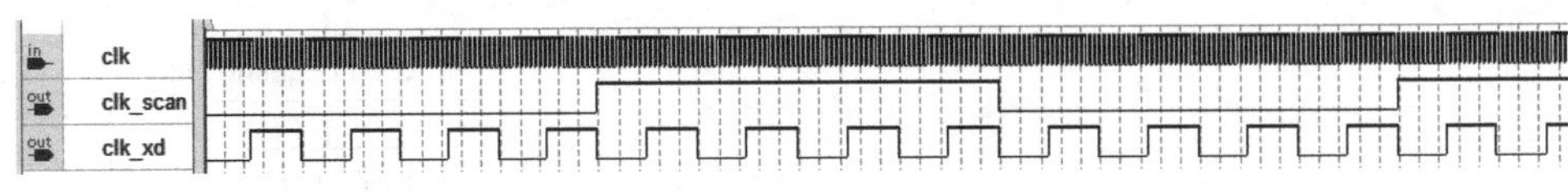

图 7-7　时钟产生模块仿真波形

需要注意，为了保证仿真正确，需要在定义信号时，为每个定义的信号赋初值，例如，

```
reg [3:0] count1 = 0;
```

若不给信号赋初值，则在 ModelSim 下仿真时会提示错误或者与其相关的信号仿真结果没有波形输出，为未定义值。

2. 行扫描模块

行扫描模块的设计已在设计原理部分介绍过，采用状态机的方法完成。示例程序如下所示。

```
module key_scan (clk_scan, keyrow);
input clk_scan;                                     //扫描时钟脉冲
output reg [3:0] keyrow;                            //扫描序列
reg [3:0] state = s0;
parameter s0 = 4'b0001, s1 = 4'b0010, s2 = 4'b0100, s3 = 4'b1000;
always @ (posedge clk_scan)
    begin
        case (state)
        s0:begin keyrow <= 4'b1110;state <= s1; end     //扫描行 1
        s1:begin keyrow <= 4'b1101;state <= s2; end     //扫描行 2
        s2:begin keyrow <= 4'b1011;state <= s3; end     //扫描行 3
        s3:begin keyrow <= 4'b0111;state <= s0; end     //扫描行 4
        endcase;
    end
endmodule
```

3. 消抖模块

消抖模块的设计可以采用如图 7-4 所示的延迟方法通过计数器实现，这里采用 D 触发器构成的电路进行消抖，电路原理如图 7-8 所示，其中 cclk 为消抖时钟，inp 为按键输入信号，outp 为消抖后的按键输出信号。图 7-8 中 D 触发器构成的三级信号传输电路，可以在消抖时钟的触发下将连续 3 次采集到的按键输入信号同时传输至与门。假设当有按键按下时，按键给出的是高电平信号，则只有当与门的输出 outp 为高电平时，才能保证按键已无抖动，原因是连续 3 次采集到的 inp 均为高电平。

此消抖模块放在每个按键输入引脚的输入端上，并且消抖模块所用触发器的级数与采

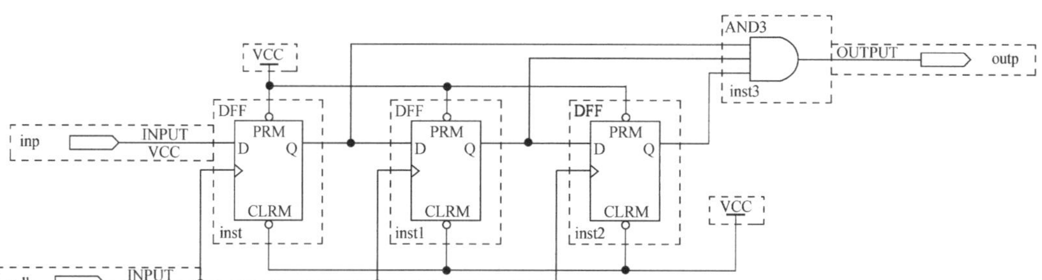

图 7-8 消抖电路模块

样时钟信号的频率(也即消抖时钟频率)有关,使用中应根据实际需求适当增减 D 触发器的级数,调整消抖时钟频率,配合按键使消抖达到最佳效果。如前所述,假设按键处在连发状态下,速度至多达到 10 次/秒,亦即一次按键时间至少是 100ms,波形稳定时间估算为 50ms,前后振荡各 25ms;若将采样信号周期定为 8ms(即消抖频率为 125Hz),则一次按键可取样到 12 次,其中按键处于完全按下的状态约 6 次,前后抖动期间各采样 3 次,因此采用 3 级 D 触发器传输可以满足消抖需求。示例程序如下所示。

```
module debounce(inp, cclk, clr, outp);
    input   inp;
    input   cclk, clr;                    // cclk 为消抖时钟
    output  outp;
    reg     delay1, delay2, delay3;

    always @(posedge cclk or posedge clr)
        if (clr == 1'b1)
        begin delay1 <= 1'b0; delay2 <= 1'b0; delay3 <= 1'b0; end
        else begin
            delay1 <= inp;
            delay2 <= delay1;
            delay3 <= delay2;
        end
    assign outp = delay1 & delay2 & delay3;
endmodule
```

注意,此程序适用于按键输出为高电平信号的情况,如果按键输出为低电平信号,则需要将图 7-8 中的与门改为或门,即将 outp 的赋值语句改为:

```
assign outp = delay1 | delay2 | delay3;
```

此消抖电路要放在每一个键盘输入引脚上,采用如下程序完成。

```
module key44_xiaod (xd_clk, key_in, key_out);
input xd_clk;                     //消抖时钟脉冲
input [3:0] key_in;               //键盘输入
output [3:0] key_out;             //键盘消抖后的输出
debounce ux_0 (key_in[0], xd_clk, 0, key_out[0]);
debounce ux_1 (key_in[1], xd_clk, 0, key_out[1]);
debounce ux_2 (key_in[2], xd_clk, 0, key_out[2]);
debounce ux_3 (key_in[3], xd_clk, 0, key_out[3]);
endmodule
```

4. 键值获取模块

通过键值获取模块获得正确的键值,并将其存储或输出。

```
module key_get (clk, key, keycol, keyrow);
input clk;                                         //扫描时钟脉冲
input [3:0] keyrow, keycol;                        //行扫描信号和消抖后的列输入信号
output reg [3:0] key;
reg [3:0] key_value;
always @ (keyrow or keycol)
begin
    case (keyrow)
    4'b1110:begin
            case (keycol)
            4'b1110:key_value <= 4'b0000;      //0 号按键
            4'b1101:key_value <= 4'b0001;      //1 号按键
            4'b1011:key_value <= 4'b0010;      //2 号按键
            4'b0111:key_value <= 4'b0011;      //3 号按键
            default: ;
            endcase;
            end
    4'b1101:begin
            case (keycol)
            4'b1110:key_value <= 4'b0100;      //4 号按键
            4'b1101:key_value <= 4'b0101;      //5 号按键
            4'b1011:key_value <= 4'b0110;      //6 号按键
            4'b0111:key_value <= 4'b0111;      //7 号按键
            default: ;
            endcase;
            end
    4'b1011:begin
            case (keycol)
            4'b1110:key_value <= 4'b1000;      //8 号按键
            4'b1101:key_value <= 4'b1001;      //9 号按键
            4'b1011:key_value <= 4'b1010;      //A 号按键
            4'b0111:key_value <= 4'b1011;      //B 号按键
            default: ;
            endcase;
            end
    4'b0111:begin
            case (keycol)
            4'b1110:key_value <= 4'b1100;      //C 号按键
            4'b1101:key_value <= 4'b1101;      //D 号按键
            4'b1011:key_value <= 4'b1110;      //E 号按键
            4'b0111:key_value <= 4'b1111;      //F 号按键
            default: ;
            endcase;
            end
    default: ;
    endcase;
end
always @ (posedge clk)
begin
    key <= key_value;
end
endmodule
```

5. 顶层程序

顶层程序采用元件例化的方法调用各个模块，完成键值的采集。

```
module key(clk, key_out, key_in, k_value_end,clk_sc,clk_x);
    input clk;                                      //系统时钟脉冲 10kHz
    input [3:0] key_in;                             //键盘输入
    output [3:0] key_out,k_value_end;               //行扫描序列,键值
    output clk_sc,clk_x;                            //扫描时钟、消抖时钟
    wire [3:0] key_value;
    key44_xiaod key44_xiaod_inst                    //消抖模块
    (   .xd_clk(clk_x) ,                            //消抖时钟脉冲
        .key_in(key_in) ,                           //按键信号
        .key_out(key_value)                         //消抖后的按键信号
    );

    clk_gen clk_gen_inst                            //时钟产生模块
    (   .clk(clk) ,                                 //系统时钟
        .clk_scan(clk_sc) ,                         //扫描键盘时钟
        .clk_xd(clk_x)                              //消抖时钟
    );

    key_scan key_scan_inst                          //扫描序列产生模块
    (   .clk_scan(clk_sc) ,                         //扫描时钟脉冲
        .keyrow(key_out)                            //扫描序列
    );

    key_get key_get_inst                            //键值获取模块
    (   .clk(clk) ,                                 //系统脉冲
        .key(k_value_end) ,                         //键值输出
        .keycol(key_value) ,                        //消抖后的按键输入信号
        .keyrow(key_out)                            //按键扫描输出信号
    );
    endmodule
```

7.1.3 综合仿真

仿真波形如图 7-9 所示。其中 clk 为系统时钟，clk_scan 为键盘扫描的时钟信号，clk_xd 为消抖时钟信号，可以看出，当输出的扫描信号为 1011、键盘输入的信号为 0111 时，采集到的键值为 1011，即 B 号按键；当输出的扫描信号为 0111、键盘输入的信号为 0111 时，采集到的键值为 1111，即 F 号按键；当输出的扫描信号为 1110、键盘输入的信号为 0111 时，采集到的键值为 0011，即 3 号按键；当输出的扫描信号为 1101、键盘输入的信号为 0111 时，采集到的键值为 0111，即 7 号按键。仿真正确。

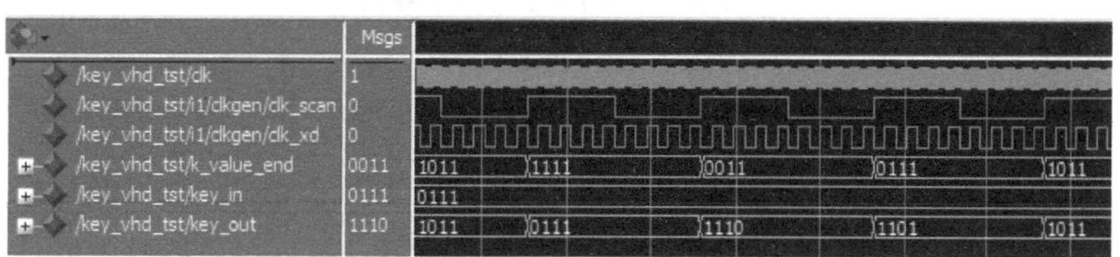

图 7-9 4×4 键盘仿真波形图

7.2 液晶驱动电路的 Verilog HDL 设计

7.2.1 设计原理

1. 液晶显示器的工作原理

液晶显示器(LCD,又称液晶屏)具有工作电压低、功耗小、寿命长、易集成、方便携带、显示信息量大、无辐射、无闪烁等优点,因此在显示领域应用广泛。市面上销售的液晶显示模块 LCM 即在液晶屏 LCD 的基础上,增加了 LCD 控制器(多数为通用显示驱动芯片 HD44780),用来控制数据在 LCD 上的显示,为 LCD 提供时序和控制信号。由于内置了 LCD 控制器,因此 LCM 对用户而言,就相当于一片普通的 I/O 接口芯片,用户只需了解 LCD 控制器的各种数据/指令格式、显示存储器的区间划分和接口引脚的功能定义即可。

液晶显示器按其功能可分为笔段式和点阵式两种。后者又可以分成字符点阵式和图形点阵式,图形点阵式液晶显示器不仅可显示数字、字符等内容,还能显示汉字和图形。这里以一款较为简单的字符点阵式 LCM1602 为例(如图 7-10 所示),介绍其驱动电路的 Verilog HDL 设计。

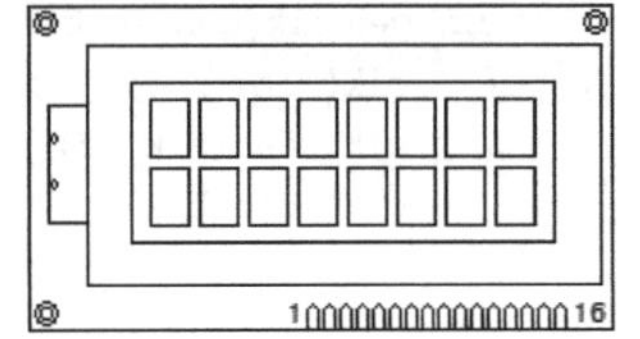

图 7-10 LCM1602 平面外观图

LCM1602 采用标准的 16 脚接口,各引脚情况如表 7-1 所示。显示屏能同时显示 16×2 个字符,字符的类型有 160 个,包括常用的英文、日文字符、希腊字母以及各种标点符号,还能自行编写 8 个自定义符号,同时带有显示背光。

表 7-1 LCM1602 外部引脚

引脚号	符号	电平	功 能	引脚号	符号	电平	功 能
1	VSS	—	GND(0V)	9	DB2	H/L	D2
2	VDD	H/L	DC+5V	10	DB3	H/L	D3
3	VL	—	偏压信号	11	DB4	H/L	D4
4	RS	H/L	数据/命令选择	12	DB5	H/L	D5
5	R/W	H/L	读/写	13	DB6	H/L	D6
6	E	H,H→L	使能信号	14	DB7	H/L	D7
7	DB0	H/L	D0	15	A(+)	DC+5V	LED 背光+
8	DB1	H/L	D1	16	K(−)	0V	LED 背光−

从外部引脚可知,此 LCM,有 8 条数据线 DB7~DB0,3 条控制线 RS、R/W、E,其中使能端 E 由高电平跳变到低电平时,液晶模块执行命令,R/W 为读写控制信号,RS 为寄存器选择信号。LCM1602 的基本操作如表 7-2 所示。

表 7-2 LCM1602 的基本操作

命 令	输 入	输 出
读状态	RS=L,R/W=H,E=H	D0~D7 为状态字
写指令	RS=L,R/W=L,E=高脉冲,D0~D7 为指令码	无
读数据	RS=H,R/W=H,E=H	D0~D7 为数据
写数据	RS=H,R/W=L,E=高脉冲,D0~D7 为数据	无

注意,每次对控制器进行读写操作之前,必须进行读写检测,确保液晶模块的忙标识 BF

为低电平，BF 值由读状态命令获得，为状态字的最高位。

偏压信号 VL 用于调节液晶显示器的对比度，接正电源时对比度最弱，接地时对比度最高，对比度过高时会产生“鬼影”，使用时可以通过一个 10kΩ 的电位器调整对比度。

LCM1602 里的存储器有 3 种：CGROM、CGRAM、DDRAM。CGROM 保存了厂家生产时固化在 LCM1602 中的 160 个不同的点阵字符图形，如表 7-3 所示，有阿拉伯数字、英文字母的大小写、常用的符号和日文假名等，每一个字符都有一个固定的代码，比如大写的英文字母 A 的代码是 01000001，即 0x41，显示时模块把 0x41 对应的点阵字符图形显示出来，就能看到字母 A。其中，绝大多数的字符代码和字符的 ASCII 码一致，例如字母和数字。

表 7-3 CGROM 和 CGRAM 中字符代码与字符图形的对应关系

Upper d 字符代码	0000 ××××	0001 ××××	0010 ××××	0011 ××××	0100 ××××	0101 ××××	0110 ××××	0111 ××××	1000 ××××	1001 ××××	1010 ××××	1011 ××××	1100 ××××	1101 ××××	1110 ××××	1111 ××××
××××0000	CG RAM (1)			0	@	P	`	p				ー	タ	ミ	α	p
××××0001	(2)		!	1	A	Q	a	q			。	ア	チ	ム	ä	q
××××0010	(3)		"	2	B	R	b	r			「	イ	ツ	メ	β	θ
××××0011	(4)		#	3	C	S	c	s			」	ウ	テ	モ	ε	∞
××××0100	(5)		$	4	D	T	d	t			、	エ	ト	ヤ	μ	Ω
××××0101	(6)		%	5	E	U	e	u			・	オ	ナ	ユ	σ	ü
××××0110	(7)		&	6	F	V	f	v			ヲ	カ	ニ	ヨ	ρ	Σ
××××0111	(8)		'	7	G	W	g	w			ァ	キ	ヌ	ラ	g	π
××××1000	(1)		(	8	H	X	h	x			ィ	ク	ネ	リ	√	x̄
××××1001	(2)		)	9	I	Y	i	y			ゥ	ケ	ノ	ル	⁻¹	y
××××1010	(3)		*	:	J	Z	j	z			ェ	コ	ハ	レ	j	千
××××1011	(4)		+	;	K	[	k	{			ォ	サ	ヒ	ロ	×	万
××××1100	(5)		,	<	L	¥	l	|			ャ	シ	フ	ワ	¢	円
××××1101	(6)		-	=	M	]	m	}			ュ	ス	ヘ	ン	£	÷
××××1110	(7)		.	>	N	^	n	→			ョ	セ	ホ	゛	ñ	
××××1111	(8)		/	?	O	_	o	←			ッ	ソ	マ	゜	ö	█

CGRAM是留给用户自己定义点阵字符的,可定义8个5×7点阵的字符。DDRAM则与显示屏的内容对应。LCM1602内部的DDRAM有80字节,而显示屏上只有2行×16列,共32个字符,所以两者不完全一一对应。默认情况下,显示屏上第一行的内容对应DDRAM中80H~8FH的内容,第二行的内容对应DDRAM中C0H~CFH的内容,液晶屏的显示地址如表7-4所示。DDRAM中90H~A7H、D0H~E7H的内容是不显示在显示屏上的,但是在屏幕滚动的情况下,这些内容就可能被滚动显示出来(注:DDRAM的地址准确来说应该是DDRAM地址+80H之后的值,因为在向数据总线写数据的时候,命令字的最高位总是为1)。

表7-4 液晶屏的显示地址

	1	2	3	…	15	16
Line1	80H	81H	82H	…	8EH	8FH
Line2	C0H	C1H	C2H	…	CEH	CFH

LCM1602中内嵌,通用显示驱动芯片HD44780,总共有11条指令,格式如表7-5所示。有两个8位的寄存器:数据寄存器(DR)和指令寄存器(IR)。通过数据寄存器可以存取DDRAM、CGRAM的值,以及设置目标RAM的地址;通过指令寄存器选择数据寄存器的存取对象,每次的数据寄存器存取动作都将自动以上次选择的目标RAM地址进行写入或读取操作。

表7-5 LCM1602指令格式表

指令	RS	R/W	D7	D6	D5	D4	D3	D2	D1	D0
清屏	0	0	0	0	0	0	0	0	0	1
光标复位	0	0	0	0	0	0	0	0	1	*
输入方式设置	0	0	0	0	0	0	0	1	I/D	S
显示开关控制	0	0	0	0	0	0	1	D	C	B
光标移位	0	0	0	0	0	1	S/C	R/L	*	*
功能设置	0	0	0	0	1	DL	N	F	*	*
设置CGRAM地址	0	0	0	1	A5	A4	A3	A2	A1	A0
设置DDRAM地址	0	0	1	A6	A5	A4	A3	A2	A1	A0
读忙标志及地址计数器	0	1	BF	AC的值						
写DDRAM或CGRAM	1	0	写入的数据							
读DDRAM或CGRAM	1	1	读出的数据							

各指令的功能如下:

(1) 清屏——清除屏幕,即将DDRAM的内容全部写入空格符(ASCII码20H);光标复位,回到显示器的左上角;地址计数器AC清零。参考LCM1602数据手册,清屏所需的时间长度为1.64μs。

(2) 光标复位——光标复位,回到显示器的左上角;地址计数器AC清零;显示缓冲区DDRAM的内容不变。光标复位所需的时间长度为1.64μs。

(3) 输入方式设置——设定当写入一个字节后,光标的移动方向以及后面的内容是移动的;当$I/D=1$时,光标从左向右移动,$I/D=0$时,光标从右向左移动;当$S=1$时内容移动,当$S=0$时内容不移动。输入方式设置命令所需的时间长度为40μs。

(4) 显示开关控制——控制显示的开关，当 $D=1$ 时显示，当 $D=0$ 时不显示；控制光标的开关，当 $C=1$ 时光标显示，当 $C=0$ 时光标不显示；控制字符是否闪烁，当 $B=1$ 时字符闪烁，当 $B=0$ 时字符不闪烁。显示开关控制命令所需的时间长度为 40μs。

(5) 光标移位——移动光标或整个显示字幕，当 $S/C=1$ 时整个显示字幕移位，当 $S/C=0$ 时只光标移位，且当 $R/L=1$ 时光标右移，当 $R/L=0$ 时光标左移。光标移位命令所需的时间长度为 40μs。

(6) 功能设置——设置数据位数，当 DL=1 时数据为 8 位，当 DL=0 时数据为 4 位；设置显示行数，当 $N=1$ 时双行显示，$N=0$ 时单行显示；设置字形大小，当 $F=1$ 时为 5×10 点阵，当 $F=0$ 时为 5×7 点阵。功能设置所需的时间长度为 40μs。

(7) 设置 CGRAM 地址——对 CGRAM 访问时，要先设定 CGRAM 的地址，地址范围为 0x00～0x3F。CGRAM 能存储 8 个 5×7 点阵的自定义字符，这 8 个自定义字符存储空间的首地址分别是 0x40、0x48、0x50、0x58、0x60、0x68、0x70、0x78。地址设置所需的时间长度为 40μs。

(8) 设置 DDRAM 地址——对 DDRAM 访问时，要先设定 DDRAM 的地址，地址范围为 0x00～0x4F。地址所需的时间长度为 40μs。

(9) 读忙标志及地址计数器——当 BF=1 时表示忙，这时不能接收命令和数据；当 BF=0 时表示不忙。低 7 位为读出的 AC 的地址，值为 0～127。液晶显示模块是一个慢显示器件，所以在执行每条指令之前一定要确认其是否处于空闲状态，即读取忙信号位 BF，当 BF 为 0 时，才能接收新的指令，否则指令失效；也可以通过延时，确保上一条指令执行完毕。此命令所需的时间长度为 40μs。

(10) 写 DDRAM 或 CGRAM——向 DDRAM 或 CGRAM 当前位置写入数据，对 DDRAM 或 CGRAM 写入数据之前必须设定 DDRAM 或 CGRAM 的地址。写操作所需的时间长度为 40μs。

(11) 读 DDRAM 或 CGRAM——从 DDRAM 或 CGRAM 当前位置中读出数据，当需要从 DDRAM 或 CGRAM 读出数据时，需先设定 DDRAM 或 CGRAM 的地址。读操作所需的时间长度为 40μs。

对 LCM1602 的操作必须符合其工作时序要求，其中写数据或指令的工作时序如图 7-11 所示，读数据或指令的工作时序如图 7-12 所示。

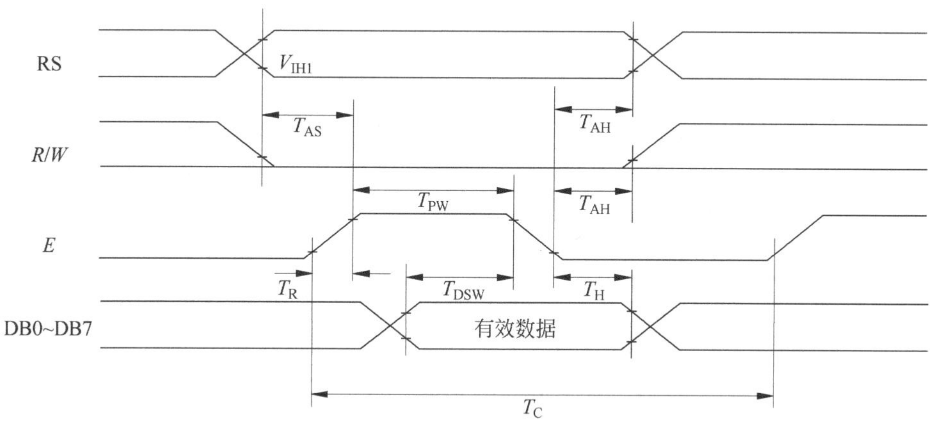

图 7-11 LCM 1602 写数据/指令工作时序

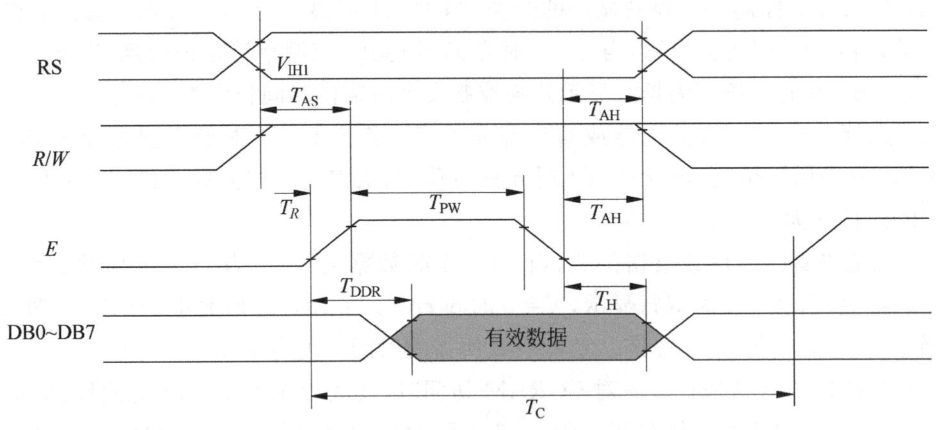

图 7-12 LCM1602 读数据/指令工作时序

2. 液晶模块的初始化

液晶模块在使用前必须对其进行初始化，否则模块无法正常显示，LCM1602 初始化的过程如下：

(1) 清屏。

(2) 功能设置。

(3) 开/关显示设置。

(4) 输入方式设置。

进行程序设计时，可以将初始化代码放入数组中，采用状态机，在状态指示下，将初始化代码依次输出给 LCM。例如，按照初始化顺序及表 7-5，初始化数组定义如下：

```
reg [0:5][7:0] initial_data = {8'h01, 8'h38, 8'h0f, 8'h06};
```

其中，8'h01 表示清屏；8'h38 将功能设置为 8 位数据位，双行、5×7 点阵字符显示；8'h0f 命令开启显示屏，光标显示，光标闪烁；8'h06 命令设置文字不动，显示地址递增，光标自动右移。

注意，Verilog HDL 不支持这种二维数组的描述方式，只在 System Verilog 语言中支持，因此要使用这种描述方式，应将程序保存为 System Verilog 格式，即保存为. sv 文件。Verilog HDL 支持的二维数组定义如下：

```
reg [7:0]initial_data[0:5];
```

且不允许给二维数组整体赋值，只能单个向量赋值。以 initial_data 数组为例，只能每次赋 8bit 数值给 initial_data 的某个向量，共赋值 6 次，完成二维数组的全部复制。为方便起见，本设计采用 System Verilog 支持的整体赋值。

设计时，只需要将 initial_data 中的数据依次送入 LCM1602 即可，只是需要注意在每一条指令送出之前，一定要检查 BF 状态，确保上一条指令执行完毕，也可以采用延时的办法，参照液晶的使用说明，可知清屏和光标复位需要 1.64μs，其他指令执行需要 40μs。在 7.2.2 节的示例中统一采用 40μs 的延时，假设在系统时钟下计 50 个数需要约 40μs 的时间。在进行设计时，应根据所用电路系统实际提供的时钟确定具体的计数值。

液晶初始化流程如图 7-13 所示。

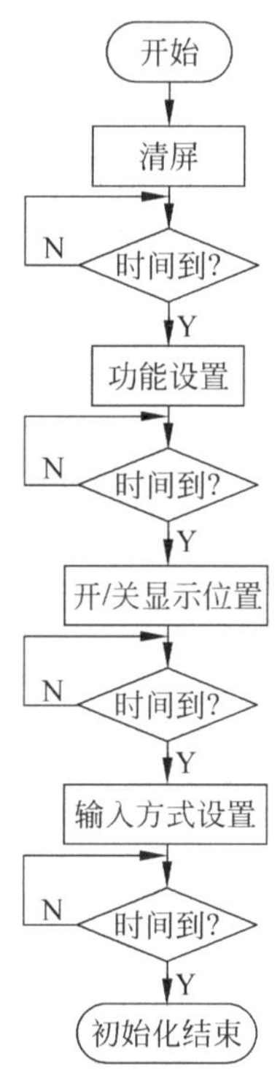

图 7-13 液晶模块的初始化流程

7.2.2 设计实现

FPGA 与液晶模块的接口电路如图 7-14 所示。

其中，$D0 \sim D7$ 为数据信号，R/W 为读写控制信号，当 $R/W=1$ 时，为读操作；当 $R/W=0$ 时，为写操作。RS 为数据/命令寄存器选择信号，为 0 时选择命令寄存器，为 1 时选择数据寄存器。4 种基本操作的功能说明如表 7-2 所示。

根据如图 7-11 所示的写工作时序及表 7-2，可知 LCM1602 的写操作可以分为如下几个步骤。

(1) RS=0，$R/W=0$，$E=0$；设定工作方式为写命令寄存器。

(2) RS=0，$R/W=0$，$E=1$，DB=具体命令字；使能 LCM，将命令字写入 LCM。

(3) RS=0，$R/W=0$，$E=0$；写命令工作结束。

对 LCM 的写显示数据操作可以分为如下几个步骤。

(1) RS=1，$R/W=0$，$E=0$；设定工作方式为写数据寄存器。

(2) RS=1，$R/W=0$，$E=1$，DB=具体显示数据；使能 LCM，将显示内容写入 LCM。

(3) RS=1，$R/W=0$，$E=0$；写显示数据结束。

程序设计采用状态机控制各个步骤的进行。一个完整的 LCD 显示流程如图 7-15 所示，例如，我们要在液晶屏上显示“How are you?”，由于此显示信息的字符代码和其 ASCII 码一致，因此可以采用数组保存并定义如下：

```
reg [0:15][7:0] screen_code_1 = {"How are you?"};
```

当然，也可以对照字符代码与字符图形对应关系(见表 7-3)，获取此显示信息各个字符的代码，将显示数组定义为：

```
reg [0:15][7:0] screen_code_1 = {8'h48、8'h6F、8'h77、8'hA0、8'h61、8'h72、8'h65、8'hA0、8'h79、
8'h6F、8'h75、8'h3F};
```

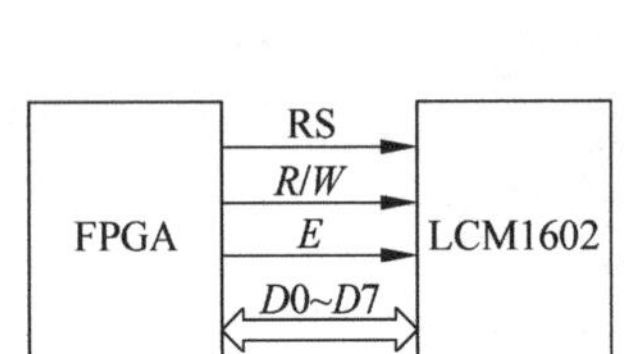

图 7-14 FPGA 与液晶模块的接口电路

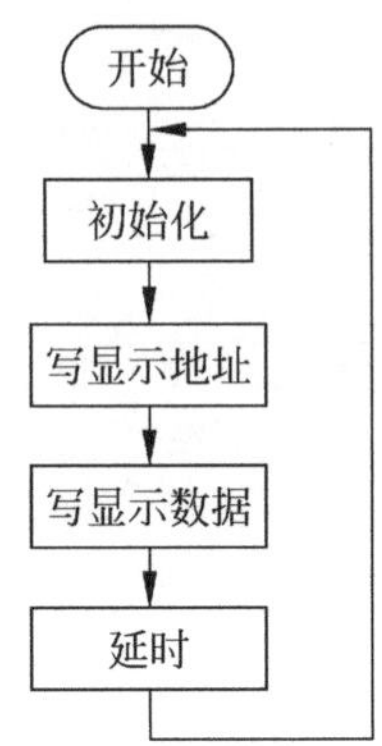

图 7-15 LCD 显示流程图

假设要将此条语句显示在液晶模块的第一行，程序如下：

```
module lcd1602 (clk, en, rs, rw, pin_vdd, pin_v0, data);
input clk;                                   //假设时钟为 1MHz
output reg en,rs,rw;                         //使能信号、寄存器选择和读写控制信号
output pin_vdd,pin_v0;                       //电源和背光控制
output reg [7:0] data;                       //字符编码
integer cnt = 0;
parameter s0 = 1,s1 = 2,s2 = 3,s3 = 4,s4 = 4,s5 = 5;
reg [7:0] state = s0;
parameter a = 3'b001,b = 3'b010,c = 3'b100;
reg [2:0] time_sta = a;
reg [7:0] initial_data0 = 8'h01, initial_data1 = 8'h38, initial_data2 = 8'h0f, initial_data3
= 8'h06;                                     //初始化指令代码
reg [8 * 12 - 1:0] screen_code = "How are you?"; //显示内容
wire [7:0] initial_data[0:3];
assign initial_data[0] = initial_data0;
assign initial_data[1] = initial_data1;
assign initial_data[2] = initial_data2;
assign initial_data[3] = initial_data3;

assign pin_vdd = 1;                          //电源为高电平
assign pin_v0 = 0;                           //偏压为低电平
reg [4:0] i = 0;

always @ (posedge clk)
begin
    case (state)
    s0:begin                                 //清屏
```

```
            case (time_sta)
                a:begin rs = 0; rw = 0;en = 0; time_sta = b;end
                b:begin rs = 0; rw = 0;en = 1; time_sta = c; data = initial_data[0];end
                c:begin rs = 0; rw = 0;en = 0;
                    if (cnt == 50)
                        begin cnt = 0;state = s1;time_sta = a; end
                    else cnt = cnt + 1;
                end
            endcase;
        end
    s1:begin                                        //功能设置
            case (time_sta)
                a:begin rs = 0; rw = 0;en = 0; time_sta = b;end
                b:begin rs = 0; rw = 0;en = 1; time_sta = c; data = initial_data[1];end
                c:begin rs = 0;rw = 0;en = 0;
                        if (cnt == 50)
                            begin cnt = 0;state = s2; time_sta = a; end
                        else cnt = cnt + 1;
                    end
            endcase;
        end
    s2:begin                                        //开/关显示设置
            case (time_sta)
                a:begin rs = 0; rw = 0;en = 0; time_sta = b; end
                b:begin rs = 0; rw = 0;en = 1; time_sta = c; data = initial_data[2]; end
                c:begin rs = 0; rw = 0;en = 0;
                    if (cnt == 50)
                        begin cnt = 0; state = s3;time_sta = a; end
                    else cnt = cnt + 1;
                end
            endcase;
        end
    s3: begin                                       //输入方式设置
            case (time_sta)
                a:begin rs = 0; rw = 0;en = 0; time_sta = b; end
                b:begin rs = 0; rw = 0;en = 1; time_sta = c; data = initial_data[3]; end
                c:begin rs = 0; rw = 0;en = 0;
                        if (cnt == 50)
                            begin cnt = 0;state = s4;time_sta = a; end
                            else cnt = cnt + 1;
                    end
            endcase;
        end
    s4:begin   //写入显示起始地址,80H为第一行左首地址,第二行左首地址为C0H
            case (time_sta)
                a:begin rs = 0; rw = 0;en = 0; time_sta = b; end
                b:begin rs = 0; rw = 0;en = 1; time_sta = c; data = 8'h80; end
                c:begin rs = 0; rw = 0;en = 0;
                        if (cnt == 50)
                            begin cnt = 0;state = s5;time_sta = a; i = 0; end
                        else cnt = cnt + 1;
```

```
                    end
                endcase;
            end
        s5:begin                                        //写入显示数据
                case (time_sta)
                    a:begin rs = 1; rw = 0;en = 0; time_sta = b; end
                    b:begin rs = 1; rw = 0;en = 1; time_sta = c; data = screen_code[i]; end
                    c:begin rs = 1; rw = 0;en = 0;
                            if (cnt == 50)
                                begin cnt = 0;
                                    if (i == 15)state = s4;
                                    else i = i + 1;
                                    time_sta = a;
                                end
                            else cnt = cnt + 1;
                        end
                endcase;
                end
        endcase;
end
endmodule
```

7.2.3 综合仿真

仿真波形如图 7-16 所示。其中 clk 为系统时钟,data 为液晶初始化和显示字符的字符编码,en 为使能信号,pin_v0 为液晶模块的背光控制信号,若为 1 则打开背光,否则关闭背光; pin_vdd 为液晶模块的电源控制,在不需要显示时,可以关闭液晶电源,以达到节能的目的。rw=0,rs=0 时表示向 LCD 写命令数据; rw=0,RS=1 时表示向 LCD 写显示数据。

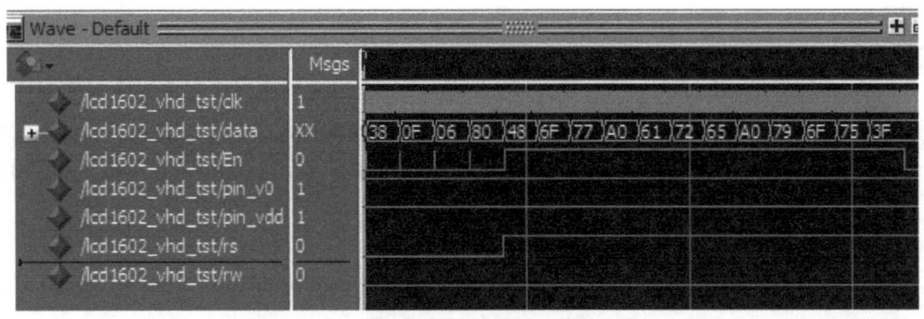

图 7-16 液晶显示仿真波形图

7.3 UART 串行接口电路的 Verilog HDL 设计

7.3.1 设计原理

1. 串口简介

串行接口简称串口,是采用串行通信方式,即数据按位顺序传送的扩展接口。串口的优点是通信线路简单、成本低、适用于远距离通信; 缺点是传送速度较慢。

串口可分为同步串行接口(Synchronous Serial Interface, SSI)和异步串行接口(Universal Asynchronous Receiver/Transmitter, UART)。本节主要介绍异步串行通信UART接口的Verilog HDL设计实现。

2. UART通信协议

UART通信以字符为传输单位进行传输，通信中两个字符间的时间间隔不固定，但同一个字符中的相邻位间的时间间隔固定。这个时间间隔即数据传送速率，通常用波特率来表示，即每秒钟传送的二进制位数。例如，数据传送速率为120字符/秒，而每一个字符为10位(1个起始位，7个数据位，1个校验位，1个结束位)，则其传送的波特率为10×120=1200bps。常见的串口波特率有2400bps、9600bps和115 200bps等，发送方和接收方的波特率必须一致才能正确通信。

UART异步串行通信通过检测起始位来实现发送与接收方的时钟自同步，UART异步串行通信协议如图7-17所示，其中传输数据帧每一位的含义如下：

起始位——发送一个低电平信号，表示开始传输字符。

数据位——在起始位之后，通常为7bit、8bit或9bit，取决于UART通信协议的具体设置。

奇偶校验位——用来验证数据传输的正确性。

停止位——字符数据的结束标志，通常由一个或几个高电平作为停止位。

空闲位——处于逻辑1状态，表示当前线路上没有数据传输。

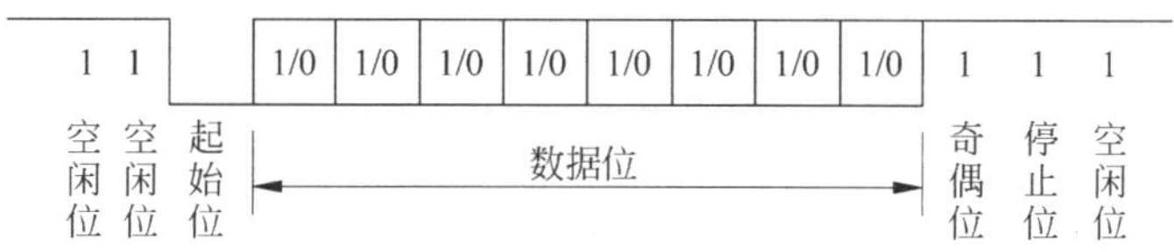

图7-17　UART通信协议示意图

7.3.2 设计实现

UART串口的数据传输如图7-18所示，接口非常简单，只需RXD、TXD两个数据端子，其中，RXD为数据接收端子，TXD为数据发送端子。UART串口的FPGA实现主要包括两个模块：数据接收模块、数据发送模块。数据接收模块的功能是按照约定的波特率接收RXD端子输入的串行数据，并将其转换为并行数据，供系统的其他模块使用；数据发送模块用于将要发送的数据转换为串行数据，并按照约定的波特率从TXD发送端子输出。

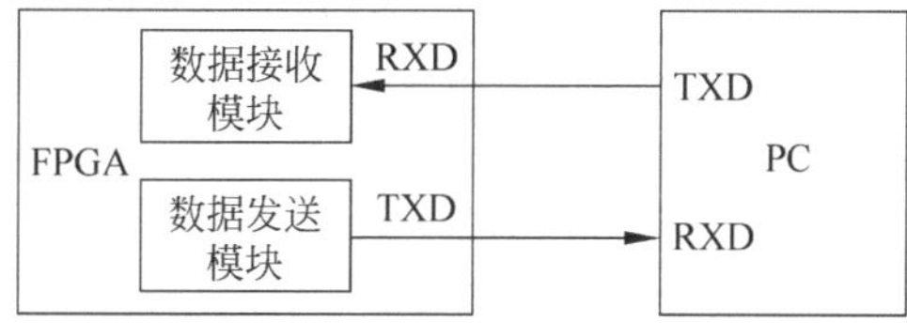

图7-18　UART数据传输示意图

1. 接收模块设计

接收模块输入输出信号如表7-6所示。

表 7-6 接收模块的输入输出信号

接收模块	信号名称	方向	含义
uart_rx clk rx_data[7..0] rst_n rx_data_valid rx_data_ready rx_pin	clk	in	系统时钟,上升沿有效
	rst_n	in	异步复位信号,低电平有效
	rx_data	out	接收到的数据(8bit)
	rx_data_valid	out	接收数据有效,为 1 时表示 8bit 串行数据接收完成
	rx_data_ready	in	为 1 时表示 rx_data 中的数据已送至其他模块,可继续进行串行数据接收
	rx_pin	in	串口数据输入

1) 数据接收状态机

串口接收模块主要由 5 个状态组成,其状态机转换如图 7-19 所示。程序启动时,进入 IDEL 状态,若起始信号出现下降沿,即 rx_negedge==1,表示有数据到来,程序进入 START 状态,等待起始位传输完毕,程序进入 REC_BYTE 状态,本程序中设计数据位为 8 位,没有奇偶校验位。当接收完 8bit 后进入 STOP 状态,等待半个数据位的时间(防止错过下一个数据的起始位)进入 DATA 状态,将接收数据传送到其他模块。

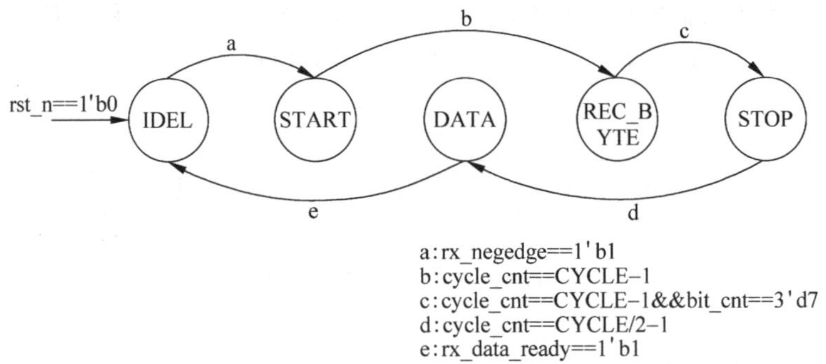

图 7-19 接收模块的状态转换图

接收模块的参数及含义如表 7-7 所示。

表 7-7 接收模块的参数及含义

参数名	类型	含义
state	reg	当前状态
rx_d0	reg	对 rx_pin 延时一个周期
rx_d1	reg	对 rx_d0 延时一个周期
rx_bits	reg	存储接收数据
cycle_cnt	reg	波特计数
bit_cnt	reg	接收比特计数
rx_negedge	wire	rx_pin 的下降沿,高电平有效
CYCLE	常数	波特率因子,接收 1bit 数据所需时钟个数

状态机部分的代码如下:

```
always@(posedge clk or negedge rst_n)            //上升沿动作,复位信号低电平有效
begin
    if(rst_n == 1'b0) state <= IDLE;
    else case(state)
        IDLE:
            if(rx_negedge)                       //rx_negedge 出现下降沿
                state <= START;
            else    state <= IDLE;
        START:
            if(cycle_cnt == CYCLE - 1)           //开始位传输完毕
                state <= REC_BYTE;
            else state <= START;
        REC_BYTE:
            if(cycle_cnt == CYCLE - 1 && bit_cnt == 3'd7) //接收 8bit 数据
                state <= STOP;
            else state <= REC_BYTE;
        STOP:
            if(cycle_cnt == CYCLE/2 - 1)         //等待半个数据位的时间
                state <= DATA;
            else state <= STOP;
        DATA:
            if(rx_data_ready)                    //数据接收完成
                state <= IDLE;
            else state <= DATA;
        default:
            state <= IDLE;
    endcase
end
```

其中,

CYCLE = 时钟频率(MHz) × 1000000/波特率

2) 起始信号下降沿检测

起始信号下降沿检测的代码为:

```
assign rx_negedge = rx_d1 && ~rx_d0;
always@(posedge clk or negedge rst_n)
    begin
    if(rst_n == 1'b0)  begin
        rx_d0 <= 1'b0;    rx_d1 <= 1'b0;
    end
    else begin
        rx_d0 <= rx_pin; rx_d1 <= rx_d0;
    end
end
```

当传输信号出现下降沿,“rx_negedge”的值为 1。

3) 字符接收完成状态信号

设计 rx_data_valid 信号用于指示一个完整的字符是否接收完成,当 rx_data_valid 为 1 时,表示一个完整的字符接收完成,并在此字符被其他模块接收后,给出低电平,继续进行串

行数据接收。接收数据有效“rx_data_valid”的赋值代码为：

```
always@(posedge clk or negedge rst_n)
begin
    if(rst_n == 1'b0)  rx_data_valid <= 1'b0;
    else if(state == STOP && cycle_cnt == CYCLE/2 - 1) //处于 STOP 状态并等待半个数据位时间
        rx_data_valid <= 1'b1;
    else if(state == DATA && rx_data_ready)          //处于 DATA 状态且数据接收器有效
        rx_data_valid <= 1'b0;
end
```

4）接收比特计数

变量 bit_cnt 用于对接收字符的比特个数进行计数，代码为：

```
always@(posedge clk or negedge rst_n)
begin
    if(rst_n == 1'b0)  bit_cnt <= 3'd0;
    else if(state == REC_BYTE)
        if(cycle_cnt == CYCLE - 1)                   //1bit 接收完成
            bit_cnt <= bit_cnt + 3'd1;
        else bit_cnt <= bit_cnt;
    else
        bit_cnt <= 3'd0;
end
```

5）波特计数

变量 cycle_cnt 用于进行波特率的匹配，代码为：

```
always@(posedge clk or negedge rst_n)
begin
    if(rst_n == 1'b0)  cycle_cnt <= 16'd0;
    else if(cycle_cnt == CYCLE - 1 || state == IDLE || (state == STOP&&cycle_cnt == CYCLE/2 - 1))
    //处于 IDEL 状态或计数值等于接收 1bit 所需计数值或 STOP 状态结束
        cycle_cnt <= 16'd0;
    else cycle_cnt <= cycle_cnt + 16'd1;
end
```

6）串口数据接收

rx_bits 用于串行接收串口数据，并将其送至并行数据接收寄存器 rx_data，代码为：

```
always@(posedge clk or negedge rst_n)
begin
    if(rst_n == 1'b0)  rx_bits <= 8'd0;
    else if(state == REC_BYTE && cycle_cnt == CYCLE/2 - 1)   //处于 REC_BYTE 状态且计数值
                                                             //等于半个数据位时间
        rx_bits[bit_cnt] <= rx_pin;
    else rx_bits <= rx_bits;
end

always@(posedge clk or negedge rst_n)
begin
```

```
    if(rst_n == 1'b0)  rx_data <= 8'd0;
    else if(state == STOP && cycle_cnt == CYCLE/2 - 1)        //STOP 状态结束
        rx_data <= rx_bits;
end
```

2. 发送模块设计

发送模块输入输出信号如表 7-8 所示。

表 7-8 发送模块的输入输出信号

发送模块	信号名称	方向	含义
uart_tx clk tx_data_ready rst_n tx_pin tx_data[7..0] tx_data_valid	clk	in	系统时钟，上升沿有效
	rst_n	in	异步复位信号，低电平有效
	tx_data	in	要发送的串口数据(8bit)
	tx_data_valid	in	串口发送数据有效，为 1 时表示发送数据 tx_data 已准备好
	tx_data_ready	out	为 1 时，表示可以更新 tx_data，进行下一个字符数据的发送
	tx_pin	out	串口数据发送

1）数据发送状态机

发送模块状态转换如图 7-20 所示。上电后进入 IDEL 状态，如果有发送请求(tx_data_valid 为 1)，进入发送起始位状态 START，发送完成后进入数据位发送状态 SEND_BYTE，数据位发送完成后进入 STOP 状态，停止位发送完成后进入 IDEL 状态。

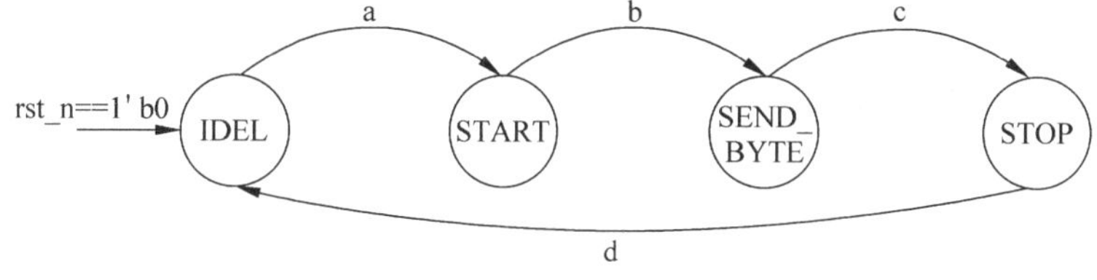

a:tx_data_valid==1'b1
b:cycle_cnt==CYCLE-1
c:cycle_cnt==CYCLE-1&&bit_cnt==3'd7
d:cycle_cnt==CYCLE-1

图 7-20 发送模块的状态转换图

发送模块的参数及含义如表 7-9 所示。

表 7-9 发送模块的参数及含义

参数名	类型	含义
state	reg	当前状态
cycle_cnt	reg	波特计数
bit_cnt	reg	发送串行比特计数
tx_data_latch	reg	发送数据锁存
tx_reg	reg	串口数据输出
CYCLE	常数	波特率因子，发送 1bit 数据所需时钟个数

状态机部分的代码如下：

```
always @(posedge clk or negedge rst_n)
begin
    if(rst_n == 1'b0)   state <= IDLE;
    else
    begin
        case(state)
        IDLE:if(tx_data_valid == 1'b1)                    //发送数据有效
                state <= START;
            else   state <= IDLE;
        START:if(cycle_cnt == CYCLE - 1)                  //起始位传输完毕
                state <= SEND_BYTE;
            else state <= START;
        SEND_BYTE:if(cycle_cnt == CYCLE - 1&&bit_cnt == 3'd7) //8bit 数据发送完毕
                state <= STOP;
            else state <= SEND_BYTE;
        STOP:if(cycle_cnt == CYCLE - 1)                   //停止位传输完毕
                state <= IDLE;
            else state <= STOP;
        default:state <= IDLE;
        endcase
    end
end
```

其中,CYCLE=时钟频率(MHz)×1000000/波特率。

2）发送模块准备好状态

变量 tx_data_ready 用于指示数据发送模块是否准备好发送串行数据,代码为：

```
always@(posedge clk or negedge rst_n)
begin
    if(rst_n == 1'b0)   tx_data_ready <= 1'b0;
    else if(state == IDLE)
        if(tx_data_valid == 1'b1)
            tx_data_ready <= 1'b0;
        else tx_data_ready <= 1'b1;
    else if(state == STOP && cycle_cnt == CYCLE - 1)     //停止位发送完毕
            tx_data_ready <= 1'b1;
end
```

3）发送串行比特计数

对发送比特计数 bit_cnt 赋值的代码为：

```
always@(posedge clk or negedge rst_n)
begin
    if(rst_n == 1'b0)   bit_cnt <= 3'd0;
    else if(state == SEND_BYTE)
        if(cycle_cnt == CYCLE - 1)
            bit_cnt <= bit_cnt + 3'd1;
```

```
        else bit_cnt <= bit_cnt;
    else bit_cnt <= 3'd0;
end
```

4) 波特计数

对波特计数 cycle_cnt 赋值的代码为：

```
always@(posedge clk or negedge rst_n)
begin
    if(rst_n == 1'b0)  cycle_cnt <= 16'd0;
    else if(cycle_cnt == CYCLE - 1 || state == IDLE)      //处于 IDLE 状态或达到 1bit 传输所
                                                           //需的计数值
        cycle_cnt <= 16'd0;
    else cycle_cnt <= cycle_cnt + 16'd1;
end
```

5) 串口数据发送

数据发送模块输入端 tx_data 中的数据通过串行数据发送端子 tx_pin 输出，代码如下：

```
assign tx_pin = tx_reg;
always@(posedge clk or negedge rst_n)
    begin
        if(rst_n == 1'b0)  tx_data_latch <= 8'd0;
        else if(state == IDLE&&tx_data_valid == 1'b1)        //处于 IDLE 状态且发送数据有效
                tx_data_latch <= tx_data;
    end
always@(posedge clk or negedge rst_n)
    begin
        if(rst_n == 1'b0)  tx_reg <= 1'b1;
        else
            case(state)
                IDLE,STOP:  tx_reg <= 1'b1;                       //空闲位
                START:      tx_reg <= 1'b0;                       //发送起始位
                SEND_BYTE:  tx_reg <= tx_data_latch[bit_cnt];     //发送数据位
                default:    tx_reg <= 1'b1;
            endcase
end
```

3. 串行通信电路实例

为验证串行接口电路设计的正确性，设计一个简单的串行通信电路 uart_test，功能为每秒向串口发送一次"HELLO WORLD\r\n"，在不发送期间若有串口接收数据，则直接把接收到的数据传送到发送模块。

uart_test 模块的输入输出信号及含义如表 7-10 所示。

uart_test 的状态转换如图 7-21 所示，程序启动时进入 IDLE 状态，随后进入 SEND 状态，令 wait_cnt <=0，即将计数值清零，若当前状态可发送数据，则发送数据并用发送数据计数器 tx_cnt 计数，当累计发送 12Byte 时，将 tx_cnt 清零，进入 WAIT 状态。

在 WAIT 状态，若允许发送状态 rx_data_valid 值为 1 且接收模块收到数据，则将接收到的数据 rx_data 传给 tx_data 并发送；否则，等待 1s 后重新进入发送状态。

表 7-10 测试模块的输入输出信号及含义

顶层模块	信号名称	方向	含义
uart_test sys_clk uart_tx rst_n uart_rx	sys_clk	in	系统时钟,上升沿有效
	rst_n	in	复位信号,低电平有效
	uart_rx	in	接收数据
	uart_tx	out	发送数据

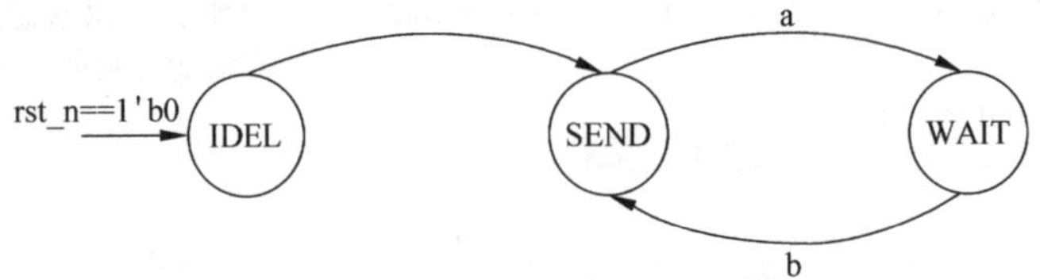

图 7-21 uart_test 状态转换图

uart_test 程序如下:

```
module uart_test(
input     sys_clk,
input     rst_n,
input     uart_rx,
output    uart_tx );

parameter         CLK_FRE = 50;
reg[3:0]          state;
localparam        IDLE = 0,SEND = 1,WAIT = 2;
reg[7:0]          tx_data,tx_str;
reg               tx_data_valid;
wire              tx_data_ready;
reg[7:0]          tx_cnt;
wire[7:0]         rx_data;
wire              rx_data_valid,rx_data_ready;
reg[31:0]         wait_cnt;

assign rx_data_ready = 1'b1;
always@(posedge sys_clk or negedge rst_n)
begin
    if(rst_n == 1'b0)
    begin
        wait_cnt <= 32'd0;
        tx_data <= 8'd0;
        state <= IDLE;
        tx_cnt <= 8'd0;
        tx_data_valid <= 1'b0;
    end
```

```
    else
    case(state)
        IDLE:   state <= SEND;
        SEND:   begin
            wait_cnt <= 32'd0;
            tx_data <= tx_str;                          //发送数据到 tx_data
        if(tx_data_valid == 1'b1&&tx_data_ready == 1'b1&&tx_cnt < 8'd12)      //发送 12B 数据
            begin
                tx_cnt <= tx_cnt + 8'd1;                //发送数据计数器
            end
            else if(tx_data_valid && tx_data_ready)     //末位发送完毕
            begin
                tx_cnt <= 8'd0;
                tx_data_valid <= 1'b0;
                state <= WAIT;
            end
            else if(~tx_data_valid)
            begin
                tx_data_valid <= 1'b1;
            end
        end
        WAIT:begin
            wait_cnt <= wait_cnt + 32'd1;
            if(rx_data_valid == 1'b1)
            begin
                tx_data_valid <= 1'b1;
                tx_data <= rx_data;                     //发送接收到的数据
            end
            else if(tx_data_valid && tx_data_ready)
            begin
                tx_data_valid <= 1'b0;
            end
            else if(wait_cnt >= CLK_FRE * 1000000)      //等待 1s
                state <= SEND;
        end
        default:state <= IDLE;
    endcase
end

    always@( * )
    begin
        case(tx_cnt)                                    //发送数据 tx_str
            8'd0 : tx_str <= "H";
            8'd1 : tx_str <= "E";
            8'd2 : tx_str <= "L";
            8'd3 : tx_str <= "L";
            8'd4 : tx_str <= "O";
            8'd5 : tx_str <= " ";
            8'd6 : tx_str <= "W";
            8'd7 : tx_str <= "O";
            8'd8 : tx_str <= "R";
```

```
            8'd9 : tx_str <= "L";
            8'd10: tx_str <= "D";
            8'd11: tx_str <= 8'h0d;
            8'd12: tx_str <= "\n";
            default:tx_str <= 8'd0;
        endcase
    end
    uart_rx#(.CLK_FRE(CLK_FRE),.BAUD_RATE(115200)) uart_rx_inst
    (   .clk      (sys_clk      ),
        .rst_n    (rst_n        ),
        .rx_data(rx_data        ),
        .rx_data_valid     (rx_data_valid),
        .rx_data_ready     (rx_data_ready),
        .rx_pin           (uart_rx     ));

    uart_tx#(.CLK_FRE(CLK_FRE),.BAUD_RATE(115200)) uart_tx_inst
    (   .clk              (sys_clk      ),
        .rst_n      (rst_n      ),
        .tx_data      (tx_data      ),
        .tx_data_valid     (tx_data_valid),
        .tx_data_ready     (tx_data_ready),
        .tx_pin            (uart_tx     ));
    endmodule
```

7.3.3 综合仿真

添加测试激励程序,仿真 UART 串口的接收。激励文件代码如下:

```
module vtf_uart_test;
    // 输入信号
    reg sys_clk, rst_n, uart_rx;
    // 输出信号
    wire uart_tx,rx_data_valid;
    wire [7:0] rx_data;

    uart_test uut (                                //uart_test 例化
        .sys_clk            (sys_clk ),
        .rst_n              (rst_n    ),
        .uart_rx            (uart_rx ),
        .uart_tx            (uart_tx ));

    initial begin                                  //输入初始化
        sys_clk = 0;
        rst_n = 0;
        #100 rst_n = 1;
    end

    always #10 sys_clk = ~ sys_clk;                //20ns 一个周期,产生 50MHz 时钟源

    parameter    BPS_115200 = 8680;                //每个比特的时间
    parameter    SEND_DATA = 8'b1110_0111;         //发送数据
```

```
    integer i = 0;
    initial begin
        uart_rx = 1'b1;                          //空闲位
        #1000 uart_rx = 1'b0;                    //起始位
        for (i = 0;i < 8;i = i + 1)
        #BPS_115200 uart_rx = SEND_DATA[i];  //数据位
        #BPS_115200 uart_rx = 1'b0;             //停止位
        #BPS_115200 uart_rx = 1'b1;             //空闲位
      end
endmodule
```

设置 UART 发送和接收模块的 CLK_FRE=50,BAUD_RATE=115200,则 CYCLE=50×1000000/115200=434。向串行接收模块 uart_rx 发送 0xe7 的数据,1 位起始位、8 位数据位和 1 位停止位,仿真结果如图 7-22 所示。将 uart_rx 模块的 rx_data、rx_data_valid 信号添加至观测波形中,可以看到,当程序接收到 8 位数据的时候,rx_data_valid 有效,rx_data[7:0]的数据为 e7。

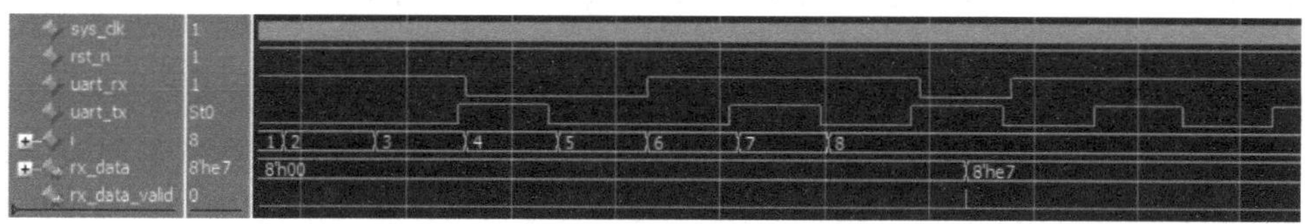

图 7-22　UART 串口接收仿真

在 FPGA 板上配置好引脚后用串口调试小助手进行调试,在串口调试小助手中选择对应连接的端口,设置波特率为 115200bps,无校验位,8 位数据位、1 位停止位。测试结果如图 7-23 所示,其中 HELLO WORLD 为 FPGA 串口电路发送至 PC 的数据,THIS IS A Program 为串口调试小助手发送至 FPGA 后由 FPGA 回送至 PC 的数据。

图 7-23　用串口调试小助手对串口模块进行测试

第8章 CHAPTER 8

数字信号处理电路设计

本章将以数字逻辑为基础，对数字信号处理模块进行 Verilog HDL 设计，涉及信号检错、纠错，信号编码、滤波等方面的内容。希望大家通过本章内容学会利用 HDL 语言实现基本数字信号处理功能。

8.1 CRC 校验电路的 Verilog HDL 设计

数字通信系统需要较高的传输有效性和可靠性，信道编码是提高可靠性的必要手段，又称为差错控制编码。循环校验码(Cyclical Redundancy Check，CRC)在数据通信和计算机通信中有着广泛的应用，其信息字段和校验字段的长度可以任意选定，具有编码和解码方法简单、检错能力强等特点，可以显著地提高系统的检错能力。

8.1.1 工作原理

CRC 校验优先编码器是数字电路中的常用逻辑电路，基本思想是利用线性编码原理，在发送端根据传输的 k 位信息码，以一定的规则产生一个 r 位校验用编码(CRC 码)，附在信息码之后构成新的$(k+r)$位的二进制序列。接收方以同样规则对接收数据进行检验，确定传输是否出错。

在代数编码理论中，二进制码序列用来表示一个多项式，例如，1100101 表示 $1 \cdot x^6 + 1 \cdot x^5 + 0 \cdot x^4 + 0 \cdot x^3 + 1 \cdot x^2 + 0 \cdot x + 1 = x^6 + x^5 + x^2 + 1$。要产生信息码的 CRC 校验码，首先要将待编码的 k 位数据表示成多项式 $M(x)$：

$$M(x) = C_{k-1}x^{k-1} + C_{k-2}x^{k-2} + \cdots + C_i x^i + \cdots + C_1 x + C_0$$

其中，$C_i = 0$ 或 $1, 0 \leqslant i \leqslant k-1$。

r 位 CRC 校验码 $R(x)$产生过程为：

将 $M(x)$左移 r 位，然后除以一个被称为生成多项式的 $G(x)$，所得余数就是 CRC 校验码，用公式表示如下：

$$\frac{M(x)x^r}{G(x)} = Q(x) + \frac{R(x)}{G(x)}$$

其中，$Q(x)$是商，在 CRC 编码计算过程中不需要保留，多项式除法运算的余数就是 $M(x)$的 r 位 CRC 校验码 $R(x)$。在计算过程中，系数运算采用模 2 运算，没有进位和借位，在逻辑上就是系数值的异或运算。

生成多项式 $G(x)$是一个 $r+1$ 位的不可约多项式，不同的 $G(x)$产生的 CRC 校验码也会有所不同,如表 8-1 所示,这些不同的生成多项式用于不同的协议,例如,CRC-4/ITU 用于国际电信联盟标准 ITU G.704,CRC-16/USB 用于 USB 传输,CRC-32 用于 ZIP、RAR、IEEE 1394、PPP-FCS,STM32 自带的 CRC 为 CRC-32。

表 8-1 常用 CRC 校验的基本参数

CRC 算法名称	生成多项式	width	poly	init	xorout	refin	refout
CRC-4/ITU	x^4+x+1	4	03	00	00	True	True
CRC-5/USB	x^5+x^2+1	5	05	1F	1F	True	True
CRC-8	x^8+x^2+x+1	8	07	00	00	False	False
CRC-8/ITU	x^8+x^2+x+1	8	07	00	55	False	False
CRC-16/IBM	$x^{16}+x^{15}+x^2+1$	16	8005	0000	0000	True	True
CRC-16/USB	$x^{16}+x^{15}+x^2+1$	16	8005	FFFF	FFFF	True	True
CRC-16/CCITT	$x^{16}+x^{15}+x^5+1$	16	1021	0000	0000	True	True
CRC-32	$x^{32}+x^{26}+x^{23}+x^{22}+x^{16}+x^{12}+x^{11}+x^{10}+x^8+x^7+x^5+x^4+x^2+x+1$	32	04C11DB7	FFFFFFFF	FFFFFFFF	True	True

例 8.1 以 CRC-4/ITU 为例,若信息码为 101100,求附加了校验码的码字。

(1) 按照上述 CRC 校验码的生成原理,将信息码 101100 左移 4bit 为 1011000000,对应的多项式为 $x^9+x^7+x^6$。

(2) CRC-4/ITU 的生成多项式为 x^4+x+1,将 $x^9+x^7+x^6$ 与 x^4+x+1 做模 2 除法运算。

(3) 得到余数 x^3+x^2+1,对应二进制码 1101,此即 CRC 校验码。

(4) 因此,附加了校验码的码字为 1011001101。

此码字在接收端与 CRC-4/ITU 生成多项式做模 2 除法运算,若余数为 0,则数据传输正确;否则,数据传输错误。

8.1.2 设计实现

CRC 校验电路就是根据输入信息产生 CRC 码的电路。实际电路不可能将信息全部输入后再进行计算,通常会选定输入数据宽度 $k \leqslant r$,每输入 k 比特消息,CRC 校验电路会更新校验结果输出值。

由表 8-1 可知,各协议所使用的 CRC 校验码除了生成多项式这一参数外,还有 poly、init、xorout、refin、refout 等参数,因此其生成电路在基本实现原理的基础上,根据协议参数的不同,对输入和输出数据的处理有所不同,完整的设计框图如图 8-1 所示。下面对 CRC 协议中的参数进行介绍。

(1) width 为 CRC 校验码的长度。

(2) poly 为 CRC 生成多项式的二进制码序列,表示形式为十六进制表示,其中最高位 1 省略。

(3) init 为生成 CRC 校验码时的初始值。由前述 CRC 工作原理可知,进行 CRC 计算时,需要将输入数据 datain 左移 width 位,并填充为 0,用于计算完成后放置 CRC 校验码。若 init 的各位为 1,则表示要将此填充后的数据的高 width 位的数值取反;否则保持不变。

需要注意的是,若输入数据 datain 的长度不是字节的整数倍,需要在高位填充 0,使其宽度为字节的最小整数倍后，再进行左移操作。

(4) refin 为输入数据逆序控制参数，当 refin 为 True 时，需要将输入数据进行逆序操作，再输入 CRC 生成模块；否则输入数据保持原序。

(5) refout 为输出数据逆序控制参数，当 refout 为 True 时，表示 CRC 生成模块的输出信号需要逆序后输出，否则将 CRC 生成模块的结果直接输出。

这里需要注意，refin 为 True 时的逆序操作仅为字节内逆序，字节的顺序不变；而 refout 为 True 时的逆序，则在字节内逆序的同时，字节也逆序，即整体逆序。例如：

若输入数据 datain 为 $A_7A_6A_5A_4A_3A_2A_1A_0B_7B_6B_5B_4B_3B_2B_1B_0$，refin 为 True，则 CRC 生成模块的输入信号 tmp_d 需要变换为 $A_0A_1A_2A_3A_4A_5A_6A_7B_0B_1B_2B_3B_4B_5B_6B_7$。

若 CRC 生成模块输出数据 crc_tmp 为 $A_7A_6A_5A_4A_3A_2A_1A_0B_7B_6B_5B_4B_3B_2B_1B_0$，refout 为 True，则 CRC 输出信号 crc_out 为 $B_0B_1B_2B_3B_4B_5B_6B_7A_0A_1A_2A_3A_4A_5A_6A_7$。

(6) xorout 为输出异或参数，计算结果需要与其异或后，才能作为最终的 CRC 校验码 crc_out。如果 xorout 为全 1，即将数据按位取反；否则保持不变。

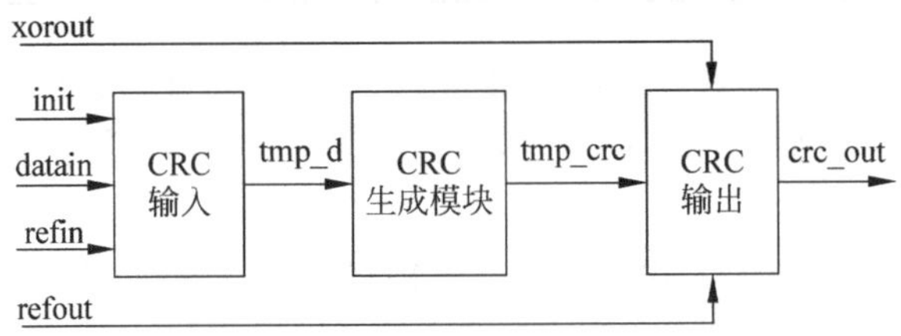

图 8-1 CRC 校验码生成框图

下面按照前述的工作原理进行 8bit 输入信号的 CRC-32 校验码生成电路的设计。

1. CRC 输入模块

(1) 输入数据 datain 为 8bit，所以不需要填充为字节最小整数倍，直接在 datain 后填充 32 个 0，即{datain, 32'h00000000}，对应工作原理部分的“将 $M(x)$ 左移 r 位”。

(2) 由于 CRC-32 的 init＝FFFFFFFF，将填充后数据的高 32bit 位的数值取反，即{～datain，24'hffffff,8'h00}。

(3) 由于 CRC-32 的 refin＝True，需要做逆序处理。

因此，CRC 输入模块需要将输入数据 datain 做如下具体处理：

```
assign d = datain;
tmp_d <= {~d[0],~d[1],~d[2],~d[3],~d[4],~d[5],~d[6],~d[7],24'hffffff,8'h00};
```

2. CRC 生成模块

如前所述，CRC 校验码就是模 2 除法的余数，除数即为生成多项式。在模 2 除法运算中间过程的减法即为不带借位的“模 2 减”，即逻辑上的异或运算。

设计思路是从高位开始依次判断 tmp_d 的各位，是否为 1，若为 1，则与多项式进行异或运算，即

```
if (tmp_d[i] == 1) tmp_d[i - :poly_width]<= tmp_d[i - :poly_width] ^ poly;
```

注意，Verilog HDL 不支持 tmp_[i:i-8] 这种语法。如果把向量的位选取写成 vect [msb:lsb]这种形式，下标 msb 和 lsb 中是不能出现变量的。如果需要使用变量，Verilog

2001 标准支持把代码写为"tmp_d[i-:8]"的形式，表示从第 i 位开始，向低选择 8bit 的宽度范围。

3. CRC 输出模块

由于 refout=True，xorout=FFFFFFFF，因此需要将 CRC 生成模块的输出值 tmp_crc 做逆序及按位取反操作。

完整的程序设计如例 8.2 所示。

例 8.2　8bit 输入信号的 CRC-32 校验电路的 Verilog HDL 示例

```
module crc32test1(clk, rst, enable, datain, crc);
parameter   crc_width = 32;                          //CRC 校验码长度
parameter   data_width = 8;                          //输入数据长度
parameter   poly_width = 33;                         //多项式长度
input       clk, rst, enable;
input [data_width - 1:0] datain;                     //输入数据
output [crc_width - 1:0] crc;                        //输出校验码

wire [data_width - 1:0]         d;
reg [8 + crc_width - 1:0]       tmp_d;
reg [crc_width - 1:0]           tmp_crc;
parameter    poly = 33'h104c11db7;
reg[6:0] i, j;
reg [1:0] st;
parameter st0 = 0, st1 = 1, st2 = 2;

assign d = datain;
assign crc = ~tmp_crc;                               //取反输出

always @(posedge clk or posedge rst)
begin
    if (rst) begin tmp_crc <= 0;st <= st0;i <= 0;end
    else
        if (enable)
            case (st)
                st0:begin                            //输入数据:填充、逆序
                    tmp_d <= {~d[0],~d[1],~d[2],~d[3],~d[4],~d[5],~d[6],~d[7],
24'h000000,8'hff};
                    st <= st1;
                    i <= 8 + crc_width - 1;
                    end
                st1: begin                           //模 2 除取余运算
                    if (i > crc_width - 1) begin
                        if (tmp_d[i] == 1) tmp_d[i - :poly_width]<= tmp_d[i - :poly_width]^ poly;
                        i <= i - 1;
                        st <= st1;
                        end
                    else st <= st2;
                    end
                st2:begin
                    for (j = 0;j <= 31;j = j + 1)           //余数整体逆序
```

```
                        tmp_crc[j]<= tmp_d[31 - j];
                    st <= st2;
                    end
                endcase
            else begin tmp_crc <= 0;st <= st0; end
end
endmodule
```

8.1.3 综合仿真

基于上述 Verilog HDL 实现代码，在 Quartus Prime 软件中建立工程并编译综合，综合完成后对 CRC 校验电路的 Verilog HDL 实现进行仿真。

1. Simulation Waveform Editor 仿真

采用 Simulation Waveform Editor 进行仿真，新建仿真波形文件，在弹出的 Simulation Waveform Editor 界面中添加测试节点，这里将所有的外部端子添加至测试节点栏，并给所有的输入信号赋值，在仿真初期，依次让复位信号 rst 和使能信号 enable 有效。并将仿真波形文件保存为 crc32test. vwf，单击 Simulation→Run Function Simulation 命令，运行结果如图 8-2 所示。

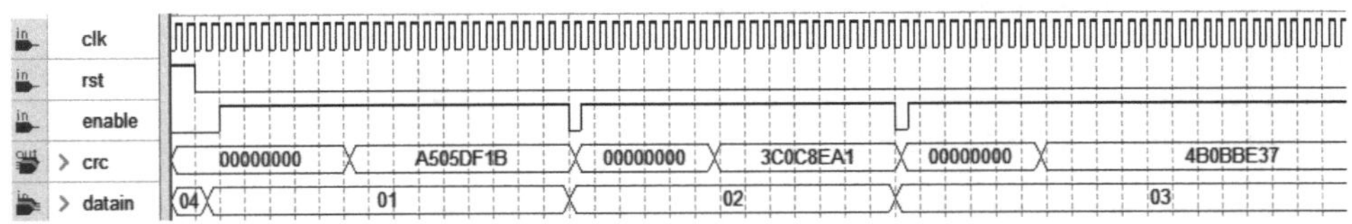

图 8-2　CRC-32 校验电路仿真波形

图 8-2 中信号 datain 和 crc 为十六进制显示，可以看出，校验电路在 rst 为 1 时复位，enable 为 1 时进行计算，正常工作状态每个时钟上升沿都会输出新的 32bit 的 CRC 校验码。

2. ModelSim 仿真

也可采用 ModelSim 仿真，仿真测试文件如例 8.3 所示。

例 8.3　CRC 校验电路的测试用例 crc32test_tb. vt。

```
`timescale 1 ps/ 1 ps
module crc32test_tb();
reg clk, enable, rst;
reg [7:0] datain = 0;
wire [31:0] crc;

crc32test1 i1 (
    .clk(clk),
    .crc(crc),
    .datain(datain),
    .enable(enable),
    .rst(rst));

initial                              //控制信号赋值,执行一次
begin
```

```
    rst = 1;
    enable = 0;
    clk = 0;
    #80 rst = 0;
    #80 enable = 1;
    #1600 enable = 0;
    #80 enable = 1;
    #1600 enable = 0;
    #80 enable = 1;
 $display("Running testbench");
end

always #40 clk = ~clk;                     //时钟 clk 周期 80ns
always @(negedge clk)                      //输入数据,驱动校验电路工作
    begin
    if (rst) datain <= 0;
    else if (enable == 0) datain <= datain + 1;
    end
endmodule
```

注意,测试用例中输入信号 datain 的变化是在时钟的下降沿,而被测电路的时钟有效沿是上升沿,如此设计的目的是保证被测电路在时钟上升沿到来时,其输入信号能够满足电路建立时间和保持时间的时序要求。

按照 3.2.3 节介绍的方法,将 crc32test_tb.vt 文件加入项目的仿真设置中,利用该用例可以对电路进行仿真,结果如图 8-3 所示,与图 8-2 结果一致。

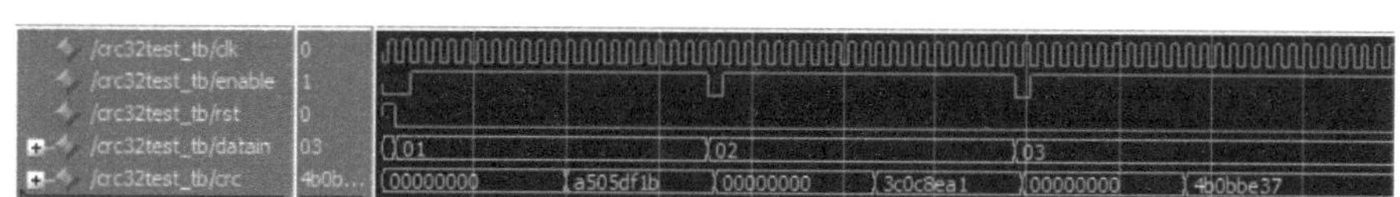

图 8-3　CRC-32 校验电路的仿真波形

8.2　汉明纠错码电路的 Verilog HDL 设计

8.2.1　工作原理

理查德·汉明(Richard W. Hamming)为了提高查找读卡机打卡错误的工作效率,经过多年的研究实践于 1950 年发明了汉明码(Hamming Code)。汉明码是线性分组纠错码的一种,一个汉明码由两部分组成:信息位和校验位,校验位用于错误的检测和纠错。

若汉明码的信息位数为 m,校验位数为 r,则总编码位数 $n=m+r$,称为(n,m)码,满足汉明不等式:

$$2^r \geqslant m+r+1$$

校验位的获得采用某几个信息位的奇偶校验值确定,具体采用奇校验还是偶校验没有区别,确定一个即可。以(7,3)码为例,其原理如图 8-4 所示。

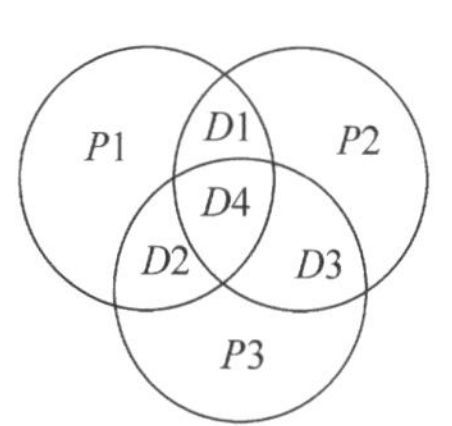

图 8-4　(7,3)汉明码编码示意图

$P1$ 由 $D1$、$D2$、$D4$ 的奇偶校验值确定,$P2$ 由 $D1$、

$D3$、$D4$ 的奇偶校验值确定，$P3$ 由 $D2$、$D3$、$D4$ 的奇偶校验值确定，若采用偶校验，则 $P1$、$P2$、$P3$ 值可由下面的公式确定：

$P1 = D1 \hat{} D2 \hat{} D4$

$P2 = D1 \hat{} D3 \hat{} D4$

$P3 = D2 \hat{} D3 \hat{} D4$

若 $D1D2D3D4=1101$，则 $P1P2P3=100$，若某一位出现错误，假设 $D2$ 位变为 0，即此时 $D1D2D3D4=1001$，则 $P1'P2'P3'=001$。$(P1P2P3)\hat{}(P1'P2'P3')=101$，在只有 1bit 发生错误的前提下，表示涉及 $P1$ 和 $P3$ 的信息位 $D1$、$D2$、$D4$、$D3$ 中有错误发生，$P2$ 相关的信息位 $D1$、$D3$、$D4$ 没有发生错误，综合对比即可知 $D2$ 错误，将其取反即可获得纠错后的正确数值，从而完成检错和纠错的工作。

在不同的设计电路中，校验位在编码中的位置也各不相同，以(7,3)码为例的 3 种编码方式如图 8-5 所示，其中最常用的是图 8-5(c)的编码方式，比较容易获得错误码的位置。

位置	1	2	3	4	5	6	7
编码	*P*1	*P*2	*P*3	*D*1	*D*2	*D*3	*D*4

(a)

位置	1	2	3	4	5	6	7
编码	*D*1	*D*2	*D*3	*D*4	*P*1	*P*2	*P*3

(b)

位置	1	2	3	4	5	6	7
编码	*P*1	*P*2	*D*1	*P*3	*D*2	*D*3	*D*4

(c)

图 8-5　汉明码编码方式

如上所述的例子，当 $D1D2D3D4=1101$ 时，编码值为 $P1P2D1P3D2D3D4=1010101$；当 $D1D2D3D4=1001$ 时，$P1P2D1P3D2D3D4=0011101$。由 $(P1P2P3)\hat{}(P1'P2'P3')=101$ 可直接获得错误码的位置，错误码的位置为 5，即 $D2$ 发生错误。

若采用其他放置校验位的编码方式，则需要根据错误码的发现原理设计错误码位置的判断电路。

汉明码最多可以检测两位错误或纠正一位错误，由于汉明码添加到数据的冗余性有限，仅在错误率较低时，才能检测和纠正错误，因此只能用在错误率低的场合，如极少出现误码的计算机内存、信道特性好的以太局域网等。计算机内存储数据广泛使用汉明码，例如 RAID 2 存储采用的就是(72,64)汉明码。

8.2.2 设计实现

由于汉明码电路非常成熟，所以在 FPGA 设计时有许多性能良好的 IP 核供使用。下面以(72,64)汉明码为例，采用 IP 核的设计进行实现。(72,64)汉明码可以实现单 bit 错误纠正和双 bit 错误检测(Single Error Correction-Double Error Detection，SECDED)的功能。

在 IP Catalog 栏中输入 ECC，在 Library 中选择 ALTECC 并双击，在弹出的 Save IP Variation 窗口中，选择 Verilog HDL，将输出文件命名为 ecc_enc。单击 OK 按钮进入图 8-6 所示界面，进行图示设置，将模块配置为 ECC 编码模块。注意：ECC 编码和解码模块需要分别生成。

单击 Next 按钮直至最后一个页面，选中 ecc_enc_inst. v 项，其余根据需要选择，生成例化模板文件，如图 8-7 所示。单击 Finish 按钮，完成 ECC 编码模块 ecc_enc. v 的创建。系统弹出提示窗口，询问是否将新生成的 IP 核加入工程文件中，单击 Yes 按钮。

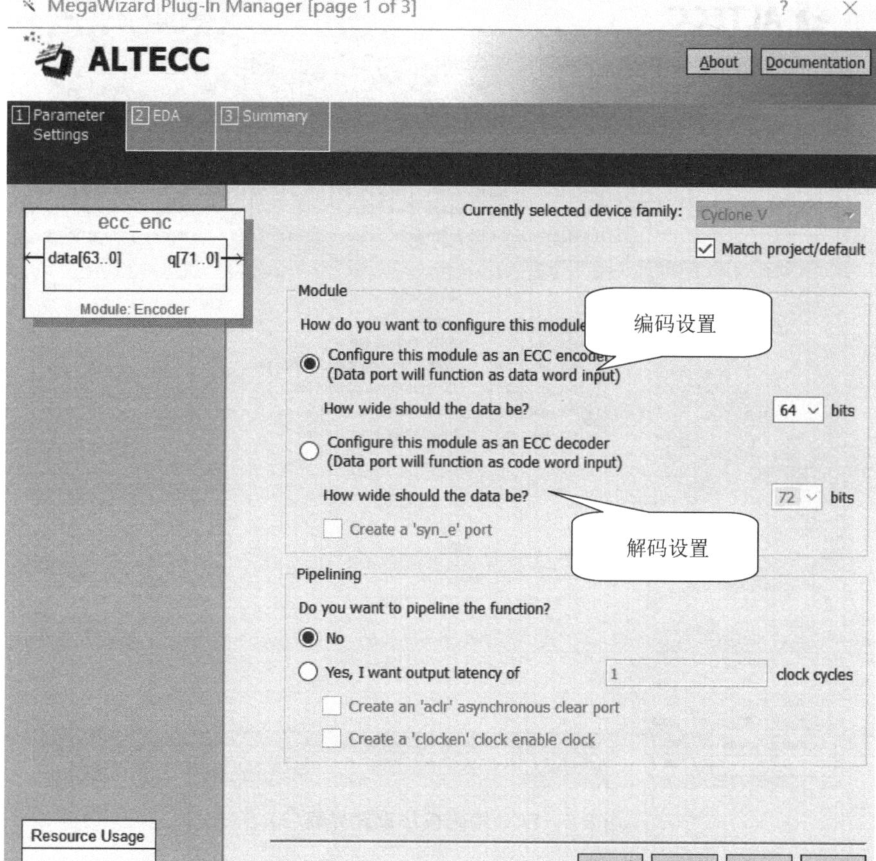

图 8-6　ECC 编码模块设置界面(1)

采用与 ECC 编码模块 ecc_enc.v 相同的方式生成 ECC 解码纠错模块 ecc_dec.v，区别在于在如图 8-6 所示界面中选中解码设置选项。

设计顶层文件 ecc72.v 如例 8.4 所示，此电路内部有两个电路模块，分别是 ECC 编码模块 ecc_enc 和 ECC 解码纠错模块 ecc_dec。

例 8.4　(72，64)汉明码

```
module ecc72(din64,din72,dout64,dout72,err_corrected,err_detected,err_fatal);
input[63:0] din64;                          //编码输入信号
input[71:0] din72;                          //解码输入信号
output[71:0] dout72;                        //编码输出信号
output[63:0] dout64;                        //解码输出信号
output err_corrected,err_detected,err_fatal; //错误提示状态信号
    ecc_enc ecc_enc_inst(                   //编码模块例化
    .data ( din64 ),
    .q ( dout72 )
    );

    ecc_dec ecc_dec_inst(                   //解码纠错码模块例化
    .data ( din72 ),
```

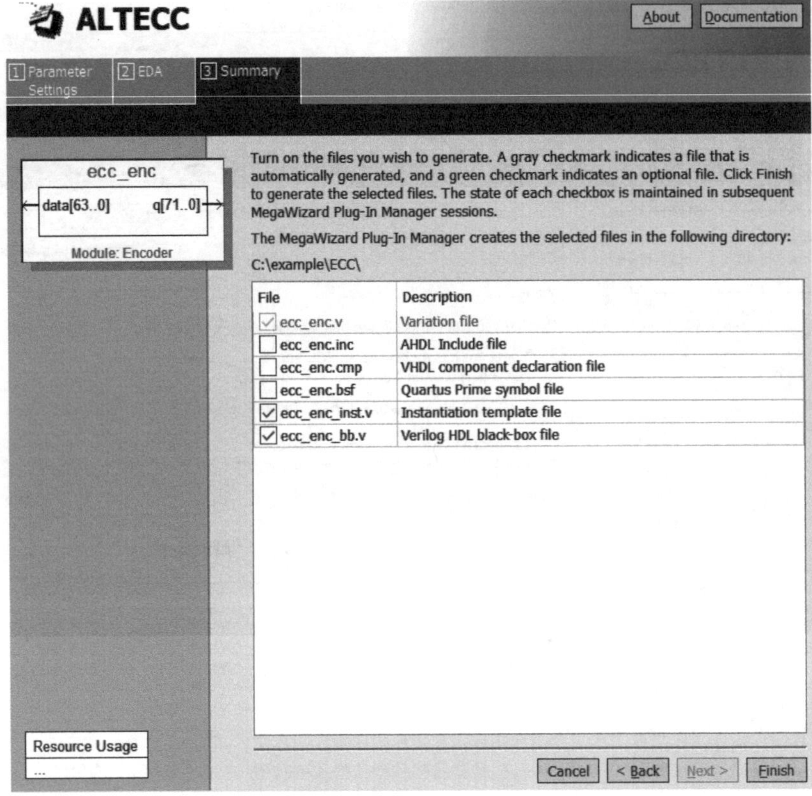

图 8-7　ECC 编码模块设置界面(2)

```
    .err_corrected ( err_corrected ),
    .err_detected ( err_detected ),
    .err_fatal ( err_fatal ),
    .q ( dout64 )
    );
endmodule
```

如若在数据接收端发现数据校验错误，则 err_detected 端子会给出高电平，若错误被纠正，则 err_corrected 端子会给出高电平状态信号。

8.2.3 综合仿真

仿真结果如图 8-8 所示，当编码输入信号为“0010011100010101000011110011110110011100101010110100100001000111”(十六进制表示为 27150F3D9CAB4847)时，编码输出信号为“111001010010011100010101000011110011110110011100101010110100100001000111”(十六进制表示为 E527150F3D9CAB4847)，输出信号的高 8bit 的 E5 为校验值。反之，当解码输入信号为 E527150F3D9CAB4847 时，解码输出信号为 27150F3D9CAB4847。若解码输入信号中存在错误码，如 E527150F3D9CAB4846(最低 1bit 出现错误)、E527150F3D9CAB4844(最低 2bit 出现错误)，由解码结果可知：当只有 1bit 错误时，能够正确解码，并给出检查出错误和纠错成功状态：err_detected=1，err_corrected=1；当存在 2bit 错误时，不能正确解码，并给出检查出错误但是没有纠错成功状态：err_detected=1，err_fatal=1。

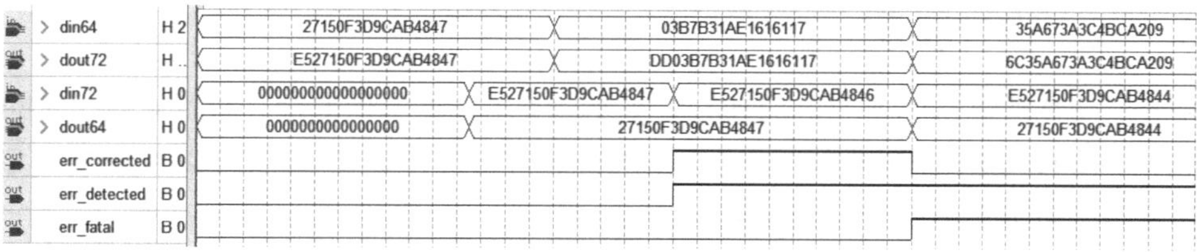

din64	H 2	27150F3D9CAB4847　03B7B31AE1616117　35A673A3C4BCA209
dout72	H ..	E527150F3D9CAB4847　DD03B7B31AE1616117　6C35A673A3C4BCA209
din72	H 0	000000000000000000　E527150F3D9CAB4847　E527150F3D9CAB4846　E527150F3D9CAB4844
dout64	H 0	0000000000000000　27150F3D9CAB4847　27150F3D9CAB4844
err_corrected	B 0	
err_detected	B 0	
err_fatal	B 0	

图 8-8　ECC 编解码仿真

8.3　滤波电路的 Verilog HDL 设计

数字滤波是数字信号处理中常用的功能，6.5 节介绍了基于 IP 的滤波电路的设计，本节主要介绍 FIR 数字滤波电路的基本原理和 Verilog HDL 设计方法及代码。

8.3.1　工作原理

FIR 有限脉冲响应滤波器是数字滤波器的一种，它的特点是单位脉冲响应是一个有限长序列，系统函数一般可以记为如下形式：

$$H[z]=\sum_{n=0}^{N-1}h[n]z^{-n}$$

其中，N 是 $h(n)$ 的长度，即 FIR 滤波器的抽头数。

FIR 滤波器的一个突出优点是其相位特性，常用的线性相位 FIR 滤波器的单位脉冲响应均为实数，且满足偶对称或奇对称的条件，即

$$h(n)=h(N-1-n)\quad 或\quad h(n)=-h(N-1-n)$$

因此描述一个 FIR 滤波器最简单的方法，就是用卷积和表示：

$$y[n]=\sum_{n=0}^{N}h[k]x[n-k]$$

N 阶 FIR 直接型结构如图 8-9 所示。

而线性 FIR 滤波器的实现结构可进一步简化为如图 8-10 所示的模型（以 $N=6$ 阶为例）。

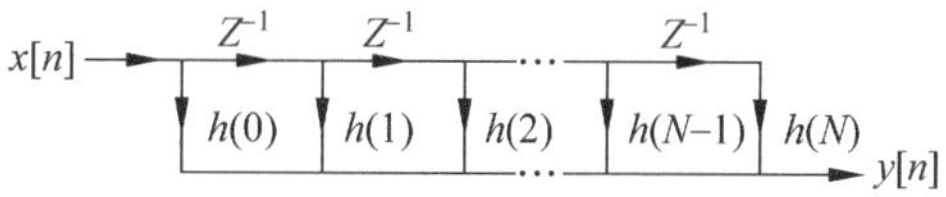

图 8-9　N 阶 FIR 直接型结构图

根据如图 8-9 所示的直接型 FIR 滤波器结构，可以将 FIR 滤波器电路分为延时处理模块、乘法单元模块、累加计算模块等。

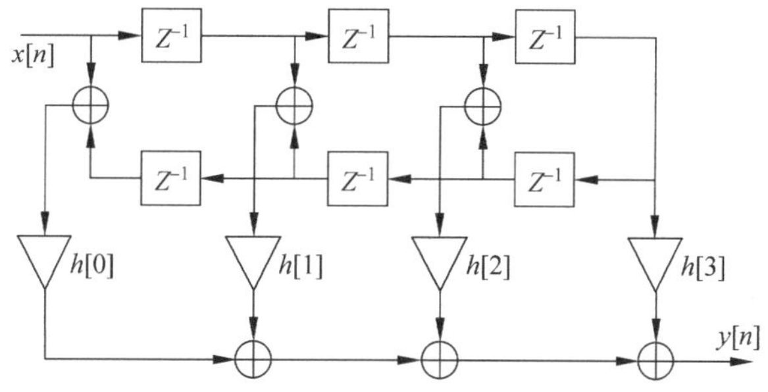

图 8-10　FIR 滤波器简化模型

8.3.2 设计实现

8级FIR滤波电路的Verilog HDL实现见例8.5。该实例的输入数据宽度是4bit，输出结果是11bit，8级卷积的系数h1～h8利用内部常数进行定义，读者可以修改接口定义，将常系数改为可变系数的FIR滤波器。

在该电路的实现中，乘法运算的结构相同，使用元件单独定义，然后在顶层模块中进行实例化并行完成卷积过程中的乘法运算。FIR滤波电路的延时处理和乘积累加都在顶层模块中实现。

例8.5 FIR滤波电路实例(8级滤波)

滤波电路顶层设计：

```
module firtest(clk, x, y);
input            clk;
input [3:0]      x;
output reg [10:0] y;

reg [3:0]    x1,x2,x3,x4,x5,x6,x7,x8;
wire [7:0]   y1,y2,y3,y4,y5,y6,y7,y8;
reg [8:0]    o1,o2,o3,o4;
parameter h1 = 4'b0110;
parameter h2 = 4'b0010;
parameter h3 = 4'b0011;
parameter h4 = 4'b0100;
parameter h5 = 4'b0100;
parameter h6 = 4'b0011;
parameter h7 = 4'b0010;
parameter h8 = 4'b0110;

    always @(posedge clk)                          //延时处理模块，8级缓存
    begin
        x1 <= x;   x2 <= x1;  x3 <= x2;  x4 <= x3;
        x5 <= x4;  x6 <= x5;  x7 <= x6;  x8 <= x7;
    end

    always @(posedge clk)                          //累加模块,计算各级卷积h(i) * x(i)的和
    begin
        o1 <= y1 + ({1'b0, y2});
        o2 <= y3 + ({1'b0, y4});
        o3 <= y5 + ({1'b0, y6});
        o4 <= y7 + ({1'b0, y8});
        y <= ({2'b00, o1}) + o2 + o3 + o4;
    end

    mult8 mul1(.clk(clk), .a(x1), .b(h1), .c(y1)); //各级卷积乘法运算例化
    mult8 mul2(.clk(clk), .a(x2), .b(h2), .c(y2));
```

```
    mult8 mul3(.clk(clk), .a(x3), .b(h3), .c(y3));
    mult8 mul4(.clk(clk), .a(x4), .b(h4), .c(y4));
    mult8 mul5(.clk(clk), .a(x5), .b(h5), .c(y5));
    mult8 mul6(.clk(clk), .a(x6), .b(h6), .c(y6));
    mult8 mul7(.clk(clk), .a(x7), .b(h7), .c(y7));
    mult8 mul8(.clk(clk), .a(x8), .b(h8), .c(y8));
endmodule
```

乘法器模块：

```
module mult8(clk, a, b, c);
input clk;
input [3:0]  a,b;
output reg [7:0] c;

always @(posedge clk)
        c <= a * b;
endmodule
```

8.3.3 综合仿真

对上述 FIR 滤波电路编译综合后，进行仿真，仿真测试用例如例 8.6 所示。

例 8.6 FIR 滤波电路的测试用例

```
`timescale 1 ps/ 1 ps
module firtest_tst();
reg          clk = 0;
reg [3:0]        x = 0;
wire [10:0]  y;
reg [7:0]     i = 0;

reg [3:0] sdata[0:127];
initial begin
    $readmemh("sdata.txt", sdata);      //输入信号源数据采样值
end

firtest i1 (                           //测试对象实例化
    .clk(clk),
    .x(x),
    .y(y));
initial  begin
    $display("Running testbench");
end

always @(negedge clk)                  //在时钟下降沿时将信号源数据输入测试对象
begin
  if (i == 0)  i <= 127;
  else         i <= i - 1;
  x <= sdata[i];                       //连续输入
end
```

```
always#10  clk = ~clk;               //产生时钟激励
endmodule
```

信号源数据文件 sdata. txt 中存放输入数据,内容为"7, 8, 9, 8, 9, 8, A, A, A, A, 9, A, C, C, 9, A, B, C, D, B, A, C, C, D, D, C, E, D, D, B, B, B, C, D, E, B, C, C, E, D, D, C, D, B, C, B, A, D, B, A, C, C, 9, A, 8, 9, 9, 7, 8, A, 9, 9, 8, 6, 9, 8, 8, 5, 8, 6, 6, 6, 7, 5, 4, 3, 3, 5, 3, 2, 4, 5, 4, 2, 2, 5, 3, 2, 1, 5, 4, 2, 4, 1, 3, 4, 3, 2, 3, 3, 4, 3, 5, 2, 2, 4, 3, 4, 3, 5, 5, 4, 4, 4, 3, 4, 4, 5, 5, 7, 7, 4, 7, 5, 7, 6, 7, 7",存放形式应采用每一数据一行的方式存放,否则读取错误,即:

```
7
8
9
…
7
```

在测试用例中,采用"$readmemh("sdata. txt", sdata);"语句将 sdata. txt 文件中的数据读至 sdata 数组中。$readmemh 为读取十六进制数据的系统函数,如果 sdata. txt 中的数据为二进制数据,则应使用 $readmemb 系统函数。

在时钟信号驱动下,sdata 数组中的数据依次送入 FIR 滤波器模块。通过 ModelSim 仿真,可以得到如图 8-11 所示的仿真波形。在图中仿真开始阶段,滤波电路输出部分 x 值,此为滤波器边界效应,当滤波器稳定后,输出数据 y 正常输出。

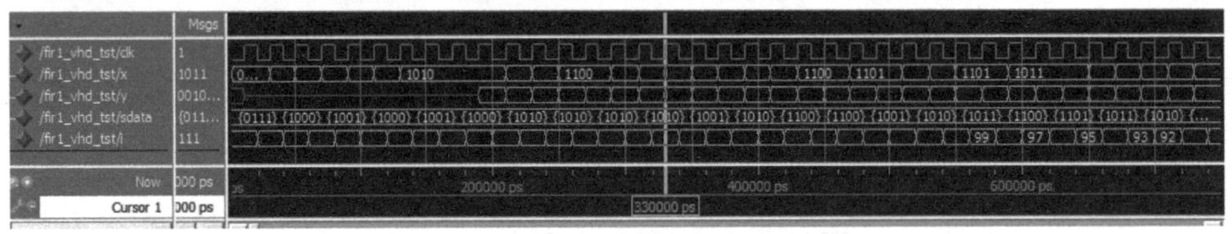

图 8-11　FIR 滤波电路的仿真波形

在信号输入端 x 和输出端 y 上右击,在弹出的快捷菜单中选择 Format→Analog (automatic)选项,然后单击 zoom out 按钮,将波形适当缩小,可以将仿真波形转换为如图 8-12 所示。

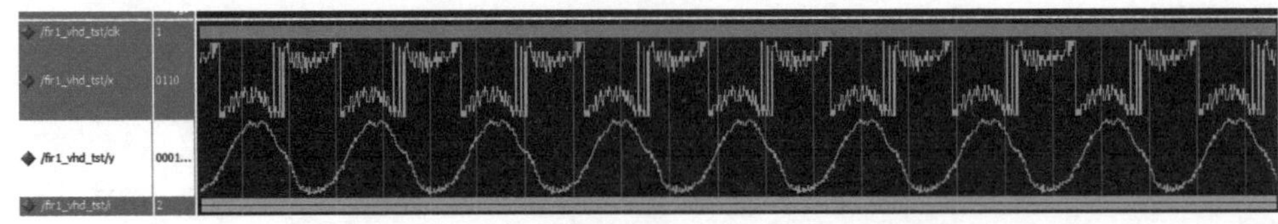

图 8-12　FIR 滤波电路输入输出的模拟显示

图 8-12 给出的是滤波电路输入输出的模拟显示,可以比较清晰地看到,输入信号的高频部分经过滤波电路滤波后消失。读者可以将该滤波电路的精度进一步提高,然后选择更加合理的滤波系数,从而达到更好的滤波效果,也可以在此基础上完成其他形式的滤波电路设计。

8.4 HDB3 基带信号编译码电路的 Verilog HDL 设计

8.4.1 工作原理

1. 基带编码概述

基带信号即未被载波调制的待传信号，基带信号所占的频带称为基带，基带的高限频率与低限频率之比通常远大于 1。例如，模拟信号经过信源编码得到的信号为数字基带信号，在数字通信中，有些场合可不经过载波调制和解调过程，而对基带信号进行直接传输。当信号经过信道时，由于信道特性不理想及噪声的干扰，容易使信号受到干扰而变形。因此必须对基带信号进行一定的变换，使其适合在基带信道中传输，即对基带信号进行编码，使信号在基带传输系统内减小码间干扰。将数字基带信号经过码型变换，不经过调制，直接送到信道传输，称为数字信号的基带传输，数字基带信号的传输是数字通信系统的重要组成部分。常见的传输码型有 NRZ 码、RZ 码、AMI 码、HDB3 码及 CMI 码。

RZ(Return-to-zero Code)编码即归零编码，正电平代表逻辑 1，负电平代表逻辑 0，每传输完一位数据，信号返回到零电平，也就是说，信号线上会出现 3 种电平：正电平、负电平、零电平，如图 8-13 所示。因为每位信号传输之后都要归零，所以接收方只要在信号归零后采样即可，不需要单独的时钟信号，这样的信号也叫作自同步信号。自同步信号的优点是省去了时钟数据线，但是大部分的数据带宽却由于传输“归零”信号而浪费掉了。

NRZ(Non-return-to-zero Code)编码克服了 RZ 编码的缺点，如图 8-14 所示，不需要归零，但是却失去了自同步性。此时可以通过在传输数据前加入同步头(SYNC)的方法，类似于 0101010 之类的方波，使接收方通过同步头计算出发送方的频率。

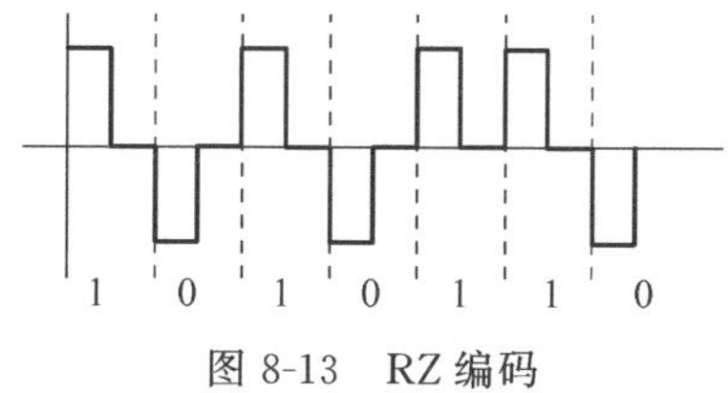

图 8-13　RZ 编码

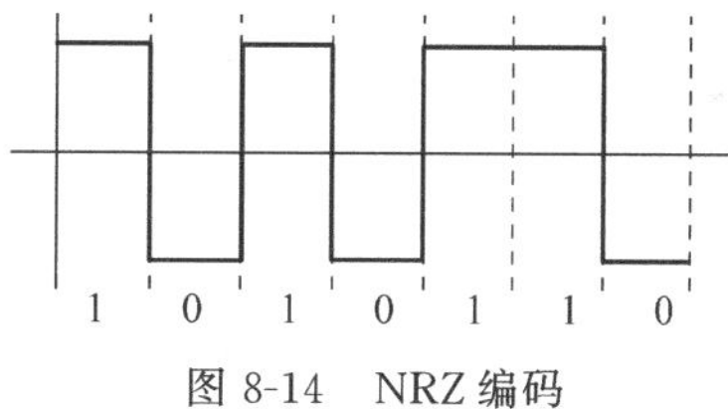

图 8-14　NRZ 编码

另一类与 NRZ 相似的编码是 NRZI(Non-Return-to-Zero Inverted Code)编码，NRZI 用信号的翻转代表一个逻辑，信号的保持代表另外一个逻辑。例如，USB 传输的编码就是 NRZI 格式。在 USB 中，电平翻转代表逻辑 0，电平不变代表逻辑 1，如图 8-15 所示。

此外，因为在 USB 的 NRZI 编码下，逻辑 0 会造成电平翻转，所以接收者在接收数据的同时，会根据接收到的翻转信号不断调整同步频率，保证数据传输正确。但是，这样还是会有一个问题，就是虽然接收者可以主动和发送者的频率匹配，但是两者之间总会有误差。假如数据信号是 1000 个逻辑 1，经过 USB 的 NRZI 编码之后，就是很长一段没有变化的电平，在这种情况下，即使接收者的频率和发送者相差千分之一，就会造成把数据采样成 1001 个或者 999 个 1 了。解决这个问题的办法就是强制插 0，如果要传输的数据中有 7 个连续的 1，发送前就会在第 6 个 1 后面强制插入一个 0，让发送的信号强制出现翻转，从而强制接收者进行频率调整。接收者只要删除 6 个连续 1 之后的 0，就可以恢复原始的数据了。同样的方法也用在 HDB3 码中。

AMI(Alternate Mark Inversion)码全称是传号交替反转码，其编码规则是消息代码中的逻辑 0 仍由 0 电平表示，而逻辑 1 交替地变为＋1、－1、＋1、－1……，如图 8-16 所示。AMI 码是 CCITT 建议采用的基带传输码型，但其缺点是有可能出现四连零现象，这不利于接收端的定时信号提取。

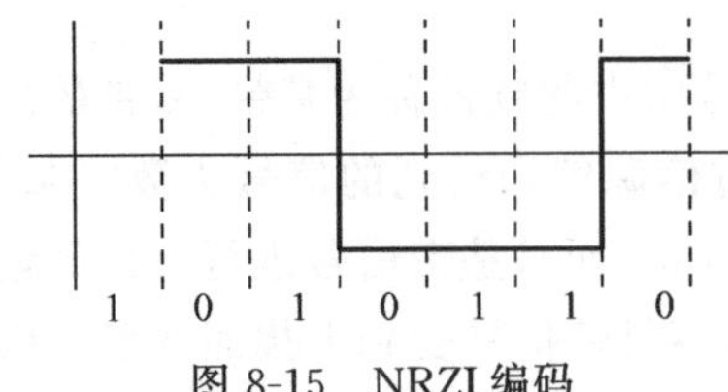

图 8-15 NRZI 编码

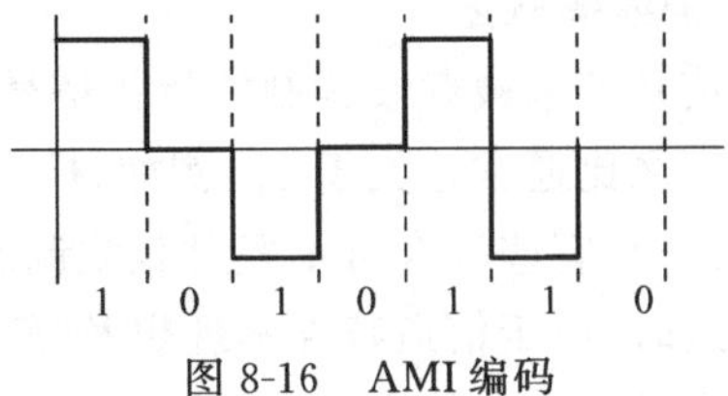

图 8-16 AMI 编码

HDB3(High Density Bipolar of order 3code)即三阶高密度双极性码，是 AMI 码的改进码型，最适合基带传输的码型。HDB3 码因其无直流成分、低频成分少和连 0 个数最多不超过 3 个等特点，对定时信号的恢复十分有利。

另外，CMI 码一般作为四次群的接口码型。

2. HDB3 的编码规则

HDB3 的编码规则如下：

(1) 先将消息代码变换成 AMI 码，若 AMI 码中连 0 的个数小于 4，此时的 AMI 码就是 HDB3 码。

(2) 若 AMI 码中连 0 的个数大于 3，则将每 4 个连 0 串的第 4 个 0 变换成与前一个非 0 符号(＋1 或－1)同极性的符号，用 V 表示(＋1 记为＋V，－1 记为－V)。

(3) 为了不破坏极性交替反转，当相邻 V 符号之间有偶数个非 0 符号时，再将当前 V 符号前一非 0 符号后的第 1 个 0 变换成＋B 或－B，符号的极性与前一非零符号的相反，并让后面的非零符号从 V 符号开始再交替变化。

例如，消息代码 101011000001100001 转换为 HDB3 码的过程如表 8-2 所示。

表 8-2 HDB3 代码的编码过程

消息代码	1	0	1	0	1	1	0	0	0	0	0	1	1	0	0	0	0	1
AMI 码	1	0	－1	0	1	－1	0	0	0	0	0	1	－1	0	0	0	0	1
插 V	1	0	－1	0	1	－1	0	0	0	－V	0	1	－1	0	0	0	－V	1
插 B	1	0	－1	0	1	－1	0	0	0	－V	0	1	－1	＋B	0	0	V	－1
HDB3 码	1	0	－1	0	1	－1	0	0	0	－1	0	1	－1	1	0	0	1	－1

3. HDB3 的解码规则

HDB3 码的编码虽然有些复杂，但其解码规则非常简单，其规则如下：

(1) 从收到的符号序列中找到破坏极性交替的点，可以断定符号及其前面的 3 个符号必是连 0 符号，从而恢复 4 个连 0 码。具体情况可分为以下两种：若 3 连 0 前后非零脉冲同极性，则将最后一个非零元素译为零，如“＋1000＋1”就应该译成“10000”，否则不用改动；若 2 连“0”前后非零脉冲极性相同，则两零前后都译为零，如“－100－1”，就应该译为“0000”，否则不用改动。

(2) 将所有的－1 变换成＋1 后，即得原消息代码。

分析 HDB3 代码,可以看出由 HDB3 码确定的基带信号基本无直流分量(其 1 信号交替变换),且只有很小的低频分量;HDB3 码中连 0 串的数目至多为 3 个,易于提取定时信号;虽然编码规则复杂,但解码较简单。所以在基带编码中,HDB3 编码使用非常广泛。

8.4.2 设计实现

如果直接将要进行编码的数据按上述编码原则先转换成 AMI 码,然后进行加 V 码、加 B 码操作,会发现转化成 AMI 码时有一个码极性形成的过程,而在加 B 码操作之后,非零码元的相应极性还有可能进行反转,因此有两个信号极性产生的过程,分析 HDB3 的编码结果:V 码的极性是正负交替的,余下的 1 码和 B 码看成为一体也是正负交替的,同时满足 V 码的极性与前面的非零码极性一致,由此产生了利用 FPGA 进行 HDB3 码编码的思路:先进行插 V、插 B 操作,在此过程中,暂不考虑其极性,然后将 V 码和 B 码分成两组,分别进行极性变换来一次实现,这样可以提高系统的效率,同时减小系统延时。编码器的设计实现可以采用层次化的设计方法,由 3 个模块组成:插 V 模块(insert_v),插 B 模块(insert_b)和极性转换模块(polar_convert)。分别设计各个模块,再在顶层将这 3 个模块合为一个整体。

1. HDB3 编码器顶层模块

HDB3 编码器的顶层模块设计如图 8-17 所示。其中 hdb_in 为串行输入信号,hdb_out 为串行输出信号。由于 HDB3 编码器的输出有 0、1、−1 这三种情况,这里用 00、01、10 表示。在真正使用的时候,编码器的后面还要加一个极性转换电路,使得 00、01、10 信号能够转换为零电平、高电平和低电平信号。具体程序如下所示。

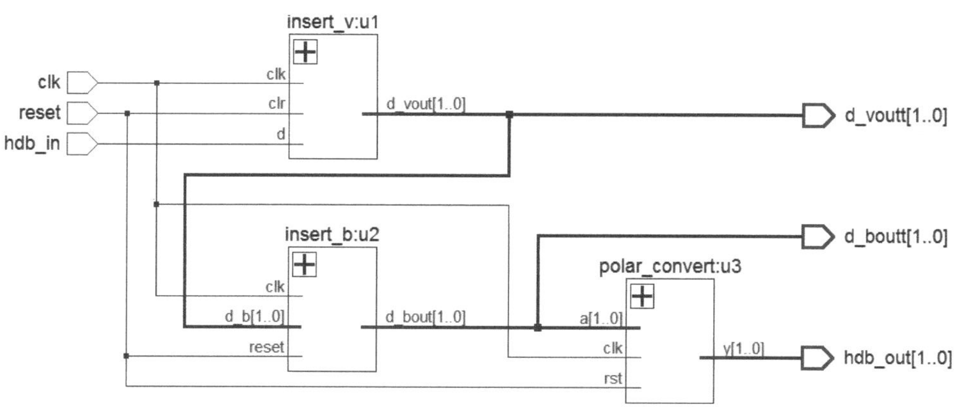

图 8-17 HDB3 编码器的顶层设计图

```
module hdb3(hdb_in, clk, reset, d_voutt, d_boutt, hdb_out);
    input          hdb_in;
    input          clk;
    input          reset;
    output [1:0] d_voutt;
    output [1:0] d_boutt;
    output [1:0] hdb_out;

    wire [1:0]   d_vout;
    wire [1:0]   d_bout;
```

```
    insert_v u1(hdb_in, clk, reset, d_vout);                //插V模块例化
    insert_b u2(d_vout, clk, reset, d_bout);                //插B模块例化
    polar_convert u3(reset, d_bout, hdb_out, clk);          //极性转换模块例化
    assign d_voutt = d_vout;
    assign d_boutt = d_bout;
endmodule
```

2. 插V模块

插V模块中的输出信号有3种取值：0码、1码和V码，这里分别用00、01和11表示。插V模块，实际上实现的是对消息代码中四连0串的检测，当消息代码中出现4个连续的0时，则将第4个0变换为V码，否则信号保持不变。由于要对消息代码中的连续0的个数进行判断，所以程序设计中需要一个连0计数器，用count0表示，插V后的中间代码用d_vout表示。在时钟信号的作用下，通过对输入串行信号的判断，决定count0和d_vout的取值。

程序的主体是一个对输入信号是否为连续0信号的判断语句。如果输入信号是0码，则连0计数器加1，否则连0计数器清0；当连0计数器值为3时，表示已连续输入了3个0，若下一个输入信号仍为0，则输出信号为11(即V码)。程序代码如下：

```
//****** 00 means 0,01 means 1,11 means V
module insert_v(d, clk, clr, d_vout);
    input         d, clk, clr;
    output [1:0] d_vout;
    reg [1:0]     d_vout;
    reg [1:0]     count0;

    always @(posedge clk or posedge clr)
      if (clr == 1'b1) begin
         d_vout <= 2'b00; count0 <= 0;
     end
     else begin
            if (count0 == 3) begin
               if (d == 1'b0) begin
                  d_vout <= 2'b11; count0 <= 0;
               end
               else begin
                  d_vout <= 2'b01; count0 <= 0;
               end
            end
            else
               if (d == 1'b0) begin
                  d_vout <= 2'b00; count0 <= count0 + 1;
               end
               else begin
                  d_vout <= 2'b01; count0 <= 0;
               end
          end
endmodule
```

3. 插 B 模块

插 B 模块的输出信号 d_bout 有 4 种取值，分别为 0 码、1 码、V 码和 B 码，这里分别用 00、01、11 和 10 表示。程序的主要功能是判断相邻两个 V 码间的非 0 符号是否为偶数个，若为偶数个，则将当前 V 码前一非 0 符号后的第 1 个 0 变换成 B 码。例如，若输入信号为 V011000V，则输出信号应为 V011B00V。

由于信号的输入是串行输入的，要想将先输入的信号变换形式输出，必须进行串并转换，将输入信号锁存后，再根据后续的输入信号的情况决定输出值。设计了两组四级延迟器，分别锁存输出数据的两个位：d_bout(1)和 d_bout(0)。

由于程序是判断相邻两个 V 码间的 1 的个数，因此程序中设计了一个中间状态信号 v，用以表示输入信号为 V 码的状态，count 表示两个 V 码间的非 0 信号的个数，程序的状态转移如图 8-18 所示。

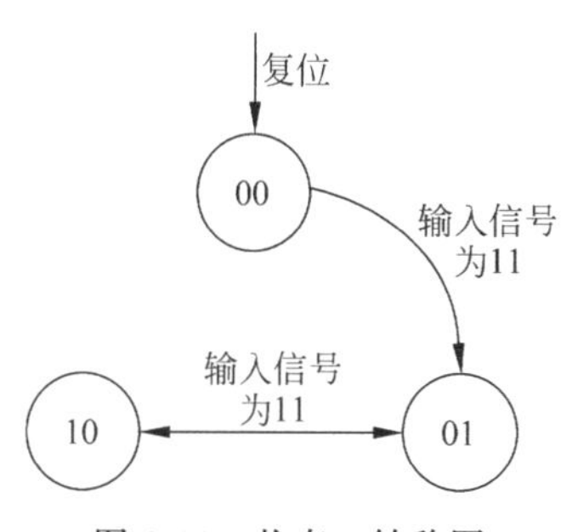

图 8-18　状态 v 转移图

当状态 v=00 时，表示没有 V 码输入，不需要对非 0 信号计数，count <=0；当输入信号为 11 时，即有 V 码输入，状态转移。当状态 v=01 或 10 时，若输入信号为 1 码，则 count 相应增；如果输入信号为 0 码，则 count 保持不变。

具体程序设计如下：

```
//**** 00 表示 0,01 表示 1,11 表示 V,10 表示 B
module insert_b(d_b, clk, reset, d_bout);
    input [1:0]  d_b;
    input        clk, reset;
    output [1:0] d_bout;
    reg [1:0]    d_bout;
    reg [3:0]    count;
    wire [0:3]   d_b0tmp, d_b1tmp;
    reg [0:3]   d_bout0tmp, d_bout1tmp;
    reg [1:0]    v;

    assign d_b0tmp[0] = d_b[0];
    assign d_b1tmp[0] = d_b[1];

    always @(posedge clk)
    begin
        d_bout0tmp[0]<=d_b0tmp[0];
        d_bout0tmp[1]<=d_bout0tmp[0];
        d_bout0tmp[2]<=d_bout0tmp[1];
        d_bout0tmp[3]<=d_bout0tmp[2];
        d_bout1tmp[0]<=d_b1tmp[0];
        d_bout1tmp[1]<=d_bout1tmp[0];
        d_bout1tmp[2]<=d_bout1tmp[1];
        d_bout1tmp[3]<=d_bout1tmp[2];
    end

    always @(posedge clk or posedge reset)
```

```
            if (reset == 1'b1)  begin
                v <= 2'b00;
                count <= 0;
            end
            else begin
                if (d_b == 2'b11)                   //输入 V
                    case (v)
                        2'b00 : v <= 2'b01;         //v = 01 时,表示有一个 V
                        2'b01 : v <= 2'b10;         //v = 10 时,表示有两个 V
                        2'b10 : v <= 2'b01;
                        default :  ;
                    endcase
                else if (d_b == 2'b01)              //输入 1
                    case (v)
                        2'b00 : count <= 0;
                        2'b01 : count <= count + 1;
                        2'b10 : count <= count + 1;
                        default :  ;
                    endcase
                else if (d_b == 2'b00)              //输入 0
                    case (v)
                        2'b00 : count <= 0;
                        2'b01 : count <= count;
                        2'b10 : count <= count;
                        default :  ;
                    endcase
            end

        always @(posedge clk)
            begin
      if (d_bout1tmp[0] == 1'b1 & d_bout0tmp[0] == 1'b1 & (count + 2) % 2 == 0 & count != 0)
                    d_bout <= 2'b10;                //插入 B
                else  begin
                    d_bout[0] <= d_bout0tmp[3];
                    d_bout[1] <= d_bout1tmp[3];
                end
            end
    endmodule
```

4. 极性转换模块

极性转换模块的输入信号来自插 B 模块的输出,也即极性转换模块的输入信号有 4 种取值,分别为 00 表示的 0 码,01 表示的 1 码,11 表示的 V 码,10 表示的 B 码。输出信号的取值有 3 种情况,分别为 00 表示的 0 码,01 表示的 1 码和 10 表示的−1 码。

在极性转换模块的设计中,设计了一个标志位 flag 表示信号的极性。当 flag 为 0 时,表示初始状态或者是已输出信号的极性为负;当 flag 为 1 时,表示已输出信号的极性为正。当输入信号是 01 或 10,即 1 码和 B 码时,信号的极性应是正负交替变化的;当输入信号是 11,即 V 码时,信号的极性应该与前面非 0 码的极性相同;当输入信号是 00,即 0 码时,输出也为 0 码。具体程序设计如下。

```
//**** input:00 means 0,01 means 1,11 means v,10 means b.
//**** output:00 means 0,01 means +1,10 means -1.
module polar_convert(rst, a, y, clk);
    input          rst, clk;
    input [1:0]    a;
    output [1:0]   y;
    reg [1:0]      y;
    reg            flag;                            //flag 为 0,表示前面的 1 的极性为负
                                                    //flag 为 1,表示前面的 1 的极性为正
    always @(posedge clk)
        if (rst == 1'b1)  begin
            flag <= 1'b0;  y <= 2'b00;
        end
        else begin
            if (a == 2'b00)  y <= a;
            else if (a == 2'b01 | a == 2'b10)
            begin
                if (flag == 1'b0)  begin
                    y <= 2'b01;   flag <= 1'b1;     //输出信号极性翻转
                end
                else  begin
                    y <= 2'b10;  flag <= 1'b0;
                end
            end
            else if (a == 2'b11)
            begin
                if (flag == 1'b0)  y <= 2'b10;      //输出信号极性保持不变
                else            y <= 2'b01;
            end
        end
endmodule
```

5. 解码模块

按照设计原理中介绍的解码规则来进行程序的设计。

(1) 从收到的符号序列中找到破坏极性交替的点,可以断定符号及其前面的 3 个符号必是连 0 符号,从而恢复 4 个连 0 码。具体情况可分为以下两种：若 3 连 0 前后非零脉冲同极性,则将最后一个非零元素译为零,如“+1000+1”就应该译成“10000”,否则不用改动;若 2 连 0 前后非零脉冲极性相同,则两零前后都译为零,如“-100-1”,就应该译为“0000”,否则不用改动。

(2) 将所有的-1 变换成+1 后,即得原消息代码。

模块的输入有 3 种信号：0 码、1 码和-1 码,分别用 00、01 和 10 表示。为了判断输入信号中是否有破坏极性交替的信号,我们设计了一个状态变量 st,st 的取值有 3 种：s0、s1、s2,其中 s0 表示初始状态或没有 1 码或-1 码输入,s1 表示输入了非零码为 1 码,s2 表示输入了非零码为-1 码。其状态转换如图 8-19 所示。

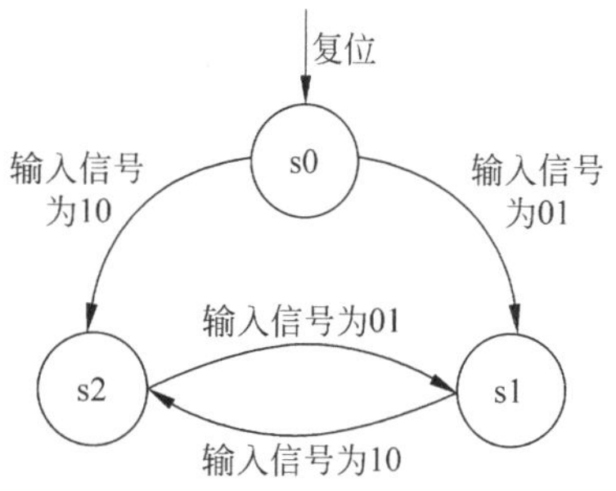

图 8-19　解码电路状态转移图

同样,由于解码电路需要对之前输入的信号的取值进行转换,因此设计中也采用了锁存器,对之前输入的信号进行锁存,再根据后面的输入信号值进行转换后输出。信号的输出采用了四级锁存。

除此之外,程序中设计了两个标志信号:flag、flag0,和一个对连0信号进行计数的变量。其中flag0用以表示在两个极性相同的非零码之间的连0的个数,flag0=01表示连0个数为2,flag0=10表示连0个数为3。flag用以在两个连0状态时,将之前输入的非零码转换为0码输出。具体程序设计如下:

```
//**** input:00 代表 0,01 代表 +1,10 代表 -1
module hdb3_decode(hdbdecode_in, clk, reset, hdbdecode_out);
    input [1:0]     hdbdecode_in;
    input           clk, reset;
    output          hdbdecode_out;
    reg             hdbdecode_out;
    parameter [1:0]state_s0 = 0, state_s1 = 1, state_s2 = 2;
    reg [1:0]       st;
    reg [1:0]       flag0;
    wire [3:0]      h_out;
    wire            h,  h_tmp;
    reg             h_in, flag;
    reg [1:0]       count;

    always @(posedge reset or posedge clk)
      if (reset == 1'b1)  st <= state_s0;
      else begin
          if (hdbdecode_in == 2'b01) st <= state_s1;
          else if (hdbdecode_in == 2'b10)
            st <= state_s2;
      end

    always @(posedge reset or posedge clk)
      if (reset == 1'b1) begin
          count <= 0;     flag0 <= 2'b00;
          hdbdecode_out <= 1'b0;    flag <= 1'b1;
      end
      else
          case (st)
            state_s0 : begin
                    count <= 0;
                    flag0 <= 2'b00;
                    hdbdecode_out <= h_out[3];
                    h_in <= h;
                    flag <= 1'b1;
                end
            state_s1 :
                if (hdbdecode_in == 2'b00)  begin
                    count <= count + 1;
                    flag0 <= 2'b00;
                    hdbdecode_out <= h_out[3];
```

```
            h_in <= h;
            flag <= 1'b1;
        end
        else if (hdbdecode_in == 2'b01 & count == 2)  begin
            flag0 <= 2'b01;
            count <= 0;
            hdbdecode_out <= h_out[3];
            h_in <= 1'b0;
            flag <= 1'b0;
        end
        else if (hdbdecode_in == 2'b01 & count == 3)  begin
            flag0 <= 2'b10;
            count <= 0;
            hdbdecode_out <= h_out[3];
            h_in <= 1'b0;
            flag <= 1'b1;
        end
        else if (hdbdecode_in == 2'b10)  begin
            count <= 0;
            flag0 <= 2'b00;
            hdbdecode_out <= h_out[3];
            h_in <= h;
            flag <= 1'b1;
        end
        else  begin
            count <= 0;
            flag0 <= 2'b00;
            hdbdecode_out <= h_out[3];
            h_in <= h;
            flag <= 1'b1;
        end
    state_s2 :
        if (hdbdecode_in == 2'b00)  begin
            count <= count + 1;
            flag0 <= 2'b00;
            hdbdecode_out <= h_out[3];
            h_in <= h;
            flag <= 1'b1;
        end
        else if (hdbdecode_in == 2'b10 & count == 2) begin
            flag0 <= 2'b01;
            count <= 0;
            hdbdecode_out <= h_out[3];
            h_in <= 1'b0;
            flag <= 1'b0;
        end
        else if (hdbdecode_in == 2'b10 & count == 3) begin
            flag0 <= 2'b10;
            count <= 0;
            hdbdecode_out <= h_out[3];
            h_in <= 1'b0;
```

```
                flag <= 1'b1;
            end
            else if (hdbdecode_in == 2'b01) begin
                count <= 0;
                flag0 <= 2'b00;
                hdbdecode_out <= h_out[3];
                h_in <= h;
                flag <= 1'b1;
            end
            else  begin
                count <= 0;
                flag0 <= 2'b00;
                hdbdecode_out <= h_out[3];
                h_in <= h;
                flag <= 1'b1;
            end
        default :  ;
      endcase

   assign h = hdbdecode_in[0] | hdbdecode_in[1];
   dff u1(h_in, clk, 1'b1, 1'b1, h_out[0]);
   dff u2(h_out[0], clk, 1'b1, 1'b1, h_out[1]);
   dff u3(h_out[1], clk, 1'b1, 1'b1, h_out[2]);
   assign h_tmp  =  h_out[2] & flag;
   dff u4(h_tmp, clk, 1'b1, 1'b1, h_out[3]);
endmodule
```

8.4.3 综合仿真

若输入信号如表 8-2 所示，为字符串“101011000001100001”。插 V 模块的仿真波形如图 8-20 所示，其中，输入信号 clk 为时钟信号，clr 为清零信号，d 为数据输入端，d_vout 为插入 V 码后的输出信号。波形与表 8-2 一致，仿真正确。

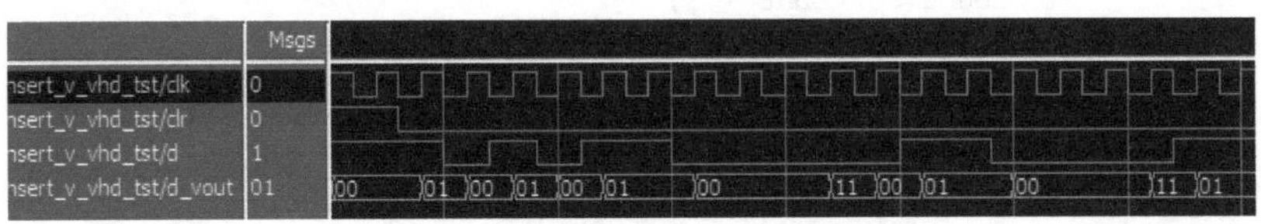

图 8-20 插 V 模块的仿真波形

将插 V 模块的输出信号作为插 B 模块输入信号，插 B 模块的仿真波形如图 8-21 所示，与表 8-2 一致，仿真正确。

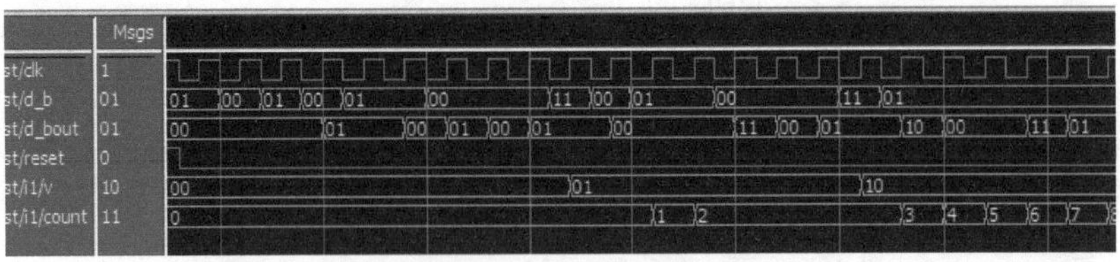

图 8-21 插 B 模块的仿真波形

将插 B 模块的输出信号作为极性转换模块的输入信号，极性转换模块的仿真波形如图 8-22 所示，与表 8-2 一致，仿真正确。

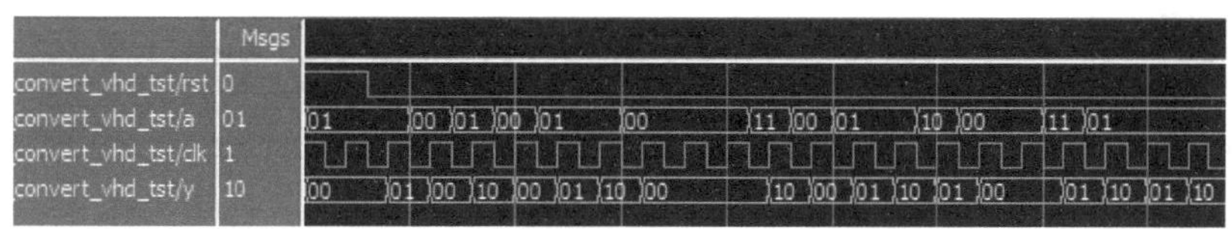

图 8-22　极性转换模块的仿真波形

HDB3 编码器顶层模块的仿真波形如图 8-23 所示。

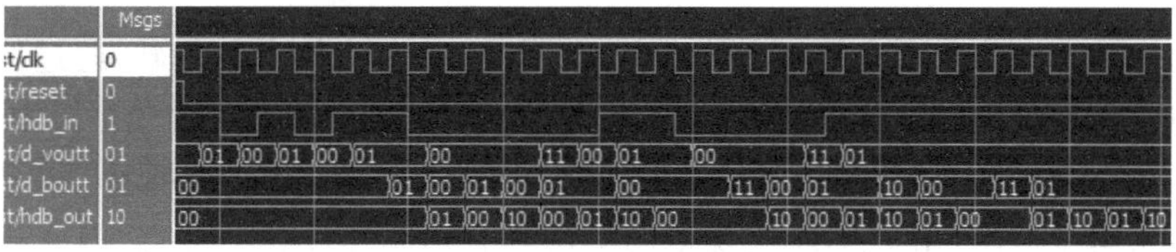

图 8-23　编码顶层模块的仿真波形

将极性转换模块的输出信号作为解码模块的输入信号，解码模块的仿真波形如图 8-24 所示，可见解码后的输出信号与插 V 模块的输入信号一致，仿真正确。

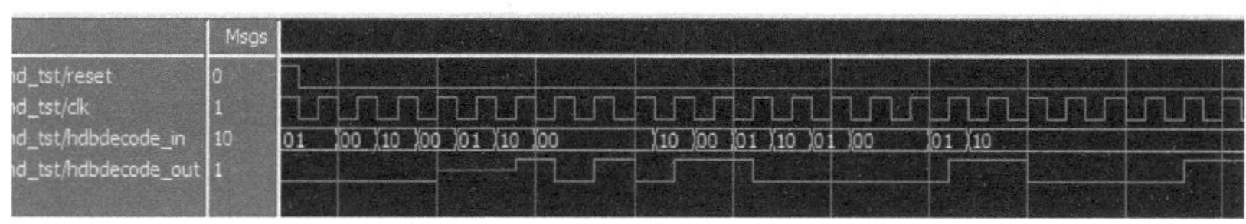

图 8-24　解码模块的仿真波形

第9章 密码算法设计

CHAPTER 9

密码技术是实现信息安全的核心技术。密码算法是密码技术的基础,通过特定的数学函数对信息进行变换,从而达到保护信息的目的。现行的密码算法主要包括流密码、分组密码、公钥密码、散列函数等,用于保证信息的安全,提供鉴别、完整性、抗抵赖等服务。密码算法属于计算密集型应用,用 FPGA 实现密码算法具有运算速度快的优点,因此在密码设备中得到广泛使用,本章主要以分组密码、序列密码以及密码杂凑算法为例,给出了 3 个典型国产密码算法的 FPGA 实现的实例。

为便于描述,先将密码算法的通用术语和描述符号说明如下:

(1) 字(word)和字节(byte)。用 Z_2^e 表示比特的向量集,Z_2^{32} 中的元素称为字,为长度 32 的比特串;Z_2^8 中的元素称为字节,为长度 8 的比特串。

(2) 基本运算。密码算法中常用基本运算符号及说明如表 9-1 所示。

表 9-1 密码算法常用基本运算

符　号	含　义	符　号	含　义
$+$	mod 2^{32} 算术加运算	$a\times b$	整数 a 和 b 的乘法
$\oplus$	32 比特异或运算	$\boxplus$	模 2^{32} 的加法
$\wedge$	32 比特与运算	$\vee$	32 比特或运算
$a <<<_n k$ 或 $a <<< k$	n 位寄存器 a 向左的 k 位循环移位	$a >> i$	a 右移 i 位
$=$	赋值运算符	$a \parallel b$	字符串 a 和 b 的级联
$\neg$	32 比特非运算	mod	模运算
$(a_1, a_2, \cdots, a_n) \rightarrow (b_1, b_2, \cdots, b_n)$	右向赋值,把 a_i 赋值给 b_i	$(a_1, a_2, \cdots, a_n) \leftarrow (b_1, b_2, \cdots, b_n)$	左向赋值,把 b_i 赋值给 a_i

9.1 SM4 分组密码算法的 Verilog HDL 设计

SM4 分组密码算法(GM/T 0002—2012)是国家密码管理局于 2012 年 3 月 21 日批准的 6 项密码行业标准之一。SM4 分组密码算法分组长度和密钥长度均为 128 比特,加密算法与密钥扩展算法都采用 32 轮非线性迭代结构,其中非线性变换中所使用的 S 盒是一个 8 比特输入 8 比特输出的置换。

9.1.1　SM4 算法原理

1. 密钥及密钥参量

加密密钥：$MK=(MK_0, MK_1, MK_2, MK_3)$，长度为 128 比特，其中为字。

轮密钥：$(rk_0, rk_1, \cdots, rk_{31})$，其中 $rk_i(i=0,1,\cdots,31)$为字。轮密钥由加密密钥生成。

系统参数：$FK=(FK_0, FK_1, FK_2, FK_3)$，用于密钥扩展，其中 $FK_i(i=0,1,2,3)$为字。

固定参数：$CK=(CK_0, CK_1, \cdots, CK_{31})$，用于密钥扩展，其中 $CK_i(i=0,1,\cdots,31)$为字。

2. 轮函数 *F*

SM4 算法采用非线性迭代结构，以字(表示为 Z_2^{32})为单位进行加密运算，称一次迭代运算为一轮变换。

设输入为$(X_0, X_1, X_2, X_3)\in(Z_2^{32})^4$，轮密钥为 $rk\in Z_2^{32}$，则轮函数 F 为：

$$F(X_0, X_1, X_2, X_3, rk)=X_0\oplus T(X_1\oplus X_2\oplus X_3\oplus rk)$$

(1) T：为 $Z_2^{32}\rightarrow Z_3^{32}$ 的可逆变换，由非线性变换 τ 和线性变换 L 复合而成：$T(.)=L(\tau(.))$。

(2) 非线性变换 τ：由 4 个并行的 S 盒构成，S 盒变换为固定的 8bit 输入 8bit 输出的置换，记为 Sbox(.)。设输入为 $A=(a_0, a_1, a_2, a_3)\in(Z_2^8)^4$，输出为 $B=(b_0, b_1, b_2, b_3)\in(Z_2^8)^4$，则：

$$(b_0, b_1, b_2, b_3)=\tau(A)=(\mathrm{Sbox}(a_0), \mathrm{Sbox}(a_1), \mathrm{Sbox}(a_2), \mathrm{Sbox}(a_3))$$

S 盒的定义如表 9-2 所示，输入输出均以十六进制表示，例如，输入为“12”时，S 盒变换的输出为“9a”。

表 9-2　S 盒的数据(十六进制)

	0	1	2	3	4	5	6	7	8	9	A	B	C	D	E	F
0	d6	90	e9	fe	cc	e1	3d	b7	16	b6	14	c2	28	fb	2c	05
1	2b	67	9a	76	2a	be	04	c3	aa	44	13	26	49	86	06	99
2	9c	42	50	f4	91	ef	98	7a	33	54	0b	43	ed	cf	ac	62
3	e4	b3	1c	a9	c9	08	e8	95	80	df	94	fa	75	8f	3f	a6
4	47	07	a7	fc	f3	73	17	ba	83	59	3c	19	e6	85	4f	a8
5	68	6b	81	b2	71	64	da	8b	f8	eb	0f	4b	70	56	9d	35
6	1e	24	0e	5e	63	58	d1	a2	25	22	7c	3b	01	21	78	87
7	d4	00	46	57	9f	d3	27	52	4c	36	02	e7	a0	c4	c8	9e
8	ea	bf	8a	d2	40	c7	38	b5	a3	f7	f2	ce	f9	61	15	a1
9	e0	ae	5d	a4	9b	34	1a	55	ad	93	32	30	f5	8c	b1	e3
A	1d	f6	e2	2e	82	66	ca	60	c0	29	23	ab	0d	53	4e	6f
B	d5	db	37	45	de	fd	8e	2f	03	ff	6a	72	6d	6c	5b	51

续表

	0	1	2	3	4	5	6	7	8	9	A	B	C	D	E	F
C	8d	1b	af	92	bb	dd	bc	7f	11	d9	5c	41	1f	10	5a	d8
D	0a	c1	31	88	a5	cd	7b	bd	2d	74	d0	12	b8	e5	b4	b0
E	89	69	97	4a	0c	96	77	7e	65	b9	f1	09	c5	6e	c6	84
F	18	f0	7d	ec	3a	dc	4d	20	79	ee	5f	3e	d7	cb	39	48

(3) 线性变换 L：非线性变换 τ 的输出是线性变换 L 的输入。设输入为 $B\in Z_2^{32}$，输出为 $C\in Z_2^{32}$，则 $C=L(B)=B\oplus(B<<<2)\oplus(B<<<10)\oplus(B<<<18)\oplus(B<<<24)$。

3. 加解密算法

加密流程如图 9-1 所示。设明文输入为$(X_0,X_1,X_2,X_3)\in(Z_2^{32})^4$，密文输出为$(Y_0,Y_1,Y_2,Y_3)\in(Z_2^{32})^4$，轮密钥为 $\mathrm{rk}_0,\mathrm{rk}_1,\cdots,\mathrm{rk}_{31}\in Z_2^{32}$，则：

$$X_{i+4}=F(X_i,X_{i+1},X_{i+2},X_{i+3},\mathrm{rk}_i)$$
$$=X_i\oplus T(X_{i+1}\oplus X_{i+2}\oplus X_{i+3}\oplus \mathrm{rk}_i),\quad i=0,1,\cdots,31$$
$$(Y_0,Y_1,Y_2,Y_3)=(X_{35},X_{34},X_{33},X_{32})$$

其中，以 32 位为单位的逆序输出是为了加解密的一致性。解密算法与加密算法的结构相同，只是轮密钥的使用顺序相反。

加密时轮密钥的使用顺序为：

$$(\mathrm{rk}_0,\mathrm{rk}_1,\cdots,\mathrm{rk}_{31})$$

解密时轮密钥的使用顺序为：

$$(\mathrm{rk}_{31},\mathrm{rk}_{30},\cdots,\mathrm{rk}_0)$$

4. 密钥扩展算法

SM4 算法中的轮密钥由加密密钥通过密钥扩展算法生成，轮密钥生成方法为：

首先，$(K_0,K_1,K_2,K_3)=(\mathrm{FK}_0\oplus\mathrm{MK}_0,\mathrm{FK}_1\oplus\mathrm{MK}_1,\mathrm{FK}_2\oplus\mathrm{MK}_2,\mathrm{FK}_3\oplus\mathrm{MK}_3)$

然后，对 $i=0,1,2,\cdots,31$，

$$\mathrm{rk}_i=K_{i+4}=K_i\oplus T'(K_{i+1}\oplus K_{i+2}\oplus K_{i+3}\oplus CK_i)$$

其中，

(1) T'变换与加密算法轮函数中的 T 类似，由前述的非线性变换 τ 和线性变换 L'复合而成：$T'(.)=L'(\tau(.))$，其中线性变换 L'为：

$$L'(B)=B\oplus(B<<<13)\oplus(B<<<23)$$

(2) 系统参数 $\mathrm{FK}=(\mathrm{FK}_0,\mathrm{FK}_1,\mathrm{FK}_2,\mathrm{FK}_3)$，其取值采用十六进制表示为：

$\mathrm{FK}_0=(\mathrm{A3B1BAC6})$，$\mathrm{FK}_1=(56\mathrm{AA}3350)$，$\mathrm{FK}_2=(677\mathrm{D}9197)$，$\mathrm{FK}_3=(\mathrm{B}27022\mathrm{DC})$

(3) 固定参数 $\mathrm{CK}_i(i=0,1,\cdots,31)$，其选取方法为：设 $\mathrm{ck}_{i,j}$ 为 CK_i 的第 j 字节$(i=0,1,\cdots,31;\ j=0,1,2,3)$，即 $\mathrm{CK}_i=(\mathrm{ck}_{i,0},\mathrm{ck}_{i,1},\mathrm{ck}_{i,2},\mathrm{ck}_{i,3})\in(Z_2^{32})^4$，则取 $\mathrm{ck}_{i,j}=(4i+j)\times 7(\mathrm{mod}256)$。32 个固定参数 CK_i 的十六进制表示为：

```
00070e15,    1c232a31,    383f464d,    545b6269
70777e85,    8c939aa1,    a8afb6bd,    c4cbd2d9
e0e7eef5,    fc030a11,    181f262d,    343b4249
50575e65,    6c737a81,    888f969d,    a4abb2b9
```

c0c7ced5，	dce3eaf1，	f8ff060d，	141b2229
30373e45，	4c535a61，	686f767d，	848b9299
a0a7aeb5，	bcc3cad1，	d8dfe6ed，	f4fb0209
10171e25，	2c333a41，	484f565d，	646b7279

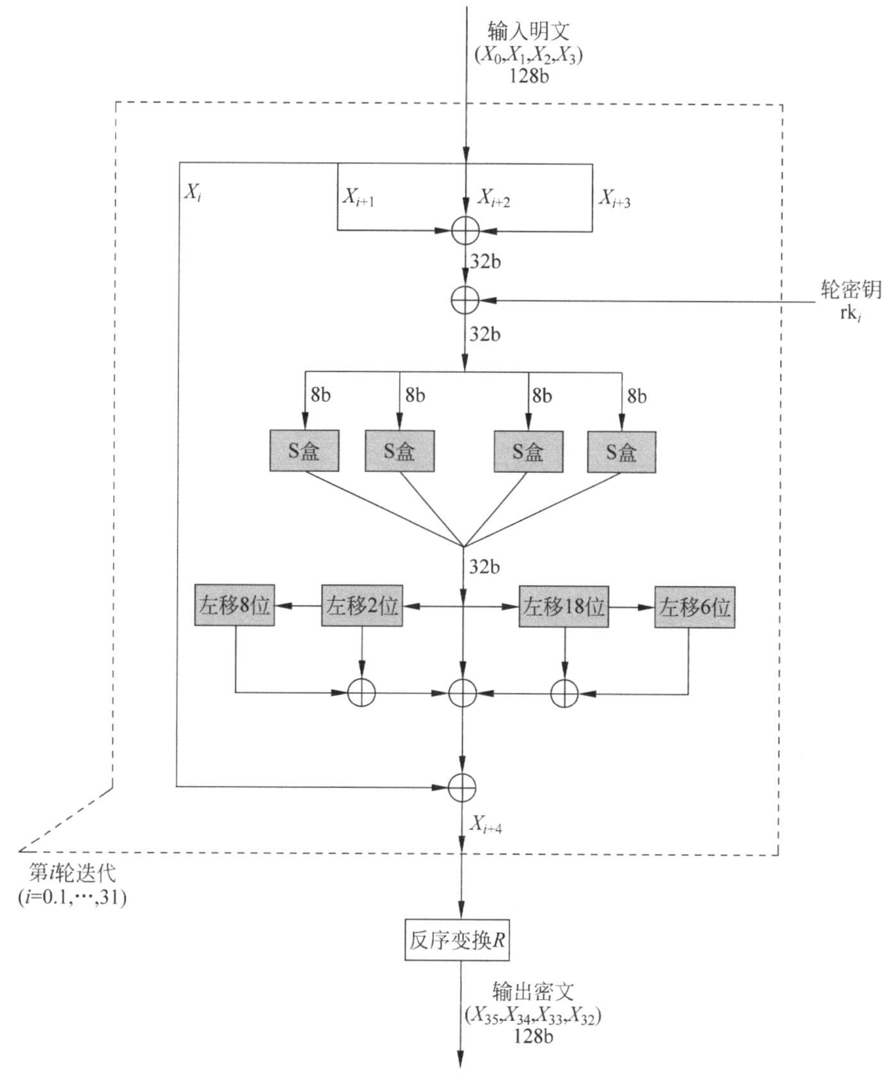

图 9-1　SM4 算法的加密流程

此固定参数主要用于轮密钥的生成，因此又称为轮参数。密钥扩展流程如图 9-2 所示。

9.1.2　设计实现

1. SM4 算法总体设计

SM4 算法的 FPGA 循环反馈设计结构如图 9-3 所示。

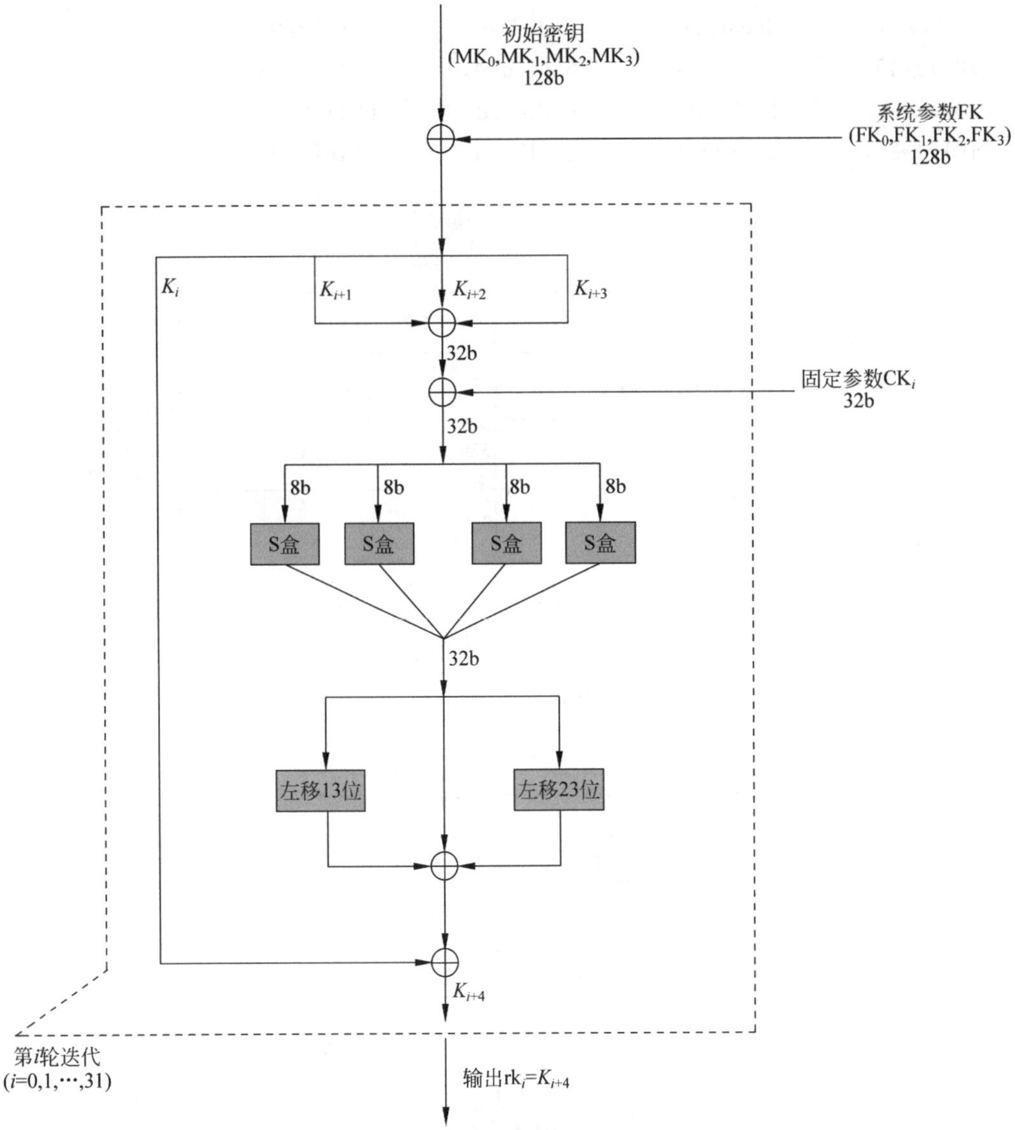

图 9-2 SM4 算法的密钥扩展流程

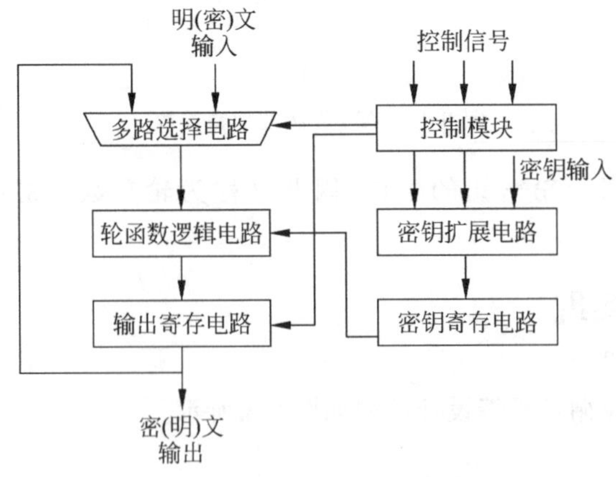

图 9-3 SM4 硬件设计整体结构

SM4 算法的输入输出端口如图 9-4 所示。

clk：时钟信号
rst_n：复位信号，低有效
KeyIn：加密密钥输入(128bit)
KeyRdy：加密密钥有效，高有效(启动密钥初始化)
KVld：轮密钥有效信号，表示密钥初始化完成，密钥扩展完毕时，输出一个时钟的高电平
DataIn：加解密数据输入(128bit)
InRdy：加解密数据准备好信号，高有效(启动加解密运算)
opMode：加解密模式选择信号，0 为加密，1 为解密
DataOut：加解密结果输出(128bit)
OVld：输出有效信号，表示 DataOut 为有效的加解密结果

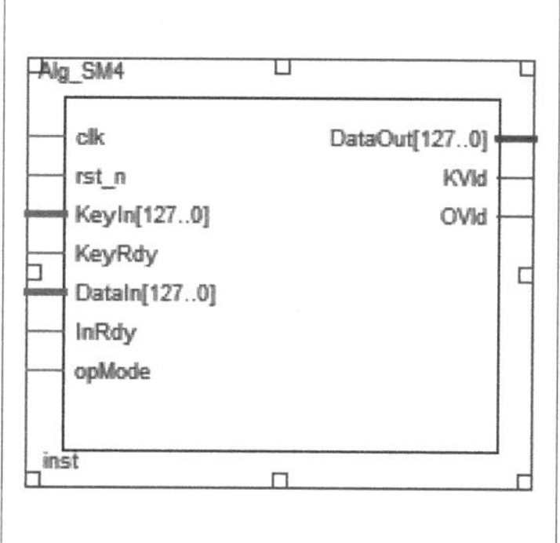

图 9-4 SM4 算法 IP 核接口定义

2. S 盒变换模块的设计

在 SM4 算法实现过程中，S 盒变换模块是一个非线性运算单元，其功能是将输入的一个字节变换成一个不相关的新字节。一般可以基于 IP 核采用 ROM 查表方式实现，或者基于 LUT 采用函数形式完成。

采用 ROM 方式实现时，将要进行变换的字节作为地址输入到 ROM IP 核地址端口，根据 IP 核的时序特点，查表结果会在地址有效以后的下一个时钟沿给出。具体实现方法可以参考 6.3 节。

采用函数方式完成 S 盒查表相对更简单一些。Verilog HDL 语言中函数名可以作为变量返回运算结果，实现一个字节的 S 盒变换运算的函数定义如下。

```
//**** 1 字节的 S 盒变换函数定义 ****
function [7:0] SBox;      // 函数定义,函数名是一个输出变量
input     [7:0] x;        // 函数输入参数,可以有多个.
    case (x)              // 使用 case 语句根据输入给出输出结果
        8'h00: SBox = 8'hD6; 8'h01: SBox = 8'h90; 8'h02: SBox = 8'hE9;  8'h03: SBox = 8'hFE;
        8'h04: SBox = 8'hCC; 8'h05: SBox = 8'hE1; 8'h06: SBox = 8'h3D;  8'h07: SBox = 8'hB7;
        8'h08: SBox = 8'h16; 8'h09: SBox = 8'hB6; 8'h0A: SBox = 8'h14;  8'h0B: SBox = 8'hC2;
        8'h0C: SBox = 8'h28; 8'h0D: SBox = 8'hFB; 8'h0E: SBox = 8'h2C;  8'h0F: SBox = 8'h05;

        8'h10: SBox = 8'h2B; 8'h11: SBox = 8'h67; 8'h12: SBox = 8'h9A;  8'h13: SBox = 8'h76;
        8'h14: SBox = 8'h2A; 8'h15: SBox = 8'hBE; 8'h16: SBox = 8'h04;  8'h17: SBox = 8'hC3;
        8'h18: SBox = 8'hAA; 8'h19: SBox = 8'h44; 8'h1A: SBox = 8'h13;  8'h1B: SBox = 8'h26;
        8'h1C: SBox = 8'h49; 8'h1D: SBox = 8'h86; 8'h1E: SBox = 8'h06;  8'h1F: SBox = 8'h99;

        8'h20: SBox = 8'h9C; 8'h21: SBox = 8'h42; 8'h22: SBox = 8'h50;  8'h23: SBox = 8'hF4;
        8'h24: SBox = 8'h91; 8'h25: SBox = 8'hEF; 8'h26: SBox = 8'h98;  8'h27: SBox = 8'h7A;
        8'h28: SBox = 8'h33; 8'h29: SBox = 8'h54; 8'h2A: SBox = 8'h0B;  8'h2B: SBox = 8'h43;
        8'h2C: SBox = 8'hED; 8'h2D: SBox = 8'hCF; 8'h2E: SBox = 8'hAC;  8'h2F: SBox = 8'h62;

        8'h30: SBox = 8'hE4; 8'h31: SBox = 8'hB3; 8'h32: SBox = 8'h1C;  8'h33: SBox = 8'hA9;
        8'h34: SBox = 8'hC9; 8'h35: SBox = 8'h08; 8'h36: SBox = 8'hE8;  8'h37: SBox = 8'h95;
        8'h38: SBox = 8'h80; 8'h39: SBox = 8'hDF; 8'h3A: SBox = 8'h94;  8'h3B: SBox = 8'hFA;
        8'h3C: SBox = 8'h75; 8'h3D: SBox = 8'h8F; 8'h3E: SBox = 8'h3F;  8'h3F: SBox = 8'hA6;
```

```
8'h40: SBox = 8'h47; 8'h41: SBox = 8'h07; 8'h42: SBox = 8'hA7;  8'h43: SBox = 8'hFC;
8'h44: SBox = 8'hF3; 8'h45: SBox = 8'h73; 8'h46: SBox = 8'h17;  8'h47: SBox = 8'hBA;
8'h48: SBox = 8'h83; 8'h49: SBox = 8'h59; 8'h4A: SBox = 8'h3C;  8'h4B: SBox = 8'h19;
8'h4C: SBox = 8'hE6; 8'h4D: SBox = 8'h85; 8'h4E: SBox = 8'h4F;  8'h4F: SBox = 8'hA8;

8'h50: SBox = 8'h68; 8'h51: SBox = 8'h6B; 8'h52: SBox = 8'h81;  8'h53: SBox = 8'hB2;
8'h54: SBox = 8'h71; 8'h55: SBox = 8'h64; 8'h56: SBox = 8'hDA;  8'h57: SBox = 8'h8B;
8'h58: SBox = 8'hF8; 8'h59: SBox = 8'hEB; 8'h5A: SBox = 8'h0F;  8'h5B: SBox = 8'h4B;
8'h5C: SBox = 8'h70; 8'h5D: SBox = 8'h56; 8'h5E: SBox = 8'h9D;  8'h5F: SBox = 8'h35;

8'h60: SBox = 8'h1E; 8'h61: SBox = 8'h24; 8'h62: SBox = 8'h0E;  8'h63: SBox = 8'h5E;
8'h64: SBox = 8'h63; 8'h65: SBox = 8'h58; 8'h66: SBox = 8'hD1;  8'h67: SBox = 8'hA2;
8'h68: SBox = 8'h25; 8'h69: SBox = 8'h22; 8'h6A: SBox = 8'h7C;  8'h6B: SBox = 8'h3B;
8'h6C: SBox = 8'h01; 8'h6D: SBox = 8'h21; 8'h6E: SBox = 8'h78;  8'h6F: SBox = 8'h87;

8'h70: SBox = 8'hD4; 8'h71: SBox = 8'h00; 8'h72: SBox = 8'h46;  8'h73: SBox = 8'h57;
8'h74: SBox = 8'h9F; 8'h75: SBox = 8'hD3; 8'h76: SBox = 8'h27;  8'h77: SBox = 8'h52;
8'h78: SBox = 8'h4C; 8'h79: SBox = 8'h36; 8'h7A: SBox = 8'h02;  8'h7B: SBox = 8'hE7;
8'h7C: SBox = 8'hA0; 8'h7D: SBox = 8'hC4; 8'h7E: SBox = 8'hC8;  8'h7F: SBox = 8'h9E;

8'h80: SBox = 8'hEA; 8'h81: SBox = 8'hBF; 8'h82: SBox = 8'h8A;  8'h83: SBox = 8'hD2;
8'h84: SBox = 8'h40; 8'h85: SBox = 8'hC7; 8'h86: SBox = 8'h38;  8'h87: SBox = 8'hB5;
8'h88: SBox = 8'hA3; 8'h89: SBox = 8'hF7; 8'h8A: SBox = 8'hF2;  8'h8B: SBox = 8'hCE;
8'h8C: SBox = 8'hF9; 8'h8D: SBox = 8'h61; 8'h8E: SBox = 8'h15;  8'h8F: SBox = 8'hA1;

8'h90: SBox = 8'hE0; 8'h91: SBox = 8'hAE; 8'h92: SBox = 8'h5D;  8'h93: SBox = 8'hA4;
8'h94: SBox = 8'h9B; 8'h95: SBox = 8'h34; 8'h96: SBox = 8'h1A;  8'h97: SBox = 8'h55;
8'h98: SBox = 8'hAD; 8'h99: SBox = 8'h93; 8'h9A: SBox = 8'h32;  8'h9B: SBox = 8'h30;
8'h9C: SBox = 8'hF5; 8'h9D: SBox = 8'h8C; 8'h9E: SBox = 8'hB1;  8'h9F: SBox = 8'hE3;

8'hA0: SBox = 8'h1D; 8'hA1: SBox = 8'hF6; 8'hA2: SBox = 8'hE2; 8'hA3: SBox = 8'h2E;
8'hA4: SBox = 8'h82; 8'hA5: SBox = 8'h66; 8'hA6: SBox = 8'hCA; 8'hA7: SBox = 8'h60;
8'hA8: SBox = 8'hC0; 8'hA9: SBox = 8'h29; 8'hAA: SBox = 8'h23; 8'hAB: SBox = 8'hAB;
8'hAC: SBox = 8'h0D; 8'hAD: SBox = 8'h53; 8'hAE: SBox = 8'h4E; 8'hAF: SBox = 8'h6F;

8'hB0: SBox = 8'hD5; 8'hB1: SBox = 8'hDB; 8'hB2: SBox = 8'h37; 8'hB3: SBox = 8'h45;
8'hB4: SBox = 8'hDE; 8'hB5: SBox = 8'hFD; 8'hB6: SBox = 8'h8E; 8'hB7: SBox = 8'h2F;
8'hB8: SBox = 8'h03; 8'hB9: SBox = 8'hFF; 8'hBA: SBox = 8'h6A; 8'hBB: SBox = 8'h72;
8'hBC: SBox = 8'h6D; 8'hBD: SBox = 8'h6C; 8'hBE: SBox = 8'h5B; 8'hBF: SBox = 8'h51;

8'hC0: SBox = 8'h8D; 8'hC1: SBox = 8'h1B; 8'hC2: SBox = 8'hAF; 8'hC3: SBox = 8'h92;
8'hC4: SBox = 8'hBB; 8'hC5: SBox = 8'hDD; 8'hC6: SBox = 8'hBC; 8'hC7: SBox = 8'h7F;
8'hC8: SBox = 8'h11; 8'hC9: SBox = 8'hD9; 8'hCA: SBox = 8'h5C; 8'hCB: SBox = 8'h41;
8'hCC: SBox = 8'h1F; 8'hCD: SBox = 8'h10; 8'hCE: SBox = 8'h5A; 8'hCF: SBox = 8'hD8;

8'hD0: SBox = 8'h0A; 8'hD1: SBox = 8'hC1; 8'hD2: SBox = 8'h31; 8'hD3: SBox = 8'h88;
8'hD4: SBox = 8'hA5; 8'hD5: SBox = 8'hCD; 8'hD6: SBox = 8'h7B; 8'hD7: SBox = 8'hBD;
8'hD8: SBox = 8'h2D; 8'hD9:SBox = 8'h74; 8'hDA: SBox = 8'hD0; 8'hDB: SBox = 8'h12;
8'hDC: SBox = 8'hB8;8'hDD: SBox = 8'hE5; 8'hDE: SBox = 8'hB4; 8'hDF: SBox = 8'hB0;
```

```
        8'hE0: SBox = 8'h89; 8'hE1: SBox = 8'h69; 8'hE2: SBox = 8'h97;  8'hE3: SBox = 8'h4A;
        8'hE4: SBox = 8'h0C; 8'hE5: SBox = 8'h96; 8'hE6: SBox = 8'h77;  8'hE7: SBox = 8'h7E;
        8'hE8: SBox = 8'h65; 8'hE9: SBox = 8'hB9; 8'hEA: SBox = 8'hF1;  8'hEB: SBox = 8'h09;
        8'hEC: SBox = 8'hC5; 8'hED: SBox = 8'h6E; 8'hEE: SBox = 8'hC6;  8'hEF: SBox = 8'h84;

        8'hF0: SBox = 8'h18; 8'hF1: SBox = 8'hF0; 8'hF2: SBox = 8'h7D;  8'hF3: SBox = 8'hEC;
        8'hF4: SBox = 8'h3A; 8'hF5: SBox = 8'hDC; 8'hF6: SBox = 8'h4D;  8'hF7: SBox = 8'h20;
        8'hF8: SBox = 8'h79; 8'hF9: SBox = 8'hEE; 8'hFA: SBox = 8'h5F;  8'hFB: SBox = 8'h3E;
        8'hFC: SBox = 8'hD7; 8'hFD: SBox = 8'hCB; 8'hFE: SBox = 8'h39;  8'hFF: SBox = 8'h48;
    endcase
endfunction                 // 函数结束
```

程序中调用该函数实现 32 比特数据 S 盒变换相关代码如下，该代码调用了 4 次 SBox 函数完成 4 个字节的 S 盒变换。实际生成电路时，相当于对 SBox 模块重复例化了 4 次，也即 4 次函数调用是并行实现的。

```
// **** 32bit S 盒变换 ****
reg [31:0] xS, xTmp;            // 定义两个 32 比特的变量
xS <= {SBox(xTmp[31:24]),SBox(xTmp[23:16]),SBox(xTmp[15:8]),SBox(xTmp[7:0])};
                                // 函数调用
```

3. 轮常数的存储设计

SM4 算法密钥扩展过程中，不同扩展轮使用不同的轮常数（即算法描述中的固定参数），共 32 个轮常数，其使用与轮序号有关。为了便于代码编写，轮常数采用寄存器数组形式存储，代码如下，其中变量 CK 是一个包含了 32 个字的数组。

```
// **** 以数组形式定义轮常数 CK ****
wire [ 31:0] CK[31:0];
assign CK[0] = 32'h00070E15,CK[1] = 32'h1C232A31,CK[2] = 32'h383F464D,CK[3] = 32'h545B6269,
CK[4] = 32'h70777E85,CK[5] = 32'h8C939AA1,CK[6] = 32'hA8AFB6BD,CK[7] = 32'hC4CBD2D9,
CK[8] = 32'hE0E7EEF5,CK[9] = 32'hFC030A11,CK[10] = 32'h181F262D,CK[11] = 32'h343B4249,
CK[12] = 32'h50575E65,CK[13] = 32'h6C737A81,CK[14] = 32'h888F969D,CK[15] = 32'hA4ABB2B9,
CK[16] = 32'hC0C7CED5,CK[17] = 32'hDCE3EAF1,CK[18] = 32'hF8FF060D,CK[19] = 32'h141B2229,
CK[20] = 32'h30373E45,CK[21] = 32'h4C535A61,CK[22] = 32'h686F767D,CK[23] = 32'h848B9299,
CK[24] = 32'hA0A7AEB5,CK[25] = 32'hBCC3CAD1,CK[26] = 32'hD8DFE6ED,CK[27] = 32'hF4FB0209,
CK[28] = 32'h10171E25,CK[29] = 32'h2C333A41,CK[30] = 32'h484F565D,CK[31] = 32'h646B7279;
```

若 cntRound 为密钥扩展轮数，则轮常数在密钥扩展过程中的使用方法如下：

```
// **** 轮常数 CK 的使用示例 ****
xTmp <=  key[95:64] ^ key[63:32] ^ key[31:0] ^ CK [cntRound];
```

该方法同样可以用于轮密钥的存储。将轮密钥定义成与轮常数一样的数组变量，每轮密钥扩展将当前轮密钥存储在数组的不同位置，使用时根据加密轮序号直接使用。

另外，轮常数的性质与 S 盒类似，因此轮常数存储的实现方法也适用于 S 盒变换，而 S 盒变换的实现方法也可以用于实现轮常数的存储。

4. SM4 算法的主程序设计

根据 SM4 算法流程，将主控程序的状态机设计为 11 个状态，如图 9-5 所示，具体状态转移描述如下。

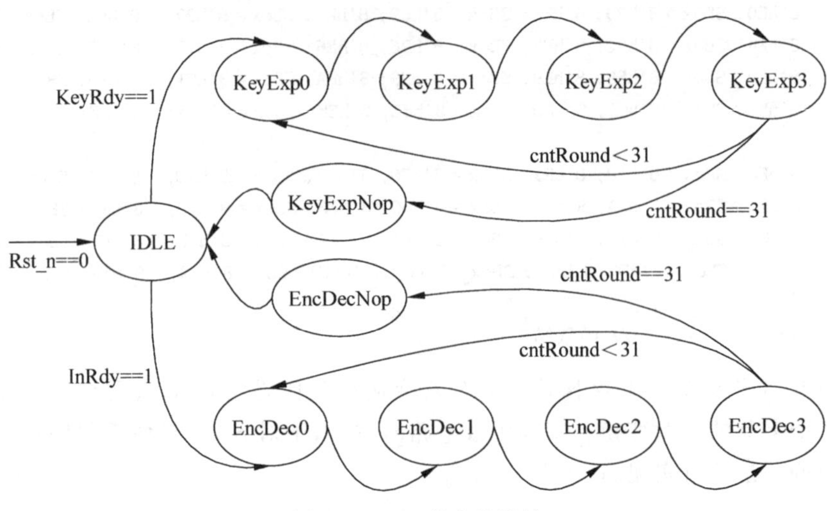

图 9-5 SM4 状态机设计

(1) IDLE 状态：等待外部输入命令，根据输入的加密密钥有效信号 KeyRdy 信号和加解密数据准备好信号 InRdy 信号进行状态跳转。

(2) KeyExp0—KeyExp3 状态：密钥扩展的 4 个步骤，并进行 32 轮循环，循环结束后进入 KeyExpNop 状态。其中，

KeyExp0 状态实现轮常数加运算，即计算 T 变换的输入；

KeyExp1 状态实现非线性变换 τ 的运算，即 4 个 SBox 的并行运算；

KeyExp2 状态实现线性变换 L'；

KeyExp3 状态计算并保存轮密钥。

(3) KeyExpNop 状态：给出密钥扩展结束标志，将输出端口轮密钥有效信号 KVld 置 1，状态跳转到 IDLE。

(4) EncDec0—EncDec3 状态：完成加解密轮函数的 4 个步骤，并循环 32 轮，循环结束后进入 EncDecNop 状态。其中，

EncDec0 状态实现轮密钥加运算，轮密钥的使用顺序根据加密还是解密而不同；

EncDec1 状态实现非线性变换 τ 的运算，即 4 个 SBox 的并行运算；

EncDec2 状态实现线性变换 L，即循环移位与异或运算；

EncDec3 状态计算并保存轮函数运算结果，更新轮函数输入数据为新一轮运算做准备。

(5) EncDecNop 状态：更新加解密结果，给出加解密完成标志，将输出端口输出有效信号 OVld 置 1，输出端口 DataOut 输出运算结果；状态跳转到 IDLE。

状态机定义代码如下。

```
reg [3:0] stSM4;
parameter  IDLE      = 0,
        KeyExp0    = 1,
        KeyExp1    = 2,
        KeyExp2    = 3,
        KeyExp3    = 4,
        KeyExpNop  = 5,
```

```
        EncDec0    = 6,
        EncDec1    = 7,
        EncDec2    = 8,
        EncDec3    = 9,
        EncDecNop  = 10;
```

根据上述状态机设计，结合前面各个模块的实现说明，算法具体实现代码如下。

```
module Alg_SM4(
    input                clk,  rst_n,
    input [127:0]KeyIn,               // 输入密钥
    input                KeyRdy,      // 1: 外部输入密钥有效, 0: 外部输入密钥无效
    input [127:0]DataIn,              // 输入加解密数据
    input                InRdy,       // 1: 加解密数据有效, 0: 加解密数据无效
    input                opMode,      // 0: 加密, 1: 解密
    output reg [127:0] DataOut,       // 输出加解密结果
    output reg           KVld,        // 1: 密钥扩展完成,0: 密钥扩展未完成
    output reg           OVld         // 1: 加解密结束,0: 加解密未结束
  );
  reg [127:0]   key;                  // 密钥扩展中间值
  reg [127:0]   data;                 // 加解密中间值
  reg           mode;                 // 加解密模式
  reg [ 31:0]   RoundKey[31:0];       // 32 轮轮密钥
  reg [ 31:0]   xTmp, xS, xL;         // 运算过程临时变量
  reg [   4:0]  cntRound;             // 轮计数器
  reg [   3:0]  stSM4;
  wire [127:0] FKey;
  wire [ 31:0] CK[31:0];
  // 状态机定义
  …
  // 1 字节的 S 盒变换函数 Sbox 定义
  …                                   // 详见本节的"2.S 盒变换模块的设计"
  //系统参数定义
    assign FKey = 128'hA3B1BAC656AA3350677D9197B27022DC;
  // 轮常数 CK 定义
  …                                   // 详见本节的"3.轮常数的存储设计"
  // 状态机主体程序
always @ (posedge clk or negedge rst_n) begin
    if (rst_n == 1'b0) begin
      stSM4 <= IDLE;
      KVld <= 1'b0;
      OVld <= 1'b0;
      DataOut <= 128'b0;
      key <= 128'b0;
      data <= 128'b0;
      mode <= 1'b0;
      xL <= 32'b0;
      xS <= 32'b0;
      xTmp <= 32'b0;
      cntRound <= 5'b0;
    end
```

```
else begin
  case (stSM4)
    IDLE : begin                    // 每个状态包含两部分:状态跳转、数据寄存
                                    // IDLE 状态部分信号置初值,保存输入数据
      if (KeyRdy == 1'b1)           // 外部输入密钥有效,进入密钥扩展状态循环
        stSM4 <= KeyExp0;
      else if (InRdy == 1'b1)       // 外部输入数据有效,进入加解密状态循环
        stSM4 <= EncDec0;
      else  stSM4 <= IDLE;

      if (KeyRdy == 1'b1)           // 当加密密钥有效信号置 1 时
       key <= KeyIn ^ FKey;         // 输入的加密密钥与系统参数异或
      if (InRdy == 1'b1)            // 当输入数据有效信号置 1 时
       data <= DataIn;              // 保存输入数据
      mode <= opMode;
      cntRound <= 0;                // IDLE 状态下轮计数器清 0
      KVld <= 1'b0;                 // 轮密钥有效信号清 0
      OVld <= 1'b0;                 // 输出有效信号清 0
    end
   KeyExp0 : begin                  // KeyExp0 状态计算 T 函数输入值
      stSM4 <= KeyExp1;             // 状态跳转

      xTmp <= key[95:64]^key[63:32]^key[31:0]^CK[cntRound];
                                    // 数据寄存,使用轮常数计算 T 函数输入值
    end
  KeyExp1 : begin                   // KeyExp1 状态完成非线性变换 τ
      stSM4 <= KeyExp2;             // 状态跳转

xS <= {SBox(xTmp[31:24]),SBox(xTmp[23:16]),SBox(xTmp[15:8]),SBox(xTmp[7:0])};
                                    // 非线性变换 τ(4 个并行 S 盒)
    end
  KeyExp2 : begin                   // KeyExp2 状态完成线性变换 L'
      stSM4 <= KeyExp3;             // 状态跳转

      xL <= xS[31:0] ^{xS[18:0],xS[31:19]} ^{xS[8:0],xS[31:9]}; // 线性变换 L'
    end
  KeyExp3 : begin                   // KeyExp3 状态计算并存储轮密钥
      if (cntRound == 31)
          stSM4 <= KeyExpNop;       // 32 轮结束,状态转移至 KeyExpNop
      else
          stSM4 <= KeyExp0;         // 否则状态转移至 KeyExp0 进入下一轮运算

      key <= {key[95:0], key[127:96] ^ xL};     // 密钥扩展中间值更新
      RoundKey[cntRound] <= key[127:96] ^ xL;   // 轮密钥寄存
      cntRound <= cntRound + 1'b1;              // 轮计数加 1
    end
  KeyExpNop : begin                             // KeyExpNop 设置轮密钥准备好信号
      stSM4 <= IDLE;                            // 状态跳转

      KVld <= 1'b1;                             // 数据寄存
    end
```

```
    EncDec0 : begin                                     // EncDec0 状态计算 T 运算的输入数据
          stSM4 <= EncDec1;                             // 状态跳转

              xTmp <= data[95:64]^data[63:32]^data[31:0]^((mode == 0)?RoundKey[cntRound]:
RoundKey[31 - cntRound]);                               // 计算 T 运算的输入值
        end
      EncDec1 : begin                                   // EncDec1 状态完成非线性变换 τ
          stSM4 <= EncDec2;                             // 状态跳转

      xS <= {SBox(xTmp[31:24]),SBox(xTmp[23:16]),SBox(xTmp[15:8]),SBox(xTmp[7:0])};
                                                        //非线性变换 τ(4 个并行 S 盒)
        end
      EncDec2 : begin                                   // EncDec2 状态完成线性变换 L
          stSM4 <= EncDec3;                             // 状态跳转

          xL <= xS[31:0]^{xS[29:0],xS[31:30]}^{xS[21:0],xS[31:22]}^{xS[13:0],xS[31:14]}^
{xS[7:0],xS[31:8]};                                     // 线性变换 L
        end
      EncDec3 : begin
          if (cntRound == 31)
           stSM4 <= EncDecNop;                  // 32 轮后结束循环状态进入 EncDecNop 状态
          else
           stSM4 <= EncDec0;                    // 否则进入 EncDec0 状态继续循环

          data <= {data[95:0], data[127:96] ^ xL};      // 加解密中间结果更新
          cntRound <= cntRound + 1'b1;          // 轮计数加 1
        end
      EncDecNop : begin                         // 加解密结束,设置输出有效信号和输出值
              stSM4 <= IDLE;                    // 状态跳转

              OVld <= 1'b1;                     // 数据寄存,输出有效信号置 1
              DataOut <= {data[31:0],data[63:32],data[95:64],data[127:96]};
                                                // 逆序输出
          end
      endcase
    end
endmodule
```

9.1.3 仿真验证

算法 IP 模块编写完毕后,要对其进行仿真验证。这里采用 3.2.3 节中介绍的 ModelSim 仿真对其进行验证,仿真测试用例及仿真结果如下。

1. 测试用例

测试用例分为变量定义、时钟激励、输入信号激励产生与结果记录和测试模块例化等几部分,具体测试用例如下。

```
module tb_alg_sm4;
  reg          clk, rst_n;            // 被测模块输入信号定义为 reg,由测试用例赋值
  reg [127:0]  KeyIn;
```

```
reg           KeyRdy;
reg [127:0]  DataIn;
reg          InRdy;
reg          opMode;
wire[127:0]  DataOut;              // 被测模块输出信号定义为 wire,由被测模块赋值
wire        KVld, OVld;

always   #10 clk <= ~clk;          // 产生周期 20 的时钟信号

initial begin                      // 对模块输入信号进行顺序赋值,进行仿真
  #0 $display("!!! Start    Simulation!!!");
    clk <= 1'b0;                   // 时钟初始化为 0
    rst_n <= 1'b0;                 // 模块在 0 时刻复位有效
    KeyIn <= 128'b0;               // 以下对模块输入信号赋初始值
    KeyRdy <= 1'b0;
    DataIn <= 128'b0;
    InRdy <= 1'b0;
    opMode <= 1'b0;
  #20  rst_n <= 1'b1;              // 复位信号无效
  #20
    KeyIn <= 128'h0123456789ABCDEFFEDCBA9876543210;
    KeyRdy <= 1'b1;                // 输入密钥开始密钥扩展
  #20
    KeyIn <= 128'h0;
    KeyRdy <= 1'b0;
    wait(KVld == 1'b1);            // 等待密钥扩展结束
  #20
    DataIn <= 128'h0123456789ABCDEFFEDCBA9876543210;
    opMode <= 1'b0;                // 输入明文
    InRdy <= 1'b1;
  #20
    DataIn <= 128'h0;
    opMode <= 1'b0;
    InRdy <= 1'b0;
  wait(OVld == 1'b1);              // 等待加密完成
  #20
    DataIn <= DataOut;
    opMode <= 1'b1;                // 输入密文
    InRdy <= 1'b1;
  #20
    DataIn <= 128'h0;
    opMode <= 1'b0;
    InRdy <= 1'b0;
  wait (OVld == 1'b1);             // 等待解密结束
  #40   $stop;                     // 暂停仿真
end
```

```
  alg_sm4 alg_sm4_inst(
      .clk     (clk     ),
      .rst_n   (rst_n   ),
      .KeyIn   (KeyIn   ),  // 输入加密密钥
      .KeyRdy  (KeyRdy  ),  // 1: 外部输入的加密密钥有效, 0: 外部输入的加密密钥无效
      .DataIn  (DataIn  ),  // 输入加解密数据
      .InRdy   (InRdy   ),  // 1: 加解密数据有效, 0: 加解密数据无效
      .opMode  (opMode  ),  // 0: 加密, 1: 解密
      .DataOut (DataOut ),  // 输出加解密结果
      .KVld    (KVld    ),  // 1: 密钥扩展完成,0: 密钥扩展未完成
      .OVld    (OVld    ));// 1: 加解密结束,0: 加解密未结束
endmodule
```

2. 测试结果

波形仿真时设置时钟周期为 20ns，如图 9-6 和图 9-7 所示，在 50ns 时刻的时钟上升沿处，输入密钥为 0x01234567 89ABCDEF FEDCBA98 76543210，在 2630ns 时刻，密钥扩展结束，共计 129 个时钟周期，其中一个周期读入密钥，128 个周期完成密钥扩展。

加解密过程由图 9-7～图 9-9 给出，在 2650ns 时刻，输入明文为 0x01234567 89ABCDEF FEDCBA98 76543210，在 5230ns 时刻加密完成，密文是 0x681EDF34 D206965E 86B3E94F 536E4246。在 5250ns 时刻输入密文 0x681EDF34 D206965E 86B3E94F 536E4246 开始解密，之后在 7830ns 时刻解密完成，输出明文 0x01234567 89ABCDEF FEDCBA98 76543210。仿真结果与官方公布算法加解密数据一致。

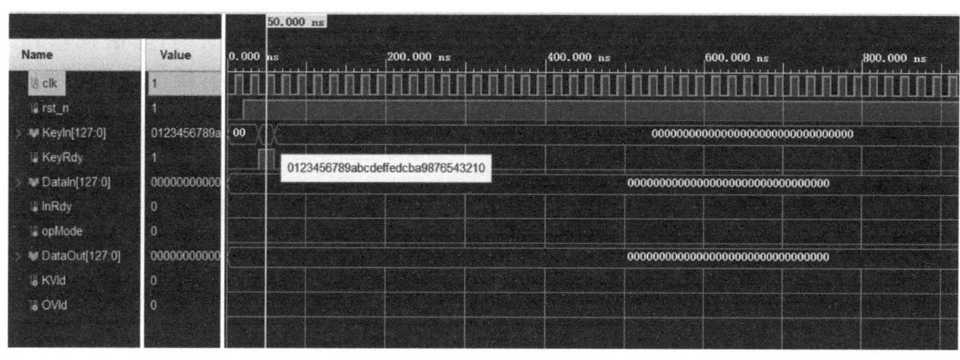

图 9-6　SM4 算法仿真—输入加密密钥进行密钥扩展

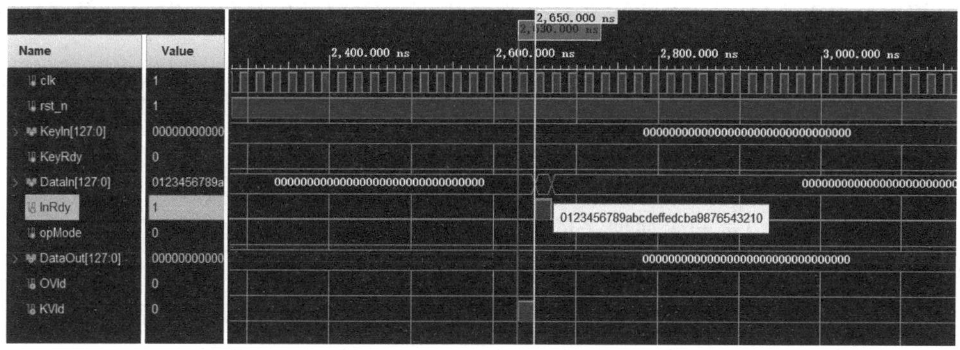

图 9-7　SM4 算法仿真—密钥扩展结束，开始数据加密

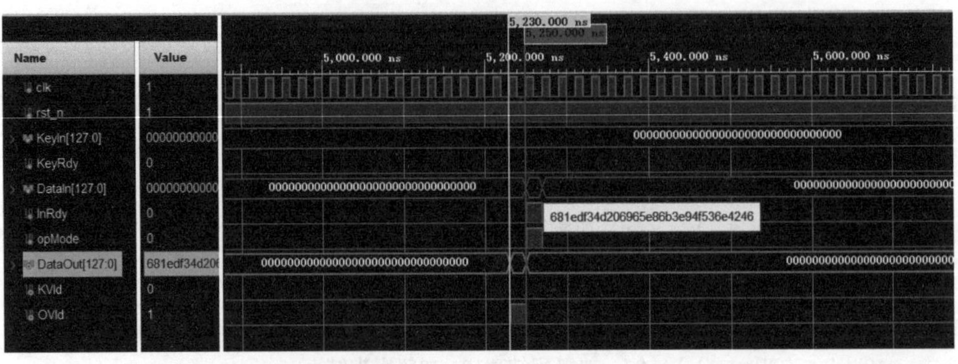

图 9-8 SM4 算法仿真—加密结束,开始对加密结果进行解密

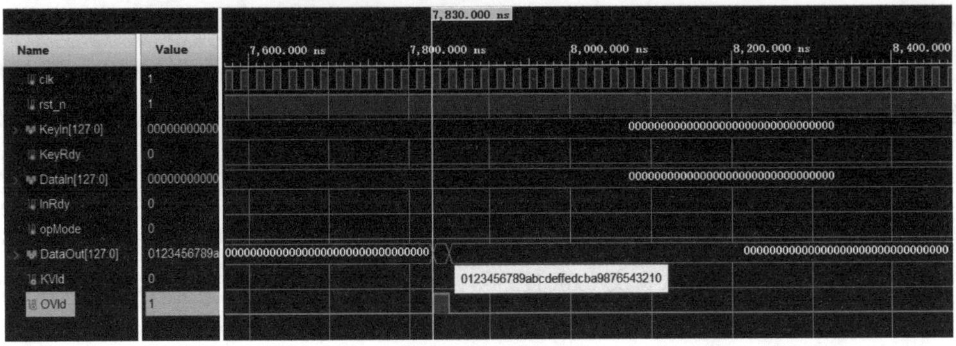

图 9-9 SM4 算法仿真—解密结束,输出解密后明文与初始明文一致

从仿真波形看,此设计方式下,输入有效数据至少持续 1 个时钟周期,算法模块内部将数据读入后,外部输入就可以撤销了。输出数据也是一样,只有 1 个时钟的有效时间,使用该模块时需要及时保存输出结果。

9.2 ZUC 序列密码算法的 Verilog HDL 设计

祖冲之算法(ZUC)由中国科学院等单位研制,由中国通信标准化协会、工业和信息化部电信研究院和中国科学院等单位共同推动,在 2011 年 9 月日本福岗召开的第 53 次第三代合作伙伴计划(3GPP)系统架构组(SA)会议上,祖冲之算法被批准成为 3GPP 新一代宽带无线移动通信系统(LTE)国际标准。这是我国商用密码算法首次走出国门参与国际标准制定所取得的重大突破。

祖冲之算法的名字源于我国古代数学家祖冲之,它包括加密算法 128-EEA3 和完整性保护算法 128-EIA3,主要用于移动通信系统中传输信道的信息加密和身份认证,以确保用户通信安全。

祖冲之算法(ZUC)是一个面向字的序列密码。它需要一个 128 位的加密密钥和一个 128 位的初始向量(Ⅳ)作为输入,输出一串 32 位字的密钥流(因此,这里每一个 32 位的字称为密钥字),用于加密和解密。ZUC 的执行分为两个阶段:初始化阶段和工作阶段。初始化阶段完成密钥和初始向量Ⅳ的初始化,此阶段无数据输出;工作阶段,随着每一个时钟脉冲，产生一个 32 位字的输出。

9.2.1 ZUC 算法原理

1. 总体结构

如图 9-10 所示，ZUC 算法有 3 个逻辑层：顶层是一个 16 位的线性反馈移位寄存器(LFSR)。中间层进行比特重组(BR)，底层是一个非线性函数 F。

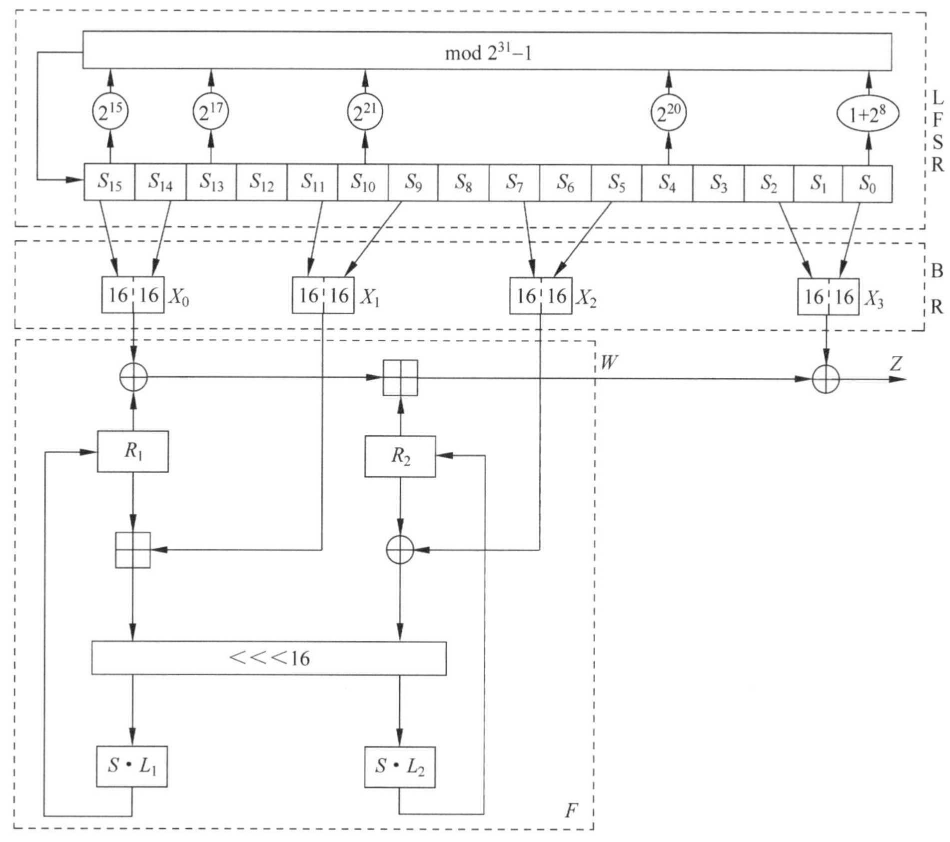

图 9-10 ZUC 算法的总体结构

2. 线性反馈移位寄存器

线性反馈移位寄存器 LFSR 有 16 个 31 位的单元(s_0, s_1, …, s_{15})，每个单元 s_i($0\leqslant i\leqslant 15$)仅限在下列集合中取值：

$$\{1,2,3,\ \cdots,2^{31}-1\}$$

LFSR 包含两个操作模式：初始化模式和工作模式。

(1) 在初始化模式下，LFSR 接收一个 31 位的输入字 u，u 是通过去掉非线性函数 F 输出的 32 位字 W 的最右边的位获得的。也就是说，$u=W\gg 1$。初始化模式工作如下：

```
LFSRWithInitialisationMode(u)
{
1. v=2^15 s15 +2^17 s13 +2^21 s10 +2^20 s4 +(1+2^8)s0 mod (2^31 −1);
2. s16 =(v+u) mod (2^31 −1);
```

3. If $s_{16}=0$, then set $s_{16}=2^{31}-1$;

4. $(s_1, s_2, \cdots, s_{15}, s_{16}) \rightarrow (s_0, s_1, \cdots, s_{14}, s_{15})$.

}

(2) 在工作模式下,LFSR 不再接收任何输入,其工作如下:

LFSRWithWorkMode()

{

1. $s_{16}=2^{15}s_{15}+2^{17}s_{13}+2^{21}s_{10}+2^{20}s_4+(1+2^8)s_0 \bmod (2^{31}-1)$;

2. If $s_{16}=0$, then set $s_{16}=2^{31}-1$;

3. $(s_1, s_2, \cdots, s_{15}, s_{16}) \rightarrow (s_0, s_1, \cdots, s_{14}, s_{15})$.

}

3. 比特重组

比特重组层从 LFSR 单元抽取 128 位,形成 4 个 32 位的字。其中前 3 个字会在底层的非线性函数 F 中使用,最后一个字用于产生密钥流。

假设 $s_0, s_2, s_5, s_7, s_9, s_{11}, s_{14}, s_{15}$ 是 LFSR 里的 8 个单元。比特重组从上面的 8 个单元里按如下方式形成 4 个 32 位的字 X_0, X_1, X_2, X_3:

Bitreorganization()

{

1. $X_0 = s_{15H} \parallel s_{14L}$;

2. $X_1 = s_{11L} \parallel s_{9H}$;

3. $X_2 = s_{7L} \parallel s_{5H}$;

4. $X_3 = s_{2L} \parallel s_{0H}$.

}

注意,s_i 是 31 位的比特串,因此 s_{iH} 是指 s_i 的第 30 到 15 位。

4. 非线性函数 *F*

非线性函数 F 包括 2 个 32 位的寄存器 R_1 和 R_2,F 的输入 X_0、X_1 和 X_2 来自比特重组的输出,输出为一个 32 位的字 W。函数 F 的具体过程如下:

$F(X_0, X_1, X_2)$

{

1. $W=(X_0 \oplus R_1) \oplus R_2$;

2. $W_1 = R_1 \oplus X_1$;

3. $W_2 = R_2 \oplus X_2$;

4. $R_1 = S(L_1(W_{1L} \parallel W_{2H}))$;

5. $R_2 = S(L_2(W_{2L} \parallel W_{1H}))$.

}

其中,S 是一个 32×32 位的 S 盒,L_1 和 L_2 是线性变换。

(1) S 盒。

32×32 的 S 盒由 4 个并列的 8×8 的 S 盒组成:$S=(S_0, S_1, S_2, S_3)$,其中 $S_0=S_2$,$S_1=S_3$。S_0 和 S_1 的定义分别在表 9-3 和表 9-4 中。

假设 x 是 S_0(或 S_1)的一个 8 位输入,表示为 $x=h \parallel l$,即 h 为高 4 位,l 为低 4 位,则

表 9-3(或表 9-4)里第 h 行和 l 列相交的值即为 S_0(或 S_1)的输出。

表 9-3　S 盒 S_0

	0	1	2	3	4	5	6	7	8	9	A	B	C	D	E	F
0	3E	72	5B	47	CA	E0	00	33	04	D1	54	98	09	B9	6D	CB
1	7B	1B	F9	32	AF	9D	6A	A5	B8	2D	FC	1D	08	53	03	90
2	4D	4E	84	99	E4	CE	D9	91	DD	B6	85	48	8B	29	6E	AC
3	CD	C1	F8	1E	73	43	69	C6	B5	BD	FD	39	63	20	D4	38
4	76	7D	B2	A7	CF	ED	57	C5	F3	2C	BB	14	21	06	55	9B
5	E3	EF	5E	31	4F	7F	5A	A4	0D	82	51	49	5F	BA	58	1C
6	4A	16	D5	17	A8	92	24	1F	8C	FF	D8	AE	2E	01	D3	AD
7	3B	4B	DA	46	EB	C9	DE	9A	8F	87	D7	3A	80	6F	2F	C8
8	B1	B4	37	F7	0A	22	13	28	7C	CC	3C	89	C7	C3	96	56
9	07	BF	7E	F0	0B	2B	97	52	35	41	79	61	A6	4C	10	FE
A	BC	26	95	88	8A	B0	A3	FB	C0	18	94	F2	E1	E5	E9	5D
B	D0	DC	11	66	64	5C	EC	59	42	75	12	F5	74	9C	AA	23
C	0E	86	AB	BE	2A	02	E7	67	E6	44	A2	6C	C2	93	9F	F1
D	F6	FA	36	D2	50	68	9E	62	71	15	3D	D6	40	C4	E2	0F
E	8E	83	77	6B	25	05	3F	0C	30	EA	70	B7	A1	E8	A9	65
F	8D	27	1A	DB	81	B3	A0	F4	45	7A	19	DF	EE	78	34	60

表 9-4　S 盒 S_1

	0	1	2	3	4	5	6	7	8	9	A	B	C	D	E	F
0	55	C2	63	71	3B	C8	47	86	9F	3C	DA	5B	29	AA	FD	77
1	8C	C5	94	0C	A6	1A	13	00	E3	A8	16	72	40	F9	F8	42
2	44	26	68	96	81	D9	45	3E	10	76	C6	A7	8B	39	43	E1
3	3A	B5	56	2A	C0	6D	B3	05	22	66	BF	DC	0B	FA	62	48
4	DD	20	11	06	36	C9	C1	CF	F6	27	52	BB	69	F5	D4	87
5	7F	84	4C	D2	9C	57	A4	BC	4F	9A	DF	FE	D6	8D	7A	EB
6	2B	53	D8	5C	A1	14	17	FB	23	D5	7D	30	67	73	08	09
7	EE	B7	70	3F	61	B2	19	8E	4E	E5	4B	93	8F	5D	DB	A9
8	AD	F1	AE	2E	CB	0D	FC	F4	2D	46	6E	1D	97	E8	D1	E9
9	4D	37	A5	75	5E	83	9E	AB	82	9D	B9	1C	E0	CD	49	89
A	01	B6	BD	58	24	A2	5F	38	78	99	15	90	50	B8	95	E4
B	D0	91	C7	CE	ED	0F	B4	6F	A0	CC	F0	02	4A	79	C3	DE
C	A3	EF	EA	51	E6	6B	18	EC	1B	2C	80	F7	74	E7	FF	21
D	5A	6A	54	1E	41	31	92	35	C4	33	07	0A	BA	7E	0E	34
E	88	B1	98	7C	F3	3D	60	6C	7B	CA	D3	1F	32	65	04	28
F	64	BE	85	9B	2F	59	8A	D7	B0	25	AC	AF	12	03	E2	F2

注：上面 S 盒 S_0 和 S_1 中的值都是以十六进制表示的。

(2) 线性变换 L_1 和 L_2。

L_1 和 L_2 都是 32 位到 32 位的线性变换，其定义如下：

$$L_1(X)=X \oplus (X <<<_{32} 2) \oplus (X <<<_{32} 10) \oplus (X <<<_{32} 18) \oplus (X <<<_{32} 24)$$

$$L_2(X)=X\oplus(X<<<_{32}8)\oplus(X<<<_{32}14)\oplus(X<<<_{32}22)\oplus(X<<<_{32}30)$$

5. 密钥加载

密钥加载过程会把加密密钥 k 和初始向量 **iv** 扩展为 16 个 31 位的整数，加载到 LFSR 的 $s_0,s_1,\cdots,s_{15}$ 中，进行 LFSR 初始化。128 位的加密密钥 k 和 128 位的初始向量 **iv** 表示如下，其中 k_i 和 iv_i 均为字节($0\leqslant i\leqslant15$)：

$$k=k_0\parallel k_1\parallel k_2\parallel\cdots\parallel k_{15}$$

$$\mathbf{iv}=\mathrm{iv}_0\parallel\mathrm{iv}_1\parallel\mathrm{iv}_2\parallel\cdots\parallel\mathrm{iv}_{15}$$

D 是一个由 16 个 15 位的子字符串组成的 240 位的常量：$D=d_0\parallel d_1\parallel\cdots\parallel d_{15}$，其中

$$d_0=100010011010111_2,\quad d_1=010011010111100_2,$$
$$d_2=110001001101011_2,\quad d_3=001001101011110_2,$$
$$d_4=101011110001001_2,\quad d_5=011010111100010_2,$$
$$d_6=111000100110101_2,\quad d_7=000100110101111_2,$$
$$d_8=100110101111000_2,\quad d_9=010111100010011_2,$$
$$d_{10}=110101111000100_2,\quad d_{11}=001101011110001_2,$$
$$d_{12}=101111000100110_2,\quad d_{13}=011110001001101_2,$$
$$d_{14}=111100010011010_2,\quad d_{15}=100011110101100_2.$$

则 LFSR 填充数值为：$s_i=k_i\parallel d_i\parallel\mathrm{iv}_i(0\leqslant i\leqslant15)$。

6. ZUC 算法的执行

ZUC 算法的执行分两个阶段：初始化阶段和工作阶段。

(1) 初始化阶段。算法调用密钥加载过程把 128 位的密钥 k 和 128 位的初始向量 **iv** 加载到 LFSR 里，并且把 32 位寄存器 R_1 和 R_2 清零，按如下方式操作 32 次：

1. Bitreorganization();
2. $W=F(X_0,X_1,X_2)$;
3. LFSRWithInitialisationMode($W\gg1$).

(2) 工作阶段。算法首先执行一次下面的操作，并丢弃函数 F 的输出 W。

1. Bitreorganization();
2. $W=F(X_0,X_1,X_2)$;
3. LFSRWithWorkMode().

接着算法进入产生密钥流阶段，也就是说，对于每一次迭代，执行一次下列操作，并输出一个 32 位的字 Z：

1. Bitreorganization();
2. $Z=F(X_0,X_1,X_2)\oplus X_3$;
3. LFSRWithWorkMode().

9.2.2 设计实现

1. ZUC 算法总体设计

这里采用 32 位数据输入接口完成外部逻辑对内部密钥和初始向量的设置以及算法运算控制，随机序列的输出也采用 32 位接口。算法输入输出端口设计如图 9-11 所示。

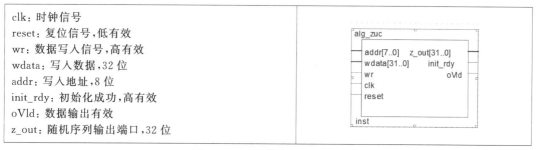

图 9-11　ZUC 算法的顶层端口

2. 数据输入接口设计

外部逻辑访问算法模块时，通常不支持大数据并行传输，因此这里设计了类似 RAM 访问接口，通过不同地址访问内部密钥寄存器、初始向量寄存器和控制信号。其中地址 0 至地址 3 对应初始向量寄存器 **iv**，地址 4 至地址 7 对应密钥寄存器 k，地址 8 和地址 9 分别对应算法初始化使能信号 init 和随机序列产生使能信号 rnd_en。具体代码如下：

```
//**** 寄存器数据写入模块 ****
always @(posedge clk or negedge reset)
    begin
        if (reset == 1'b0) begin
          k <= 0;   iv <= 0;   init <= 0; rnd_en <= 0;
        end
        else begin
          if(wr == 1'b1) begin
            case (addr[7:0])
              8'h0 : iv[127: 96] <= wdata;   // 地址 0～3 输入 iv
              8'h1 : iv[ 95: 64] <= wdata;
              8'h2 : iv[ 63: 32] <= wdata;
              8'h3 : iv[ 31: 0] <= wdata;
              8'h4 : k[127: 96] <= wdata;    // 地址 4～7 输入 k
              8'h5 : k[ 95: 64] <= wdata;
              8'h6 : k[ 63: 32] <= wdata;
              8'h7 : k[ 31:  0] <= wdata;
              8'h8 : init <= wdata[0];       // 地址 8 初始化使能信号(最低比特高有效)
              8'h9 : rnd_en <= wdata[0];     // 地址 9 随机序列产生使能信号(最低比特高有效)
              default : ;
            endcase
          end
        end
    end
```

3. S 盒变换模块设计

ZUC 算法中使用到两个不同的 S 盒变换，是数据输出部分重要的非线性组件。该模块的函数实现如下。

(1) S 变换函数 s0。

```
//**** 1 字节的 S 盒变换函数 s0 定义 ****
function [7:0] s0;      // 函数定义，函数名是返回值
input [7:0] a;          // 函数输入参数，可以有多个
```

```
case(a)
    0: s0 = 8'h3e;   1: s0 = 8'h72;   2: s0 = 8'h5b;   3: s0 = 8'h47;
    4: s0 = 8'hca;   5: s0 = 8'he0;   6: s0 = 8'h00;   7: s0 = 8'h33;
    8: s0 = 8'h04;   9: s0 = 8'hd1;  10: s0 = 8'h54;  11: s0 = 8'h98;
   12: s0 = 8'h09;  13: s0 = 8'hb9;  14: s0 = 8'h6d;  15: s0 = 8'hcb;
   16: s0 = 8'h7b;  17: s0 = 8'h1b;  18: s0 = 8'hf9;  19: s0 = 8'h32;
   20: s0 = 8'haf;  21: s0 = 8'h9d;  22: s0 = 8'h6a;  23: s0 = 8'ha5;
   24: s0 = 8'hb8;  25: s0 = 8'h2d;  26: s0 = 8'hfc;  27: s0 = 8'h1d;
   28: s0 = 8'h08;  29: s0 = 8'h53;  30: s0 = 8'h03;  31: s0 = 8'h90;
   32: s0 = 8'h4d;  33: s0 = 8'h4e;  34: s0 = 8'h84;  35: s0 = 8'h99;
   36: s0 = 8'he4;  37: s0 = 8'hce;  38: s0 = 8'hd9;  39: s0 = 8'h91;
   40: s0 = 8'hdd;  41: s0 = 8'hb6;  42: s0 = 8'h85;  43: s0 = 8'h48;
   44: s0 = 8'h8b;  45: s0 = 8'h29;  46: s0 = 8'h6e;  47: s0 = 8'hac;
   48: s0 = 8'hcd;  49: s0 = 8'hc1;  50: s0 = 8'hf8;  51: s0 = 8'h1e;
   52: s0 = 8'h73;  53: s0 = 8'h43;  54: s0 = 8'h69;  55: s0 = 8'hc6;
   56: s0 = 8'hb5;  57: s0 = 8'hbd;  58: s0 = 8'hfd;  59: s0 = 8'h39;
   60: s0 = 8'h63;  61: s0 = 8'h20;  62: s0 = 8'hd4;  63: s0 = 8'h38;
   64: s0 = 8'h76;  65: s0 = 8'h7d;  66: s0 = 8'hb2;  67: s0 = 8'ha7;
   68: s0 = 8'hcf;  69: s0 = 8'hed;  70: s0 = 8'h57;  71: s0 = 8'hc5;
   72: s0 = 8'hf3;  73: s0 = 8'h2c;  74: s0 = 8'hbb;  75: s0 = 8'h14;
   76: s0 = 8'h21;  77: s0 = 8'h06;  78: s0 = 8'h55;  79: s0 = 8'h9b;
   80: s0 = 8'he3;  81: s0 = 8'hef;  82: s0 = 8'h5e;  83: s0 = 8'h31;
   84: s0 = 8'h4f;  85: s0 = 8'h7f;  86: s0 = 8'h5a;  87: s0 = 8'ha4;
   88: s0 = 8'h0d;  89: s0 = 8'h82;  90: s0 = 8'h51;  91: s0 = 8'h49;
   92: s0 = 8'h5f;  93: s0 = 8'hba;  94: s0 = 8'h58;  95: s0 = 8'h1c;
   96: s0 = 8'h4a;  97: s0 = 8'h16;  98: s0 = 8'hd5;  99: s0 = 8'h17;
   100: s0 = 8'ha8; 101: s0 = 8'h92; 102: s0 = 8'h24; 103: s0 = 8'h1f;
   104: s0 = 8'h8c; 105: s0 = 8'hff; 106: s0 = 8'hd8; 107: s0 = 8'hae;
   108: s0 = 8'h2e; 109: s0 = 8'h01; 110: s0 = 8'hd3; 111: s0 = 8'had;
   112: s0 = 8'h3b; 113: s0 = 8'h4b; 114: s0 = 8'hda; 115: s0 = 8'h46;
   116: s0 = 8'heb; 117: s0 = 8'hc9; 118: s0 = 8'hde; 119: s0 = 8'h9a;
   120: s0 = 8'h8f; 121: s0 = 8'h87; 122: s0 = 8'hd7; 123: s0 = 8'h3a;
   124: s0 = 8'h80; 125: s0 = 8'h6f; 126: s0 = 8'h2f; 127: s0 = 8'hc8;
   128: s0 = 8'hb1; 129: s0 = 8'hb4; 130: s0 = 8'h37; 131: s0 = 8'hf7;
   132: s0 = 8'h0a; 133: s0 = 8'h22; 134: s0 = 8'h13; 135: s0 = 8'h28;
   136: s0 = 8'h7c; 137: s0 = 8'hcc; 138: s0 = 8'h3c; 139: s0 = 8'h89;
   140: s0 = 8'hc7; 141: s0 = 8'hc3; 142: s0 = 8'h96; 143: s0 = 8'h56;
   144: s0 = 8'h07; 145: s0 = 8'hbf; 146: s0 = 8'h7e; 147: s0 = 8'hf0;
   148: s0 = 8'h0b; 149: s0 = 8'h2b; 150: s0 = 8'h97; 151: s0 = 8'h52;
   152: s0 = 8'h35; 153: s0 = 8'h41; 154: s0 = 8'h79; 155: s0 = 8'h61;
   156: s0 = 8'ha6; 157: s0 = 8'h4c; 158: s0 = 8'h10; 159: s0 = 8'hfe;
   160: s0 = 8'hbc; 161: s0 = 8'h26; 162: s0 = 8'h95; 163: s0 = 8'h88;
   164: s0 = 8'h8a; 165: s0 = 8'hb0; 166: s0 = 8'ha3; 167: s0 = 8'hfb;
   168: s0 = 8'hc0; 169: s0 = 8'h18; 170: s0 = 8'h94; 171: s0 = 8'hf2;
   172: s0 = 8'he1; 173: s0 = 8'he5; 174: s0 = 8'he9; 175: s0 = 8'h5d;
   176: s0 = 8'hd0; 177: s0 = 8'hdc; 178: s0 = 8'h11; 179: s0 = 8'h66;
   180: s0 = 8'h64; 181: s0 = 8'h5c; 182: s0 = 8'hec; 183: s0 = 8'h59;
   184: s0 = 8'h42; 185: s0 = 8'h75; 186: s0 = 8'h12; 187: s0 = 8'hf5;
   188: s0 = 8'h74; 189: s0 = 8'h9c; 190: s0 = 8'haa; 191: s0 = 8'h23;
   192: s0 = 8'h0e; 193: s0 = 8'h86; 194: s0 = 8'hab; 195: s0 = 8'hbe;
   196: s0 = 8'h2a; 197: s0 = 8'h02; 198: s0 = 8'he7; 199: s0 = 8'h67;
```

```
        200: s0 = 8'he6; 201: s0 = 8'h44; 202: s0 = 8'ha2; 203: s0 = 8'h6c;
        204: s0 = 8'hc2; 205: s0 = 8'h93; 206: s0 = 8'h9f; 207: s0 = 8'hf1;
        208: s0 = 8'hf6; 209: s0 = 8'hfa; 210: s0 = 8'h36; 211: s0 = 8'hd2;
        212: s0 = 8'h50; 213: s0 = 8'h68; 214: s0 = 8'h9e; 215: s0 = 8'h62;
        216: s0 = 8'h71; 217: s0 = 8'h15; 218: s0 = 8'h3d; 219: s0 = 8'hd6;
        220: s0 = 8'h40; 221: s0 = 8'hc4; 222: s0 = 8'he2; 223: s0 = 8'h0f;
        224: s0 = 8'h8e; 225: s0 = 8'h83; 226: s0 = 8'h77; 227: s0 = 8'h6b;
        228: s0 = 8'h25; 229: s0 = 8'h05; 230: s0 = 8'h3f; 231: s0 = 8'h0c;
        232: s0 = 8'h30; 233: s0 = 8'hea; 234: s0 = 8'h70; 235: s0 = 8'hb7;
        236: s0 = 8'ha1; 237: s0 = 8'he8; 238: s0 = 8'ha9; 239: s0 = 8'h65;
        240: s0 = 8'h8d; 241: s0 = 8'h27; 242: s0 = 8'h1a; 243: s0 = 8'hdb;
        244: s0 = 8'h81; 245: s0 = 8'hb3; 246: s0 = 8'ha0; 247: s0 = 8'hf4;
        248: s0 = 8'h45; 249: s0 = 8'h7a; 250: s0 = 8'h19; 251: s0 = 8'hdf;
        252: s0 = 8'hee; 253: s0 = 8'h78; 254: s0 = 8'h34; 255: s0 = 8'h60;
    endcase
endfunction
```

(2) S变换函数 s1。

```
//**** 1字节的S盒变换函数s1定义 ****
function [7:0] s1;
input [7:0] a;
    case(a)
          0:s1 = 8'h55;   1:s1 = 8'hc2;   2:s1 = 8'h63;   3:s1 = 8'h71;
          4:s1 = 8'h3b;   5:s1 = 8'hc8;   6:s1 = 8'h47;   7:s1 = 8'h86;
          8:s1 = 8'h9f;   9:s1 = 8'h3c;  10:s1 = 8'hda;  11:s1 = 8'h5b;
         12:s1 = 8'h29;  13:s1 = 8'haa;  14:s1 = 8'hfd;  15:s1 = 8'h77;
         16:s1 = 8'h8c;  17:s1 = 8'hc5;  18:s1 = 8'h94;  19:s1 = 8'h0c;
         20:s1 = 8'ha6;  21:s1 = 8'h1a;  22:s1 = 8'h13;  23:s1 = 8'h00;
         24:s1 = 8'he3;  25:s1 = 8'ha8;  26:s1 = 8'h16;  27:s1 = 8'h72;
         28:s1 = 8'h40;  29:s1 = 8'hf9;  30:s1 = 8'hf8;  31:s1 = 8'h42;
         32:s1 = 8'h44;  33:s1 = 8'h26;  34:s1 = 8'h68;  35:s1 = 8'h96;
         36:s1 = 8'h81;  37:s1 = 8'hd9;  38:s1 = 8'h45;  39:s1 = 8'h3e;
         40:s1 = 8'h10;  41:s1 = 8'h76;  42:s1 = 8'hc6;  43:s1 = 8'ha7;
         44:s1 = 8'h8b;  45:s1 = 8'h39;  46:s1 = 8'h43;  47:s1 = 8'he1;
         48:s1 = 8'h3a;  49:s1 = 8'hb5;  50:s1 = 8'h56;  51:s1 = 8'h2a;
         52:s1 = 8'hc0;  53:s1 = 8'h6d;  54:s1 = 8'hb3;  55:s1 = 8'h05;
         56:s1 = 8'h22;  57:s1 = 8'h66;  58:s1 = 8'hbf;  59:s1 = 8'hdc;
         60:s1 = 8'h0b;  61:s1 = 8'hfa;  62:s1 = 8'h62;  63:s1 = 8'h48;
         64:s1 = 8'hdd;  65:s1 = 8'h20;  66:s1 = 8'h11;  67:s1 = 8'h06;
         68:s1 = 8'h36;  69:s1 = 8'hc9;  70:s1 = 8'hc1;  71:s1 = 8'hcf;
         72:s1 = 8'hf6;  73:s1 = 8'h27;  74:s1 = 8'h52;  75:s1 = 8'hbb;
         76:s1 = 8'h69;  77:s1 = 8'hf5;  78:s1 = 8'hd4;  79:s1 = 8'h87;
         80:s1 = 8'h7f;  81:s1 = 8'h84;  82:s1 = 8'h4c;  83:s1 = 8'hd2;
         84:s1 = 8'h9c;  85:s1 = 8'h57;  86:s1 = 8'ha4;  87:s1 = 8'hbc;
         88:s1 = 8'h4f;  89:s1 = 8'h9a;  90:s1 = 8'hdf;  91:s1 = 8'hfe;
         92:s1 = 8'hd6;  93:s1 = 8'h8d;  94:s1 = 8'h7a;  95:s1 = 8'heb;
         96:s1 = 8'h2b;  97:s1 = 8'h53;  98:s1 = 8'hd8;  99:s1 = 8'h5c;
        100:s1 = 8'ha1; 101:s1 = 8'h14; 102:s1 = 8'h17; 103:s1 = 8'hfb;
        104:s1 = 8'h23; 105:s1 = 8'hd5; 106:s1 = 8'h7d; 107:s1 = 8'h30;
        108:s1 = 8'h67; 109:s1 = 8'h73; 110:s1 = 8'h08; 111:s1 = 8'h09;
```

```
        112:s1 = 8'hee; 113:s1 = 8'hb7; 114:s1 = 8'h70; 115:s1 = 8'h3f;
        116:s1 = 8'h61; 117:s1 = 8'hb2; 118:s1 = 8'h19; 119:s1 = 8'h8e;
        120:s1 = 8'h4e; 121:s1 = 8'he5; 122:s1 = 8'h4b; 123:s1 = 8'h93;
        124:s1 = 8'h8f; 125:s1 = 8'h5d; 126:s1 = 8'hdb; 127:s1 = 8'ha9;
        128:s1 = 8'had; 129:s1 = 8'hf1; 130:s1 = 8'hae; 131:s1 = 8'h2e;
        132:s1 = 8'hcb; 133:s1 = 8'h0d; 134:s1 = 8'hfc; 135:s1 = 8'hf4;
        136:s1 = 8'h2d; 137:s1 = 8'h46; 138:s1 = 8'h6e; 139:s1 = 8'h1d;
        140:s1 = 8'h97; 141:s1 = 8'he8; 142:s1 = 8'hd1; 143:s1 = 8'he9;
        144:s1 = 8'h4d; 145:s1 = 8'h37; 146:s1 = 8'ha5; 147:s1 = 8'h75;
        148:s1 = 8'h5e; 149:s1 = 8'h83; 150:s1 = 8'h9e; 151:s1 = 8'hab;
        152:s1 = 8'h82; 153:s1 = 8'h9d; 154:s1 = 8'hb9; 155:s1 = 8'h1c;
        156:s1 = 8'he0; 157:s1 = 8'hcd; 158:s1 = 8'h49; 159:s1 = 8'h89;
        160:s1 = 8'h01; 161:s1 = 8'hb6; 162:s1 = 8'hbd; 163:s1 = 8'h58;
        164:s1 = 8'h24; 165:s1 = 8'ha2; 166:s1 = 8'h5f; 167:s1 = 8'h38;
        168:s1 = 8'h78; 169:s1 = 8'h99; 170:s1 = 8'h15; 171:s1 = 8'h90;
        172:s1 = 8'h50; 173:s1 = 8'hb8; 174:s1 = 8'h95; 175:s1 = 8'he4;
        176:s1 = 8'hd0; 177:s1 = 8'h91; 178:s1 = 8'hc7; 179:s1 = 8'hce;
        180:s1 = 8'hed; 181:s1 = 8'h0f; 182:s1 = 8'hb4; 183:s1 = 8'h6f;
        184:s1 = 8'ha0; 185:s1 = 8'hcc; 186:s1 = 8'hf0; 187:s1 = 8'h02;
        188:s1 = 8'h4a; 189:s1 = 8'h79; 190:s1 = 8'hc3; 191:s1 = 8'hde;
        192:s1 = 8'ha3; 193:s1 = 8'hef; 194:s1 = 8'hea; 195:s1 = 8'h51;
        196:s1 = 8'he6; 197:s1 = 8'h6b; 198:s1 = 8'h18; 199:s1 = 8'hec;
        200:s1 = 8'h1b; 201:s1 = 8'h2c; 202:s1 = 8'h80; 203:s1 = 8'hf7;
        204:s1 = 8'h74; 205:s1 = 8'he7; 206:s1 = 8'hff; 207:s1 = 8'h21;
        208:s1 = 8'h5a; 209:s1 = 8'h6a; 210:s1 = 8'h54; 211:s1 = 8'h1e;
        212:s1 = 8'h41; 213:s1 = 8'h31; 214:s1 = 8'h92; 215:s1 = 8'h35;
        216:s1 = 8'hc4; 217:s1 = 8'h33; 218:s1 = 8'h07; 219:s1 = 8'h0a;
        220:s1 = 8'hba; 221:s1 = 8'h7e; 222:s1 = 8'h0e; 223:s1 = 8'h34;
        224:s1 = 8'h88; 225:s1 = 8'hb1; 226:s1 = 8'h98; 227:s1 = 8'h7c;
        228:s1 = 8'hf3; 229:s1 = 8'h3d; 230:s1 = 8'h60; 231:s1 = 8'h6c;
        232:s1 = 8'h7b; 233:s1 = 8'hca; 234:s1 = 8'hd3; 235:s1 = 8'h1f;
        236:s1 = 8'h32; 237:s1 = 8'h65; 238:s1 = 8'h04; 239:s1 = 8'h28;
        240:s1 = 8'h64; 241:s1 = 8'hbe; 242:s1 = 8'h85; 243:s1 = 8'h9b;
        244:s1 = 8'h2f; 245:s1 = 8'h59; 246:s1 = 8'h8a; 247:s1 = 8'hd7;
        248:s1 = 8'hb0; 249:s1 = 8'h25; 250:s1 = 8'hac; 251:s1 = 8'haf;
        252:s1 = 8'h12; 253:s1 = 8'h03; 254:s1 = 8'he2; 255:s1 = 8'hf2;
    endcase
endfunction
```

4. 线性变换模块设计

ZUC算法中有两个32比特的线性变换运算L1、L2,采用函数实现,其中循环移位在Verilog中可以直接用位拼接运算完成,具体实现如下。

(1) 线性变换函数L1。

```
function [31:0] L1;
input [31:0]  x;
L1 = x^({x[29:0],x[31:30]})^({x[21:0],x[31:22]})^({x[13:0],x[31:14]})^({x[7:0], x[31:8]});
endfunction
```

(2) 线性变换函数L2。

```
function [31:0] L2;
input [31:0]  x;
L2 = x^({x[23:0], x[31:24]})^({x[17:0], x[31:18]})^({x[9:0], x[31:10]})^({x[1:0], x[31:
2]});
endfunction
```

5. LFSR 反馈输入更新模块设计

ZUC 算法中线性反馈移位寄存器 LFSR 的反馈函数采用的是基于特殊素数 $2^{31}-1$ 的模运算。通过分析模 $2^{31}-1$ 运算与模 2^{31} 运算的不同可知，一个 31 比特的数乘以 2^n 模 $2^{31}-1$ 就是对该 31 比特数据进行循环左移 n 位。而两个 31 比特数据的加法运算就是将结果的和与进位再次相加即可。因此 LFSR 的反馈输入可以通过如下代码实现：

```
reg [ 30:0] lfsr_s16;           // LFSR 的反馈输入值
reg [ 36:0] lfsr_st1;           // 计算反馈输入值的中间结果
reg [ 30:0] lfsr_st2;
always @ ( * ) begin
    lfsr_st1 = {lfsr_s15[15:0], lfsr_s15[30:16]} + {lfsr_s13[13:0], lfsr_s13[30:14]}
          + {lfsr_s10[9:0], lfsr_s10[30:10]} + {lfsr_s4[10:0], lfsr_s4[30:11]}
          + {lfsr_s0[22:0], lfsr_s0[30:23]} + lfsr_s0
          + ((st == d_state_s2 || st == d_state_s3) ? 31'b0 : w[31:1]);
                                //普通加法,结果位宽增大
    lfsr_st2 = lfsr_st1[30:0] + lfsr_st1[36:31]; //低位(和)与高位(进位)再次相加
    lfsr_s16 = (lfsr_st2 == 31'b0) ? 31'b1111111111111111111111111111111 : lfsr_st2;
                                // 根据算法描述,结果为全 0 时修改为全 1
end
```

其中，计算 lfsr_st1 的最后一个加数是通过选择器选择的 0 或 w，这是为了统一 ZUC 算法初始化阶段和随机序列输出阶段的处理。在初始化阶段，需要 w 参与 LFSR 反馈值的计算；在随机序列输出阶段不需要 w 的参与，此时选择 0。

6. ZUC 算法的主程序设计

ZUC 算法的主程序通过状态机的控制实现迭代。根据算法流程，设计了 4 个状态，如图 9-12 所示，具体状态转移描述如下：

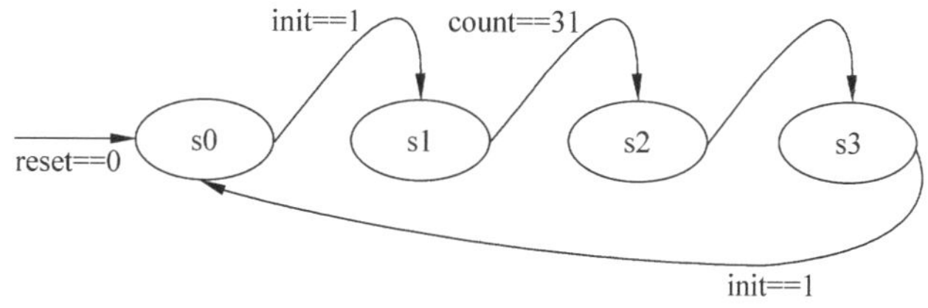

图 9-12　ZUC 算法状态机设计

(1) 在 s0 状态，等待初始化命令，完成 LFSR 各级寄存器的初始赋值，并在初始化信号 init 的值(通过地址 8 写入)为 1 时进行状态跳转，进入状态 s1。

(2) 在 s1 状态，进行初始化，完成 32 轮初始化处理后跳转到 s2 状态。

(3) 在 s2 状态，算法空转一拍，然后进入 s3 状态。

(4) 在 s3 状态，随机序列的产生，当初始化信号 init 有效(=1)时返回 s0 重新初始化。

状态机相关变量定义如下：

```
reg [  2:0] st;        // ZUC算法的状态机
parameter [2:0]  d_state_s0 = 0,
                 d_state_s1 = 1,
                 d_state_s2 = 2,
                 d_state_s3 = 3;
```

完整的状态控制流程如下所示，状态机控制 LFSR 寄存器和内部存储寄存器 r1、r2 的更新。

```
always @(posedge clk or negedge reset)
begin
  if (reset == 1'b0)
    st <= d_state_s0;                          // 复位时状态机进入初始状态
  else begin
    case (st)
    d_state_s0 : begin                         // 该状态填充 LFSR 和寄存器初始值
        if(init == 1'b1)  st <= d_state_s1;    // 状态转移
        else  st <= d_state_s0;

        count = 5'b00000;
        init_rdy <= 1'b0;
        work_done <= 1'b0;
        z_out <= 0;
        // 使用密钥 k、初始向量 iv 和常量 d 对 LFSR 的各级寄存器进行初始化
        lfsr_s0  <= {k[127:120], d0 , iv[127:120]};
        lfsr_s1  <= {k[119:112], d1 , iv[119:112]};
        lfsr_s2  <= {k[111:104], d2 , iv[111:104]};
        lfsr_s3  <= {k[103: 96], d3 , iv[103: 96]};
        lfsr_s4  <= {k[ 95: 88], d4 , iv[ 95: 88]};
        lfsr_s5  <= {k[ 87: 80], d5 , iv[ 87: 80]};
        lfsr_s6  <= {k[ 79: 72], d6 , iv[ 79: 72]};
        lfsr_s7  <= {k[ 71: 64], d7 , iv[ 71: 64]};
        lfsr_s8  <= {k[ 63: 56], d8 , iv[ 63: 56]};
        lfsr_s9  <= {k[ 55: 48], d9 , iv[ 55: 48]};
        lfsr_s10 <= {k[ 47: 40], d10, iv[ 47: 40]};
        lfsr_s11 <= {k[ 39: 32], d11, iv[ 39: 32]};
        lfsr_s12 <= {k[ 31: 24], d12, iv[ 31: 24]};
        lfsr_s13 <= {k[ 23: 16], d13, iv[ 23: 16]};
        lfsr_s14 <= {k[ 15: 8], d14, iv[ 15: 8]};
        lfsr_s15 <= {k[ 7: 0], d15, iv[ 7: 0]};
        r1 <= 32'h00000000;  r2 <= 32'h00000000; // 寄存器 r1 和 r2 初值为 0
      end
    d_state_s1 : begin                         // 32 轮初始化
        {lfsr_s0, lfsr_s1, lfsr_s2, lfsr_s3, lfsr_s4, lfsr_s5, lfsr_s6, lfsr_s7, lfsr_s8,
lfsr_s9, lfsr_s10, lfsr_s11, lfsr_s12, lfsr_s13, lfsr_s14, lfsr_s15}<= {lfsr_s1, lfsr_s2,
lfsr_s3, lfsr_s4, lfsr_s5, lfsr_s6, lfsr_s7, lfsr_s8, lfsr_s9, lfsr_s10, lfsr_s11, lfsr_s12,
lfsr_s13, lfsr_s14, lfsr_s15, lfsr_s16};
        r1 <= r1_t;
        r2 <= r2_t;
        if (count < 31) begin
            init_rdy <= 1'b0;
```

```
                st <= d_state_s1;
                count = count + 1;
            end
            else begin
                init_rdy <= 1'b1;     st <= d_state_s2;
            end
        end
        d_state_s2 : begin                                  // 空转一拍
            init_rdy <= 1'b0;
            {lfsr_s0, lfsr_s1, lfsr_s2, lfsr_s3, lfsr_s4, lfsr_s5, lfsr_s6, lfsr_s7, lfsr_s8,
lfsr_s9, lfsr_s10, lfsr_s11, lfsr_s12, lfsr_s13, lfsr_s14, lfsr_s15}<= {lfsr_s1, lfsr_s2,
lfsr_s3, lfsr_s4, lfsr_s5, lfsr_s6, lfsr_s7, lfsr_s8, lfsr_s9, lfsr_s10, lfsr_s11, lfsr_s12,
lfsr_s13, lfsr_s14, lfsr_s15, lfsr_s16};
            r1 <= r1_t;
            r2 <= r2_t;
            work_done <= 1'b1;
            st <= d_state_s3;
        end
        d_state_s3 : begin                                  // 产生随机序列
            if (rnd_en == 1'b1) begin  // 随机序列产生使能信号有效,持续产生随机序列
              z_out <= w ^ x3;
              {lfsr_s0, lfsr_s1, lfsr_s2, lfsr_s3, lfsr_s4, lfsr_s5, lfsr_s6, lfsr_s7, lfsr_
s8, lfsr_s9, lfsr_s10, lfsr_s11, lfsr_s12, lfsr_s13, lfsr_s14, lfsr_s15}
                  <= {lfsr_s1, lfsr_s2, lfsr_s3, lfsr_s4, lfsr_s5, lfsr_s6, lfsr_s7, lfsr_s8,
lfsr_s9, lfsr_s10, lfsr_s11, lfsr_s12, lfsr_s13, lfsr_s14, lfsr_s15, lfsr_s16};
              r1 <= r1_t;
              r2 <= r2_t;
            end
            st <= (init == 1'b1) ? d_state_s0 : d_state_s3;   // 如果算法初始化信号有效,
            //返回状态 s0 重新初始化,否则处于状态 s3 产生随机序列
        end
        default : st <= d_state_s0;
      endcase
    end
    oVld <= work_done & rnd_en;
  end
  // **** 组合逻辑根据 lfsr_st 寄存器值更新其他数据 ****
  always @ ( * ) begin
    if (st == d_state_s0) begin                             // 复位设置初始值
      r1_t = 0;      r2_t = 0;
      lfsr_st1 = 0;  lfsr_st2 = 0;     lfsr_s16 = 0;
    end
    else begin
    // 实现比特重组 BR 层
          x0 = {lfsr_s15[30:15], lfsr_s14[15:0]};
          x1 = {lfsr_s11[15:0], lfsr_s9[30:15]};
          x2 = {lfsr_s7[15:0], lfsr_s5[30:15]};
          x3 = {lfsr_s2[15:0], lfsr_s0[30:15]};
    // 实现 F 函数
          w = ((x0 ^ r1) + r2) & 32'hffffffff;
          w1 = (r1 + x1) & 32'hffffffff;
```

```
            w2 = r2 ^ x2;
            a = L1({w1[15:0], w2[31:16]});
            b = L2({w2[15:0], w1[31:16]});
            r1_t = {s0(a[31:24]), s1(a[23:16]), s0(a[15:8]), s1(a[7:0])};
            r2_t = {s0(b[31:24]), s1(b[23:16]), s0(b[15:8]), s1(b[7:0])};
            // 更新 LFSR 的反馈输入值
            …                              // 详见本节"5. LFSR 反馈输入更新模块设计"
        end
    end
```

9.2.3 仿真验证

算法 IP 模块编写完毕后，要对其进行仿真验证。这里采用 3.2.3 节介绍的 ModelSim 仿真对其进行验证，仿真测试用例及仿真结果如下。

1. 测试用例

详细测试用例如下所示。其中没有对密钥和初始向量相关寄存器赋值，因此仿真时采用的是模块内部初始化的全 0 变量。

```
module tb_alg_zuc;
  reg          clk, rst_n;         // 被测模块输入信号定义为 reg,由测试用例赋值
  reg [  7:0]  waddr;
  reg [ 31:0]  wdata;
  reg          wr;
  wire[ 31:0]  z_out;
  wire         init_rdy;           // 被测模块输出信号定义为 wire,由被测模块赋值
  wire         oVld;

  always   #10 clk <= ~clk;        // 产生周期 20 的时钟信号

  // 对模块输入信号进行顺序赋值,进行仿真
  initial begin
    #0  clk <= 0;                  // 仿真开始时刻,被测模块驱动信号赋初始值
        rst_n <= 0;
        waddr <= 0;
        wdata <= 0;
        wr <= 0;
    #20 rst_n <= 1;                // 复位信号无效,开始仿真
    #20 wr <= 1;                   // 写入初始化控制字(地址为 8)
        wdata <= 1;
        waddr <= 8;
    #20 wr <= 1;                   // 清除初始化控制字
        wdata <= 0;
        waddr <= 8;
    #20 wr <= 0;
    wait(init_rdy == 1'b1);        // 等待初始化完成
    #20 wr <= 1;                   // 写入随机序列产生使能控制字(地址为 9)
        wdata <= 1;
        waddr <= 9;
    #20 wr <= 0;
```

```
    #80 wr <= 1;                        // 等待一定时长,清除随机序列产生使能控制字,停止输出
        wdata <= 0;
        waddr <= 9;
    #20 wr <= 0;
    #400 $finish;                       // 结束仿真
  end

  alg_zuc alg_zuc_inst(                 // 算法模块元件例化
    .clk          (clk      ),
    .reset        (rst_n    ),
    .z_out        (z_out    ),
    .init_rdy     (init_rdy),
    .oVld         (oVld     ),
    .addr         (waddr    ),
    .wdata        (wdata    ),
    .wr           (wr       ) );
endmodule
```

2. 测试结果

波形仿真时设置时钟周期是 20ns,如图 9-13 所示,大约在 50ns 时刻向地址 8 写入数据 1,启动算法初始化过程,在 710ns 时刻初始化结束,然后向地址 9 写入 1,使能随机序列输出,在 830ns 时刻向地址 9 写入 0,暂停随机序列的产生,输出数据不再发生变化,输出有效信号拉低表示输出无效。

测试用例没有对密钥和初始向量赋值,采用的是内部初始化的加密密钥 00000000 00000000 00000000 00000000、初始向量 00000000 00000000 00000000 00000000,在工作阶段产生密钥流 27BEDE74 018082DA 87D4E5B6……,整个仿真过程符合程序设计预期,仿真结果正确。

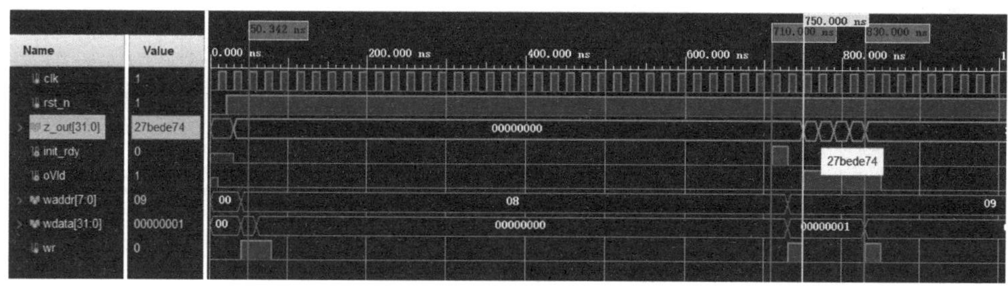

图 9-13　ZUC 算法仿真波形

9.3　SM3 密码杂凑算法的 Verilog HDL 设计

SM3 密码杂凑算法(GM/T 0004—2012)是国家密码管理局于 2012 年 3 月 21 日批准的 6 项密码行业标准之一。SM3 密码杂凑算法适用于商用密码应用中的数字签名和验证、消息认证码的生成与验证以及随机数的生成,可满足多种密码应用的安全需求。同时,SM3 密码杂凑算法还可为安全产品生产商提供产品和技术的标准定位以及标准化的参考,提高安全产品的可信性与互操作性。

9.3.1 SM3 算法原理

SM3 密码杂凑算法的输入数据称为消息(message),对长度为 l($l<2^{64}$)比特的消息 m,SM3 算法经过填充和迭代压缩,能够生成 256 比特固定长度的比特串,称为杂凑值(hash value)。不同的密码杂凑算法生成的杂凑值的长度不同。

1. 常数与函数

(1) 初始值 IV:用于确定压缩函数寄存器 CF 的初态。

IV=7380166f 4914b2b9 172442d7 da8a0600 a96f30bc 163138aa e38dee4d b0fb0e4e

(2) 常量:用于 64 轮迭代压缩函数运算。

$$T_j=\begin{cases}79cc4519 & 0\leqslant j\leqslant 15\\ 7a879d8a & 16\leqslant j\leqslant 63\end{cases}$$

(3) 布尔函数。

$$FF_j(X,Y,Z)=\begin{cases}X\oplus Y\oplus Z, & 0\leqslant j\leqslant 15\\ (X\wedge Y)\vee(X\wedge Z)\vee(Y\wedge Z), & 16\leqslant j\leqslant 63\end{cases}$$

$$GG_j(X,Y,Z)=\begin{cases}X\oplus Y\oplus Z, & 0\leqslant j\leqslant 15\\ (X\wedge Y)\vee(\neg X\wedge Z), & 16\leqslant j\leqslant 63\end{cases}$$

式中 X、Y、Z 为字。

(4) 置换函数。

压缩函数中的置换函数:

$$P_0(X)=X\oplus(X<<<9)\oplus(X<<<17)$$

消息扩展中的置换函数:

$$P_1(X)=X\oplus(X<<<15)\oplus(X<<<23)$$

2. 填充

假设消息 m 的长度为 l 比特。首先将比特 1 添加到消息的末尾,再添加 k 个 0,k 是满足 $l+1+k\equiv 448 \bmod 512$ 的最小的非负整数。然后再添加一个 64 位比特串,该比特串是长度 l 的二进制表示。填充后的消息 m'的比特长度为 512 的整数倍。

例如:对消息 01100001 01100010 01100011,其长度 $l=24$,经填充得到比特串:

$$01100001\ 01100010\ 01100011\ 1\ \overbrace{00\cdots 00}^{423比特}\ \overbrace{\underbrace{00\cdots 011000}_{l的二进制表示}}^{64比特}$$

3. 迭代压缩

(1) 迭代过程。

将填充后的消息 m'按 512 比特进行分组:$m'=B^{(0)}B^{(1)}\cdots B^{(n-1)}$,其中 $B^{(i)}$ 为填充后的第 i 个消息分组,$n=(l+k+65)/512$。对 m'按下列方式迭代:

```
FOR i = 0 TO n - 1
    V^(i+1) = CF(V^(i), B^(i))
ENDFOR
```

其中,CF 是压缩函数,$V^{(0)}$ 为 256 比特初始值 IV,迭代压缩的结果为 $V^{(n)}$。

(2) 消息扩展。

将消息分组 $B^{(i)}$ 按以下方法扩展生成 132 个字 $W_0, W_1, \cdots, W_{67}, W'_0, W'_1, \cdots, W'_{63}$ 用于压缩函数 CF：

① 将消息分组 $B^{(i)}$ 划分为 16 个字 $W_0, W_1, \cdots, W_{15}$。

② FOR $j=16$ TO 67

$$W_j \leftarrow P_1(W_{j-16} \oplus W_{j-9} \oplus (W_{j-3} \lll 15)) \oplus (W_{j-13} \lll 7) \oplus W_{j-6}$$

ENDFOR

③ FOR $j=0$ TO 63

$$W'_j = W_j \oplus W_{j+4}$$

ENDFOR

(3) 压缩函数。

令 A, B, C, D, E, F, G, H 为字寄存器，则 $ABCDEFGH$ 表示 8 个字寄存器的串联；SS1，SS2，TT1，TT2 为中间变量，压缩函数 $V^{i+1}=\mathrm{CF}(V^{(i)}, \mathrm{B}^{(i)})$，$0 \leqslant i \leqslant n-1$。计算过程描述如下：

```
ABCDEFGH ← V(i)
FOR j = 0 TO 63
    SS1 ← ((A <<< 12) + E + (Tj <<< j)) <<< 7
    SS2 ← SS1 ⊕ (A <<< 12)
    TT1 ← FFj(A, B, C) + D + SS2 + W'j
    TT2 ← GGj(E, F, G) + H + SS1 + Wj
    D ← C
    C ← B <<< 9
    B ← A
    A ← TT1
    H ← G
    G ← F <<< 19
    F ← E
    E ← P0(TT2)
ENDFOR
V(i+1) ← ABCDEFGH ⊕ V(i)
```

其中，字的存储为大端(big-endian)格式，即左边为高位，右边为低位，且数据的高阶字节放在存储器的低地址，数的低阶字节放在存储器的高地址。

4. 杂凑值输出

$ABCDEFGH \leftarrow V^{(n)}$。

输出 256 比特的杂凑值 $y=ABCDEFGH$。

9.3.2 设计实现

1. SM3 算法总体设计

密码杂凑算法 SM3 的 IP 核的实现暂不考虑消息的填充，每次接收 1 个 512 比特的消息分组，然后进行处理，处理完成输出一个 256 比特的消息摘要。

SM3 算法模块的顶层端口如图 9-14 所示。具体说明如下：

clk：时钟信号 rst_n：复位信号，低有效 InRdy：输入数据有效信号，高有效 DataIn：输入消息数据，512bit。InRdy 为 1 时数据有效 IVInit：初始化信号，高有效。当输入数据有效信号 InRdy 为 1 时，如果 IVInit 为 1 表示消息是第一个分组，需要使用初始 IV 进行处理，否则表示其他分组，使用之前的 IV 结果进行处理 OVld：当前输入数据处理结束信号，高有效，持续 1 个时钟周期 HashOut：密码杂凑结果，OVld 为 1 时有效	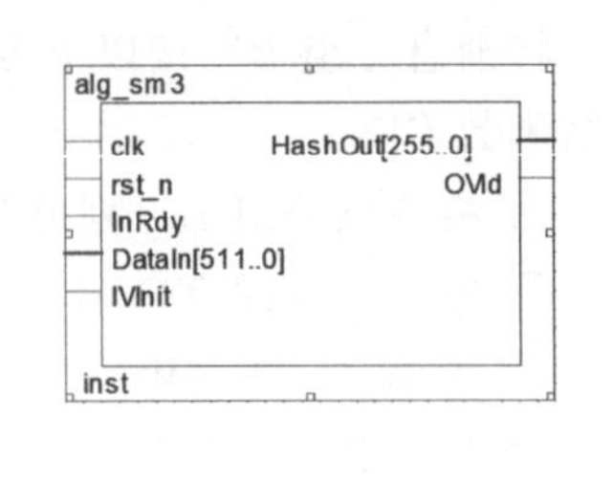

图 9-14　SM3 算法顶层端口

SM3 算法每个消息分组的处理过程就是一个迭代压缩过程，包括有消息扩展和压缩函数两个过程，二者可以同步实现。下面对两个过程的实现分别介绍，然后给出 SM3 算法迭代压缩的完整设计。

2. 消息扩展模块设计

SM3 算法的消息扩展实现类似于反馈移位寄存器的实现，在每个时钟上升沿完成移位寄存器的数据更新，组合逻辑电路根据当前寄存器状态给出下一时钟需要移入的数据。

单独实现消息扩展的核心代码如下：

```
// 计算消息扩展的更新值
assign Wpin  =  W0 ^ W7 ^{W13[16:0],W13[31:17]};
assign W  =  Wpin ^{Wpin[16:0], Wpin[31:17]} ^{Wpin[8:0], Wpin[31:9]}
         ^{W3[24:0],W3[31:25]} ^ W10;
always @ (posedge clk) begin
     {W0,W1,W2,W3,W4,W5,W6,W7,W8,W9,W10,W11,W12,W13,W14,W15}
        <= {W1,W2,W3,W4,W5,W6,W7,W8,W9,W10,W11,W12,W13,W14,W15,W};
end
```

其中，W0 和 W0 ^ W4 会参与迭代压缩的运算。

3. 压缩函数模块设计

这里介绍一轮压缩函数的实现，主要是基于组合逻辑电路完成 8 个寄存器 A～G、H 的数据更新。结合程序介绍如下：

```
assign SS1  =  {A[19:0], A[31:20]}  +  E  +  T;
assign FF  =  (cnt[5:4] == 0)?(A ^ B ^ C)  :  ((A&B)|(A&C)|(B&C));
assign GG  =  (cnt[5:4] == 0)?(E ^ F ^ G)  :  ((E&F)|(~E&G));
assign Tmp1  =  H  +  W0  +  GG;
assign TT2 =  Tmp1  +  {SS1[24:0], SS1[31:25]};
assign Tmp2  =  FF  +  D  +  (W0 ^ W4);
assign ANext  =  Tmp2  +  ({SS1[24:0],SS1[31:25]} ^{A[19:0],A[31:20]});
assign BNext  =  A;
assign CNext  =  {B[22:0], B[31:23]};
assign DNext  =  C;
assign ENext  =  TT2 ^{TT2[22:0], TT2[31:23]} ^{TT2[14:0], TT2[31:15]};
assign FNext  =  E;
assign GNext  =  {F[12:0], F[31:13]};
assign HNext  =  G;
```

上述程序中，cnt 变量表示 64 轮压缩运算的当前轮数，其中 FF 函数和 GG 函数的形式与 cnt 当前值有关,具体见 9.3.1 小节的“常数与函数”部分。

T 值表示轮常数,因为该轮常数相邻轮之间的取值有计算关系,因此可以不用存储器完成,而用逻辑门实现,从而减少电路面积。更新代码如下:

```
parameter SM3_T0  =  32'h79cc4519,      // 前 16 轮的常量初值
          SM3_T1  =  32'h9d8a7a87;      // 后 48 轮的常量初值
always @ ( posedge clk ) begin
    if (init == 1'b1)
        T <= SM3_T0;                    // 第 0 个常量为 T0
    else if (cnt == 15)                 // 第 16 个常量为 T1
        T <= SM3_T1;
    else
        T <= {T[30:0],T[31]};           // 其他的常量为上一个常量循环左移一位
end
```

4. SM3 算法的主程序设计

SM3 算法总体设计采用状态机控制消息的扩展和压缩的迭代过程。根据算法流程设计了 3 个状态,如图 9-15 所示。

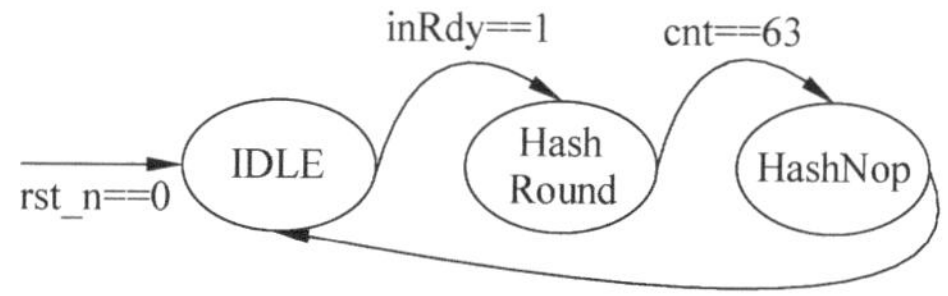

图 9-15 SM3 算法状态机设计

(1) 在 IDLE 状态,等待消息输入,当有消息分组输入时(即输入数据有效信号 inRdy 值为 1),进入 HashRound 状态。同时使用输入消息更新消息寄存器,如果是消息的第一个分组时(即初始化信号 IVInit 值为 1),初始化 IV 寄存器。

(2) 在 HashRound 状态,密码杂凑运算的轮函数,如果轮数(从 0 计数)达到 63,进入 HashNop 状态。每个时钟更新消息寄存器和 IV 寄存器。

(3) 在 HashNop 状态,输出当前消息分组处理完成的结果,状态跳转到 IDLE 等待下一个分组。

依据上述状态机设计,结合消息扩展模块设计和压缩函数模块设计,完整的 SM3 算法 IP 核实现程序如下:

```
module alg_sm3(
  input               clk,              // 时钟信号
  input               rst_n,            // 复位信号,低有效
  input               InRdy,            // 消息准备好,高有效
  input [511:0] DataIn,                 // 输入消息分组
  input               IVInit,       // IV 初始化,高有效.表示消息第一分组,需要初始化 IV

  output reg[255:0] HashOut,            // 输出 Hash 值
  output reg          OVld              // 输出有效信号
);

    reg [5:0] cnt;
```

```
  reg [ 31:0] A,B,C,D,E,F,G,H;
  wire[ 31:0] ANext,BNext,CNext,DNext,ENext,FNext,GNext,HNext;
  reg [ 31:0] W0,W1,W2,W3,W4,W5,W6,W7,W8,W9,W10,W11,W12,W13,W14,W15;
  wire[ 31:0] Wpin, W, SS1, FF, GG, TT2;
  wire[ 31:0] Tmp1, Tmp2;
  reg [ 31:0] T;
  reg [255:0] HashReg;                    // 缓存当前 Hash 值

parameter SM3_IV = 256'h7380_166f_4914_b2b9_1724_42d7_da8a_0600
                    _a96f_30bc_1631_38aa_e38d_ee4d_b0fb_0e4e,
          SM3_T0 = 32'h79cc4519,
          SM3_T1 = 32'h9d8a7a87;

  reg [  3:0] stSM3;
  parameter  IDLE      = 0,
             HashRound = 1,
             HashNop   = 2;

// 计算消息扩展的更新值
assign Wpin  =  W0 ^ W7 ^{W13[16:0],W13[31:17]};
assign W  =  Wpin ^{Wpin[16:0], Wpin[31:17]} ^{Wpin[8:0], Wpin[31:9]}
          ^{W3[24:0],W3[31:25]} ^ W10;
assign SS1  =  {A[19:0], A[31:20]}  +  E  +  T;
assign FF  =  (cnt[5:4] == 0)?(A ^ B ^ C) : ((A&B)|(A&C)|(B&C));
assign GG  =  (cnt[5:4] == 0)?(E ^ F ^ G) : ((E&F)|(~E&G));
assign Tmp1  =  H  +  W0  +  GG;
assign TT2 =  Tmp1  +  {SS1[24:0], SS1[31:25]};
assign Tmp2  =  FF  +  D  +  (W0 ^ W4);
assign ANext  =  Tmp2  +  ({SS1[24:0],SS1[31:25]} ^{A[19:0],A[31:20]});
assign BNext  =  A;
assign CNext  =  {B[22:0], B[31:23]};
assign DNext  =  C;
assign ENext  =  TT2 ^{TT2[22:0], TT2[31:23]} ^{TT2[14:0], TT2[31:15]};
assign FNext  =  E;
assign GNext  =  {F[12:0], F[31:13]};
assign HNext  =  G;

always @(posedge clk) begin
  if (rst_n  ==  1'b0) begin
    {A,B,C,D,E,F,G,H} <=  0;
    {W0,W1,W2,W3,W4,W5,W6,W7,W8,W9,W10,W11,W12,W13,W14,W15}<= 0;
    OVld <=  0;
    cnt <=  0;
    T <=  0;
    HashOut <=  256'h0;
    stSM3 <=  IDLE;
  end
  else begin
    case (stSM3)
      IDLE: begin
        // 数据寄存
```

```
W0,W1,W2,W3,W4,W5,W6,W7,W8,W9,W10,W11,W12,W13,W14,W15}<= DataIn;
                                    // 存储输入消息
T<= SM3_T0;
cnt <= 0;
OVld <= 1'b0;
if (IVInit == 1'b1) begin          //初始化 IV
      {A,B,C,D,E,F,G,H} <= SM3_IV;
      HashReg <= SM3_IV;
end
else begin                          //更新 IV
      {A,B,C,D,E,F,G,H} <= HashOut;
      HashReg <= HashOut;
end

stSM3 <= (InRdy == 1'b1) ? HashRound : IDLE;      // 状态跳转
        end
    HashRound: begin
      {A,B,C,D,E,F,G,H} <= {ANext,BNext,CNext,DNext,ENext,FNext,GNext,HNext};
      {W0,W1,W2,W3,W4,W5,W6,W7,W8,W9,W10,W11,W12,W13,W14,W15} <=
      {W1,W2,W3,W4,W5,W6,W7,W8,W9,W10,W11,W12,W13,W14,W15,W};
      T<= (cnt == 15) ? SM3_T1 : {T[30:0],T[31]};
      cnt <= cnt + 1;

      stSM3 <= (cnt == 6'h3f) ? HashNop : HashRound;   // 状态跳转
    end
    HashNop : begin
      HashOut <= {A,B,C,D,E,F,G,H} ^ HashReg;          // hash 值在 OVld == 1 时有效
      OVld <= 1'b1;

      stSM3 <= IDLE;
    end
    default: stSM3 <= IDLE;
   endcase
  end
 end
endmodule
```

9.3.3 仿真验证

算法 IP 模块编写完毕后,要对其进行仿真验证。这里采用 3.2.3 节介绍的 ModelSim 仿真对其进行验证,仿真测试用例及仿真结果如下。

1. 测试用例

SM3 算法的详细测试用例如下,通过测试用例输入了连续两个消息分组。

```
module tb_alg_sm3;
    reg          clk, rst_n;
    reg [511:0] DataIn;
    reg          InRdy;
    reg          IVInit;
    wire[255:0] DataOut;
```

```
wire        OVld;


always #10 clk <= ~clk;                 // 产生周期 20 的时钟信号


initial begin                           // 对模块输入信号进行顺序赋值
   #0
   $display("!!! Start Simulation!!!");
    clk <= 1'b0;                        // 时钟初始值为 0
    rst_n <= 1'b0;                      // 模块复位
    DataIn <= 512'b0;
    InRdy <= 1'b0;
    IVInit <= 1'b0;
   #20
    rst_n <= 1'b1;
   #20
    DataIn <= 512'h61626364_61626364_61626364_61626364_61626364_61626364
                 _61626364_61626364_61626364_61626364_61626364_61626364
                 _61626364_61626364_61626364_61626364;
    InRdy <= 1'b1;                      // 数据输入有效
    IVInit <= 1'b1;                     // 第一分组,需要初始化 IV
   #20
    InRdy <= 1'b0;                      // InRdy 有效只需要持续 1 个时钟周期
   wait(OVld == 1'b1);                  // 等待数据处理完成
   $display("Block1 : %h", DataIn);
   $display("HASH   : %h", DataOut);
   #40
    DataIn <= 512'h80000000_00000000_00000000_00000000_00000000_00000000
               _00000000_00000000_00000000_00000000_00000000_00000000
               _00000000_00000000_00000000_00000200; // 将运算结果作为输入
    InRdy <= 1'b1;                      // 数据输入有效
    IVInit <= 1'b0;                     // 非第一分组,不需要初始化 IV
   #20
    InRdy <= 1'b0;                      // InRdy 有效只需要持续 1 个时钟周期
   wait(OVld == 1'b1);
   $display("Block2 : %h", DataIn);
   $display("HASH   : %h", DataOut);
   #40  $stop;
end


alg_sm3 alg_sm3_inst(                   // 算法模块元件例化
     .clk        (clk     ),
     .rst_n      (rst_n   ),
     .IVInit     (IVInit  ),
     .DataIn     (DataIn  ),
     .InRdy      (InRdy   ),
     .HashOut    (DataOut ),
     .OVld       (OVld    ) );
endmodule
```

2. 测试结果

采用国家密码管理局公布的 SM3 密码杂凑算法运算示例对 SM3 算法模块进行仿真验证，输入消息为“abcd”重复 16 遍，填充后的消息为 61626364 61626364 61626364 61626364 61626364 61626364 61626364 61626364 61626364 61626364 61626364 61626364 61626364 61626364 61626364 61626364 80000000 00000000 00000000 00000000 00000000 00000000 00000000 00000000 00000000 00000000 00000000 00000000 00000000 00000000 00000000 00000200。仿真时钟周期是 20ns，结果如图 9-16 和图 9-17 所示。

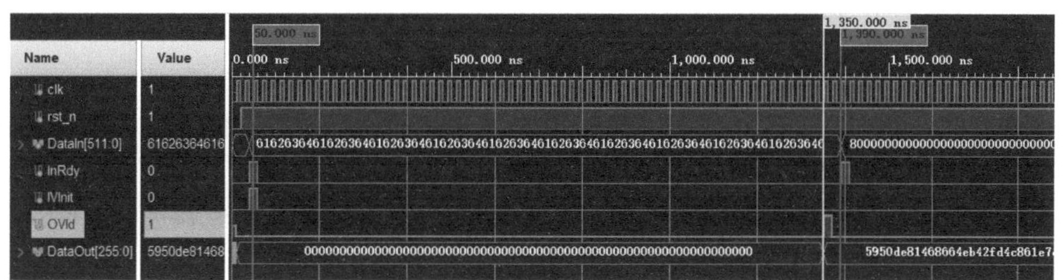

图 9-16　SM3 密码杂凑算法仿真第一分组

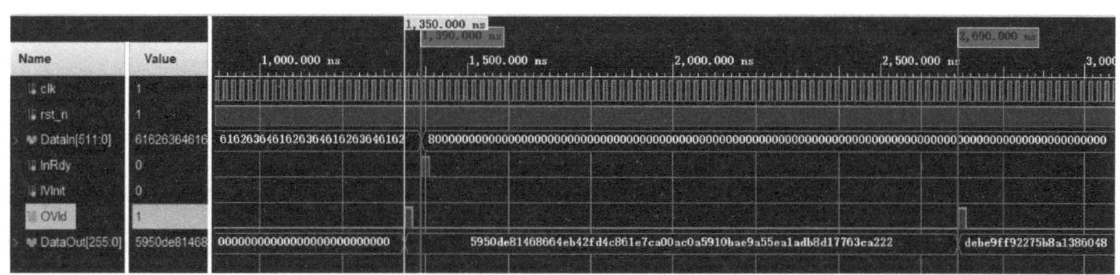

图 9-17　SM3 密码杂凑算法仿真第二分组

在图 9-16 中，在 50ns 时刻，InRdy 有效，输入第一个分组，此时 IVInit 信号也同时置 1，表示是第一个消息分组，需要使用内部预置初始 IV。经过 65 个时钟周期，在 1350ns 时刻，OVld 置 1，给出第一个消息分组经过密码杂凑算法处理后产生的结果。

从图 9-17 中看出，1390 时刻 InRdy 信号有效，而 IVInit 信号无效，表示有消息分组输入，且不是第一个分组，此时应使用当前 IV 值继续处理新的消息分组。在 2690ns 时刻，两个消息分组处理完成，输出结果为 debe9ff9 2275b8a1 38604889 c18e5a4d 6fdb70e5 387e 5765293d cba39c0c，与标准文档的示例结果一致。

第 10 章 基于 Nios Ⅱ的 SOPC 系统开发

CHAPTER 10

本章主要介绍 SOPC 技术、基于 Nios Ⅱ的 SOPC 系统硬件及软件开发环境等。首先对以 Nios Ⅱ嵌入式处理器为核心的 SOPC 技术和开发工具 Qsys 进行简单介绍，然后通过完整的 SOPC 系统设计实例对 SOPC 系统的软硬件开发环境和开发流程进行说明。希望大家通过本章的学习，能够对 SOPC 技术有所了解，基本掌握基于 Nios Ⅱ的 SOPC 系统软硬件开发技术。

10.1 简介

10.1.1 SOPC 技术

20 世纪 90 年代后期，嵌入式系统设计开始从以嵌入式微处理器/DSP 为核心的“集成电路”级设计转向“集成系统”级设计，提出了片上系统(System on a Chip，SoC)的基本概念：在单芯片上集成系统级多元化的大规模功能模块，构成能够处理各种信息的集成系统。SoC 系统通常包括微处理器 CPU、数字信号处理器 DSP、存储器 ROM、RAM、Flash、总线和总线控制器、外围设备接口等，还有其他必要的数模混合电路，甚至传感器等。

随着 VLSI 设计技术和深亚微米制造技术的飞速发展，SoC 技术逐渐成为集成电路设计的主流技术。由于基于 SoC 技术的 ASIC 芯片的设计存在设计周期长、设计成本高的特点，所以不适用于中小企业、研究院所及大专院校。而基于 FPGA 的可重构 SoC 系统解决方案设计，即可编程片上系统(System On a Programmable Chip，SOPC)技术，可以快速地将硬件及软件设计放在一个可编程的芯片中，实现系统级的 IC 设计，具有开发周期短以及系统可修改等优点，从而得到了迅速发展和广泛应用。

Altera 公司在 2000 年最早提出 SOPC 技术，作为一种灵活、高效的 SoC 解决方案，它将处理器、存储器、I/O、LVDS、DDR 等系统设计需要的功能模块集成到一个可编程器件上，构成一个可编程的片上系统。SOPC 技术融合了可编程逻辑器件和基于 ASIC 的 SoC 技术两者的优点，一般具备以下特点：

(1) 至少包含一个嵌入式处理器内核。

(2) 具有小容量片内高速 RAM 资源。

(3) 丰富的 IP 核资源可供选择。

(4) 足够的片上可编程逻辑资源。

(5) 处理器调试接口和 FPGA 编程接口。

(6) 可能包含部分可编程模拟电路。

(7) 单芯片、低功耗、微封装。

作为基于FPGA解决方案的SoC,与传统基于ASIC的解决方案相比,SOPC系统及其开发技术具有更多的特色,构成SOPC的方案也有多种途径。

1. 基于FPGA嵌入IP硬核的SOPC系统

该方案是指在FPGA中预先植入处理器,最常用的是含有ARM32知识产权处理器核的器件。利用FPGA中的可编程逻辑资源,按照系统功能需求来添加接口功能模块,既能实现目标系统功能,又能降低系统的成本和功耗。这样就能使得FPGA灵活的硬件设计与处理器的强大软件功能有机地结合在一起,高效地实现SOPC系统。

2. 基于FPGA嵌入IP软核的SOPC系统

IP硬核直接植入FPGA存在以下不足:

(1) IP硬核多来自第三方公司,FPGA厂商无法控制费用,从而导致FPGA器件价格相对偏高。

(2) IP硬核预先植入,使用者无法根据实际需要改变处理器结构,更不能嵌入硬件加速模块(DSP)。

(3) 无法根据实际设计需要在同一FPGA中集成多个处理器。

(4) 无法根据实际设计需要裁减处理器硬件资源以降低FPGA成本。

(5) 只能在特定的FPGA中使用硬核嵌入式处理器。

IP软核处理器能有效克服上述不足。目前最有代表性的软核处理器分别是Intel的Nios Ⅱ核,以及Xilinx的MicroBlaze核。

3. 基于HardCopy技术的SOPC系统

HardCopy技术是一种全新的SoC级ASIC设计解决方案,即将专用的硅片设计和FPGA至HardCopy的自动迁移过程结合在一起的技术,首先利用Quartus将系统模型成功实现于HardCopy FPGA上,然后帮助设计者通过特定的技术把可编程解决方案无缝迁移到低成本的ASIC上。这样,HardCopy器件就把大容量FPGA的灵活性和ASIC的市场优势结合起来,既可以应对大批量需求,又较好地控制了成本,从而避开了直接设计ASIC的困难。

利用HardCopy技术设计ASIC,开发软件费用少,SoC级规模的设计周期不超过20周,转化的ASIC与用户设计习惯的掩膜层只有两层,且一次性投片的成功率接近100%,即所谓的FPGA向ASIC的无缝转化。而且用ASIC实现后的系统性能将比原来在HardCopy FPGA上验证的模型提高近50%,而功耗则降低40%。

10.1.2 Nios Ⅱ嵌入式处理器

Altera公司在2000年提出SOPC技术的同时,推出了相应的开发软件及其第一代可配置式嵌入式软核处理器Nios,这是一款16位软核处理器。继Nios之后,2004年6月Altera公司又推出了32位嵌入式软核处理器Nios Ⅱ。Nios Ⅱ的主要特性如下:

(1) 32位指令集。

(2) 32位数据总线宽度和32位地址空间。

(3) 32个通用寄存器和32个外部中断源。

(4) 32×32 乘法器和除法器。

(5) 可以计算 64 位和 128 位乘法的专用指令。

(6) 单精度浮点运算指令。

(7) 基于边界扫描测试 JTAG 的调试逻辑,支持硬件断点、数据触发以及片内和片外调试跟踪。

(8) 最多支持 256 个用户自定义指令逻辑。

(9) 最高 250DMIPS(每秒执行 25000 万条定点指令)的性能。

Nios Ⅱ处理器的最大优点在于它的可配置性,用户可以根据实际需要选择外设、存储器和接口,可以在同一个 FPGA 芯片中定制多个处理器并行协同工作,可以使用自定义指令为处理器集成自己的专有功能。

如图 10-1 所示,Nios Ⅱ处理器自定义指令逻辑在 CPU 的数据通路上邻近 ALU 模块,这使得系统设计者可以很好地定制最符合实际需要的处理器内核。通过软件算法转换为自定义的硬件逻辑单元,系统设计者可以提高系统的运行效率,可以很容易在具体实现阶段进行系统中软件和硬件的负载平衡处理。

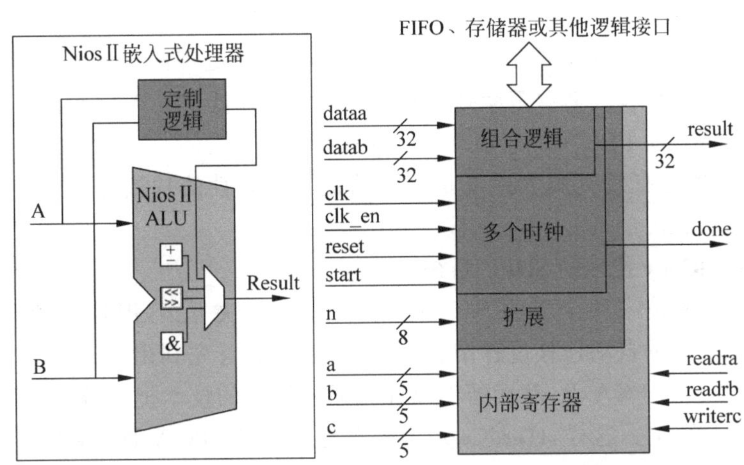

图 10-1 Nios Ⅱ自定义指令逻辑

Nios Ⅱ支持多种用户定制指令的实现方式,完成组合逻辑功能的自定义指令在一个时钟内完成所有工作返回结果,不需要额外的控制信号;对于需要多个时钟才能完成的功能,可以使用开始和结束信号来实现 CPU 与指令的握手机制;扩展指令逻辑允许单个指令逻辑模块处理不同操作并输出不同结果,它使用了 8bit 宽的功能选择逻辑 n 来扩展单个指令的功能;自定义指令逻辑也可以使用内部寄存器文件在指令逻辑与 CPU 之间进行数据交互,从而提高自定义指令逻辑的处理能力。另外需要注意的是,NIOS Ⅱ处理器允许设计者在自定义指令逻辑中增加其他与处理器外部数据的接口,这些接口电路会体现在 Qsys 顶层设计模块。

10.1.3 Qsys 开发工具

Qsys 是 Altera 公司在 Quartus 10.0 版本推出的新的嵌入式处理器硬件设计工具,在 Quartus Ⅱ 11.0 版本后 Qsys 完全代替 SOPC builder 设计工具。

Qsys 组件包括验证的 IP 核和其他设计模块，Qsys 能够重用设计者或者第三方定制的 IP 核，从设计者指定的高层次连接中自动创建互连逻辑，连接 IP 功能模块和子系统，简化定制和集成 IP 核到系统的过程，消除人工编写 HDL 代码容易出错且耗时的问题，提高 FPGA 设计者的工作效率。如果设计者使用标准的接口设计的 IP 核性能更好，且使用标准接口，自定义的 IP 核与 Altera 的 IP 核能够进行互操作。Qsys 支持标准协议，如 Avalon 和 AXI 之间互操作。此外，Qsys 还能利用总线功能模型(BFMS)、显示器等验证 IP 来验证系统的设计。

Qsys 下与 Nios Ⅱ 配套的常用 IP 核有以下几种。

1. System ID 核

System ID 核为 Qsys 系统提供了一个唯一的标识符，Nios Ⅱ 处理器使用此 ID 来验证可执行程序是否是针对目标 FPGA 配置的实际硬件映像，如果可执行文件中的预期标识与 FPGA 中的 System ID 核不匹配，则软件可能无法正确执行。

SystemID 核提供了一个只读的 Avalon 内存映射从接口，该接口有两个 32 位的寄存器，如表 10-1 所示。每个寄存器的值是在系统生成时确定的，并且总是返回一个常量值。

表 10-1 System ID 核相关寄存器

地址偏移	寄存器	R/W	功 能
0	id	R	基于 Qsys 系统内容的唯一的 32 位值。该 id 类似于校验和值；具有不同组件、不同配置选项的 Qsys 系统会产生不同的 id 值
1	timestamp	R	基于系统生成时间的唯一的 32 位值。该值相当于 1970 年 1 月 1 日之后的秒数

每个 Qsys 系统只能添加一个 System ID 核，并且其名称始终为 sysid。对于 Nios Ⅱ 处理器，在硬件抽象层(HAL)系统库中提供了设备驱动程序，System ID 核的 HAL 系统库头文件 alt_avalon_sysid_regs.h 定义了与硬件寄存器的接口；alt_avalon_sysid.c、alt_avalon_sysid.h 定义了访问硬件功能的源文件和头文件。

2. PIO 核

PIO(Parallel Input/Output)核是一个基于存储器映射方式，介于 Avalon 从端口与通用 I/O 端口之间的一个 IP 核，它既可以用在 FPGA 内部逻辑的控制连接，也可以映射到 FPGA 的 I/O 引脚上。PIO 核的 Avalon 总线接口仅包含了一个 Avalon 从端口，该从端口支持基本的 Avalon 读和写操作，同时提供了一个中断输出。

通过 PIO 核，Nios Ⅱ CPU 可以采用访问存储器映射的寄存器的方式来控制 I/O 端口。I/O 端口的输入和输出操作对应 PIO 数据寄存器的读和写操作。注意，PIO 读数据寄存器和写数据寄存器在硬件上是分离的，所以读取数据寄存器的时候并不是读取写入到数据寄存器的值。当 PIO 核配置为输入模式时，可以产生中断信号(包括电平触发和边沿触发)到 Nios Ⅱ CPU，因此 Nios 系统可以扩展任意多个外部中断。对于边沿触发，它既可以检测上升沿和下降沿，还可以处理双边沿的情况。每一个输入 I/O 口都可以通过中断屏蔽寄存器对中断进行屏蔽。

PIO 核特性的设置通过 Qsys 的 PIO 配置向导完成,如图 10-2 所示,其中:

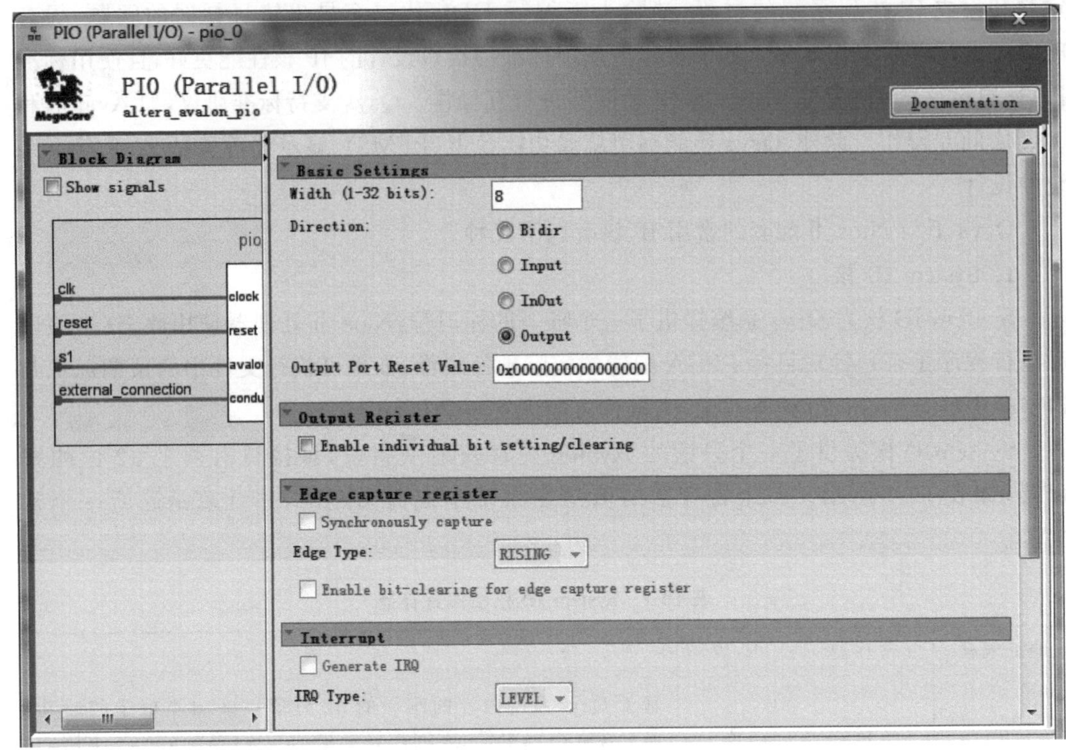

图 10-2 PIO 参数设置

(1) Basic Settings:用来设置 PIO 的宽度以及 PIO 的方向。宽度设置为 1~32 之间的任何一个数,即 PIO 核最多支持 32 位 I/O 端口。方向设置包含 4 种可选类型。

双向三态端口(Bidir):这种模式下每个 PIO 端口可独立设置为输入或输出,如果要设为三态,只需将其配置为输入即可。

输入端口(Input):该模式下仅捕获 PIO 端口上的数据。

输出端口(Output):该模式下仅驱动 PIO 端口。

双向端口(InOut):该模式下的输入总线和输出总线是分离的,每个总线占用的宽度与 PIO 设定的宽度一致。

(2) Output Register 用于使能独立位的置 1 或清 0。

(3) Edge capture register 用来设定 PIO 的边沿检测方式以及中断触发方式。当 Synchronously capture 被选中时,可以选择边沿检测类型:上升沿、下降沿或双边沿,同时 PIO 核会产生一个边沿检测寄存器——edgecapture。

(4) Interrupt 用于设置中断类型。当 Generate IRQ 被选中时,可以设置边沿触发或电平触发。

在软件中,PIO 核操作主要是通过 4 个 32 位的存储器映射寄存器来实现的,如表 10-2 所示。

表 10-2　PIO 核相关寄存器

偏移地址	寄存器		R/W	(n-1)	…	2	1	0
0	data	Read access	R	当前 PIO 输入端口的数据值				
		Write access	W	送至 PIO 输出端口的新值				
1	direction		R/W	每个 I/O 端口的方向独立控制。0 为输入方向,1 为输出方向				
2	interruptmask		R/W	输入端口中断请求的启用/禁用位,1 为启用中断				
3	edgecapture		R/W	输入端口的边沿检测				

(1) 数据寄存器(data)。

读取该寄存器,将得到当前 PIO 输入端口的状态,如果 PIO 被配置成输出模式,那么读取该寄存器将得到一个不确定的值。

写数据寄存器将驱动 PIO 输出端口,如果 PIO 被配置成输入模式,向该寄存器写入值将无效。如果 PIO 被配置成输入输出模式,那么该寄存器的值仅在 direction 寄存器中相应位被置为 1(输出)时才有效。

(2) 方向寄存器(direction)。

方向寄存器主要用来控制 PIO 端口的数据方向。当该寄存器中的第 n 位被置为 1 的时候,对应的 PIO 的 I/O 端口中的第 n 位将为输出状态,输出的电平是写入到数据寄存器中的第 n 位的值。

方向寄存器仅在 PIO 核被配置为双向模式的时候才有效,在输入模式或输出模式情况下,该寄存器无效,此时读取该寄存器将得到一个不确定的值,写入该寄存器也无效。

系统复位后,该寄存器将被清零,此时所有的 PIO 端口都呈现输入模式。如果这些端口被分配到 FPGA 的 IO 引脚上,此时将呈现高阻态。

(3) 中断屏蔽寄存器(interruptmask)。

如果要使能 PIO 中某个输入端口的中断,只需要将 interruptmask 寄存器中的相应位置为 1,为 0 时禁止该 I/O 端口中断。中断屏蔽寄存器仅在硬件支持中断触发的时候才有效,如果 PIO 核配置成无中断触发功能,那么读取该寄存器将得到一个不确定的值,向该寄存器写入的值也无效。

系统复位后,该寄存器将被清零,此时所有的 PIO 端口的中断都被禁止。

(4) 边沿捕捉寄存器(edgecapture)。

如果 PIO 核的某个 I/O 输入端口检测到满足设置的边沿条件,则该寄存器中的相应位将被置 1,即实现捕获。向该寄存器中写入任意值,都将清零该寄存器。

注意,这 4 个寄存器是否存在及具体的功能取决于硬件配置。如果寄存器不存在,则读取此寄存器的值,将返回一个不确定值;对此寄存器的写操作无效。

对于 Nios Ⅱ 处理器,在 HAL 系统库中提供了设备驱动程序。对 PIO 端口的访问,只需要加入 altera_avalon_pio_regs. h 文件(位于板级支持包路径下),按照其提供的标准库函数访问即可。该文件中提供的库函数包括:

读数据寄存器——IORD_ALTERA_AVALON_PIO_DATA(base)

写数据寄存器——IOWR_ALTERA_AVALON_PIO_DATA(base, data)

读方向寄存器——IORD_ALTERA_AVALON_PIO_DIRECTION (base)

写方向寄存器——IOWR_ALTERA_AVALON_PIO_DIRECTION(base, data)
读中断屏蔽寄存器——IORD_ALTERA_AVALON_PIO_IRQ_MASK(base)
写中断屏蔽寄存器——IOWR_ALTERA_AVALON_PIO_IRQ_MASK(base, data)
读边沿捕捉寄存器——IORD_ALTERA_AVALON_PIO_EDGE_CAP (base)
写边沿捕捉寄存器——IOWR_ALTERA_AVALON_PIO_EDGE_CAP (base, data)

其中,base 为基地址,各寄存器的基地址取决于硬件设置,硬件设置不同,地址会有所不同,具体地址值存储在硬件搭建后生成的 system.h 文件中。data 为准备写入的数据。

3. Interval Timer 核

Qsys 中的 Timer 核是一个 32 位、基于 Avalon 从端口的软核,其功能框图如图 10-3 所示。

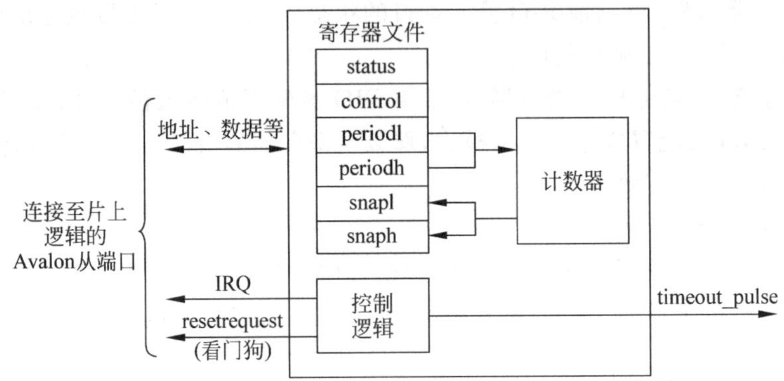

图 10-3 Timer 核的功能框图

Timer 核提供 6 个基于 Avalon 接口的 16 位寄存器,如表 10-3 所示,供 CPU 读取其状态、设定周期、启动或停止计数、复位计数器等,兼容 16 位和 32 位处理器。这些寄存器仅在定时器被设定了相应功能时才有效,例如,如果一个定时器被设定为固定周期,则其周期寄存器将不可访问。另外,Timer 核还嵌入了一个复位请求信号 resetrequest,用来实现其看门狗功能。IRQ 为可选的中断输出信号,timeout_pulse 为可选的端口输出,用来产生周期性的脉冲信号。

表 10-3 Timer 核的相关寄存器

偏移地址	寄存器	R/W	15	…	4	3	2	1	0
0	status	RW	保留位					RUN	TO
1	control	RW	保留位			STOP	START	CONT	ITO
2	periodl	RW	周期值低 16 位(bit 15…0)						
3	periodh	RW	周期值高 16 位(bit 31…16)						
4	snapl	RW	当前计数器值快照的低 16 位(bit 15…0)						
5	snaph	RW	当前计数器值快照的高 16 位(bit 31…0)						

(1) 状态寄存器(status)。

当计数器递减至 0 的时候,状态寄存器中的 TO 位被置为 1,并且将一直保持为 1 的状态,向该位写 0 可以将其清除。RUN 位是一个只读位,当定时器处于运行状态的时候,RUN 位被置 1;当定时器停止的时候,该位为 0。

(2) 控制寄存器(control)。

ITO 位为 1 时,定时器递减至 0 会产生一个中断请求信号;否则,该位为 0,则屏蔽定时器的中断功能。需要注意,响应定时器中断的时候,需要将 TO 位和 ITO 位清零,禁止中断,中断响应完成后,再使能中断。

CONT 位用于控制定时器的工作方式,CONT 为 1 时,定时器连续工作;CONT 为 0 时,定时器只工作一次。不管处于何种模式,当定时器递减至 0 的时候,都会自动装载定时器周期寄存器中的值,以便下次重新计数。

START 位和 STOP 位分别用于启动定时器和停止定时器,只需向相应的位写入 1,便可完成相应的动作。需要注意的是,这两个位不能同时为 1,否则定时器工作不正常。

(3) 周期寄存器(periodl 和 periodh)。

周期寄存器 periodl 和 periodh 共同构成 32 位的周期值,向这两个寄存器写入周期值或定时器递减至 0 时,内部计数器都会自动重载该寄存器中的值。两个寄存器的写操作会导致定时器停止,所以在初始化周期寄存器后,必须通过控制寄存器启动定时器。

(4) 定时器快照寄存器(snapl 和 snaph)。

CPU 如果需要读取当前定时器的计数值,计数器配置上需要使能定时器的可读计数值属性;在软件实现上,需要首先执行一个写 snapl 或 snaph 寄存器的操作,硬件就会将当前的计数值写入到 snapl 和 snaph 寄存器中,然后读取这两个寄存器的值,即可得到当前的 32 位计数值。这些操作对计数器没有影响。

在 Nios Ⅱ 处理器的 HAL 系统库中,包含了所有访问和控制定时器的设备驱动。Timer 核的设置是通过 Qsys 中的 Interval timer 配置向导完成的,如图 10-4 所示,包括以下配置:

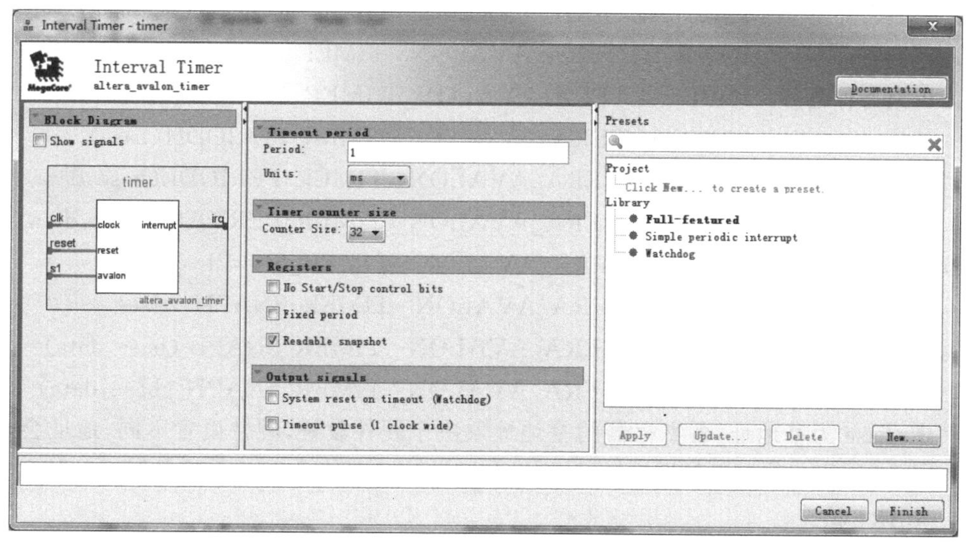

图 10-4　Timer 参数设置

(1) 计数周期(timeout period)。

计数周期用来设定定时器的周期,影响定时器的 periodl 和 periodh 寄存器,当周期可写属性使能的时候,其周期可由软件载程序进行改变;当周期可写属性被禁止的时候,其周期就是向导中设定的周期,软件将不可修改。定时周期可以以微秒、毫秒、秒或以系统时钟为单位进行设定,实际周期的获得将依赖于系统时钟。

(2) 计数范围(Timer counter size)。

设置计数器计数宽度。

(3) 寄存器选项(Registers)。

启动/停止控制位:当该项未被选中时,可以在软件中启动或停止定时器;当该项被选中时,定时器将持续运行,不受软件限制。

固定周期:当该项被选中时,计数器为固定周期计数器;否则,可以在程序中修改其周期。

可读的计数值:当该项被选中时,可以在程序中读取当前计数器的计数值。

(4) 输出信号选项(Output signals)。

系统复位:当该项被选中时,定时器将起到看门狗的作用,当计数值递减至0时,将产生一个宽度为1个时钟周期的正脉冲复位请求信号。在系统复位的过程中,该定时器停止工作,可以通过写控制寄存器中的START位来启动看门狗定时器。

定时脉冲输出:当该项被选中时,定时器会在其计数递减至0时,输出一个时钟周期宽度的正脉冲信号;否则,无定时脉冲信号输出。

对于Nios Ⅱ处理器,在HAL系统库中提供了设备驱动程序。若想访问interval timer核相关寄存器,只需要在软件中加入altera_avalon_timer_regs.h头文件,按照其提供的标准库函数访问即可。该文件提供的库函数包括:

读状态寄存器——IORD_ALTERA_AVALON_TIMER_STATUS(base)
写状态寄存器——IOWR_ALTERA_AVALON_ TIMER_STATUS(base,data)
读控制寄存器——IORD_ALTERA_AVALON_ TIMER_CONTROL(base)
写控制寄存器——IOWR_ALTERA_AVALON_ TIMER_CONTROL(base,data)
读周期寄存器——IORD_ALTERA_AVALON_ TIMER_PERIODL(base)
IORD_ALTERA_AVALON_ TIMER_PERIODH(base)
写周期寄存器——IOWR_ALTERA_AVALON_ TIMER_PERIODL(base,data)
IOWR_ALTERA_AVALON_ TIMER_PERIODH(base,data)
读快照寄存器——IORD_ALTERA_AVALON_ TIMER_SNAPL (base)
IORD_ALTERA_AVALON_ TIMER_SNAPH(base)
写快照寄存器——IOWR_ALTERA_AVALON_ TIMER_SNAPL (base,data)
IOWR_ALTERA_AVALON_ TIMER_SNAPH (base,data)

其中,base为基地址,各寄存器的基地址取决于硬件设置,硬件设置不同,地址会有所不同,具体地址值存储在硬件搭建后生成的system.h文件中。data为准备写入的数据。

4. UART核

Qsys提供的UART核,也是基于Avalon接口设计,实现了RS-232协议的全部时序,波特率可调,支持硬件流控制所需的信号,其功能框图如图10-5所示。

UART核提供了6个基于Avalon接口的16位寄存器供软件访问和控制,如表10-4所示。同时当它收到数据或准备好接收下一个发送数据的时候,都会产生一个高有效的中断请求信号IRQ。另外,UART核可以设置为工作在DMA方式,无须CPU干预便可完成数据的收发。

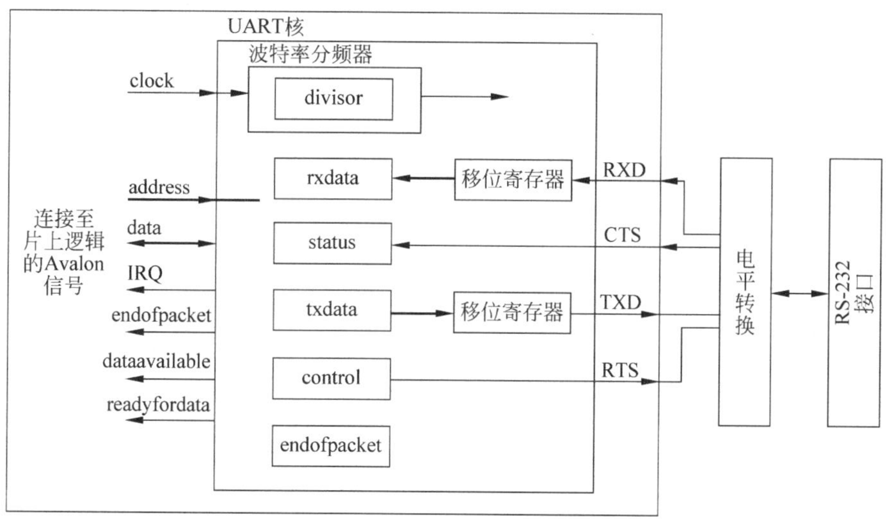

图 10-5 UART 核功能框图

表 10-4 UART 核的相关寄存器

偏移地址	寄存器	R/W	15…13	12	11	10	9	8	7	6	5	4	3	2	1	0
0	rxdata	RO	保留位					(1)	(1)	接收数据						
1	txdata	WO	保留位					(1)	(1)	发送数据						
2	status	RW	保留位	eop	cts	dcts	(1)	e	rrdy	trdy	tmt	toe	roe	brk	fe	pe
3	control	RW	保留位	ieop	rts	idcts	trbk	ie	irrdy	itrdy	itmt	itoe	iroe	ibrk	ife	ipe
4	divisor	RW	波特率分频数													
5	endofpacket	RW	保留位					(1)	(1)	尾包数据值						

注："(1)"是否存在，取决于 UART 核的硬件设置。

rxdata：UART 数据接收寄存器。

txdata：UART 数据发送寄存器。

status：状态寄存器，包含了 UART 相关的状态，如校验错误标志(pe)、帧错误(fe)、接收间断错误(brk)、数据溢出错误(roe 和 toe)、发送错误(tmt0)、数据接收发送准备好标志(rrdy 和 trdy)、错误标志(e)以及帧计数标志等。向此寄存器写 0，将清零 dcts、e、toe、roe、brk、fe、pe 位。

control：控制寄存器，用来控制 UART 的各项中断等。

divisor：分频寄存器，用来改变 UART 的波特率。此寄存器存在与否取决于硬件设置。

endofpacket：结束包寄存器，用于保存 DMA 传输方式下的最后一个数据包。此寄存器存在与否取决于硬件设置。

UART 核的硬件特性是通过 Qsys 配置向导完成的，如图 10-6 所示，主要包括以下几个方面：

(1) 波特率(Baud rate)。

UART 核的波特率可以设定为固定波特率和可变波特率两种方式，当设置为可变波特率的时候，软件可以在运行过程中通过改变分频器寄存器来得到不同的波特率。波特率的

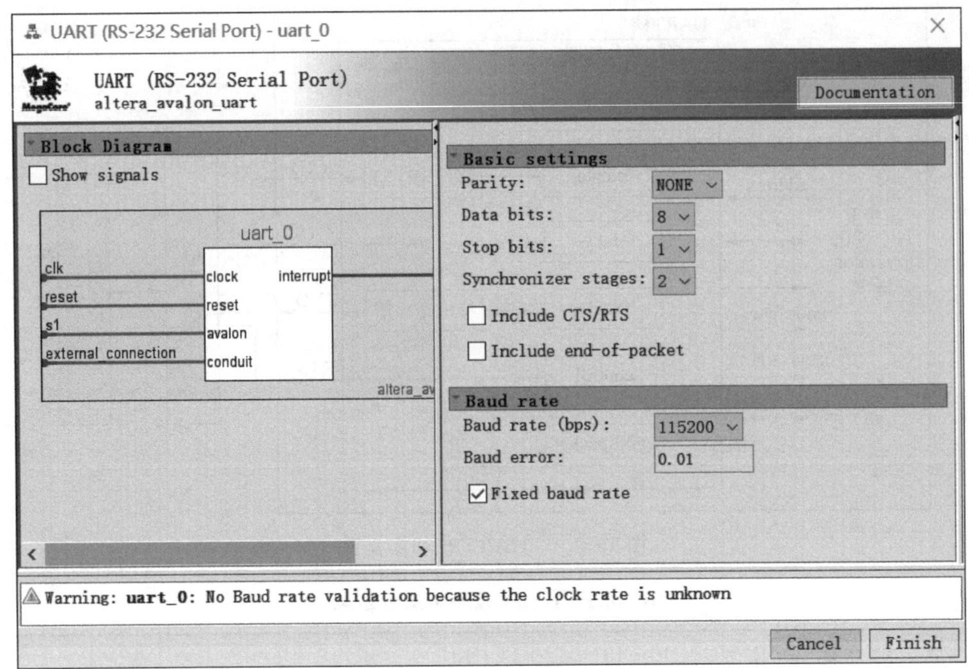

图 10-6　UART 参数配置

计算公式为

$$波特率=\frac{系统时钟}{分频系数+1}$$

(2) 校验位、数据位和停止位(Parity,Data bits,stop bits)。

校验位可以选择奇校验、偶校验或无校验位 3 种方式;数据位可选择 7 位、8 位或 9 位;停止位可选择 1 位或 2 位。

(3) 流控制(Flow Control)。

流控制主要包括 CTS 和 RTS 两个信号,当选中 Include CTS/RTS 选项使能流控制属性后,UART 硬件会自动产生 cts_n 输入端口、rts_n 输出端口。选中 Include end-of-packet 将使能 DMA 方式,UART 硬件会自动产生一个 7 位、8 位或 9 位的结束包寄存器、状态寄存器中的 eop 位和控制寄存器中的 ieop 位。eop 检测可以配合 DMA 一起使用,使其在不需要 CPU 干预的情况下,完成数据的自动收发。

对于 Nios Ⅱ 处理器,在 HAL 系统库中提供了设备驱动程序。在软件设计中,如果将 UART 指定为系统标准输入/输出(stdin/stdout),则可以通过 printf()和 getchar()函数来访问;也可以通过 Altera 提供的包含在 altera_avalon_uart_regs.h 头文件中的标准库函数来访问。该文件提供的库函数包括:

读数据接收寄存器——IORD_ALTERA_AVALON_UART_RXDATA(base)

写数据接收寄存器——IOWR_ALTERA_AVALON_UART_RXDATA(base,data)

读数据发送寄存器——IORD_ALTERA_AVALON_UART_TXDATA(base)

写数据发送寄存器——IOWR_ALTERA_AVALON_UART_TXDATA(base,data)

读状态寄存器——IORD_ALTERA_AVALON_UART_STATUS(base)

写状态寄存器——IOWR_ALTERA_AVALON_UART_ STATUS (base,data)

读控制寄存器——IORD_ALTERA_AVALON_UART_CONTROL(base)

写控制寄存器——IOWR_ALTERA_AVALON_UART_ CONTROL (base,data)

读分频寄存器——IORD_ALTERA_AVALON_UART_ DIVISOR (base)

写分频寄存器——IOWR_ALTERA_AVALON_UART_ DIVISOR (base,data)

读包结束寄存器——IORD_ALTERA_AVALON_UART_ EOP (base)

写包结束寄存器——IOWR_ALTERA_AVALON_UART_ EOP (base,data)

其中,base 为基地址,各寄存器的基地址取决于硬件设置,硬件设置不同,地址会有所不同,具体地址值存储在硬件搭建后生成的 system. h 文件中。data 为准备写入的数据。

5. SPI 核

SPI 是一种工业标准的串行接口协议,主要用于控制器与数据转换器、存储器和控制设备之间的通信。Qsys 中提供的 SPI 核功能如图 10-7 所示,其中 mosi、miso、sclk 及 ss_n 为基本通信端口,支持主和从两种工作模式,最多可同时连接 16 个 SPI 外设,数据位最多支持 16 位,能够满足绝大多数场合需求。

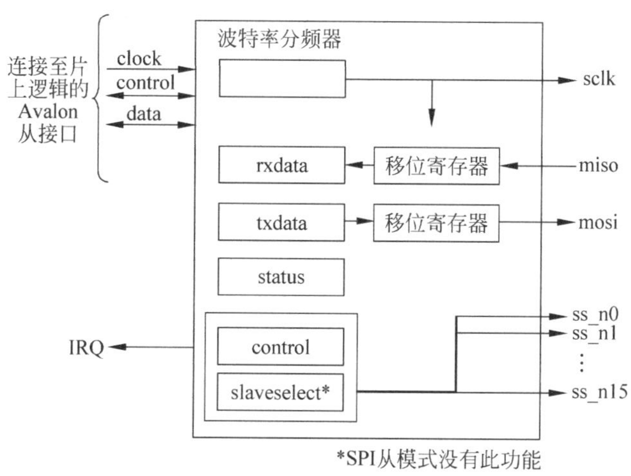

图 10-7　SPI 核的功能框图

SPI 核提供了 5 个 16 位基于 Avalon 接口的寄存器供软件访问,这 5 个寄存器如表 10-5 所示。

表 10-5　SPI 核的相关寄存器

偏移地址	寄存器	15…11	10	9	8	7	6	5	4	3	2	1	0
0	rxdata(1)	RXDATA($n-1..0$)											
1	txdata(1)	TXDATA($n-1..0$)											
2	status				E	RRDY	TRDY	TMT	TOE	ROE			
3	control		SSO		IE	IRRDY	ITRDY		ITOE	IROE			
4	Reserved												
5	slaveselect	Slave Select Mask											

注意:(1)当 n 小于 15 时,n 到 15 位未定义。

rxdata：SPI 数据接收寄存器。

txdata：SPI 数据发送寄存器。

status：状态寄存器，包含了一些与 SPI 相关的状态，如接收溢出错误(ROE)、发送溢出错误(TOE)、发送移位寄存器空(TMT)、发送准备好(TRDY)、接收到数据(RRDY)以及错误标志(E)。向 status 寄存器的写操作将清零 ROE、TOE 和 E 位。

control：控制寄存器，用来设置 SPI 的某些特殊属性，如使能接收溢出错误中断(IROE)、使能发送溢出错误中断(ITOE)、准备好发送数据中断(ITRDY)、接收到数据中断(IRRDY)、错误中断(IE)以及强行将 SS_n 信号置为有效(sso)等，sso 仅在主模式下存在。

slaveselect：从模式选择寄存器，此寄存器仅在主模式下存在。SPI 核支持主和从两种工作模式，当时钟 SCLK 由 CPU 驱动时为主模式；由外部设备驱动时，为从模式。

SPI 核的属性设置通过 Qsys 的 SPI 核设置向导完成，如图 10-8 所示。在设置向导中可以设置的属性包括：主/从工作模式、外设数量(直接影响 ss_n 的数量)、时钟波特率、时钟延迟、数据位宽、数据输出顺序(高位先出还是低位先出)、时钟极性以及时钟相位等。需要注意的是，上述的这些属性仅在 SPI 工作在主模式的时候才可以设置，当工作在从模式的时候，仅能设置数据位宽、数据输出顺序、时钟极性以及时钟相位，其他属性将不能设置。

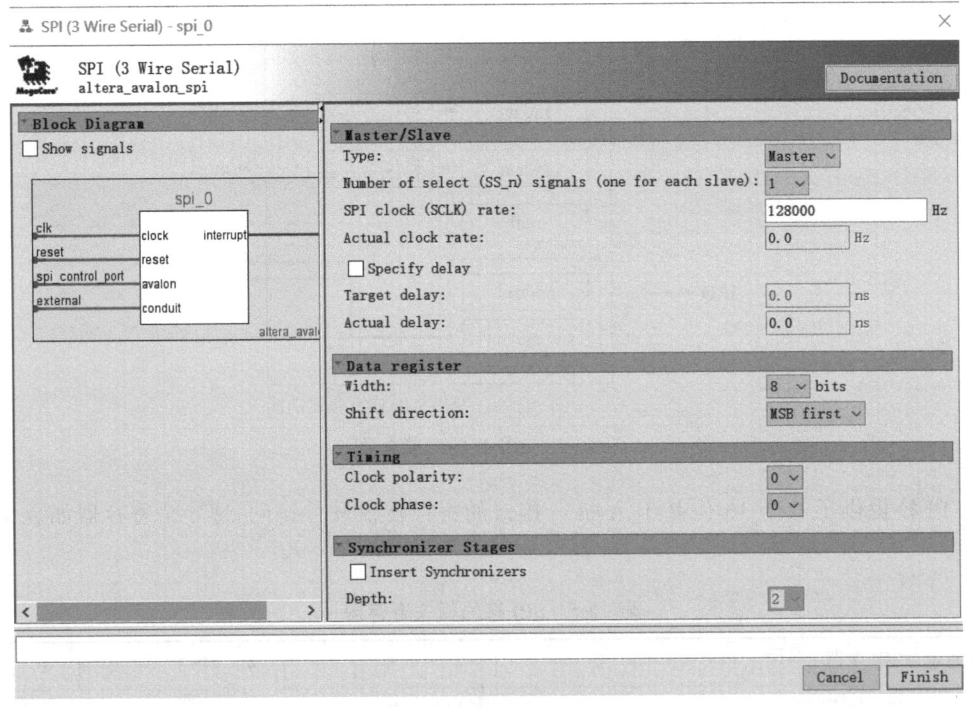

图 10-8 SPI 参数配置

Nios Ⅱ处理器的 HAL 系统库中提供了设备驱动程序。对 SPI 的访问只需要将 altera_avalon_spi_reg.h 头文件包含进来便可，该文件中提供了以下基本函数供程序调用：

读数据接收寄存器——IORD_ALTERA_AVALON_SPI_RXDATA(base)

写数据接收寄存器——IOWR_ALTERA_AVALON_SPI_RXDATA(base, data)

读数据发送寄存器——IORD_ALTERA_AVALON_ SPI _TXDATA(base)

写数据发送寄存器——IOWR_ALTERA_AVALON_ SPI _TXDATA(base, data)

读状态寄存器——IORD_ALTERA_AVALON_ SPI _STATUS(base)

写状态寄存器——IOWR_ALTERA_AVALON_ SPI _ STATUS (base, data)

读控制寄存器——IORD_ALTERA_AVALON_ SPI _CONTROL(base)

写控制寄存器——IOWR_ALTERA_AVALON_ SPI _ CONTROL (base, data)

读从设备选择寄存器——IORD_ALTERA_AVALON_ SPI_SLAVE_SEL (base)

写从设备选择寄存器——IOWR_ALTERA_AVALON_ SPI_SLAVE_SEL (base, data)

其中，base 为基地址，各寄存器的基地址取决于硬件设置，硬件设置不同，地址会有所不同，具体地址值存储在硬件搭建后生成的 system. h 文件中。data 为准备写入的数据。

软件还可以通过函数 alt_avalon_spi_command()来访问 SPI 接口，该函数在 altera_avalon_spi. h 中得到了定义，具体如下：

```
int alt_avalon_spi_command( alt_u32 base, alt_u32 slave,
                           alt_u32 write_length, const alt_u8 * write_data,
                           alt_u32 read_length, alt_u8 * read_data,
                           alt_u32 flags)
```

不过此函数仅能访问数据位宽不超过 8 位的 SPI 接口，对于数据位宽超过 8 位的 SPI 接口，该函数尚不支持。

6. SDRAM 核

Qsys 提供基于 Avalon 总线接口的 SDRAM 控制器软核，用于外接 SDRAM，如图 10-9 所示。用户只需要在添加 SDRAM 控制器软核的时候，根据所用 SDRAM 对其进行适当的设置，便可以在 Nios Ⅱ CPU 中正常读写 SDRAM 了。

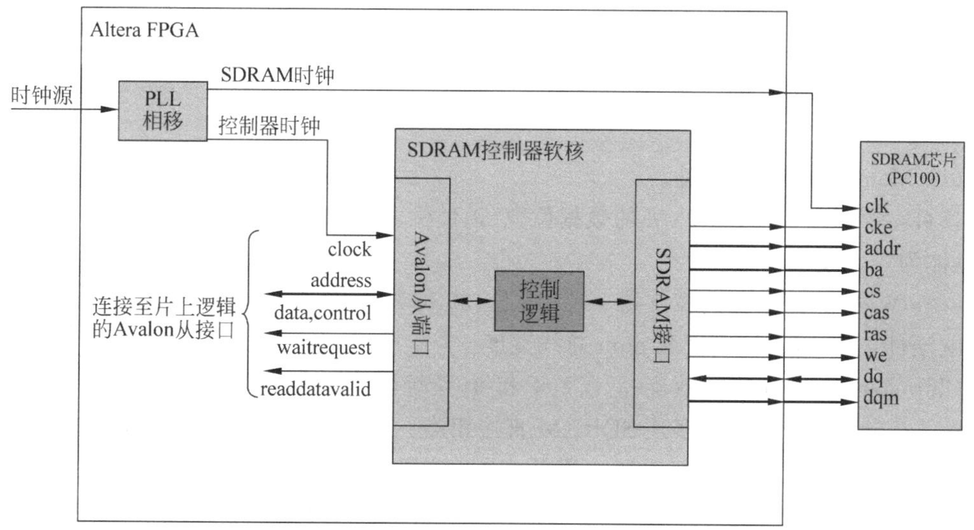

图 10-9　SDRAM 控制器功能框图

Qsys 中提供的 SDRAM 控制器符合 PC100 标准规范，时钟最高可以工作在 100MHz。CPU 可以通过 8 位、16 位、32 位或 64 位总线的方式访问不同容量的 SDRAM，它还可以根据需要提供多片 SDRAM 的片选信号。

SDRAM 核没有提供驱动 SDRAM 所需的时钟信号，所以该时钟信号必须在系统中额外添加。SDRAM 的时钟 SDRAM_Clock 必须与 SDRAM 控制器工作时钟 Controller_Clock 频率完全一样，如图 10-9 所示，可通过 PLL 获得这两个时钟信号。SDRAM 控制器核不支持时钟禁止（CKE 无效），也就是说，SDRAM 控制器输出的 CKE 一直处于有效状态。

SDRAM 控制器核的属性也是通过其配置向导完成的，如图 10-10 所示，软件程序无法修改。配置向导中已经提供了几种已经配置好的 SDRAM 类型（包括 MT8LSDT1664HG 模块、4 片 SDR100 8Mbyte×16、MT48LC2M32B2-7、MT48LC4M32B2-7、NEC D4564163-A80、AS4LC1M16S1-10 和 AS4LC2M8S0-10），可以直接使用。对于没有列出的 SDRAM，必须根据 SDRAM 的具体工作参数来自行配置。

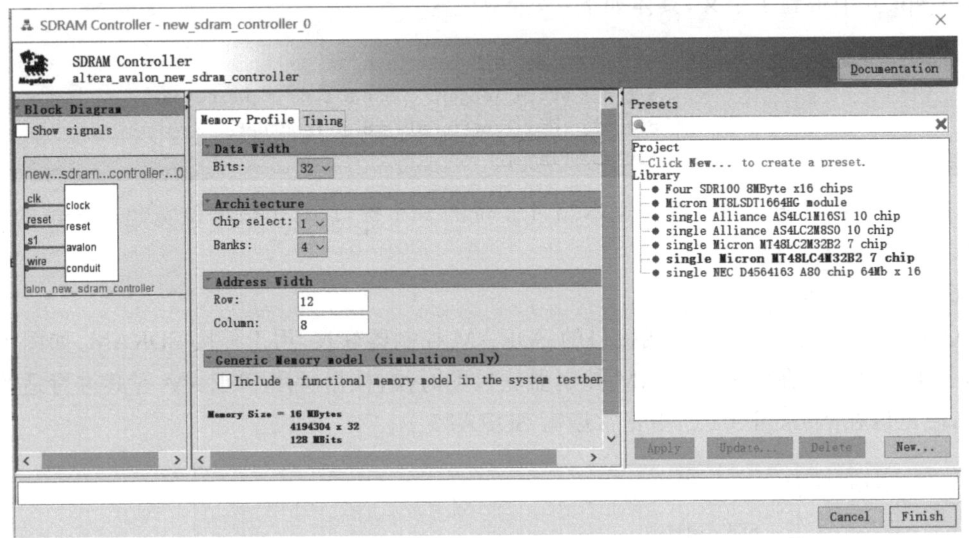

图 10-10 SDRAM 参数配置

(1) Memory Profile 标签。

该页主要用来设置 SDRAM 的数据位宽、地址位宽、片选个数以及 SDRAM 的 Bank 数量，具体为：

Data Width——数据位宽支持 8 位、16 位、32 位和 64 位，系统默认为 32 位。该属性直接影响硬件上的 dq 总线宽度和 dqm 总线宽度。

Chip select——片选个数支持 1、2、4 和 8，系统默认为 1。通过使用多个片选信号，SDRAM 控制器可以与外部多片 SDRAM 直接相连。

Banks——Bank 数量支持 2 和 4，默认为 4。该属性直接影响硬件上的 ba 总线。

Row——行地址支持 11、12、13 和 14 位，默认为 12 位。该属性决定了 addr 总线宽度。

Column——列地址数量最少 8 位，最多不超过行地址数量，默认为 8 位。

Include a functional memory model in the system testbench——如果选中该属性，那么 Qsys 会自动产生该 SDRAM 核的仿真模型。

根据上述的各种属性，配置向导会计算出当前 SDRAM 的容量（单位是 MB）等相关信息。

(2) Timing 标签。

该页主要用来设置 SDRAM 控制器产生的时序,包括:

CAS latency——允许设定的值有 1、2 和 3,默认为 3。该属性直接影响读命令发起到数据输出之间的延迟。

Initialization refresh cycles——允许的值为 1～8,默认为 2。该属性决定了复位后,SDRAM 控制器将产生的刷新周期的个数。

Issue one refresh command every——默认为 15.625μs。该值决定了 SDRAM 控制器刷新 SDRAM 的刷新周期,如 15.625μs 即为每 64ms 刷新 4096 次。

Delay after power up, before initialization——默认值为 100μs。该值主要用来延迟 SDRAM 控制器输出时序,避免启动时由于系统不稳定,导致 SDRAM 初始化失败。

Duration of refresh command——自刷新周期,默认值为 70ns。

Duration of precharge command——预充电命令周期,默认为 20ns。

ACTIVE to READ or WRITE delay——读写有效延迟,默认为 20ns。

Access time——从时钟上升沿开始的访问时间,该值与 CAS 延迟有关,默认为 17ns。

要想在 CPU 中正确地访问 SDRAM,必须认真地配置上述的所有参数,上述参数在 SDRAM 芯片的数据表中都可以找到。最后要说明的是,SDRAM 的时钟信号必须由 PLL 产生,而且与提供给 SDRAM 控制器的时钟必须同频率,还必须有一定的相位差,否则可能无法正确地访问 SDRAM。

7. JTAG UART

JTAG UART 核基于 Avalon 从端口,通过 JTAG 下载电缆能够实现主机和 Qsys 系统之间的串行通信。JTAG UART 核与 FPGA 内的 JTAG 电路连接的功能框图如图 10-11 所示。

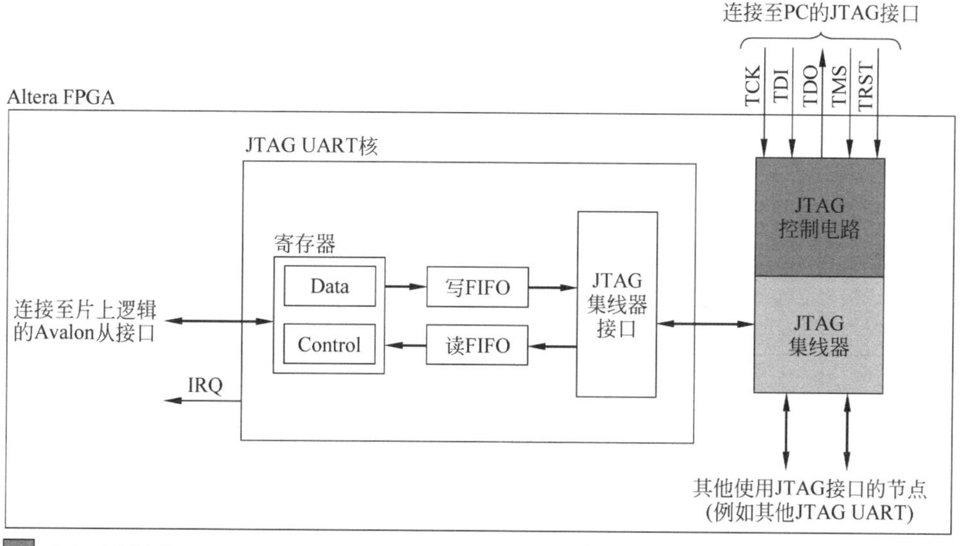

图 10-11　JTAG UART 功能框图

JTAG UART 核对用户提供两个 32 位的寄存器：数据寄存器 Data 和控制寄存器 Control，当读数据有效或写 FIFO 准备好接收数据时，JTAG UART 均会产生一个高有效的中断信号 IRQ。

FPGA 在内部逻辑资源和外部 JTAG 引脚间内置有 JTAG 控制电路，可以连接需要通过 JTAG 接口通信的用户自定义电路，在此称为节点。若多个节点需要通过 JTAG 接口进行通信，则需要一个作为多路复用器的 JTAG 集线器。进行逻辑综合时，Quartus Prime 会自动生成 JTAG Hub 逻辑。FPGA 上的 JTAG 控制器和主机的连接示意如图 10-12 所示，FPGA 内的所有 JTAG 节点都通过单个 JTAG 连接进行多路复用，主机上的 JTAG 服务器软件控制和解码 JTAG 数据流。

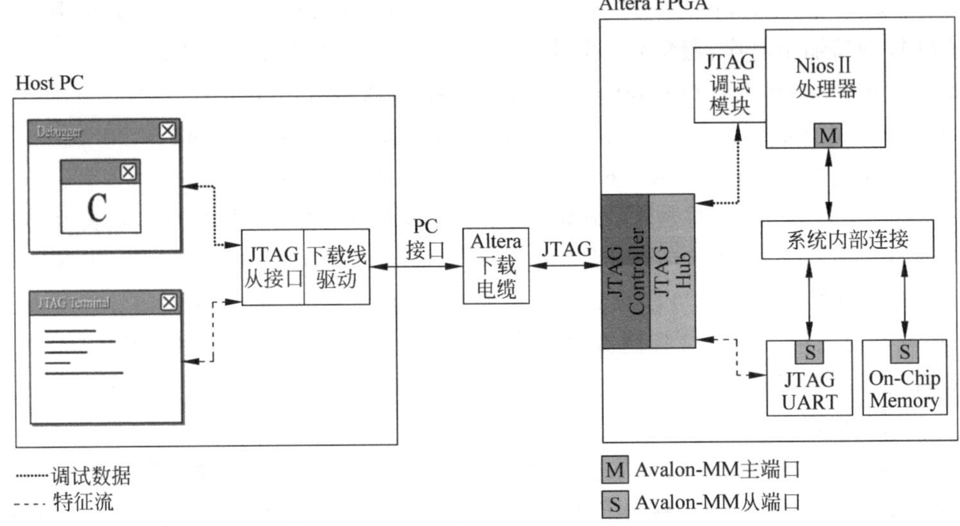

图 10-12 主机与 FPGA 连接示意图

JTAG UART 的硬件配置通过其硬件向导完成，如图 10-13 所示，除非选中 Construct using registers instead of memory blocks(用寄存器替换存储器块的构造)选项，否则建议采用默认设置。

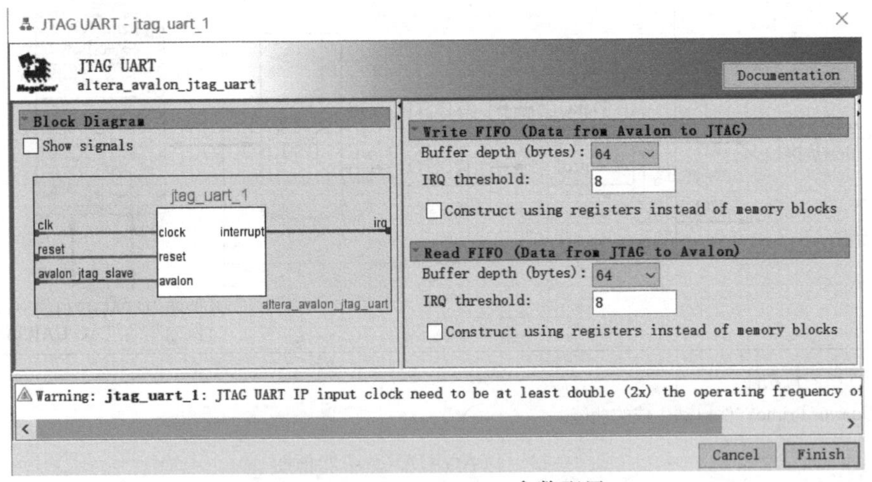

图 10-13 JTAG UART 参数配置

Nios Ⅱ处理器的 HAL 系统库中提供了设备驱动程序，允许软件通过 ANSIC 标准库 stdio.h 访问 JTAG UART 核。Nios Ⅱ处理器用户可以通过 Nios Ⅱ IDE 或 Nios Ⅱ终端命令行访问 JTAG UART。

10.2　SOPC 硬件开发

SOPC 的开发流程是一个软硬件协同开发的过程，硬件部分的开发涉及处理器及其他功能模块的设计，软件的开发为处理器上运行的程序代码的开发。

首先需要根据设计需求，确定系统的硬件架构，包括使用何种性能的 CPU（即 Nios 核），与 CPU 配套的外设（SRAM、Flash、Timer、UART、Timer 和 GPIO 等），以及其他需要通过 FPGA 逻辑资源实现的功能模块等。通过 Qsys 将选定的 CPU 及其外设组件进行连接，搭建出需要的 CPU 硬件系统，并对其进行编译，生成 CPU IP 核。在 Quartus Prime 中，调用此 CPU IP，与系统的其他功能模块构成一个完整的系统，编译综合后，一个硬件平台就全部完成了。软件开发就是在软件集成开发环境中编写代码，编译后，下载到 CPU 中进行调试。

SOPC 和 Nios Ⅱ的基本开发流程为：

(1) 在 Quartus Prime 中新建一个工程（硬件）。

(2) 打开 Qsys，在 Qsys 中根据需要加入 Nios 核及各种 IP 核。

(3) 编译后，生成嵌入式 CPU 核。

(4) 在(1)中新建的工程中加入(3)中生成的文件。

(5) 加入其他功能电路、输入、输出以及双向端口，并根据需要对其命名。

(6) 对(5)中命名的输入、输出和双向端口根据选定的 FPGA 进行引脚分配。

(7) 编译工程。

(8) 下载编辑代码到 FPGA。

(9) 利用 Nios Ⅱ IDE 新建另一个工程（软件）。

(10) 根据(2)中的资源，编写项目需要的代码。

(11) 编译、下载并调试，查看运行结果，直到正确。

(12) 如果需要，将(11)中生成的代码下载到代码 Flash 中。

下面利用一个较为完整的基于 Nios Ⅱ 的 SOPC 系统实例，对 SOPC 系统的硬件开发流程和软件开发流程进行详细介绍。

10.2.1　启动 Qsys

与前述的 FPGA 设计一样，首先建立工作目录，在此设置工作目录为“D:\quartus\project\LED”。利用 New Project Wizard 建立设计工程，具体步骤可参考本书第 3 章的内容。建立工程后方可启动 Qsys。

选择 Quartus Prime 菜单命令 Tools→Qsys，打开 Quartus Prime 集成的开发工具 Qsys。如图 10-14 所示，初次打开 Qsys 中的 System Content 时默认已经添加了一个时钟

组件 clk_0,我们需要在 IP Catalog 中查找并添加需要用到的组件,比如 Nios Ⅱ(Classic) Processor、PIO、JTAG UART。

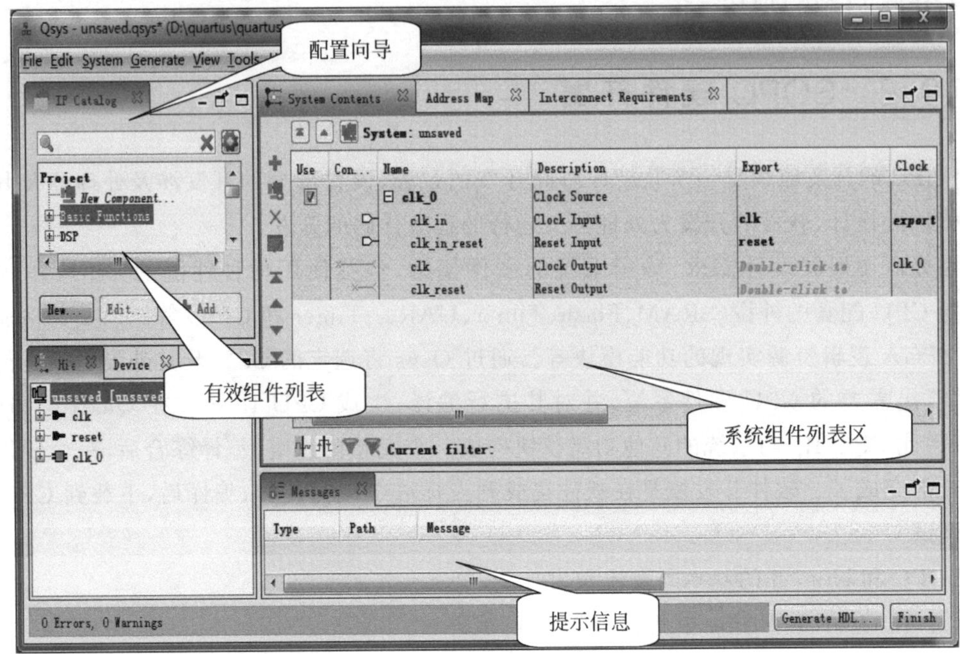

图 10-14　Qsys 设计主界面

10.2.2　添加 Nios Ⅱ及外设 IP 组件

1. 添加 Nios Ⅱ(Classic)处理器

在 Qsys 主界面左侧的 IP Catalog 选择 Processor and Peripherals→Embedded Processors→Nios Ⅱ(Classic) Processor,双击该 IP 核,或者直接单击 Add 按钮,将会弹出如图 10-15 所示的 Nios Ⅱ(Classic)处理器配置界面。其中列出了 3 种不同性能的 Nios Ⅱ处理器供用户选择:经济型 CPU 核(Nios Ⅱ/e)内存使用两个 M9K;标准型 CPU 核(Nios Ⅱ/s)增加了指令 Cache、硬件乘法器等;快速型 CPU 核(Nios Ⅱ/f)具有最完整的功能,使用 3 个 M9K,同时达到了最高执行速度。

本设计选择 Nios Ⅱ/s 处理器,同时选择嵌入式乘法器模块实现硬件乘法运算。选项 Reset Vector 和 Exception Vector 分别给出了 CPU 复位和异常时的处理程序入口地址,需要在添加存储设备后进行设置。Core Nios Ⅱ设置完成后,还需要对 JTAG Debug Module 选项卡中的内容进行设置。JTAG 调试模块有 4 个级别,最低级别仅能完成 JTAG 设备连接、软件下载及简单的软件中断,使用这些功能可以将调试信息输出到 NIOS Ⅱ EDS 环境中。更高级别的调试模块支持硬件中断、数据触发器、指令跟踪、数据跟踪等功能。如图 10-16 所示,这里选择默认的 Level 1 设置。

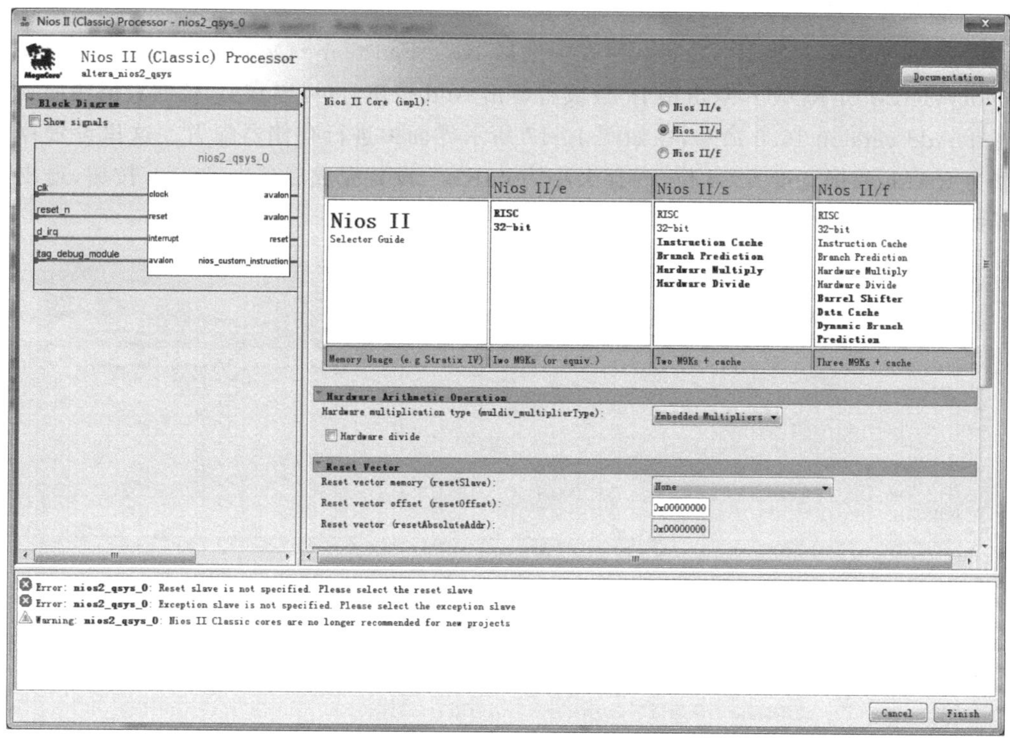

图 10-15　Nios Ⅱ处理器配置界面

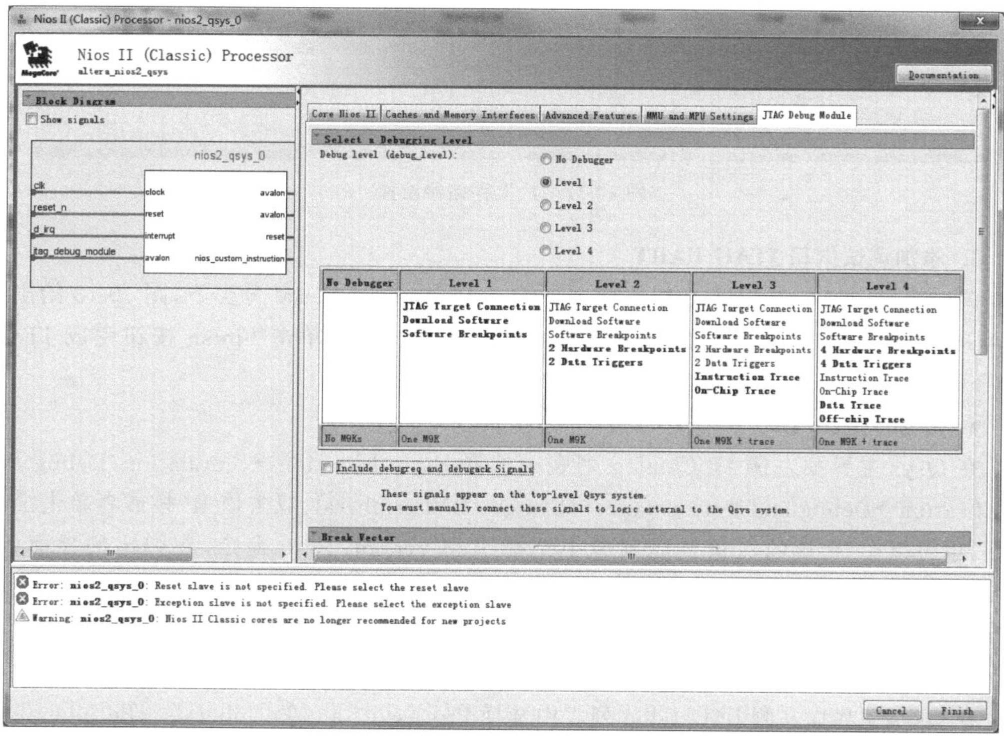

图 10-16　处理器 JTAG 调试模块设置

2. 添加片内存储器

在 Qsys 主界面左侧 IP Catalog 列表中选择 Basic Function→On Chip Memory→OnChip Memory(RAM or ROM)，双击该 IP 核或者单击 Add 按钮，也可以在 IP 核的右键快捷菜单中选择 Add version 16.0 命令，在如图 10-17 所示界面中进行存储器配置。这里设置存储类型为 RAM，数据宽度为 32 位，内存大小为 40KB。设置完成后单击 Finish 按钮，退出设置界面。

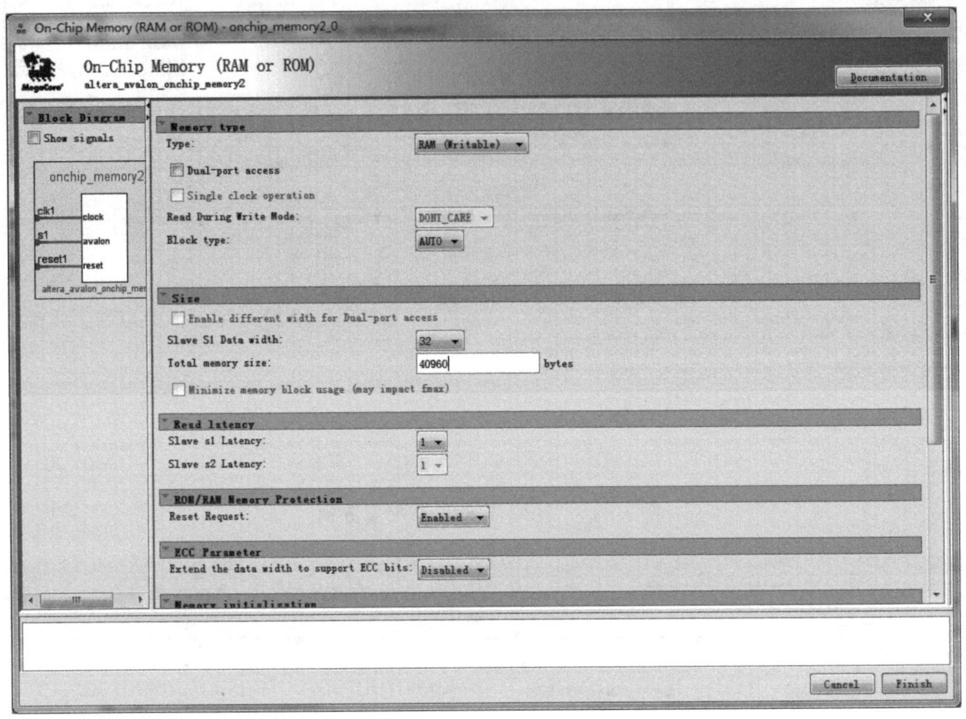

图 10-17　片上存储器设置

3. 添加调试端口 JTAG UART

调试接口 JTAG UART 在组件库 Interface Protocols→Serial 分类下，图 10-13 给出了 JTAG UART 的属性配置页面，界面中的参数采用默认值，单击 Finish 按钮完成 JTAG UART 的设置。

4. 添加 System ID

在 Qsys 主界面左侧 IP Catalog 列表中选择 Basic Function→Simulation；Debug and Verification→Debug and Performance→System ID Peripheral，双击该 IP 核或者单击 Add 按钮，也可以在 IP 核的右键快捷菜单中选择 Add version 16.0 命令，在弹出的界面(见图 10-18)中，设置 Parameters 的 ID 参数为 123 或者采用默认值，单击 Finish 按钮完成 System ID 的设置。

5. 添加 Timer

在 Qsys 主界面左侧 IP Catalog 列表中选择 Processors and Peripherals→Peripherals→Interval Timer，双击该 IP 核或者单击 Add 按钮，弹出的界面如图 10-19 所示，界面中的参数采用默认值，单击 Finish 按钮完成设置。

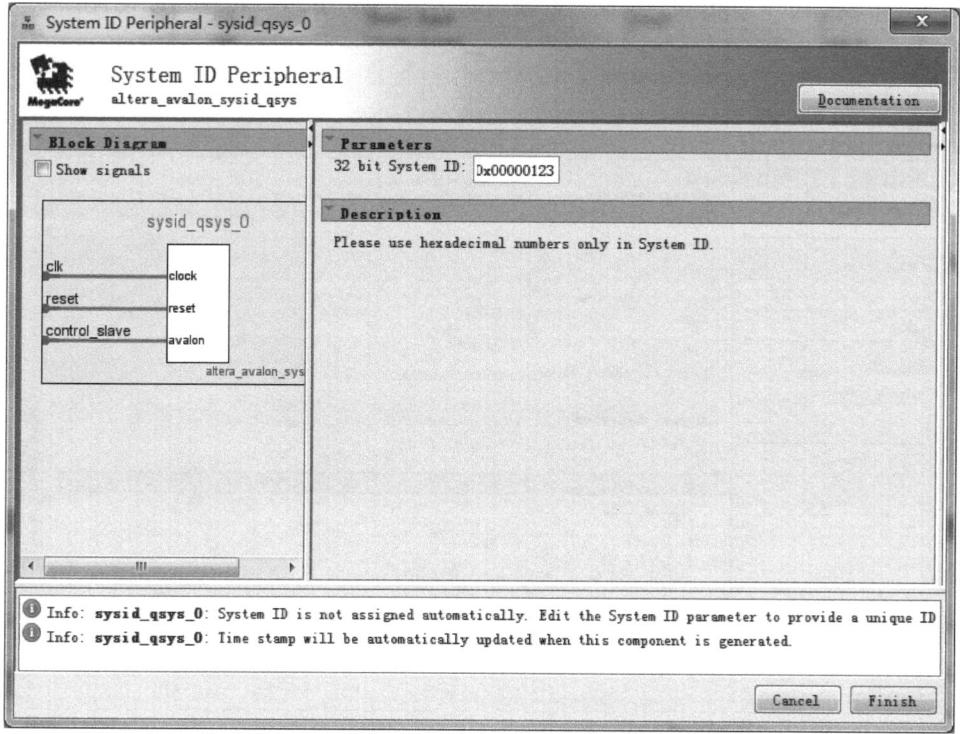

图 10-18　System ID 参数配置

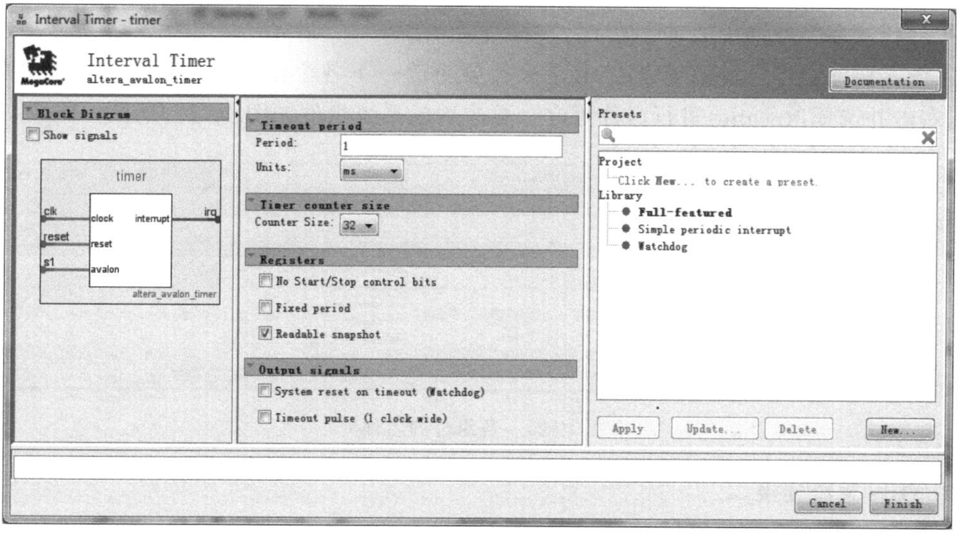

图 10-19　Timer 参数设置

6. 添加 PIO

在 Qsys 主界面左侧 IP Catalog 列表中选择 Processors and Peripherals→Peripherals→PIO (Parallel I/O)，双击该组件或者单击 Add 按钮，弹出的界面如图 10-20 所示，界面中 Width 表示要建立的 PIO 宽度，范围为 1～32，这里设置为 8。Direction 下的选项表示 PIO

端口方向,在这里选择 Output;其他参数采用默认值,单击 Finish 按钮完成设置。

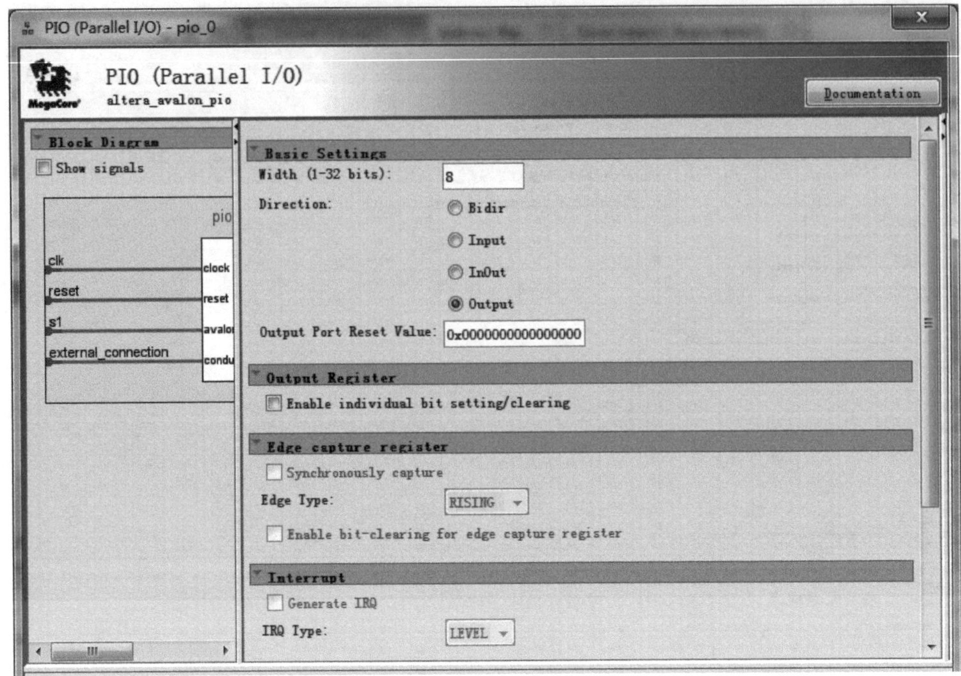

图 10-20 PIO 参数设置

当 PIO 核配置为输入模式的时候,它还可以产生中断信号到 Nios Ⅱ CPU,因此系统中可以扩展任意多个外部中断。

系统需要的组件已经添加完成,接下来需要更改一下各个组件的名称。依次选择各个组件,右击并选择 Rename 进行名称更改。更改后的系统组件如图 10-21 所示。

Messages | System Contents | Address Map | Interconnect Requirements

System: led_nios Path: clk

Use	...	Name	Description	Export	Clock	Base	End	IRQ
☑		clk	Clock Source		exported			
☑		nios2_qsys	Nios II (Classic) Processor		unconnected	0x0000_0800	0x0000_0fff	
☑		onchip_memory2	On-Chip Memory (RAM or ROM)		unconnected			
☑		jtag_uart	JTAG UART		unconnected			
☑		sysid_qsys	System ID Peripheral		unconnected			
☑		timer	Interval Timer		unconnected			
☑		pio	PIO (Parallel I/O)					

sysid_qsys
System ID Peripheral [altera_avalon_sysid_qsys 16.0]

图 10-21 各组件的名称

7. Qsys 系统连接

虽然已经选好系统的组件,但是各个组件并没有相互连接,不能形成一个真正的系统,现在需要将这些组件相互连接起来,构造成一个真正的系统。

首先将 clk 组件中的 clk 和 clk_reset 信号与其他组件的时钟和复位信号分别进行连接;Nios Ⅱ(classic)处理器的数据存储器和代码存储器功能都必须由片内的 RAM 来完成,因此 Nios_qsys 的 data_master 和 instruction_master 均与 onchip_memory2 中的 s1 进行连接。而其他组件的 s1 只需要连接 Nios Ⅱ中的 data_master,最后将中断接收和发送信号连接。图 10-22 是系统连接完成的界面。继续对 Nios Ⅱ(classic)处理器内核进行设置,双击打开 nios2_qsys，在 Core Nios Ⅱ 选项卡中，将 Reset vector memory 和 Exception vector memory 均设置为 onchip_memory2. s1，然后单击 Finish 按钮完成设置。

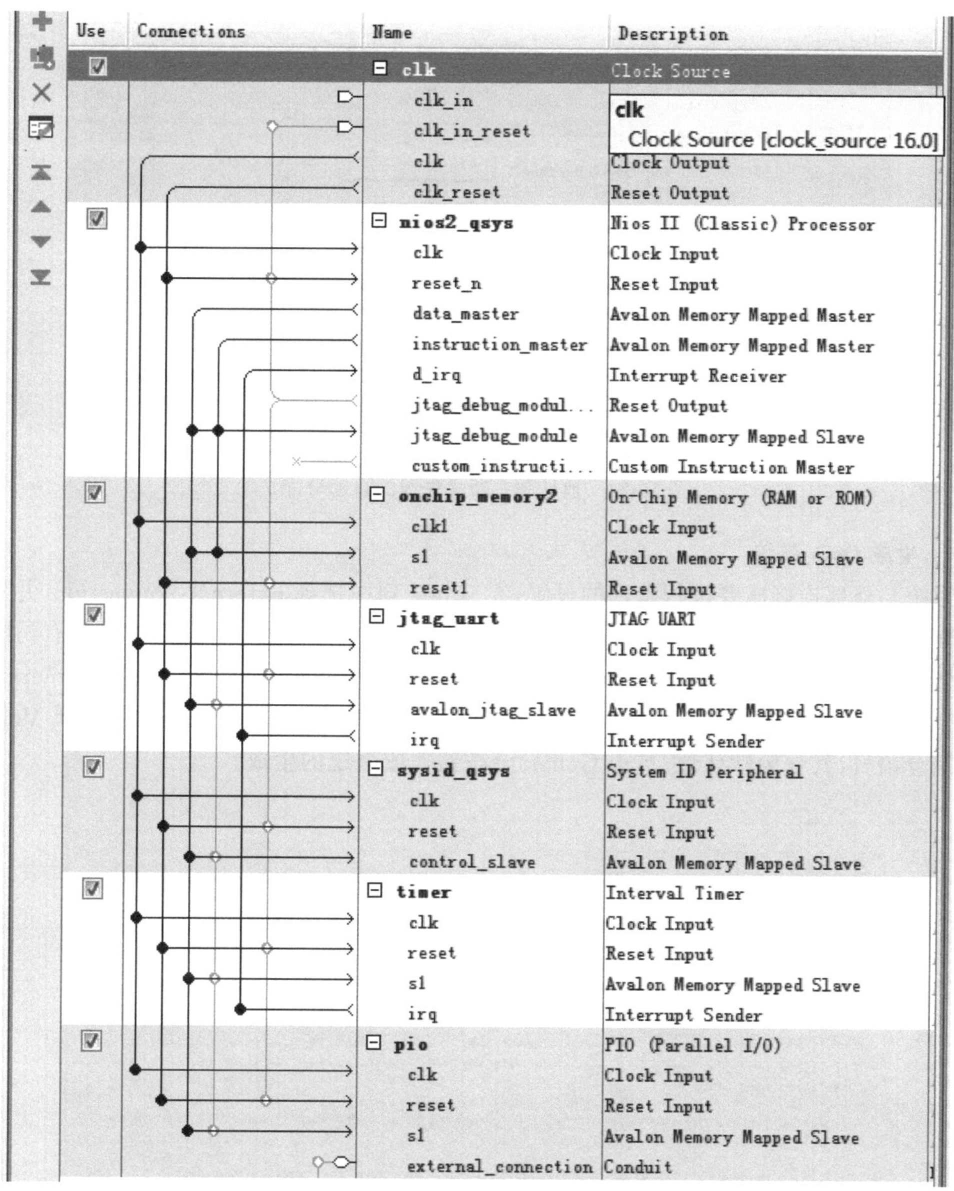

图 10-22　系统连接后的图形

8. Qsys 系统地址和中断优先级分配

系统各组件相互连接后，在 Messages 窗口提示有错误；为了消除这些错误，需要将地址和中断优先级进行分配。对于地址分配，一般 Qsys 会自动完成，而优先级可以根据系统的需要进行调整。

分别单击 Qsys 界面中的菜单命令 System→Assign Base Addresses 和 Assign Interrupt Numbers 进行地址和中断优先级分配，如图 10-23 所示。在 Messages 栏中会发现有一个警告信息，这个警告信息不影响后面的操作，可以忽略。

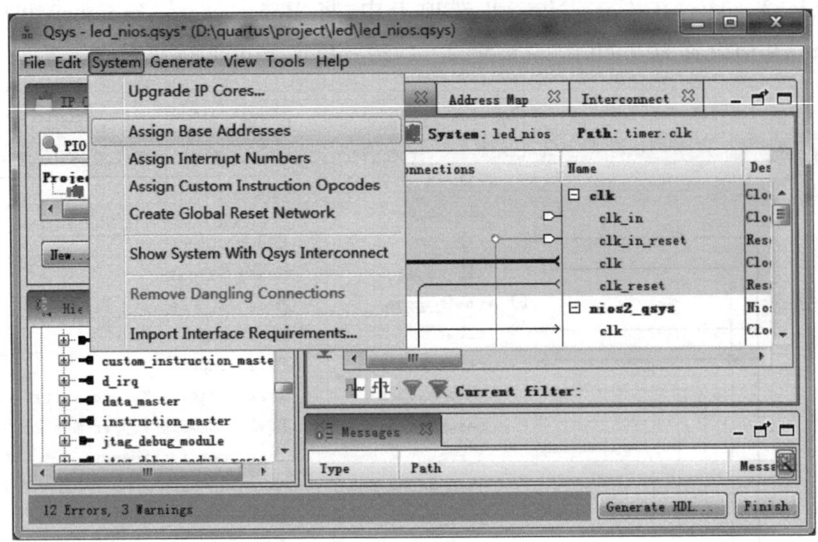

图 10-23　地址和中断优先级的自动分配

9. 生成 Qsys 系统

系统与外部连接需要进行特别的设置，在 Name 列中选择 external_connection，并双击其后面的 Export 列的信号，该信号就能被引出到该系统的顶层接口，用于和外部信号连接。

选择 Qsys 菜单栏命令 File→Save As，保存名称为 led_cpu，然后选择 Generate→Generate HDL 命令，弹出如图 10-24 所示的界面。在该界面的 Synthesis 中选择 Verilog 作为综合语言，其他为默认值，单击 Generate 按钮完成系统的生成。

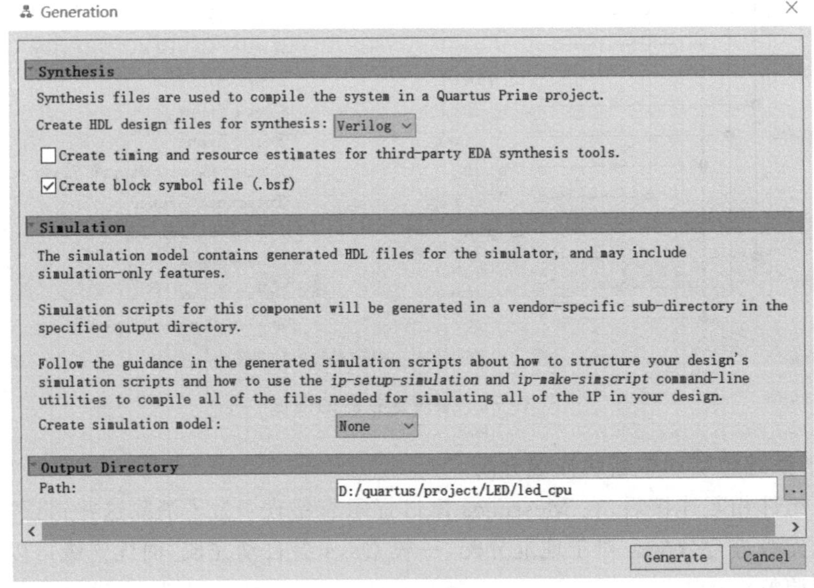

图 10-24　系统生成界面的设置

选择菜单命令 Generate→Show Instantiation Template，弹出当前系统的例化语句，如图 10-25 所示，可以单击 Copy 按钮进行复制，然后在自己的工程中使用这个系统。

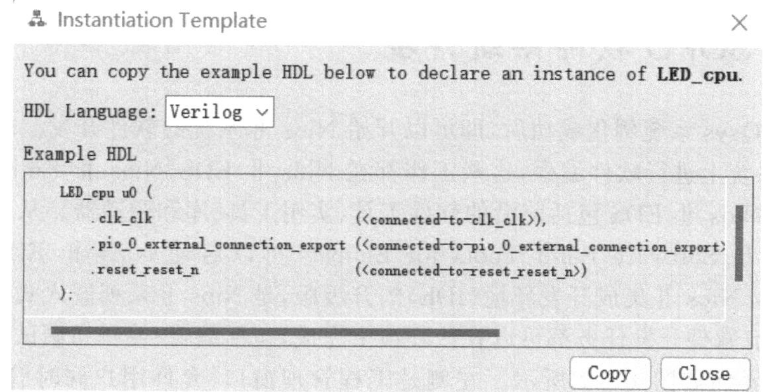
Instantiation Template

You can copy the example HDL below to declare an instance of **LED_cpu**.

HDL Language: Verilog

Example HDL

```
LED_cpu u0 (
    .clk_clk                              (<connected-to-clk_clk>),
    .pio_0_external_connection_export     (<connected-to-pio_0_external_connection_export>
    .reset_reset_n                        (<connected-to-reset_reset_n>)
);
```

Copy　Close

图 10-25　HDL 例化模板

10.2.3　集成 Nios Ⅱ系统至 Quartus Prime

关闭 Qsys 或者最小化 Qsys 界面，回到 Quartus Prime 界面中，先选择菜单命令 Assignments→Setting，在弹出的界面中选择 Files，然后单击"…"按钮，将 led_cpu. qsys 文件添加到工程中，如图 10-26 所示。

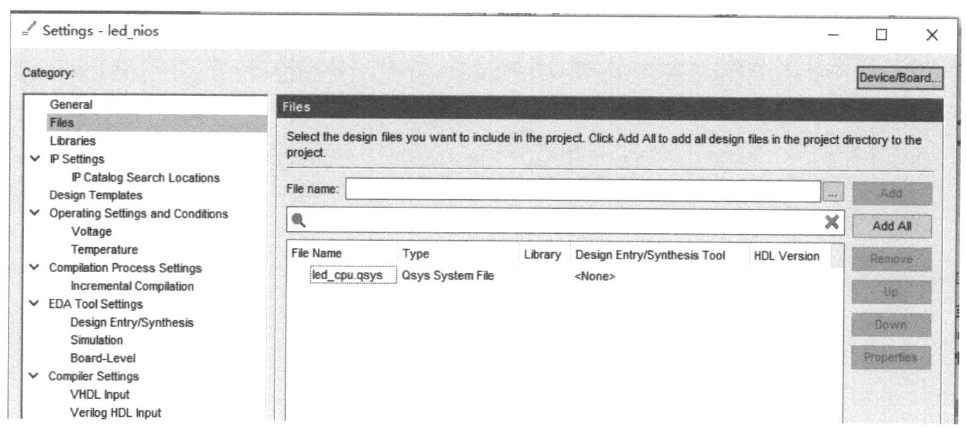

图 10-26　Files 对话框界面

接下来，例化 led_cpu 系统，并进行编译。最后，根据自己使用的开发板进行引脚锁定配置，并再次进行编译。

例 10.1　例化 led_cpu 的代码。clk、reset 和 ledR 分别代表时钟、复位和 LED 指示灯信号。

```
module led_nios (input clk, input reset, output [7:0] ledR);
led_cpu u0 (
    .clk_clk(clk),
        .pio_external_connection_export  (ledR),
        .reset_reset_n                   (reset)
);
endmodule
```

10.3 SOPC 软件系统开发

当建立的 Qsys 系统例化成功后，即可以开始 Nios Ⅱ系统的软件开发。软件开发主要指在 Nios Ⅱ系统上进行软件编程，这些工作都在 Nios Ⅱ EDS(Nios Ⅱ Embedded Design Suite)下完成，Nios Ⅱ EDS 包括前沿的软件工具、实用工具、库和驱动器。从开始菜单选择 Tools→ Nios Ⅱ Software Build Tools for Eclipse，可以启动 Nios Ⅱ EDS 开发环境。Nios Ⅱ EDS 是 Nios Ⅱ集成开发环境(IDE)的升级版，是 Nios Ⅱ系列嵌入式处理器的基本开发工具。所有软件开发任务都可以在该环境下完成，包括编辑、编译和调试程序。

开发环境界面如图 10-27 所示。左侧是工程管理窗口，允许用户同时管理多个工程。中间是文本编辑区，可以浏览和编写程序代码，右侧是当前打开程序文件的函数和宏定义列表。程序编译和调试过程中的提示信息位于整个开发界面的下方。

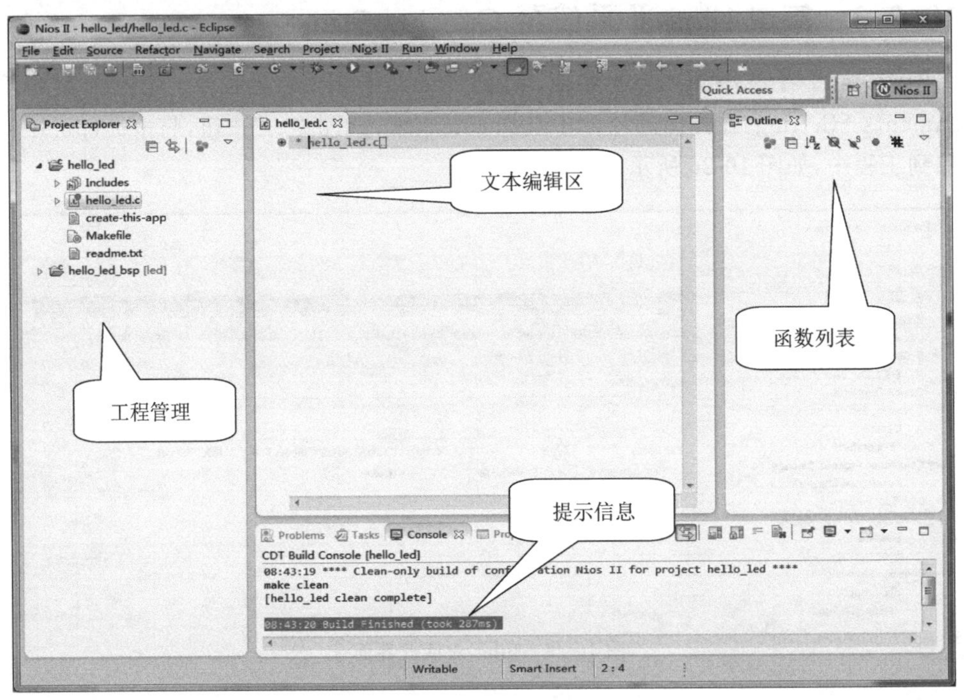

图 10-27 Nios Ⅱ开发环境

10.3.1 创建 Nios Ⅱ工程

Nios Ⅱ的工程通常分为应用程序和板级支持包两部分，如图 10-28 所示，要创建 Nios Ⅱ工程，可以选择 File→New→Nios Ⅱ Application and BSP from Template，根据给定模板同时创建板级支持包 BSP(Board Support Package)和 Nios 应用程序，或者分别创建应用程序和 BSP。

从模板创建 BSP 和应用程序的界面如图 10-29 所示，在目标板信息选项中选定 10.2 节创建的 Qsys 硬件系统；应用工程选项里面给定当前工程名，默认路径是当前设计目录下的 Software。根据需要，可以在给定的项目模板中选择一个参考模块来创建自己的工程。然后单击 Next 按钮，进入如图 10-30 所示的界面，使用默认选项就可以创建单独的 BSP 板级支持包。

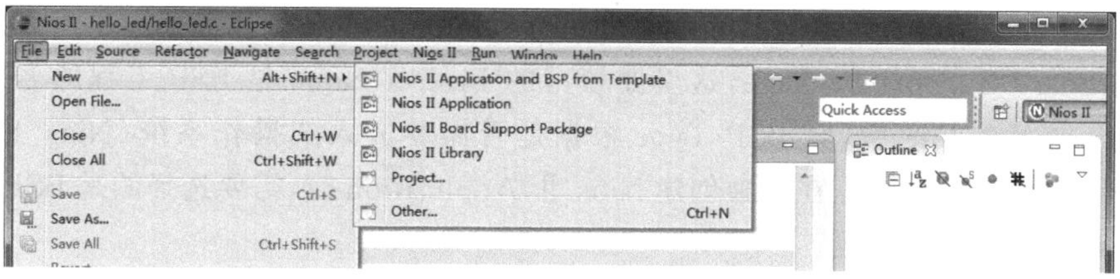

图 10-28　新建工程的菜单选项

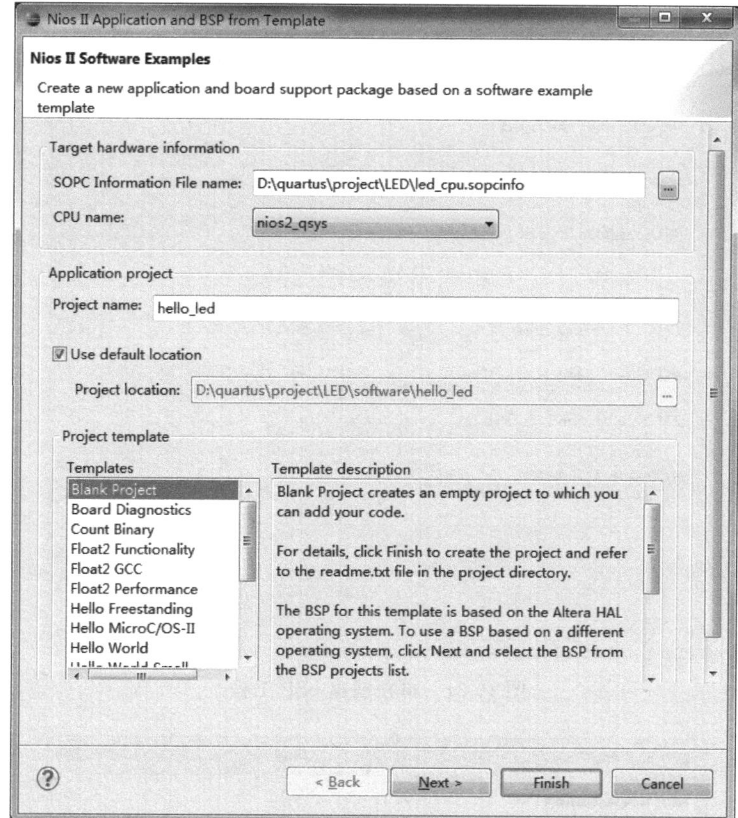

图 10-29　从模板建立 BSP 和 Nios Ⅱ Application(1)

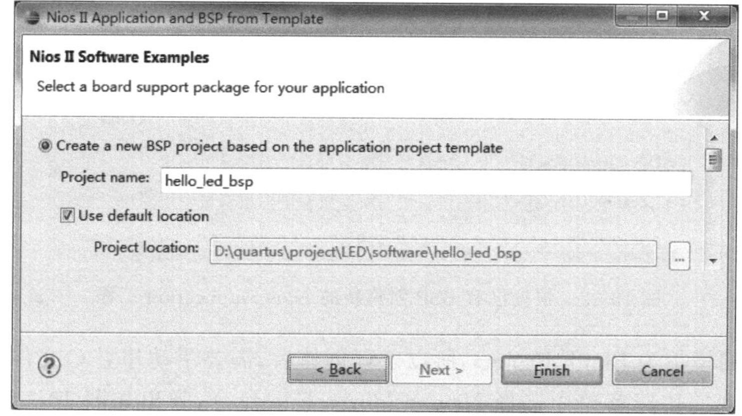

图 10-30　从模板建立 BSP 和 Nios Ⅱ Application(2)

图10-31和图10-32分别给出了BSP和Application的单独创建选项。在图10-31中创建单独的Board Support Package，这里要填写的Project name是BSP工程的名字，选择SOPC information File后，对BSP Type根据是否需要嵌入式操作系统(Nios Ⅱ内嵌对μcOs Ⅱ的支持)进行设定。在单独创建Nios Ⅱ Application时，需要选择的是BSP，填写工程名后其他可保留默认设置。

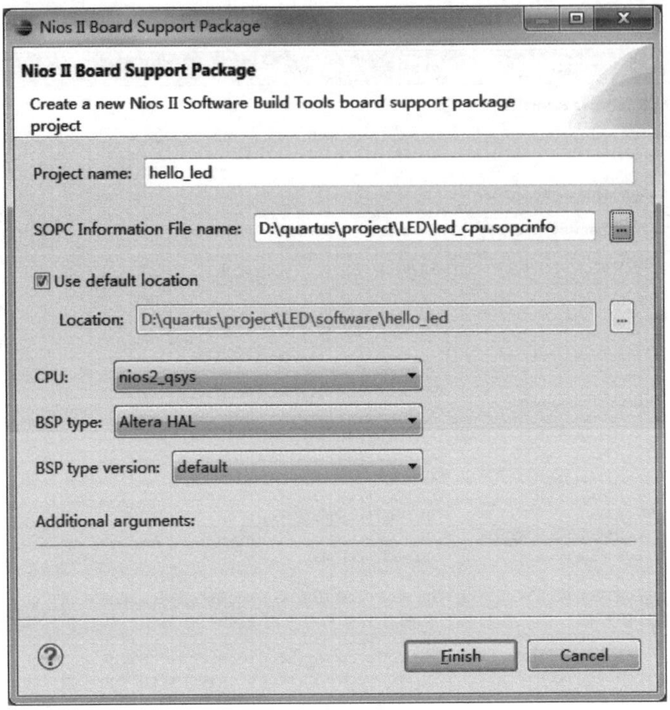

图10-31　单独创建BSP工程

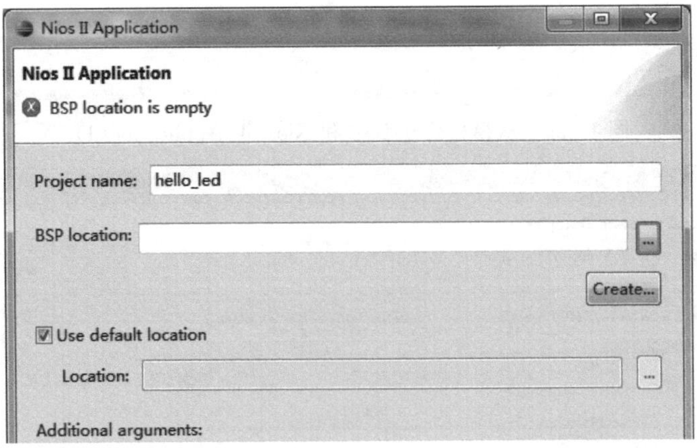

图10-32　根据已有BSP创建新的Nios Application工程

因为选择的模板为Blank Project，所以工程创建后，需要手动建立C文件。右击hello_led工程，在出现的快捷菜单中选择New→Source File命令，弹出如图10-33所示界面，在Source flie中填写hello_led.c，模型Template选择Default C source template，最后单击

Finish 按钮完成 C 文件的创建。

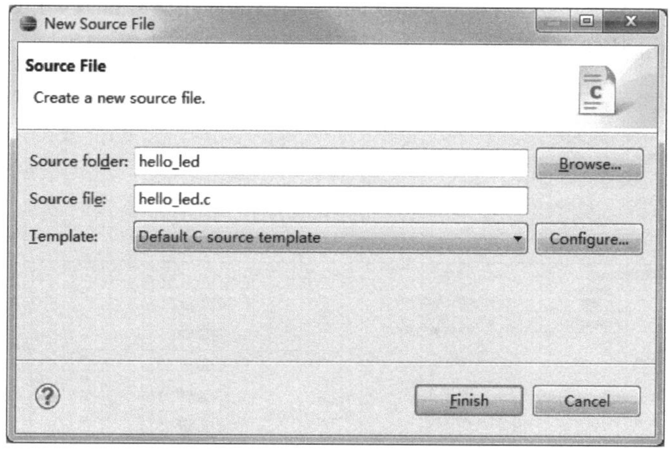

图 10-33 工程 C 文件创建

10.3.2 设置工程的系统属性

系统属性主要是指板级支持包 BSP 工程的基本配置，在工程管理窗口选择 BSP 工程，从右键快捷菜单中选择 Property 命令，BSP 工程和其他应用工程的属性配置的不同主要是 Nios Ⅱ BSP Property 选项设置，如图 10-34 所示。

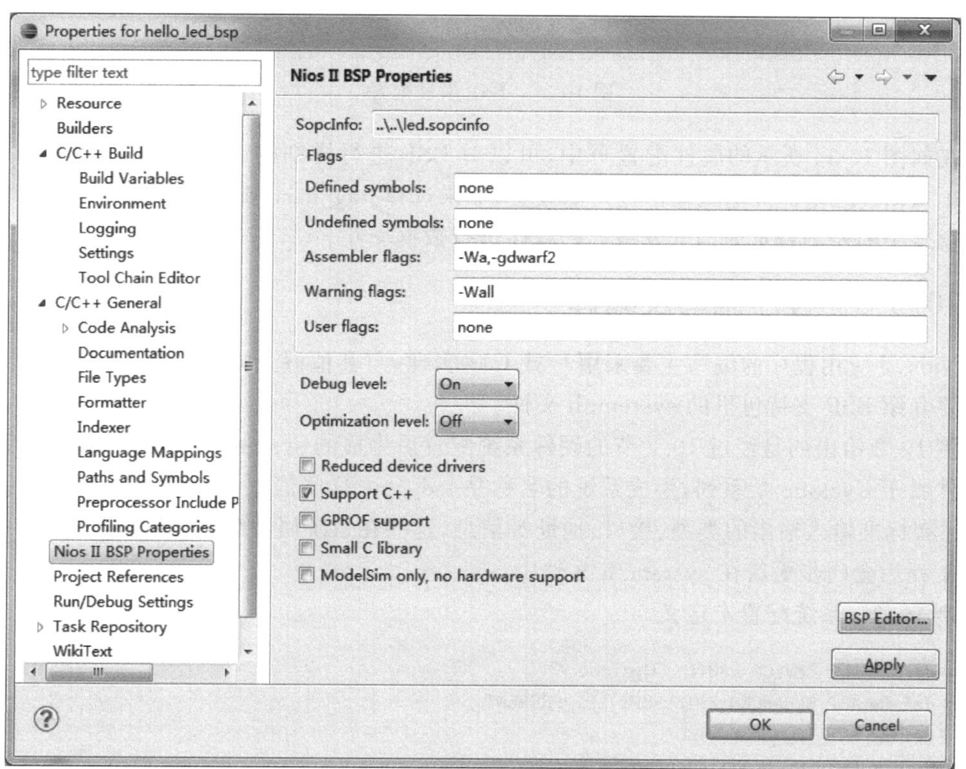

图 10-34 BSP 基本属性设置

BSP工程是系统硬件的软件接口，对其进行属性设置，会影响到软件的性能，如在图10-34中可以设置是否支持C++，这些内容需要用户根据自己的应用进行配置，在BSP基本属性配置页中单击BSP Editor按钮可以进入BSP更为详细的属性配置页，如图10-35所示。

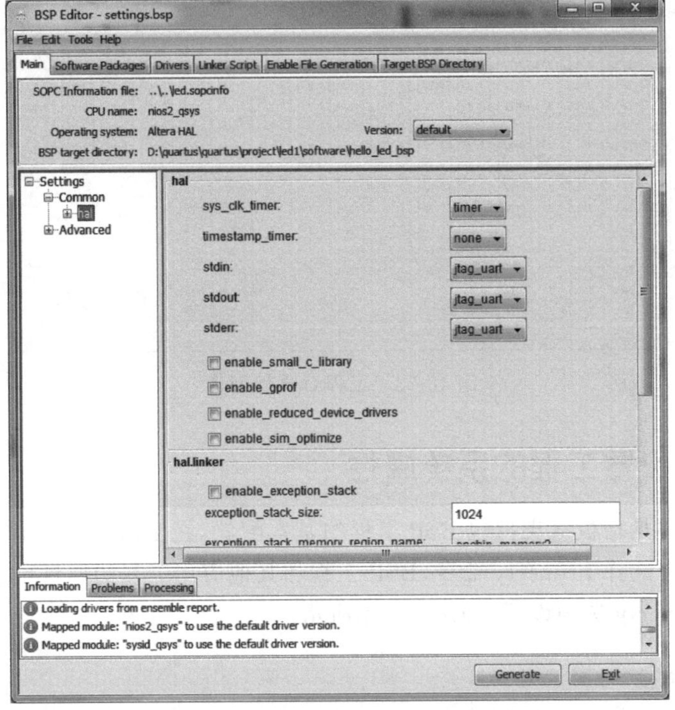

图10-35 BSP属性配置

在如图10-35所示的属性配置页中，可以对BSP进行详细的设置，图中给出的stdin、stdout和stderr是标准输入输出接口的设置，如果选择jtag_uart，那么运行时可以通过信息提示窗口中的控制台页面与开发板上的程序进行数据交互。

10.3.3 程序编写及编译

Nios Ⅱ应用程序的编写主要采用C或C++实现，与其他嵌入式系统软件编程类似，这里主要介绍BSP支持包里的system.h文件。

例10.2给出的是经过10.2节的硬件系统配置后生成的system.h文件，可以看到采用的器件属于Cyclone Ⅴ系列，生成系统的名称是led_cpu，这些信息与qsys下的设计是一致的；还有标准输入输出的类型、接口、地址等信息，这些在系统属性配置中修改后，重新编译BSP工程后会同步更新在system.h文件中。

例10.2 系统配置宏定义

```
#define ALT_DEVICE_FAMILY "Cyclone V"
#define ALT_ENHANCED_INTERRUPT_API_PRESENT
#define ALT_IRQ_BASE NULL
#define ALT_LOG_PORT "/dev/null"
#define ALT_LOG_PORT_BASE 0x0
#define ALT_LOG_PORT_DEV null
```

```
#define ALT_LOG_PORT_TYPE ""
#define ALT_NUM_EXTERNAL_INTERRUPT_CONTROLLERS 0
#define ALT_NUM_INTERNAL_INTERRUPT_CONTROLLERS 1
#define ALT_NUM_INTERRUPT_CONTROLLERS 1
#define ALT_STDERR "/dev/jtag_uart"
#define ALT_STDERR_BASE 0x21038
#define ALT_STDERR_DEV jtag_uart
#define ALT_STDERR_IS_JTAG_UART
#define ALT_STDERR_PRESENT
#define ALT_STDERR_TYPE "altera_avalon_jtag_uart"
#define ALT_STDIN "/dev/jtag_uart"
#define ALT_STDIN_BASE 0x21038
#define ALT_STDIN_DEV jtag_uart
#define ALT_STDIN_IS_JTAG_UART
#define ALT_STDIN_PRESENT
#define ALT_STDIN_TYPE "altera_avalon_jtag_uart"
#define ALT_STDOUT "/dev/jtag_uart"
#define ALT_STDOUT_BASE 0x21038
#define ALT_STDOUT_DEV jtag_uart
#define ALT_STDOUT_IS_JTAG_UART
#define ALT_STDOUT_PRESENT
#define ALT_STDOUT_TYPE "altera_avalon_jtag_uart"
#define ALT_SYSTEM_NAME "led_cpu"
```

通过例 10.3 的代码，可以调用自定义指令完成运算功能，也可以利用自定义外设驱动 led 灯的亮度变化。

例 10.3 编写代码调用自定义指令并驱动自定义外设

```
#include "system.h"
#include "altera_avalon_pio_regs.h"
#include "unistd.h"
#include "alt_types.h"
int main()
{
    unsigned char led_data;
    unsigned int led_code;
    printf("hello_led!\n");
    while(1)
    {
        for(led_data = 0;led_data < 8;led_data++)
            {
                led_code  = led_code + 1;
                IOWR_ALTERA_AVALON_PIO_DATA(PIO_BASE,led_code);
                usleep(1000000);
            }
    }
    return 0;
}
```

其中，printf 函数用于在 Console 窗口打印信息，通常用于程序的调试。

```
IOWR_ALTERA_AVALON_PIO_DATA
```

完成代码编写后即可对工程进行编译和链接,生成 elf 文件。

选中要编译的工程,右击,在弹出的快捷菜单中选择 Build Project 命令,然后开始编译,编译时间与工程内容有关,会显示编译的进度。编译完成后,如果没有错误会在提示信息窗口显示编译完成的信息,如图 10-36 所示。

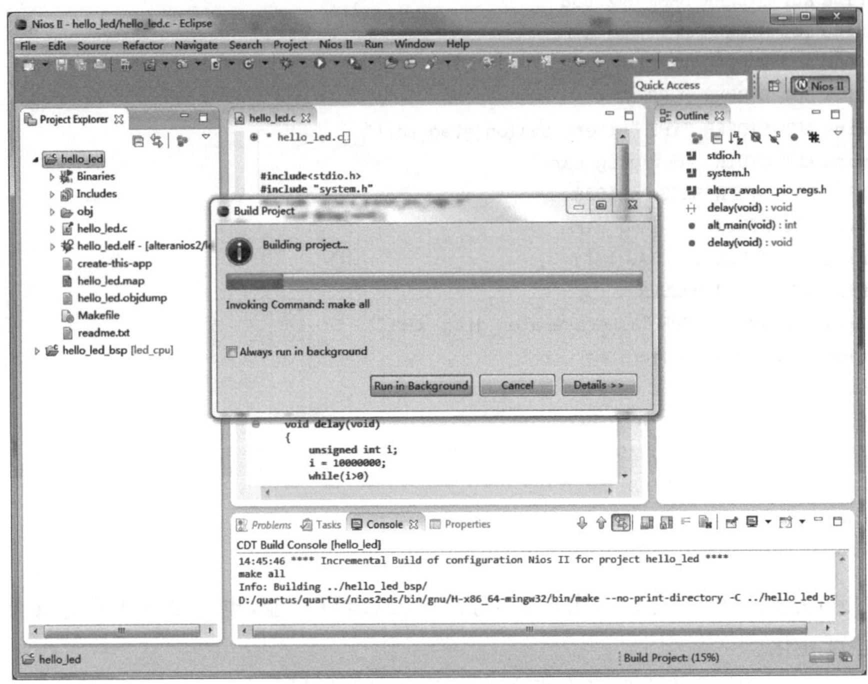

图 10-36 软件编译过程

如果有错误,那么错误工程中会出现错误标记,信息提示窗口的 Problems 页会提示错误的原因及行号,并且在程序窗口提示错误出现的位置。修改错误后重新编译,直到出现 Build completed 提示信息为止。

10.3.4 代码调试及运行

基于 Nios Ⅱ的 SOPC 系统开发分为两部分,分别是 10.2 节的硬件设计和 10.3 节的软件设计,软件设计需要在硬件设计中的 CPU 上执行,因此要运行 Nios Ⅱ软件代码,首先要完成 Qsys 系统在 Quartus Prime 中的引脚分配、综合下载等。

FPGA 的配置可以在 Quartus Prime 下完成,也可以直接在 Nios Ⅱ环境下选择菜单命令 Nios Ⅱ→Quartus Prime Programmer 完成。在弹出的下载工具中选择相应的 sof 文件,下载配置 FPGA 后即可开始软件的调试及运行。

1. 代码调试

硬件配置完成后,选择准备调试或运行的工程(使之高亮),然后选择菜单命令 Run→Debug Configuration,进入如图 10-37 所示的调试配置页。

在调试配置页的目标链接(Target Connection)页面,查看硬件链接是否正确,如果 Processor 和 Byte Stream Devices 列表为空或不正确,可以先确认硬件下载完成,然后单击 Refresh Connections 按钮进行刷新,直至显示正确的处理器连接信息和比特流设备信息。

如果界面中有 The expected Stdout device name does not match the selected target byte stream device name 信息，不影响工程的运行，可以忽略。

最终完成如图 10-37 所示的设置后，可以单击 Debug 按钮进入如图 10-38 所示的调试界面。

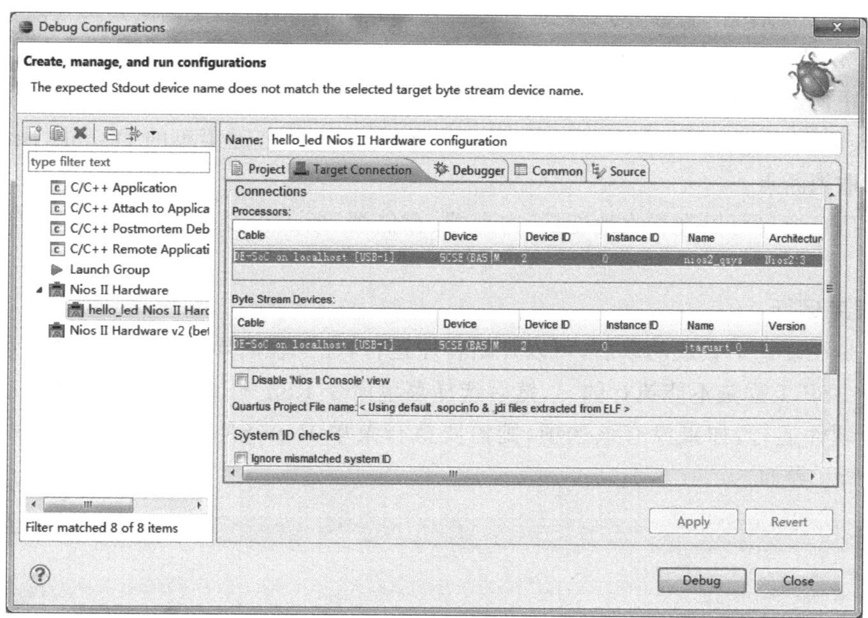

图 10-37　调试选项配置

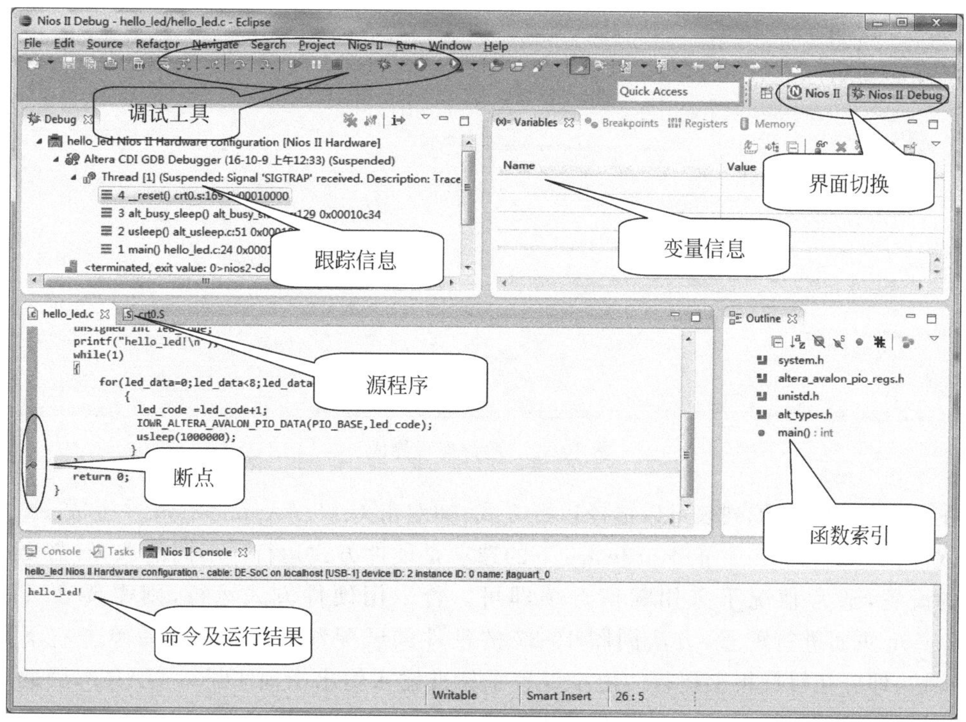

图 10-38　调试界面

调试界面分为5部分：跟踪信息窗口、源程序窗口、变量信息窗口、函数索引窗口、命令及运行结果窗口，函数索引列表可以在大量源代码中快速定位函数体等内容，并会随源程序窗口中的源程序的变化而变化。

跟踪信息窗口上方是调试工具条，用来进行运行控制，调试工具依次是：全速断点运行(运行直至断点)、停止(暂停，与全速运行配合使用)、运行结束(结束调试)、进入函数体单步运行、跳过函数体运行和跳出函数体等。

源程序窗口可以设置断点，双击代码视图左侧空白处，或者在左侧空白处的右键菜单中选择Toggle Breakpoint命令来设置断点，再次双击或选择右键菜单的Disable Breakpoint命令可以取消断点。

变量信息窗口可以查看本地变量、寄存器、存储器、断点以及表达式赋值函数等各种调试信息。

2. 程序运行

同样是在硬件下载成功以后，可以开始程序运行，在工程向导窗口高亮选择要运行的工程(注意：BSP工程是不能执行的。)，然后选择菜单命令Run→Run as→Nios Ⅱ hardware，可以进行硬件运行，如果没有该选项，则需要执行菜单Run→Run Configurations，弹出如图10-39所示界面。

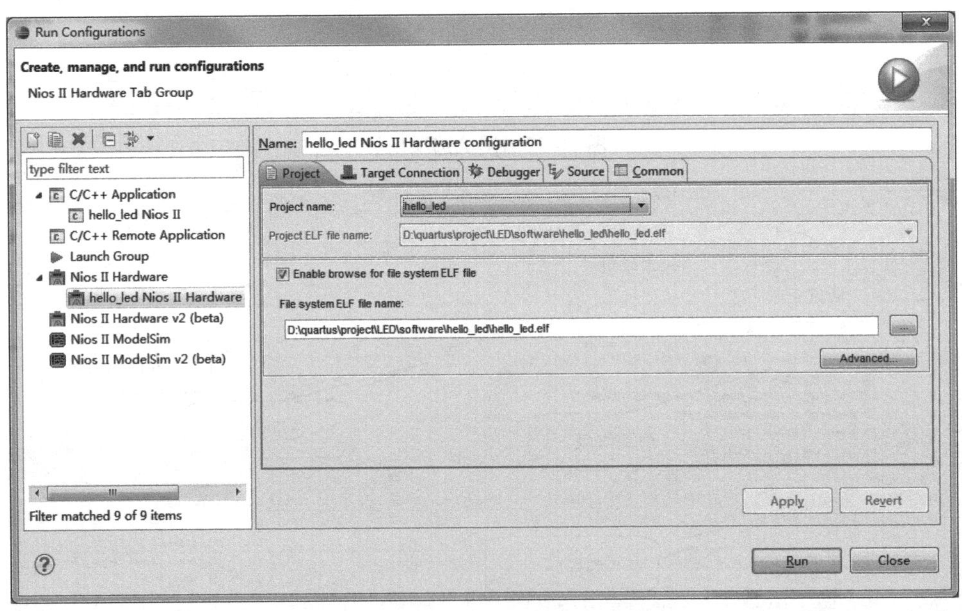

图10-39 运行配置界面

在该对话框的左侧列表可以选择运行方式，如双击C/C++ Application并生成elf文件进行软件仿真运行，Nios Ⅱ Hardware下的选项是硬件方式运行。不同的选择，需要进行不同的设置，通常情况下采用默认选项即可。若采用硬件方式运行，则需要在Target Connection页面进行配置，方法同图10-37的硬件调试配置。设置正确后单击右下角的Run按钮，即可在目标板上运行。由于设置了标准输入输出指向JTAG UART，因此运行结果会显示在如图10-40所示的命令及运行结果窗口的Nios Ⅱ Console页面。

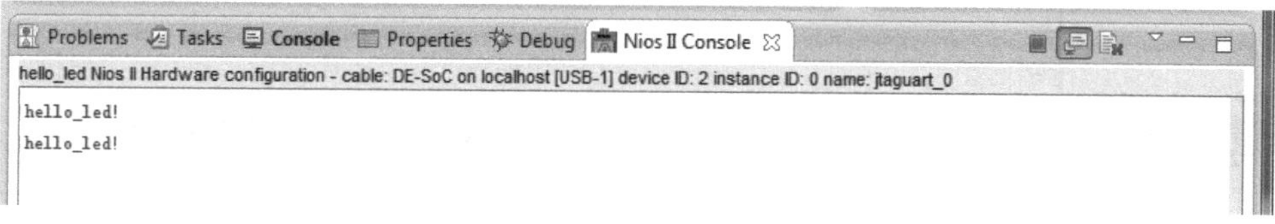
Problems
Tasks
Console
Properties
Debug
Nios II Console
hello_led Nios II Hardware configuration - cable: DE-SoC on localhost [USB-1] device ID: 2 instance ID: 0 name: jtaguart_0
hello_led!
hello_led!

图 10-40　运行结果

附录 APPENDIX Verilog HDL 保留字

and	always	assign	begin	buf
bufif0	bufif1	case	casex	casez
cmos	deassign	default	defparam	disable
edge	else	end	endcase	endfunction
endprimitive	endmodule	endspecify	endtable	endtask
event	for	force	forever	fork
function	highz0	highz1	if	ifnone
initial	inout	input	integer	join
large	macromodule	medium	module	nand
negedge	nor	not	notif0	notif1
nmos	or	output	parameter	pmos
posedge	primitive	pulldown	pullup	pull0
pull1	rcmos	real	realtime	reg
release	repeat	rnmos	rpmos	rtran
rtranif0	rtranif1	scalared	small	specify
specparam	strength	strong0	strong1	supply0
supply1	table	task	tran	tranif0
tranif1	time	tri	triand	trior
trireg	tri0	tri1	vectored	wait
wand	weak0	weak1	while	wire
wor	xnor	xor		

参 考 文 献

[1] 路而红. 现代密码算法工程[M]. 北京：清华大学出版社，2012.

[2] (加)Stephen B，Zvonko V. 数字逻辑基础与 Verilog 设计[M]. 3 版. 北京：机械工业出版社，2016.

[3] (美)Kishore Mishra(基肖尔·米什拉). Verilog 高级数字系统设计技术与实例分析[M]. 北京：电子工业出版社，2018.

[4] 杨军. 基于 FPGA 的 SOPC 实践教程[M]. 北京：科学出版社，2016.

[5] 刘东华. FPGA 应用技术丛书：Altera 系列 FPGA 芯片 IP 核详解[M]. 北京：电子工业出版社，2014.

[6] 李莉，等. Altera FPGA 系统设计实用教程[M]. 2 版. 北京：清华大学出版社，2017.

[7] 英特尔® Quartus® Prime 专业版软件快速入门指南[EB/OL]. (2018-10-22)[2021-5-30]. https://www.intel.cn/content/www/cn/zh/programmable/documentation/myt1400842672009.html.

[8] 英特尔® Quartus® Prime 专业版入门用户指南[EB/OL]. (2020-09-28)[2021-5-30]. https://www.intel.cn/content/www/cn/zh/programmable/documentation/spj1513986956763.html.

[9] IEEE Standard for Verilog® Hardware Description Language[EB/OL]. (2006-04-07)[2021-5-30]. http://gr.xjtu.edu.cn/c/document_library/get_file?p_l_id=1736655&folderId=1736758&name=DLFE-18914.pdf.

图书资源支持

感谢您一直以来对清华大学出版社图书的支持和爱护。为了配合本书的使用，本书提供配套的资源，有需求的读者请扫描下方的“书圈”微信公众号二维码，在图书专区下载，也可以拨打电话或发送电子邮件咨询。

如果您在使用本书的过程中遇到了什么问题，或者有相关图书出版计划，也请您发邮件告诉我们，以便我们更好地为您服务。

我们的联系方式：

地　　址：北京市海淀区双清路学研大厦 A 座 714

邮　　编：100084

电　　话：010-83470236　010-83470237

资源下载：http://www.tup.com.cn

客服邮箱：tupjsj@vip.163.com

QQ：2301891038（请写明您的单位和姓名）

教学资源・教学样书・新书信息

人工智能科学与技术
人工智能|电子通信|自动控制

资料下载・样书申请

书圈

用微信扫一扫右边的二维码，即可关注清华大学出版社公众号。